"十二五"职业教育国家规划教材
经全国职业教育教材审定委员会审定

物理化学

第五版

主　编　张坤玲
副主编　郭军利　陈淑茗
主　审　崔宝秋

大连理工大学出版社

图书在版编目(CIP)数据

物理化学 / 张坤玲主编. -- 5 版. -- 大连：大连理工大学出版社，2024.8
高等职业教育化工类课程规划教材
ISBN 978-7-5685-4166-4

Ⅰ. ①物… Ⅱ. ①张… Ⅲ. ①物理化学－高等职业教育－教材 Ⅳ. ①O64

中国国家版本馆 CIP 数据核字(2023)第 010428 号

大连理工大学出版社出版

地址：大连市软件园路 80 号　邮政编码：116023
电话：0411-84708842　邮购：0411-84708943　传真：0411-84701466
E-mail：dutp@dutp.cn　URL：https://www.dutp.cn

大连雪莲彩印有限公司印刷　　大连理工大学出版社发行

幅面尺寸：185mm×260mm　　印张：18.75　　字数：432 千字
2007 年 4 月第 1 版　　　　　　　　　　　　2024 年 8 月第 5 版
2024 年 8 月第 1 次印刷

责任编辑：马　双　　　　　　　　责任校对：周雪姣
　　　　　　　封面设计：张　莹

ISBN 978-7-5685-4166-4　　　　　　　定　价：55.00 元

本书如有印装质量问题，请与我社发行部联系更换。

前 言

《物理化学》(第五版)是"十二五"职业教育国家规划教材,也是高等职业教育化工类课程规划教材之一。

为了更好地适应我国高等职业教育培养应用型、技术型人才总目标的要求和高等职业教育大众化发展趋势的现实,以及工科化学系列课程改革的需要,本着为化工、轻工、食品、生物、医学、材料、环境、能源、建筑、机械等专业课程教学服务的宗旨,结合物理化学课程教学改革经验和兄弟院校的意见、建议,充分考虑高职教育物理化学课程学时少的特点和教材使用的连续性,我们对本教材的第四版进行了修订。

1. 依据高职以"应用"为目的,以"必需、够用"为度的原则,对各章的布局、内容及结构进行了优化,恰当把握教学内容的深度和广度,注重知识的难易适中和实用性,对传统教学内容删繁就简,尽力贯彻"少而精"的精神。

2. 删除了章节中陈旧、过时、重复的内容,将相平衡、化学平衡、电化学等作为化学热力学的具体应用来组织内容,优化结构。

3. 增加了反映物理化学最新科技成果和物理化学在生产及社会实践中应用的知识。在注重化学热力学的基础上,适当加深和拓宽了化学动力学、界面化学和胶体化学的内容。

4. 针对不同专业的特点及教学要求,对例题和习题做了部分修改和替换。注重知识点、例题、习题、思考题之间的相互呼应,有助于学生对所学知识的消化吸收。特别注意通过典型例题和习题,强化解题方法和解题技能训练,培养学生灵活运用所学知识解决实际问题的能力。

5. 进一步丰富了理论联系实际的内容。例题、习题增加了与生产和生活实际密切相关的内容;在选择应用案例方面,广泛联系化工、轻工、食品、生物、医学、材料、环境、能源、建筑、机械等专业的实际需求,将抽象的理论知识与各专业领域的实际应用相结合,既侧重于思想方法的启迪和学习兴趣的提高,更充分地表现出物理化学对相关专业的理论指导意义。

6. 充分考虑高职学生的知识结构和认知特点,在确保科学性和先进性的同时,把重点放在基本概念和重要结论的讨论与应用上。注重基本概念和基本方法的教学,加强学生对物理化学知识的应用意识、兴趣及能力培养。既体现学科的科学性、系统性和完整性,又为教师讲授扩展知识留有足够的余地。

7. 为了提高学生分析问题和解决问题的能力,帮助读者理解和消化所学知识,达到学以致用的目的,本教材精选了大量的例题,每章还附有思考题、本章小结、习题、自测题,书后附有习题参考答案,以降低读者学习的难度。

8. 本教材具有内容简明、重点突出、培养能力、重视应用的特点。内容编排与阐述条理清楚,次序合理,深入浅出,简练清晰,并力求文字流畅,易教易学。

本教材由石家庄职业技术学院张坤玲任主编,河南应用技术职业学院郭军利、杨凌职业技术学院陈淑茗任副主编,大连新兴触媒材料技术有限公司徐哲为教材的内容选取提供了参考意见并参与了部分内容的编写。具体编写分工如下:张坤玲编写了第1章、第2章、第4章、第6章,郭军利编写了第7章、第8章,陈淑茗编写了绪论、第5章,徐哲编写了第3章。本教材由张坤玲拟定编写大纲、框架结构,并做最后的统稿和修改定稿工作。

本教材承蒙锦州师范高等专科学校崔宝秋审阅,在此表示衷心感谢。

在编写本教材的过程中,编者参考、引用和改编了国内外出版物中的相关资料以及网络资源,在此表示深深的谢意!相关著作权人看到本教材后,请与出版社联系,出版社将按照相关法律的规定支付稿酬。

因编者的学识水平和教学经验有限,书中难免出现一些疏漏和不妥之处,敬请广大读者批评指正,以便下次修订时进一步完善。

编　者
2024 年 8 月

所有意见和建议请发往:dutpgz@163.com
欢迎访问职教数字化服务平台:https://www.dutp.cn/sve/
联系电话:0411-84707492　84706104

目 录

绪 论 ··· 1
  0.1 物理化学的地位和作用 ·· 1
  0.2 物理化学的基本内容 ··· 2
  0.3 物理化学的研究方法 ··· 2
  0.4 物理化学的发展趋势 ··· 3
  0.5 物理化学的学习方法 ··· 3

模块一 化学热力学基础

第 1 章 热力学第一定律 ··· 7
  1.1 理想气体 ·· 7
  1.2 热力学基本概念 ··· 12
  1.3 能量守恒与热力学第一定律 ·· 18
  1.4 焓 ··· 19
  1.5 变温过程热的计算 ·· 20
  1.6 热力学第一定律在简单 p、V、T 变化过程中的应用 ··························· 23
  1.7 相变过程 ·· 28
  1.8 化学变化过程 ··· 30
  1.9 真实气体的节流膨胀 ··· 41
  思考题 ··· 44
  本章小结 ·· 45
  习 题 ··· 47
  自测题 ··· 50

第 2 章 热力学第二定律 ··· 53
  2.1 自发过程和热力学第二定律 ·· 53
  2.2 卡诺循环和熵的概念 ··· 55
  2.3 熵变的计算与熵判据的应用 ·· 59
  2.4 热力学第三定律与化学反应熵变的计算 ··· 64
  2.5 亥姆霍兹函数与吉布斯函数 ·· 65
  2.6 热力学基本关系式 ·· 71
  思考题 ··· 74
  本章小结 ·· 75
  习 题 ··· 78
  自测题 ··· 80

模块二 化学热力学应用

第 3 章　液态混合物和溶液 85
　3.1　偏摩尔量与化学势 85
　3.2　拉乌尔定律和理想液态混合物 89
　3.3　亨利定律和理想稀溶液 93
　3.4　稀溶液的依数性 95
　3.5　真实液态混合物和真实溶液 99
　3.6　分配定律和萃取 100
　思考题 102
　本章小结 102
　习　题 103
　自测题 105

第 4 章　相平衡 107
　4.1　相　律 107
　4.2　单组分系统的相平衡 111
　4.3　二组分液态完全互溶系统的气-液平衡相图 115
　4.4　二组分液态部分互溶系统的气-液平衡相图 122
　4.5　二组分液态完全不互溶系统的气-液平衡相图 123
　4.6　二组分系统的液-固平衡相图 125
　思考题 130
　本章小结 130
　习　题 131
　自测题 133

第 5 章　化学平衡 135
　5.1　化学反应的方向与限度 135
　5.2　理想气体反应的等温方程与平衡常数 137
　5.3　标准平衡常数的计算 141
　5.4　平衡组成的计算 143
　5.5　温度对平衡常数的影响 146
　5.6　其他因素对化学平衡的影响 148
　思考题 151
　本章小结 151
　习　题 152
　自测题 155

第6章 电化学 ··· 158
6.1 电化学的基本概念和法拉第定律 ································ 158
6.2 电解质溶液的电导 ·· 161
6.3 电导测定的应用 ··· 165
6.4 强电解质溶液理论简介 ··· 168
6.5 可逆电池与可逆电极 ·· 170
6.6 可逆电池热力学 ··· 174
6.7 电极电势和电池电动势 ··· 176
6.8 电池电动势的测定及其应用 ······································ 181
6.9 极化作用 ··· 186
6.10 电解时的电极反应及其应用 ···································· 189
思考题 ··· 191
本章小结 ··· 192
习 题 ··· 193
自测题 ··· 195

模块三 化学动力学基础

第7章 化学动力学 ·· 199
7.1 化学反应速率 ·· 199
7.2 化学反应的速率方程 ·· 201
7.3 简单级数反应的速率方程 ··· 203
7.4 反应级数的确定 ··· 208
7.5 温度对反应速率的影响 ··· 211
7.6 典型的复合反应 ··· 215
7.7 复合反应速率方程的近似处理方法 ···························· 221
7.8 催化作用 ··· 223
思考题 ··· 226
本章小结 ··· 226
习 题 ··· 228
自测题 ··· 230

模块四　界面现象与分散系统

第 8 章　界面现象与胶体化学 ······ 235
　8.1　比表面吉布斯函数和表面张力 ······ 236
　8.2　液体的界面现象 ······ 239
　8.3　亚稳定状态和新相生成 ······ 244
　8.4　溶液表面上的吸附 ······ 245
　8.5　固体表面对气体的吸附 ······ 248
　8.6　分散系统的分类及其主要特征 ······ 251
　8.7　溶胶的制备与净化 ······ 252
　8.8　溶胶的性质 ······ 254
　8.9　溶胶的胶团结构 ······ 259
　8.10　溶胶的稳定性和聚沉 ······ 260
　8.11　乳状液 ······ 263
　思考题 ······ 264
　本章小结 ······ 265
　习　题 ······ 267
　自测题 ······ 268

参考文献 ······ 272
附　录 ······ 273
习题参考答案 ······ 279

本书微课视频列表

序号	二维码	微课名称	教材页码
1		道尔顿分压定律	9
2		热力学第一定律	18
3		吉布斯函数及其应用	66
4		拉乌尔定律	90
5		克劳修斯－克拉佩龙方程	113
6		理想气体等温方程	140
7		能斯特方程	179
8		阿仑尼乌斯方程	212
9		弯曲液面的附加压力	239
10		溶胶的聚沉	261

绪 论

物理学与化学作为自然科学的两个分支,关系十分密切。化学变化常伴有温度、压力、体积的变化以及光效应、热效应、电效应等物理变化,而温度、压力、浓度的改变,光的照射、磁场、电场等物理因素的作用,也都可能引起化学变化或影响化学变化的进行。物理化学是从物质的物理现象和化学现象的联系入手,运用物理学的基本原理和方法,探求化学变化基本规律的一门学科。物理化学的主要任务是研究:①一定条件下过程进行的方向和限度;②化学反应的速率和机理;③物质的性质与其微观结构之间的关系。物理化学的主要目的是揭示化学变化的本质,解决实际生产和科学实验中向化学提出的理论问题。例如,应用动力学探索化学反应机理;应用结构化学知识研究反应中间体的结构和稳定性;应用热力学原理研究无机材料的性质及稳定性。在分析化学中,应用光谱分析确定未知样品的组成;在生物化学中,应用动力学研究酶反应,应用热力学原理研究生物能、渗透作用、膜平衡以及确定生物大分子的分子量;在材料科学领域,利用热力学原理判断各种材料的稳定性以及合成某种新材料的可能性,应用光谱方法确定材料的结构和性能,应用动力学、统计热力学原理去研究聚合反应;在药学中,物理化学可为新型药物和药物新剂型的开发提供理论指导,为药物研究和病变检验提供实验方法等。总之,物理化学为生产实践和科学实验提供了可靠的理论依据。

0.1 物理化学的地位和作用

物理化学是化学科学的理论基础及重要组成学科,是化工、轻工、冶金、材料、建工、医药、环境等与化工有关专业的一门重要基础课程,是化工原理、化工热力学、化工动力学(反应工程)和生物反应工程等后续课程的理论基础,也是基础科学领域中最具活力的学科之一。物理化学极大地扩充了化学研究的领域,促进了相关学科的发展,与国计民生密切相关。它是认识一个具体化工生产过程及开发一个新过程所必不可少的知识,是相关部门改进旧工艺、实现新技术的理论基础和定量依据。它的研究成果在现代基本化学工业、有机合成工业、电化学工业以及其他国民经济部门中都有着广泛的应用并具有极为重要的指导意义。物理化学的内容涉及化工过程的一些普遍规律，在化工及与化工有关各专业人才培养过程中起着重要的作用。

0.2　物理化学的基本内容

物理化学主要由化学热力学、化学动力学、物质结构三大部分组成。

1. 化学热力学

化学热力学主要研究变化过程的能量转换及变化的方向和限度问题。在一定条件下，一个给定的反应能否朝着我们希望的方向进行？如果能进行，反应达到的限度如何？外界条件的变化对反应的限度有何影响？反应过程的能量变化关系怎样？诸如此类的问题都属于化学热力学的研究范畴。化学热力学是在热力学三个基本定律的基础上建立起来的，它主要解决反应的可能性问题，而不涉及反应速率问题。

2. 化学动力学

化学动力学是研究化学反应速率和机理的学科，其基本任务是阐明化学反应进行的条件（温度、压强、浓度、介质和催化剂等）对化学反应速率的影响，了解化学反应机理，探索物质结构与反应能力之间的关系。其最终目的是控制化学反应过程，以满足生产和科学研究的要求。如化工生产中，可以控制反应条件，提高主反应的速率，以增加化工产品的产量，抑制或减慢副反应的速率，以减少原料的消耗，减轻分离操作的负担，并提高产品的质量。

3. 物质结构

物质结构是运用物理学的理论和实验方法研究物质内部的结构，从而阐明化学现象的本质及结构与性能之间的关系。据此，不仅可以理解化学变化的内在因素，而且可以预见在适当的外部因素作用下，物质将发生怎样的变化，这为合成有特殊用途的新材料提供了方向和线索，并构成了物理化学的一个分支学科，叫作结构与量子化学，但本教材不涉及该部分内容。

0.3　物理化学的研究方法

物理化学研究方法和其他自然科学研究方法有着共同之处，它不仅遵循一般的科学方法，而且由于研究对象的特殊性，还有其独特的研究方法，主要归纳为热力学方法、量子力学方法及化学动力学方法等。本课程中主要应用热力学方法。

热力学研究方法可分为宏观研究方法和微观研究方法。宏观热力学也叫作经典热力学，是以大量粒子组成的宏观系统作为研究对象，以热力学第一定律、第二定律为基础，针对具体问题采用抽象、概括、理想化和简化的方法,经过归纳与演绎推理,建立分析模型,得到一系列热力学公式,来解决化学反应的方向、化学平衡以及能量交换问题。这一方法的特点是不涉及物质系统内部粒子的微观结构,只涉及物质系统变化前后状态的宏观性质。用热力学方法可以很好地解决物质变化过程的能量平衡、相平衡、化学平衡和反应热效应等问题。

0.4 物理化学的发展趋势

目前,物理化学的研究主要集中在三个前沿领域:一是宏观和介观研究;二是微观结构研究由静态、稳态向动态、瞬态发展,包括反应机理研究中的过渡态问题,催化反应机理与微观反应动力学问题等;三是复杂性问题的研究,在物质体系中化学复杂性是直接关系人类生存与进步的,也是可以用实验方法研究的。目前,物理化学领域最受人们重视的问题有催化基础研究、原子簇化学研究、分子动态学研究、生物大分子和药物大分子研究等,这些领域是现代化学的前沿领域。总体来说,学科的热点有从宏观到微观、从体相到表相、从定性到定量、从单一学科到交叉学科、从研究平衡态到研究非平衡态、从整理到设计切换的趋势。

0.5 物理化学的学习方法

物理化学是一门理论性及实践指导性都很强的学科,其特点是基本概念和理论抽象、逻辑性强、公式繁多且适用范围有严格的限制,同时它还涉及高等数学知识的应用,公式推导与计算较难。因此,很多学生在学习过程中感觉到有困难。为了使学生更好地理解和掌握本课程内容,在学习中应注意以下几点:

1. 勤于思考。抓住每一章的重点,注意各物理量定义的准确性,反复体会其建立和使用的条件。在学习每一章时要明确以下问题:①本章的主要研究内容是什么;②要解决什么问题;③根据什么实验、定律或理论;④得出什么结果;⑤有什么用处;⑥公式的使用条件是什么。抓住重要的概念、定律和理论,理解其内容、结论、用处和使用条件。

2. 善于总结归纳。注意各章节间及各物理量间的联系,注重对知识系统的归纳、总结和比较,建立知识体系。一个概念、原理总是经历提出、论证、应用、扩展等过程,并在课程中多次出现,相关的原理之间存在一定的内在联系,通过比对其相互关系、应用条件等更能加深理解,灵活应用。例如,把相似的公式列出对比,能从相似与差别中感受其意义与功能。

3. 重视习题。学习的目的在于运用所学理论解释及解决实际问题,做习题是理论联系实际的第一步,是培养独立思考和解决问题能力的重要环节。通过独立解题,可以找出自己对概念的模糊之处,逐渐加深理解。往往需要经过多次反复做习题,才能掌握解题方法和技巧。

4. 课前预习,课后总结,做好课堂笔记。通过课前预习,可以发现难点,明确听课重点;做好课堂笔记,用自己的语言把重要的知识简明扼要地记录下来,则有利于集中注意力听讲及课后总结复习。

5. 重视实验,把实验课看成是提高自己动手能力和独立工作能力的一个重要环节。

模块一

化学热力学基础

第 1 章

热力学第一定律

基本要求

1. 掌握热力学第一定律的表达式及热、功和热力学能之间的相互换算；
2. 掌握利用生成焓、燃烧焓计算化学反应 ΔH 的方法；
3. 掌握理想气体单纯 p、V、T 变化过程、相变过程和化学反应的 Q、W、ΔU、ΔH 的计算方法；
4. 理解热力学基本概念；
5. 理解焓的定义式及其含义；
6. 掌握理想气体状态方程、道尔顿分压定律及其有关计算；
7. 理解真实气体的 p、V、T 行为，了解真实气体的节流膨胀及其应用。

热力学是建立在大量科学实验基础上的宏观理论，研究包含大量微观粒子的宏观系统在各种条件下的平衡行为，通过系统变化前后某些宏观性质的增量，探讨各种形式的能量相互转化的规律，进而得出各种变化自动进行的方向与限度。本章讨论热力学第一定律及其应用，重点解决各种变化过程中能量转换的计算问题。

1.1 理想气体

工业生产与科学研究的对象都是大量分子、原子等微观粒子的聚集体，通常有气、液、固三种主要聚集状态。在相同条件下，同液体、固体相比较，气体体积较大，分子间相互作用力较小，性质相对简单，这就为热力学的研究提供了一个最方便的系统。另一方面，气体因其具有良好的流动性与混合性，而成为科学研究与化工生产中经常应用的一种聚集状态。

1.1.1 理想气体状态方程

气体的宏观状态通常用状态参数来确定，其中温度、压强和体积是三个基本状态参数。从 17 世纪中期开始，玻意耳、盖-吕萨克、阿伏伽德罗等一些科学家就致力于研究气

体的 p、V、T、n 之间的关系了,经过长达一个多世纪的研究,通过大量实验,人们归纳出各种低压气体都遵从状态方程:

$$pV = nRT \tag{1-1}$$

或

$$pV_m = RT \tag{1-2}$$

式中　　p——气体的压强,Pa;

　　　　V——气体的体积,m³;

　　　　V_m——气体的摩尔体积,m³·mol⁻¹;

　　　　n——气体的物质的量,mol;

　　　　R——摩尔气体常数,其值等于 8.314 J·K⁻¹·mol⁻¹,与气体的种类无关;

　　　　T——热力学温度,K。

实践证明,气体的压强越低,对式(1-1)符合程度越高。我们把在任何温度、压强下均严格服从式(1-1)的气体称为理想气体,把式(1-1)称为理想气体状态方程。

因为 $n = \dfrac{m}{M}$,所以式(1-1)还可表示为

$$pV = \frac{m}{M}RT \tag{1-3}$$

式中　　m——气体的质量,kg;

　　　　M——气体的摩尔质量,kg·mol⁻¹。

又因密度 $\rho = \dfrac{m}{V}$,故式(1-3)可写成

$$pM = \rho RT \tag{1-4}$$

式中　　ρ——密度,kg·m⁻³

【例 1-1】 在 273.15 K,101.325 kPa 时,实验测得某气体密度 ρ 为 1.980 4 kg·m⁻³,现将 10.0 g 气体置于 1.00 dm³ 的容器中,则当温度为 283.15 K 时,容器承受的压强是多大?

解: 根据题给条件,可首先利用式(1-4)得到该气体的摩尔质量,再利用式(1-3)计算容器承受的压强。

根据理想气体状态方程　　　　$pV = nRT$

得　　　　　　　　　　　　　$pV = \dfrac{m}{M}RT$

$$M = \frac{\rho RT}{p} = \frac{1.980\ 4 \times 8.314 \times 273.15}{101.325 \times 10^3} = 4.439 \times 10^{-2}\ \text{kg·mol}^{-1}$$

将该气体放入 283.15 K,1.00 dm³ 的容器后,容器承受的压强为:

$$p = \frac{mRT}{MV} = \frac{10.0 \times 10^{-3} \times 8.314 \times 283.15}{4.439 \times 10^{-2} \times 1.00 \times 10^{-3}} = 5.30 \times 10^5\ \text{Pa}$$

1.1.2　理想气体的微观模型

在任何温度和压强下都服从理想气体状态方程的气体,必须满足以下两个微观特征:

(1) 分子本身没有体积;

(2) 分子之间没有相互作用力。

满足以上条件的理想气体微观模型实际上并不存在。理想气体是真实气体 p 趋于零、V 趋于无限大时的极限状态，其行为代表了各种气体在高温低压下的共性。按照理想气体导出的关系式，作适当地修正就可用于真实气体。所以，理想气体模型的建立，为物理化学课程中研究真实气体等许多问题奠定了基础。

1.1.3 道尔顿分压定律

人们在现实生活和生产实践中遇到的气体常为气体混合物，理想气体状态方程不仅适用于纯理想气体，而且也适用于理想气体的混合物。

设温度为 T 时，在一体积为 V 的容器内，充有 n_A 摩尔 A 气体和 n_B 摩尔 B 气体，A、B 均为理想气体，实验测得系统的压强为 p，则 p 为 A 和 B 组成的理想气体混合物的总压强。

$$p = \frac{nRT}{V}$$

若把 n_A 摩尔 A 气体在温度 T 时单独置于体积为 V 的容器中，实验测得压强为 p_A，则

$$p_A = \frac{n_A RT}{V}$$

同样可测得 n_B 摩尔 B 气体在 T、V 条件下单存在时产生的压强为 p_B，则

$$p_B = \frac{n_B RT}{V} \tag{1-5}$$

混合气体中某组分单独存在，并具有与混合气体相同的温度和体积时所产生的压强，称作该组分的分压强。所以 p_A、p_B 分别为理想气体混合物中 A、B 两组分的分压强。

$$p_A + p_B = \frac{n_A RT}{V} + \frac{n_B RT}{V} = \frac{(n_A + n_B)RT}{V} = \frac{nRT}{V} = p$$

即

$$p = p_A + p_B$$

由上式可知，理想气体混合物的总压强等于其中各组分的分压强之和，此即道尔顿分压定律。

推广至任意组分的理想气体混合物，则分压定律可表示为：

$$p = \sum p_B \tag{1-6}$$

式中 p_B——混合气体中任一组分 B 的分压强。

气体混合物中组分 B 的分压强与系统总压强之比为：

$$\frac{p_B}{p} = \frac{\dfrac{n_B RT}{V}}{\dfrac{nRT}{V}} = \frac{n_B}{n} = y_B \tag{1-7}$$

即

$$p_B = y_B p \tag{1-8}$$

式中 y_B——组分 B 的物质的量分数，量纲为一。

式(1-8)表明系统中某组分 B 的分压强等于系统的总压强 p 与该气体的物质的量分

数 y_B 的乘积。式(1-6)、式(1-7)和式(1-8)既适用于理想气体混合物，又适用于真实气体混合物；式(1-5)只适用于理想气体混合物。

【例 1-2】 在一个 2.80 dm³ 的容器中，有 0.174 g 的 $H_2(g)$ 与 1.344 g 的 $N_2(g)$。求容器中各气体的物质的量分数及 0 ℃时各气体的分压强。

解：各气体的物质的量 $n=\dfrac{m}{M}$，则

$$n(H_2)=\dfrac{m(H_2)}{M(H_2)}=\dfrac{0.174}{2.016}=0.086\,3\text{ mol}$$

$$n(N_2)=\dfrac{m(N_2)}{M(N_2)}=\dfrac{1.334}{28.01}=0.047\,98\text{ mol}$$

容器中气体的物质的量

$$n=n(H_2)+n(N_2)=0.134\,3\text{ mol}$$

根据理想气体状态方程 $pV=nRT$，得容器中气体的压强

$$p=\dfrac{nRT}{V}=\dfrac{0.134\,3\times 8.314\times 273.15}{2.80\times 10^{-3}}=108.9\text{ kPa}$$

(1) 根据式(1-7)，各气体的物质的量分数 $y_B=\dfrac{n_B}{n}$，则

$$y(N_2)=\dfrac{n(N_2)}{n_{总}}=\dfrac{0.047\,98}{0.134\,3}=0.357\,3$$

$$y(H_2)=1-y(N_2)=0.642\,7$$

(2) 根据式(1-8)，各气体的分压强 $p_B=y_B p$，则

$$p(H_2)=y(H_2)p_{总}=0.642\,7\times 108.9=70.00\text{ kPa}$$

$$p(N_2)=p_{总}-p(H_2)=108.9-70.00=38.9\text{ kPa}$$

1.1.4 阿马格分体积定律

气体混合物中的任一组分 B 单独存在于气体混合物所处的温度、压强条件下占有的体积，称为组分 B 的分体积。

设温度为 T 时，在一压强为 p 的容器中，充有 n_A 摩尔 A 气体和 n_B 摩尔 B 气体，A、B 均为理想气体，实验测得系统的体积为 V，则 V 为 A 和 B 组成的理想气体混合物的总体积。

$$V=\dfrac{nRT}{p}=\dfrac{(n_A+n_B)RT}{p}=\dfrac{n_A RT}{p}+\dfrac{n_B RT}{p}=V_A+V_B$$

由上式可知，理想气体混合物的总体积等于其中各组分的分体积之和。该定律称为阿马格分体积定律。

推广至任意组分的理想气体混合物，则分体积定律可表示为：

$$V=\sum V_B \tag{1-9}$$

式中 V_B 为理想气体混合物中任一组分 B 的分体积：

$$V_B=\dfrac{n_B RT}{p}$$

气体混合物中组分 B 的分体积与系统总体积之比为：

$$\frac{V_B}{V} = \frac{\frac{n_B RT}{p}}{\frac{nRT}{p}} = \frac{n_B}{n} = y_B \tag{1-10}$$

即
$$V_B = y_B V \tag{1-11}$$

式中 y_B——组分 B 的物质的量分数，量纲为一。

式(1-11)表明，混合气体中某(与道尔顿分压定律一致)组分的分体积等于该组分的物质的量分数与总体积的乘积。

【例 1-3】 在 300 K 时，向一体积为 4 dm³ 的真空容器中装入湿空气，压强为 101.325 kPa，其中 O_2 与 N_2 的体积分数分别为 0.21 与 0.78，求水蒸气、O_2 和 N_2 的分体积。

解：压强一定时，各组分的体积分数与物质的量分数在数值上是相等的，由式(1-11)得：

$$V_B = y_B V$$
$$V_{O_2} = y_{O_2} V = 0.21 \times 4 = 0.84 \text{ dm}^3$$

同理可得 $V_{N_2} = y_{N_2} V = 0.78 \times 4 = 3.12 \text{ dm}^3$

则水蒸气的分体积为 $V_{水蒸气} = V - V_{O_2} - V_{N_2} = 0.04 \text{ dm}^3$

1.1.5 混合物的平均摩尔质量

设有 A、B 两种物质组成的混合物，其摩尔质量分别为 M_A、M_B，若混合物的质量为 m，则混合物的平均摩尔质量 $\overline{M}$ 为

$$\overline{M} = \frac{m}{n} = \frac{n_A M_A + n_B M_B}{n} = y_A M_A + y_B M_B$$

推广至任意组分的混合物，则有：

$$\overline{M} = \sum y_B M_B \tag{1-12}$$

式中 B——混合物中任一组分。

$\overline{M}$——混合物的平均摩尔质量，kg·mol⁻¹；

y_B——组分 B 的物质的量分数，量纲为一；

M_B——组分 B 的摩尔质量，kg·mol⁻¹。

由式(1-12)可知，混合物的平均摩尔质量等于各组分物质的量分数与其摩尔质量乘积的总和。

【例 1-4】 在 20 ℃时，把乙烷和丁烷的混合气体充入一个抽成真空的 2.00×10^{-4} m³ 的容器中，充入气体质量为 0.3897 g 时，压强达到 101.325 kPa，试计算混合气体中乙烷和丁烷的物质的量分数与分压强。

解：设 y_1 和 y_2 分别表示乙烷和丁烷的物质的量分数，已知乙烷的摩尔质量 $M_1 = 30$ g·mol⁻¹，丁烷的摩尔质量 $M_2 = 58$ g·mol⁻¹。

$$\overline{M} = y_1 M_1 + y_2 M_2 = \frac{mRT}{pV} = \frac{0.3897 \times 8.314 \times 293.15}{101.325 \times 10^3 \times 2.00 \times 10^{-4}} = 46.87 \text{ g·mol}^{-1}$$

因为 $\overline{M} = y_1 M_1 + y_2 M_2 = y_1 M_1 + (1 - y_1) M_2$

则
$$y_1 = \frac{\overline{M} - M_2}{M_1 - M_2} = \frac{46.87 - 58}{30 - 58} = 0.40$$
$$y_2 = 1 - y_1 = 1 - 0.40 = 0.60$$

由道尔顿分压定律可得

乙烷的分压强 $p_1 = y_1 p = 0.40 \times 101.325 = 40.53$ kPa

丁烷的分压强 $p_2 = p - p_1 = 101.325 - 40.53 = 60.795$ kPa

1.2 热力学基本概念

1.2.1 系统和环境

自然界中的任何物质都不是孤立存在的,当某种物质发生变化时,必然对周围其他物质产生影响。为了研究问题方便,热力学将作为研究对象的那部分物质称为系统,而将周围与之相关的其他部分都称为环境。系统和环境之间可以有明显的界面,也可以没有明显的界面。根据系统和环境之间的关系,系统可分为三类:

(1) 敞开系统:与环境之间既有能量交换又有物质交换的系统称为敞开系统;

(2) 封闭系统:与环境之间有能量交换而无物质交换的系统称为封闭系统;

(3) 隔离系统:与环境之间既无物质交换也无能量交换的系统称为隔离系统。

例如,一个储存氧气的钢瓶,以钢瓶中氧气作为系统。在加热钢瓶的同时将阀门打开,瓶内的氧气受热膨胀流出至空气中,则系统不仅从环境获得能量,而且有氧气从系统进入环境,故该系统是敞开系统。若将上述钢瓶的阀门关闭,则氧气只从环境获得能量而不会泄漏,此时可构成封闭系统。若不仅将钢瓶的阀门关闭,而且将整个钢瓶用一层绝热材料包好,则作为系统的氧气既不能从钢瓶中逸出,又因绝热层存在而不能从环境获得能量,可近似视为隔离系统。

严格来讲,真正的隔离系统是不存在的,因为自然界中的一切事物总是相互联系或相互影响的,但是当这些联系或影响可以忽略不计时,就可以将这样的系统看作隔离系统。

1.2.2 状态和状态函数

要描述一个系统,必须确定它的一系列性质,如质量、体积、压强、温度、密度、组成等。系统的状态就是其所有宏观性质的综合表现,而用来描述系统状态的各种性质,称为状态性质。其中数值与系统中所含物质的量成正比,并且具有加和性的性质称为广度性质,如体积、质量、热力学能等;数值与系统中物质的量无关,并且不具有加和性的性质称为强度性质,如温度、压强、密度等。

需要指出的是,广度性质与另一个描述系统物质的量的广度性质(如物质的量、质量等)的比值为一强度性质。如摩尔体积 $V_m = \dfrac{V}{n}$。

因为系统的宏观性质是相互关联的,所以描述一个系统的状态并不需要将该系统的全部性质都列出。对于不发生化学变化和相变化的均相封闭系统,一般说来只要指定两个强度性质,其他强度性质也就随之而定,若再知道系统的总量,则广度性质也就确定了。

热力学系统的各种性质确定后系统的状态也就确定了;反之,当系统的状态确定后,系统的性质就具有确定的数值。所以,状态性质又称为状态函数。状态函数具有如下特征:

(1)系统的状态确定之后,它的每一状态函数都具有单一的确定数值。这些数值只取决于系统现在所处的状态而与状态的经历无关;

(2)当系统的状态发生变化时,状态函数也发生变化,其改变值只与系统的始态和终态有关,而与变化所经历的具体步骤无关;

(3)无论经历多么复杂的变化,只要系统恢复原状态,则状态函数都恢复到原来的数值,即状态函数的变化值为零。

例如,1 mol 理想气体在 0 ℃和标准压强下,其体积为 22.4 dm³,而与在此之前系统的经历无关;将其加热到 80 ℃,其温度改变值 $\Delta T = T_2 - T_1 = 80$ K,ΔT 的数值与用什么热源来加热以及如何加热等具体步骤无关;无论经历加热、冷却、膨胀、压缩……,只要系统仍然恢复到 0 ℃和标准压强,则气体的体积仍是 22.4 dm³,其体积、压强和温度的改变值均为零。

若用数学语言来表示状态函数的特征,则状态函数的微小变化是全微分,即等于对所有变数的偏微分之和。

例如,一定量的理想气体的体积可以表示为温度和压强的函数,即 $V = f(T, p)$,该式的全微分是

$$dV = \left(\frac{\partial V}{\partial T}\right)_p dT + \left(\frac{\partial V}{\partial p}\right)_T dp$$

凡是状态函数,必然具有上述特征;反之,只要系统的某个物理量具有上述特征,则它一定是状态函数。

1.2.3 热力学平衡

当系统的各种宏观性质不随时间而变化时,则称该系统处于热力学平衡状态。热力学平衡包括下列各种平衡:

(1)热平衡　在系统没有绝热壁存在的情况下,若系统各部分之间没有温度差,则称该系统处于热平衡。

(2)力平衡　在系统没有刚性壁存在的情况下,若系统各部分之间没有不平衡的力存在,即各部分压力相等,则称该系统处于力平衡。

(3)化学平衡　当化学反应达到一定限度后,若系统的组成不随时间而改变,则称该系统处于化学平衡。

(4)相平衡　当相变化达到一定限度后,若系统中各相的组成和数量不随时间而改变,则称该系统处于相平衡。

1.2.4 过程和途径

系统状态所发生的一切变化均称为过程,实现某一过程的具体步骤称为途径。根据过程发生的条件,可将过程分为以下几种:

1. 恒温过程

系统状态发生变化时,系统的温度始终保持恒定不变,并且等于环境的温度,即 $T_1=T_2=T_系=T_环=$常数的过程。

2. 恒压过程

过程的压强始终恒定不变,且等于环境的压强,即 $p_1=p_2=p_系=p_环=$常数的过程。在环境压强保持不变的条件下,只是系统的始、终态压强相同且等于环境的压强的过程称为等压过程,即 $p_1=p_2=p_环=$常数的过程。在变化过程中环境的压强保持不变,且只有终态压强与环境压强相等的过程称为恒外压过程。

3. 恒容过程

在变化过程中系统的体积始终恒定不变,即 $V=$常数的过程。

4. 绝热过程

系统与环境之间没有热交换的过程称为绝热过程。

5. 循环过程

系统由某一状态出发,经历一系列的变化,又回到原状态的过程称为循环过程。在循环过程中,系统的始、终态是同一状态,因此状态函数的增量为零。

1.2.5 热和功

当一个非隔离系统的状态发生变化时,往往伴随着系统和环境之间的能量传递,这种能量的传递是以热和功两种形式进行的。

1. 热和功

系统与环境之间由于存在温度差而被传递的能量称为热,用符号 Q 表示。除热以外,系统与环境之间被传递的其他各种形式的能量统称为功,用符号 W 表示。因为能量的传递有方向性,所以习惯规定,系统从环境吸热 Q 为正值,系统放热于环境 Q 为负值;系统对环境做功 W 为负值,系统从环境获得功 W 为正值。

必须强调指出的是,热和功不是系统的性质,也不是状态函数。因为热和功总是与具体途径相联系的,称为途径函数。无限小的热和功分别以 δQ 和 δW 表示。热和功都具有能量量纲,常用单位为焦耳(J)或千焦耳(kJ)。

2. 体积功的计算

热力学将功分成两种:一种是在一定环境压强下系统体积发生变化时与环境交换的功,称为体积功;除体积功之外其他形式的功统称为非体积功,或称其他功(如电功、表面功等),常用 W' 表示。

体积功本质上是机械功。如图 1-1 所示,圆柱形气缸内的气体体积为 V,气缸活塞截面积为 A,外界的压强为 $p_环$。气体受热后,活塞移动了 $\mathrm{d}l$ 的距离,若忽略活塞与筒壁的摩擦力,则在此过程中系统所做的功为

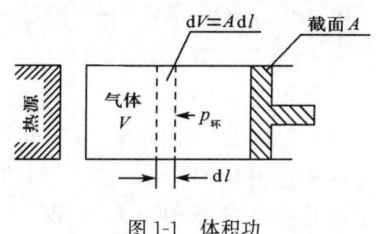

图 1-1 体积功

$$\delta W = F_外 \mathrm{d}l$$

因为
$$F_外 = p_环 A$$

则有
$$\delta W = p_环 A \mathrm{d}l = p_环 \mathrm{d}V$$

因为气体膨胀系统对环境做功,根据系统做功、功为负值的规定,微小体积功的计算公式为

$$\delta W = -p_环 \mathrm{d}V \tag{1-13}$$

对于一个有限过程
$$W = -\int_{V_1}^{V_2} p_环 \mathrm{d}V \tag{1-14}$$

若外压恒定,式(1-14)可写为
$$W = -p_环 (V_2 - V_1) \tag{1-15}$$

式中　W——体积功,J 或 kJ;

$p_环$——环境压强,Pa;

V_1、V_2——系统的始、终态体积,m^3。

【例 1-5】 1 mol 273 K、100 kPa 的理想气体经由下述四个途径恒温膨胀到终态压强为 50 kPa,计算四个途径中系统与环境交换的功。(1)自由膨胀;(2)$p_环$ 恒为 50 kPa;(3)从始态先反抗 75 kPa 的恒定外压膨胀至一个中间态,然后再反抗 50 kPa 的恒定外压膨胀至终态;(4)用一堆无限细的细沙代替 100 kPa 的压强,每次减少一粒细沙,直到压强降低到 50 kPa。如果将上述每一步沿原途径逆转返回起始状态,四个途径中系统与环境交换的功又为多少?

解: 始、终态气体的体积分别为

$$V_1 = \frac{nRT}{p_1} = \frac{1 \times 8.314 \times 273}{100 \times 10^3} = 2.27 \times 10^{-2} \ \mathrm{m}^3$$

$$V_2 = \frac{nRT}{p_2} = \frac{1 \times 8.314 \times 273}{50 \times 10^3} = 4.54 \times 10^{-2} \ \mathrm{m}^3$$

恒温膨胀过程

(1)气体自由膨胀

因为
$$p_环 = 0$$

所以
$$W_1 = -p_环 (V_2 - V_1) = 0$$

(2)一次膨胀

$$W_2 = -p_环 (V_2 - V_1) = -50 \times 10^3 \times (4.54 \times 10^{-2} - 2.27 \times 10^{-2}) = -1.14 \times 10^3 \ \mathrm{J}$$

(3)两次膨胀

第一次在 p' 下由 V_1 膨胀到 V_2',第二次在 p'' 下由 V_2' 膨胀到 V_2,所以

$$V_2' = \frac{nRT}{p'} = \frac{1 \times 8.314 \times 273}{75 \times 10^3} = 3.03 \times 10^{-2} \ \mathrm{m}^3$$

$$W_3 = -p'(V_2' - V_1) - p''(V_2 - V_2')$$
$$= -75 \times 10^3 \times (3.03 \times 10^{-2} - 2.27 \times 10^{-2}) - 50 \times 10^3 \times (4.54 \times 10^{-2} - 3.03 \times 10^{-2})$$
$$= -1.33 \times 10^3 \text{ J}$$

（4）每减少一粒细沙，相当于外压减小 $\mathrm{d}p$，体积膨胀 $\mathrm{d}V$

即每次膨胀开始时 $\qquad p_{环} = p - \mathrm{d}p$

则每一步膨胀的体积功为 $\qquad \delta W = -p_{环}\mathrm{d}V = -(p - \mathrm{d}p)\mathrm{d}V$

整个过程的体积功为

$$W = -\int_{V_1}^{V_2} p_{环} \mathrm{d}V = -\int_{V_1}^{V_2} (p - \mathrm{d}p)\mathrm{d}V = -\int_{V_1}^{V_2} p\,\mathrm{d}V + \int_{V_1}^{V_2} \mathrm{d}p\,\mathrm{d}V$$

省略二阶无穷小量，上式可写为

$$W = -\int_{V_1}^{V_2} p\,\mathrm{d}V \tag{1-16}$$

将理想气体状态方程 $pV = nRT$ 代入式(1-16)，并在恒温条件下积分得

$$W = nRT \ln \frac{V_1}{V_2} \tag{1-17}$$

或

$$W = nRT \ln \frac{p_2}{p_1} \tag{1-18}$$

所以 $\qquad W_4 = nRT \ln \dfrac{p_2}{p_1} = 1 \times 8.314 \times 273 \times \ln \dfrac{50}{100} = -1.57 \times 10^3 \text{ J}$

计算结果表明，四种膨胀方式，尽管系统的始、终态相同，但因途径不同，系统所做的功也不同，并且膨胀次数越多，系统做的功越多。因此功不是状态函数，而是过程量。

恒温压缩过程

（1）一次压缩

外压由 50 kPa 突然增大到 100 kPa，系统体积由 4.54×10^{-2} m³ 被压缩至 2.27×10^{-2} m³，该过程环境所做的体积功为

$$W_1' = W_2' = -p_{环}(V_1 - V_2) = -100 \times 10^3 \times (2.27 \times 10^{-2} - 4.54 \times 10^{-2})$$
$$= 2.27 \times 10^3 \text{ J}$$

（2）两次压缩

$$W_3' = -75 \times 10^3 \times (3.03 \times 10^{-2} - 4.54 \times 10^{-2}) - 100 \times 10^3 \times (2.27 \times 10^{-2} - 3.03 \times 10^{-2})$$
$$= 1.89 \times 10^3 \text{ J}$$

（3）每次添加一粒细沙，直到活塞上面的压强增加到 100 kPa

$$W = -\int_{V_2}^{V_1} p_{环}\mathrm{d}V = -\int_{V_2}^{V_1} (p + \mathrm{d}p)\mathrm{d}V = -\int_{V_2}^{V_1} p\,\mathrm{d}V - \int_{V_2}^{V_1} \mathrm{d}p\,\mathrm{d}V$$

省略二阶无穷小量，可得

$$W = -\int_{V_2}^{V_1} p\,\mathrm{d}V$$

所以 $W_4' = nRT \ln \dfrac{V_2}{V_1} = nRT \ln \dfrac{p_1}{p_2} = 1 \times 8.314 \times 273 \times \ln \dfrac{100}{50} = 1.57 \times 10^3 \text{ J}$

由上述计算结果可以看出，在同样的始、终态之间以不同方式进行的恒温压缩过程中，压缩次数越多，环境做的功越少。

1.2.6 可逆过程和不可逆过程

例 1-5 中第四步,由于内压与外压始终相差无限小,过程进行的速度无限缓慢。系统状态的改变可以看作由一系列无限接近于平衡的状态所构成,中间每一步都可以向相反方向进行而不在环境中留下任何变化,这样的过程称为可逆过程。反之,用任何方法都不能使系统和环境同时恢复原状的过程称为不可逆过程。

可逆过程具有如下特点:

(1)可逆过程的"动力"与"阻力"之间相差无限小,系统始终无限接近平衡态;

(2)可逆过程中的每一中间步骤均可以向正、反两个方向变化而不在系统和环境中留下任何其他变化;

(3)可逆过程系统做功最多,环境消耗功最少。相同始、终态的可逆压缩过程环境对系统所做的功与可逆膨胀过程系统对环境所做的功数值相等,符号相反;

(4)可逆体积功不再涉及系统性质以外的任何物理量,即在可逆过程中功有定值。此种特性为今后状态函数改变量的计算带来了方便。

可逆过程在自然界中并不存在,但实际过程在一定条件下可以无限地接近于这个理想过程,例如液体在其沸点时的蒸发、固体在其熔点时的熔化、可逆电池的充电和放电等都可以看作可逆过程。可逆过程有着重要的现实意义,从获得及消耗能量的观点来看,可逆过程是最经济、效率最高的过程,将实际过程与可逆过程比较,可以判别实际过程的不可逆程度大小,从而确定提高实际过程效率的可能性。可逆过程中的物理量用下标"r"标记。

可逆过程中系统与环境交换的体积功即可逆体积功,常用 W_r 表示。由式(1-16)可知 $W_r = -\int_{V_1}^{V_2} p dV$。理想气体恒温可逆过程的体积功可通过式(1-17) 和式(1-18) 求算。

1.2.7 热力学能

系统的能量是系统整体运动的动能、系统在外力场中的势能和系统的热力学能三部分的总和。我们把整体动能和整体势能除外,系统内部所有能量的总和称为热力学能。热力学能包括系统中分子运动的平动能、转动能、振动能,分子间相互作用的势能、电子运动能、原子核能等与分子热运动和结构以及其他微观形式有关的全部能量。热力学能是系统的状态函数。由于系统内部质点运动和相互作用的复杂性,热力学能的绝对值无法确定,然而,我们可以通过实验测定热力学能的改变量来解决实际问题。热力学能是系统的广度性质,具有加和性。

通常习惯将热力学能看作温度和体积的函数,即 $U = f(T, V)$。热力学能的微小变化 dU 可用全微分表示,写作

$$dU = \left(\frac{\partial U}{\partial T}\right)_V dT + \left(\frac{\partial U}{\partial V}\right)_T dV \tag{1-19}$$

对于理想气体,因分子间无作用力,从而分子势能不存在,唯一可变的是分子内部质点的运动动能。所以,理想气体的热力学能只是温度的函数,即 $U=f(T)$,与压强、体积无关。

1.3 能量守恒与热力学第一定律

1.3.1 基本概念

热力学第一定律

众所周知,能量不能无中生有,亦不能无形消失,能量守恒定律是自然界的普遍定律。该定律表明,自然界的一切物质都具有能量,能量有各种各样的形式,并且能从一种形式转变为另一种形式,但在相互转变过程中,能量的总量不变。

热力学第一定律本质就是能量守恒定律,常用的表述方法是:第一类永动机是不可能制成的。所谓第一类永动机是指不需要供给能量而可以连续不断做功的机器。

1.3.2 封闭系统热力学第一定律的数学表达式

热力学中,我们所研究的系统是宏观静止的,并且一般没有特殊外场(如电场、磁场、离心力场等)存在,重力场也常常被忽略,当系统的状态发生变化时只引起系统热力学能的改变。若系统从环境吸收的热为 Q,同时从环境得到功 W,则系统热力学能的改变量 ΔU 为

$$\Delta U = Q + W \tag{1-20}$$

若系统状态发生无限小的变化,则式(1-20)可表示为

$$dU = \delta Q + \delta W \tag{1-21}$$

式(1-20)及式(1-21)就是封闭系统热力学第一定律的数学表达式。由此可知:

(1)封闭系统状态改变所引起的热力学能的变化,可以通过实际变化过程的功和热求得。从相同的始态到相同的终态,经历不同的途径,各途径的 Q 和 W 一般不同,但($Q+W$)必定相同,均等于热力学能的改变量 ΔU;

(2)对于隔离系统,因为 $Q=0,W=0$,所以 $\Delta U=0$。因此,在隔离系统中发生的一切过程,其热力学能不变;

(3)对于绝热过程,$Q=0,\Delta U=W$,所以绝热过程功的数值可以量度系统热力学能的改变。

【例 1-6】 如图 1-2 所示,将一电炉丝浸入刚性绝热容器的水中,接上电源通电一段时间,试判断在此过程中(1)水的热力学能;(2)水和电炉丝的热力学能如何改变?

解:(1)以水为系统,则电炉丝、电源、容器等均为环境。因为水吸收了电炉丝放出的热,$Q>0$;系统和环境之间没有功的交换,则 $W=0$,所以 $\Delta U>0$。

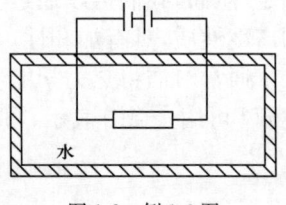

图 1-2 例 1-6 图

(2) 以水和电炉丝为系统，则电源、容器等均为环境，它们之间以电功形式传递能量，此时系统得到功，$W>0$；因为容器绝热，$Q=0$，所以 $\Delta U>0$。

【例 1-7】 在 101.325 kPa 下，1 mol 理想气体由 20 dm³ 膨胀到 30 dm³，并吸热 1 200 J，求该过程的 W 和 ΔU。

解：$W = -p_环(V_2 - V_1) = -101.325 \times 10^3 \times (30 \times 10^{-3} - 20 \times 10^{-3}) = -1\ 013.25$ J

因系统吸热，所以 $Q = 1\ 200$ J。根据热力学第一定律得

$$\Delta U = Q + W = -1\ 013.25 + 1\ 200 = 186.75 \text{ J}$$

$\Delta U > 0$，表明理想气体在该过程中吸收的热大于对环境所做的功，系统的热力学能增加，因此温度必然上升。

1.4 焓

无论是理论研究还是实际化工生产过程中进行的各种化学反应，大多是在恒压或恒容条件下进行的，对过程热效应的研究有着极为重要的意义。

1.4.1 恒容热

若封闭系统经历一个恒容过程，则此过程中体积功为零，若此过程也没有其他功，则由热力学第一定律可得

$$Q_V = \Delta U \tag{1-22}$$

对于系统的微小变化过程则有

$$\delta Q_V = \mathrm{d}U \tag{1-23}$$

下标"V"表示恒容过程。式(1-22)和式(1-23)表明，在封闭系统不做非体积功的恒容过程中，系统与环境交换的热等于系统热力学能的变化值。

1.4.2 恒压热

若封闭系统经历一个恒压过程，并且此过程没有非体积功，则由热力学第一定律可得

$$\Delta U = Q_p - p_环(V_2 - V_1) = Q_p - p(V_2 - V_1)$$

即

$$U_2 - U_1 = Q_p - (p_2 V_2 - p_1 V_1)$$

$$Q_p = (U_2 + p_2 V_2) - (U_1 + p_1 V_1) \tag{1-24}$$

由于 U、p、V 均为状态函数，因此它们的组合也一定是一个状态函数。

令

$$H \stackrel{\mathrm{def}}{=\!=} U + pV \tag{1-25}$$

H 称为焓。将式(1-25)代入式(1-24)可得到

$$Q_p = \Delta H \tag{1-26}$$

对于系统的微小变化过程则有

$$\delta Q_p = dH \tag{1-27}$$

下标"p"表示恒压过程。式(1-26)和式(1-27)表明,在封闭系统不做非体积功的恒压过程中,系统与环境交换的热等于系统焓的变化值。

然而,我们必须注意到,式(1-22)和式(1-26)只是表示了在上述特定条件下过程的热 Q_V 和 Q_p 与系统的状态函数增量 ΔU 和 ΔH 存在数值上相等的关系,只要系统的状态发生变化,一般就有 ΔU 和 ΔH,但在其他条件下,ΔU 和 ΔH 与过程的热并无直接的联系。

1.4.3 焓

式(1-25)即焓的定义式。作为定义而言,该式没有任何限制条件。焓是状态函数,具有状态函数的特征;焓是系统的广度性质,具有加和性;因热力学能的绝对值无法求得,故焓的绝对值也无法确定;焓具有能量量纲,常用单位为焦(J)或千焦(kJ)。

对于指定物质数量的均相封闭系统,习惯将焓表示为温度和压强的函数,即

$$H = f(T, p) \tag{1-28}$$

焓的微小变化 dH 可用全微分表示,写作

$$dH = \left(\frac{\partial H}{\partial T}\right)_p dT + \left(\frac{\partial H}{\partial p}\right)_T dp \tag{1-29}$$

对于理想气体来说,有 $pV = nRT$,则由式(1-25)可得

$$H = U + nRT$$

因为理想气体的热力学能只是温度的函数,由上式可知,一定量、一定组成的理想气体的焓也只是温度的函数,而与其压强、体积无关。

【例 1-8】 在一体积为 5 dm³ 的绝热密封容器中发生一变化过程,反应达到终态后,容器体积不变但压强增大了 2 026.5 kPa,试求该变化过程的 Q、W、ΔU 和 ΔH。

解:因为过程恒容绝热　$W = 0$,　$Q = 0$

根据热力学第一定律可知　$\Delta U = Q + W = 0$

由 $H = U + pV$,可得

$\Delta H = \Delta U + \Delta(pV) = \Delta U + V\Delta p = 0 + 5 \times 10^{-3} \times 2\,026.5 \times 10^3 = 10\,132.5$ J

1.5　变温过程热的计算

1.5.1　热容

当加热某一系统时,设系统从环境吸收热量 Q,温度从 T_1 升高到 T_2,则定义系统在 T_1 至 T_2 温度区间内平均温度升高 1 K 所需吸收的热量为平均热容,用符号 $\overline{C}$ 表示,即

$$\overline{C} = \frac{Q}{T_2 - T_1} = \frac{Q}{\Delta T} \tag{1-30}$$

$\overline{C}$ 的大小与系统的性质、系统物质的数量、加热方式及温差 ΔT 有关,同样大小的 ΔT 还与系统的始、终态温度有关。

当 ΔT 趋于无限小时,式(1-30)可写成

$$C \stackrel{\text{def}}{=\!=\!=} \frac{\delta Q}{dTC} \tag{1-31}$$

C 称为热容。若取物质的质量为 1 kg,则 C 称为质量热容(也称为比热容),单位为 $J \cdot K^{-1} \cdot kg^{-1}$;若取物质的量为 1 mol,则 C 称为摩尔热容,单位为 $J \cdot K^{-1} \cdot mol^{-1}$。在热力学计算中常用到的是定压摩尔热容和定容摩尔热容。

1. 定压摩尔热容

在恒压且 $W'=0$ 的条件下,1 mol 物质温度升高 1 K 所需要的热量,称为定压摩尔热容,用符号 $C_{p,m}$ 表示,单位是 $J \cdot K^{-1} \cdot mol^{-1}$,即

$$C_{p,m} = \frac{\delta Q_p}{ndT} \tag{1-32}$$

由上式可知,在没有相变化和化学变化并且不做非体积功的恒压条件下,物质的量为 n 的系统温度发生微小变化时,有

$$\delta Q_p = dH = nC_{p,m}dT \tag{1-33}$$

2. 定容摩尔热容

1 mol 物质在恒容,且 $W'=0$ 的条件下,温度升高 1 K 所需的热量,称为定容摩尔热容。用符号 $C_{V,m}$ 表示,单位是 $J \cdot K^{-1} \cdot mol^{-1}$,即

$$C_{V,m} = \frac{\delta Q_V}{ndT} \tag{1-34}$$

可见,在没有相变化和化学变化并且不做非体积功的恒容条件下,物质的量为 n 的系统温度发生微小变化时,有

$$\delta Q_V = dU = nC_{V,m}dT \tag{1-35}$$

热容的数据可以从附录或手册中查得。

3. 热容与温度的关系

实验表明,$C_{V,m}$ 和 $C_{p,m}$ 的数值与温度、压强有关,但压强对热容的影响很小,因此,在实际应用中,常把热容只看作温度的函数。在热力学数据手册中通常列入 $C_{p,m}$ 的两种类型的经验式

$$C_{p,m} = a + bT + cT^2 + \cdots \tag{1-36}$$

$$C_{p,m} = a + bT + c'T^{-2} + \cdots \tag{1-37}$$

式中 a,b,c,c' 是经验常数,可以从手册中查得,但要注意常数适用的温度范围。

4. 理想气体的摩尔热容

对于 1 mol 理想气体,由式(1-33)和式(1-35)推导可得

$$dH_m = C_{p,m}dT \tag{1-38}$$

$$dU_m = C_{V,m}dT \tag{1-39}$$

将式(1-38)和式(1-39)及理想气体状态方程分别代入焓的定义式的微分式,整理可得

$$C_{p,m} - C_{V,m} = R \tag{1-40}$$

用统计热力学可以证明,在常温下对理想气体来说,有

单原子分子系统　　　　$C_{V,m}=\dfrac{3}{2}R$，$C_{p,m}=\dfrac{5}{2}R$

双原子分子(或线形分子)系统　　$C_{V,m}=\dfrac{5}{2}R$，$C_{p,m}=\dfrac{7}{2}R$

多原子分子(非线形分子)系统　　$C_{V,m}=3R$，$C_{p,m}=4R$

1.5.2 简单变温过程热的计算

在不发生相变化和化学变化且 $W'=0$ 的均相封闭系统中,温度的变化往往伴随着热的吸收或放出。由式(1-33),对于 $W'=0$ 的恒压变温过程,热可以由下面的式子计算

$$Q_p = \Delta H = \int_{T_1}^{T_2} nC_{p,m}\,\mathrm{d}T \tag{1-41}$$

若 $C_{p,m}$ 不随温度发生变化,则有

$$Q_p = \Delta H = nC_{p,m}(T_2 - T_1) \tag{1-42}$$

同理,由式(1-35),对于 $W'=0$ 的恒容变温过程,计算热的公式为

$$Q_V = \Delta U = \int_{T_1}^{T_2} nC_{V,m}\,\mathrm{d}T \tag{1-43}$$

若 $C_{V,m}$ 不随温度发生变化,则

$$Q_V = \Delta U = nC_{V,m}(T_2 - T_1) \tag{1-44}$$

根据式(1-41)和式(1-43),可以利用热容与温度的函数关系式积分求算变温过程的热,但计算比较麻烦,因此,在实际工作中常用平均热容来近似计算。

平均摩尔定压热容的数值可以从附录或化工手册中查到。计算时应尽量使用接近所要计算的实际变温过程的温度变化范围的平均热容,以提高计算的准确度。

因为理想气体的热力学能和焓只是温度的函数,与压强、体积无关,所以我们可以推论,对于理想气体来说,任何没有相变化和化学变化且 $W'=0$ 的简单变温过程,ΔU 和 ΔH 均可由式(1-41)至式(1-44)求算。

【例1-9】 已知 $O_2(g)$ 在 273~3 800 K 的温度范围内摩尔定压热容与温度的关系服从 $C_{p,m}(\mathrm{J \cdot K^{-1} \cdot mol^{-1}}) = 28.17 + 6.297\times 10^{-3}T/\mathrm{K} - 0.749\,4\times 10^{-6}T^2/\mathrm{K}^2$。今将 1.00 mol 的 $O_2(g)$ 在空气中自 298 K 加热到 398 K,问需要多少热量?

解: 在空气中加热是一个恒压过程

$$\begin{aligned}
Q_p &= \int_{T_1}^{T_2} nC_{p,m}\,\mathrm{d}T \\
&= \int_{T_1}^{T_2} n(28.17 + 6.297\times 10^{-3}T - 0.7494\times 10^{-6}T^2)\,\mathrm{d}T \\
&= 1.00\times\Big[28.17\times(398-298) + \dfrac{1}{2}\times 6.297\times 10^{-3}\times(398^2-298^2) \\
&\quad -\dfrac{1}{3}\times 0.749\,4\times 10^{-6}\times(398^3-298^3)\Big] \\
&= 3.03\times 10^3\ \mathrm{J} = 3.03\ \mathrm{kJ}
\end{aligned}$$

故在空气中将 1.00 mol 的 $O_2(g)$ 自 298 K 加热到 398 K,需要 3.03 kJ 的热量。

1.6 热力学第一定律在简单 p、V、T 变化过程中的应用

1.6.1 单一过程

1. 恒温过程

由于理想气体的热力学能和焓只是温度的函数,所以对于理想气体恒温过程
$$\Delta U = 0, \quad \Delta H = 0$$
根据热力学第一定律,则有 $\quad Q = -W$
对于理想气体恒温可逆过程,有
$$W = nRT \ln \frac{V_1}{V_2}$$
或
$$W = nRT \ln \frac{p_2}{p_1}$$
对于理想气体恒温、恒外压过程,则有
$$W = -p_{环}(V_2 - V_1) = -p_{环} nRT \left(\frac{1}{p_2} - \frac{1}{p_1} \right)$$

2. 恒压过程

不做非体积功的恒压过程
$$W = -p_{环}(V_2 - V_1) = -p(V_2 - V_1)$$
当理想气体的热容为常数时
$$Q = \Delta H = nC_{p,m}(T_2 - T_1)$$
$$\Delta U = nC_{V,m}(T_2 - T_1)$$
或者根据热力学第一定律,有
$$\Delta U = Q + W$$

3. 恒容过程

由于系统的体积不变,故体积功 $\quad W = 0$
当理想气体的热容为常数时
$$Q = \Delta U = nC_{V,m}(T_2 - T_1)$$
$$\Delta H = nC_{p,m}(T_2 - T_1)$$

4. 绝热过程

绝热过程系统状态发生变化时,系统与环境之间不发生热传递。对于那些变化极快的过程,如爆炸、快速燃烧等,系统与环境之间来不及发生热交换,可近似看作绝热过程处理。

在绝热过程中,系统与环境之间无热的交换,但可以有功的交换。
$$\Delta U = W \tag{1-45}$$

式(1-45)说明,若系统对外做功,系统热力学能减少,系统温度必然降低;反之,则系

统温度升高。因此绝热膨胀可获得低温,而绝热压缩能使系统温度升高。

如果一定量、一定组成的理想气体经历一绝热可逆过程,则在过程中每一微小变化步骤均有

$$\delta W = dU = nC_{V,m}dT$$

若在此过程中系统不做非体积功,则

$$\delta W = -pdV = -\frac{nRT}{V}dV$$

所以

$$nC_{V,m}dT = -\frac{nRT}{V}dV$$

整理得

$$C_{V,m}\frac{dT}{T} = -R\frac{dV}{V}$$

设理想气体的摩尔热容可看作常数,且 $C_{p,m} - C_{V,m} = R$,代入上式积分得:

$$C_{V,m}\ln\frac{T_2}{T_1} = -(C_{p,m} - C_{V,m})\ln\frac{V_2}{V_1}$$

若令 $\gamma = C_{p,m}/C_{V,m}$,则 γ 被称为热容比(也称绝热指数),代入上式整理得:

$$\frac{T_2}{T_1} = \left(\frac{V_2}{V_1}\right)^{1-\gamma}$$

即

$$T_1 V_1^{\gamma-1} = T_2 V_2^{\gamma-1} \tag{1-46}$$

将理想气体状态方程式 $T = \frac{pV}{nR}$ 和 $V = \frac{nRT}{p}$ 分别代入式(1-46),还可以得到

$$p_1 V_1^{\gamma} = p_2 V_2^{\gamma} \tag{1-47}$$

$$p_1^{1-\gamma} T_1^{\gamma} = p_2^{1-\gamma} T_2^{\gamma} \tag{1-48}$$

式(1-46)至(1-48)描述了理想气体绝热可逆过程中任意两个状态之间的 p、V、T 关系,称为理想气体绝热可逆过程方程。

【例 1-10】 1.00 mol 理想气体,在 25 ℃从 1 000 kPa 可逆膨胀到 100 kPa,计算该过程的 Q、W、ΔU 和 ΔH。

解:根据理想气体的性质,在无化学变化、相变化的恒温过程中

$$\Delta U = 0, \quad \Delta H = 0$$

根据热力学第一定律,则有 $Q = -W$

根据式(1-18),得

$$W = nRT\ln\frac{p_2}{p_1} = 1.00 \times 8.314 \times 298.15 \ln\frac{100}{1\,000} = -5\,707.69 \text{ J}$$

则 $Q = -W = 5\,707.69 \text{ J}$

【例 1-11】 将 2.00 mol He(g) 由 50 ℃ 加热到 150 ℃,若(1)加热时保持体积不变;(2)加热时保持压强不变,分别计算两过程的 Q、W、ΔU 和 ΔH。(He(g) 可视为理想气体)。

解:对于单原子理想气体有

$$C_{V,m} = \frac{3}{2}R \qquad C_{p,m} = \frac{5}{2}R$$

(1)恒容过程

加热时保持体积不变,则体积功 $W=0$

$$\Delta U = nC_{V,m}(T_2-T_1) = 2.00 \times \frac{3}{2}R \times (423.15-323.15) = 2\,494.2 \text{ J}$$

$$\Delta H = nC_{p,m}(T_2-T_1) = 2.00 \times \frac{5}{2}R \times (423.15-323.15) = 4\,157 \text{ J}$$

$$Q = \Delta U = 2\,494.2 \text{ J}$$

(2)恒压过程

$$W = -p_环(V_2-V_1) = nR(T_2-T_1)$$
$$= 2.00 \times 8.314 \times (423.15-323.15)$$
$$= 1\,662.8 \text{ J}$$

$$\Delta U = nC_{V,m}(T_2-T_1) = 2.00 \times \frac{3}{2}R \times (423.15-323.15) = 2\,494.2 \text{ J}$$

$$\Delta H = nC_{p,m}(T_2-T_1) = 2.00 \times \frac{5}{2}R \times (423.15-323.15) = 4\,157 \text{ J}$$

$$Q = \Delta H = 4\,157 \text{ J}$$

【例 1-12】乙烯压缩机的入口温度、压强分别为 252 K,101.325 kPa,出口温度、压强分别为 352 K,192.518 kPa。若此过程可看作绝热过程,气体可近似看作理想气体,试计算每压缩 1.00 mol 乙烯的 Q、W、ΔU 和 ΔH。已知在此温度区间内

$$\overline{C}_{p,m}(C_2H_2,g) = 35.84 \text{ J} \cdot \text{K}^{-1} \cdot \text{mol}^{-1}。$$

解:系统的始、终态可表示如下:

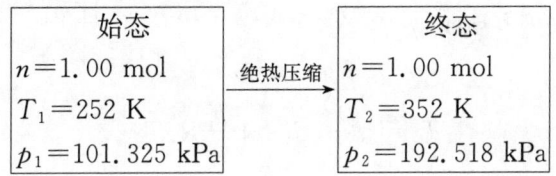

因为过程绝热,所以 $Q=0$

根据热力学第一定律,可得

$$\Delta U = W$$

$$\overline{C}_{V,m} = \overline{C}_{p,m} - R = 35.84 - 8.314 = 27.53 \text{ J} \cdot \text{K}^{-1} \cdot \text{mol}^{-1}$$

虽然所求过程既非恒压也非恒容过程,但对于理想气体,有

$$\Delta U = n\overline{C}_{V,m}(T_2-T_1) = 1.00 \times 27.53 \times (352-252) = 2\,753 \text{ J}$$

$$\Delta H = n\overline{C}_{p,m}(T_2-T_1) = 1.00 \times 35.84 \times (352-252) = 3\,584 \text{ J}$$

$$W = \Delta U = 2\,753 \text{ J}$$

【例 1-13】在 273.2 K 和 1 000 kPa 压强下,取 1.00 mol 理想气体,分别经(1)绝热可逆膨胀;(2)在外压恒定为 100 kPa 下绝热膨胀,至最后压强为 100 kPa。计算上述过程的 Q、W、ΔU 和 ΔH。已知理想气体的 $C_{p,m} = 20.78 \text{ J} \cdot \text{K}^{-1} \cdot \text{mol}^{-1}$,且与温度无关。

解：(1) 绝热可逆膨胀过程

首先利用绝热可逆过程方程求出终态的温度 T_2，则 W、ΔU 和 ΔH 便都可以求出。

根据题给数据 $C_{p,m}=20.78\ \text{J}\cdot\text{K}^{-1}\cdot\text{mol}^{-1}$，可得

$$\gamma=\frac{C_{p,m}}{C_{V,m}}=\frac{20.78}{20.78-8.314}=1.667$$

由式(1-46)得

$$T_2=T_1\left(\frac{p_1}{p_2}\right)^{\frac{1-\gamma}{\gamma}}=273.2\times\left(\frac{1\,000}{100}\right)^{\frac{1-1.667}{1.667}}=108.8\ \text{K}$$

因为绝热，过程的 $Q_1=0$

所以
$$W_1=\Delta U_1=nC_{V,m}(T_2-T_1)$$
$$=1.00\times(20.78-8.314)(108.8-273.2)$$
$$=-2\,049.4\ \text{J}$$

$$\Delta H_1=nC_{p,m}(T_2-T_1)$$
$$=1.00\times 20.78\times(108.8-273.2)$$
$$=-3\,416.2\ \text{J}$$

(2) 绝热恒外压膨胀过程

这是一个绝热不可逆过程，因此不能用绝热可逆过程方程确定系统的终态。

因为绝热，过程的 $Q=0$

所以 $W=\Delta U=nC_{V,m}(T_2-T_1)$

而在恒外压过程中 $W=-p_{环}(V_2-V_1)$

所以 $W=-p_{环}(V_2-V_1)=-nRp_{环}\left(\dfrac{T_2}{p_2}-\dfrac{T_1}{p_1}\right)$

$$-nRp_{环}\left(\frac{T_2}{p_2}-\frac{T_1}{p_1}\right)=nC_{V,m}(T_2-T_1)\quad\text{且}\ p_{环}=p_2$$

整理化简得

$$T_2=\frac{1}{C_{p,m}}\left(C_{V,m}+\frac{p_2}{p_1}R\right)T_1 \qquad (1\text{-}49)$$

所以 $T'_2=\dfrac{1}{C_{p,m}}\left(C_{V,m}+\dfrac{p_2}{p_1}R\right)T_1$

$$=\frac{1}{20.78}\left[(20.78-8.314)+\frac{100}{1\,000}\times 8.314\right]\times 273.2=174.8\ \text{K}$$

$$W_2=\Delta U_2$$
$$=nC_{V,m}(T'_2-T_1)$$
$$=1.00\times(20.78-8.314)(174.8-273.2)$$
$$=-1\,226.6\ \text{J}$$

$$\Delta H_2=nC_{p,m}(T'_2-T_1)$$
$$=1.00\times 20.78\times(174.8-273.2)$$
$$=-2\,044.8\ \text{J}$$

从计算结果可以看出，当系统从同一始态出发，经过绝热过程膨胀到相同压强的终态

时,可逆过程系统所做的功大于不可逆过程系统所做的功,可逆过程终态的温度低于不可逆过程终态的温度。即从同一始态经绝热可逆与绝热不可逆过程是不能到达同一终态的。

1.6.2 连续过程

【例 1-14】 将 1 mol 理想气体于 300.15 K、100 kPa 状态下受某恒定外压恒温压缩到平衡,再由该状态恒容升温至 370.15 K,则气体压强升到 1 000 kPa,求整个过程的 Q、W、ΔU 及 ΔH。已知该气体的 $C_{V,m}=20.92\ \text{J}\cdot\text{K}^{-1}\cdot\text{mol}^{-1}$。

解: 题给过程可表示如下:

$$
\boxed{\begin{array}{c} n=1\ \text{mol} \\ T_1=300.15\ \text{K} \\ p_1=100\ \text{kPa} \\ V_1 \end{array}} \xrightarrow[\text{(1)}]{\text{恒温恒外压}} \boxed{\begin{array}{c} n=1\ \text{mol} \\ T_2=300.15\ \text{K} \\ p_2=p_环 \\ V_2 \end{array}} \xrightarrow[\text{(2)}]{\text{恒容}} \boxed{\begin{array}{c} n=1\ \text{mol} \\ T_3=370.15\ \text{K} \\ p_3=1\ 000\ \text{kPa} \\ V_3 \end{array}}
$$

因过程(2)为理想气体恒容升压过程,故有 $W_2=0$

由理想气体状态方程 $pV=nRT$,可得 $\dfrac{p_2}{p_3}=\dfrac{T_2}{T_3}$

所以
$$p_环=p_2=p_3\dfrac{T_2}{T_3}$$

根据状态函数的性质,可得

$\Delta U=nC_{V,m}(T_3-T_1)=1\times 20.92\times(370.15-300.15)=1\ 464.40\ \text{J}$

$\Delta H=nC_{p,m}(T_3-T_1)=1\times(20.92+8.314)\times(370.15-300.15)=2\ 046.38\ \text{J}$

因为热和功为过程量,所以必须依照实际发生的过程分步来求。

$$
\begin{aligned}
W &= W_1+W_2=-p_环(V_2-V_1)+0=-nRT_2+p_3\dfrac{T_2}{T_3}\dfrac{nRT_1}{p_1} \\
&= -nRT_2\left(1-\dfrac{p_3 T_1}{p_1 T_3}\right) \\
&= -1\times 8.314\times 300.15\times\left(1-\dfrac{1\ 000\times 300.15}{100\times 370.15}\right)=17\ 739.82\ \text{J}
\end{aligned}
$$

$Q=\Delta U-W=1\ 464.40-17\ 739.82=-16\ 275.42\ \text{J}$

1.6.3 理想气体混合过程

设有 A、B 两种纯理想气体,混合前其物质的量和温度分别为 n_A、T_A 和 n_B、T_B,混合后温度为 T,且 A、B 间不发生化学反应。对理想气体混合过程中的 ΔU 和 ΔH,可分别由两种纯气体在混合过程中的 ΔU 和 ΔH 相加而得,即

$$\Delta U=\Delta U_A+\Delta U_B=n_A\overline{C}_{V,A}(T-T_A)+n_B\overline{C}_{V,B}(T-T_B) \qquad (1\text{-}50)$$

$$\Delta H=\Delta H_A+\Delta H_B=n_A\overline{C}_{p,A}(T-T_A)+n_B\overline{C}_{p,B}(T-T_B) \qquad (1\text{-}51)$$

而混合过程的 Q 和 W,则需由过程的具体特性决定,以下着重讨论两种情况。

(1) 恒温、恒压混合

因过程恒温，而理想气体的热力学能和焓只是温度的函数，所以

$$\Delta U=0, \Delta H=0$$

对于封闭系统，$W'=0$ 的恒压过程，有 $Q_p=\Delta H=0$

所以

$$W=\Delta U-Q=0$$

若将理想气体 A、B 视为系统，则混合前后系统体积不变，同样可得 $W=0$。

(2) 恒容绝热混合

【例 1-15】 在一带有隔板的绝热刚性容器中，分别充入 10 ℃ 的 1 mol 理想气体 A 和 20 ℃ 的 3 mol 理想气体 B，隔板两侧体积相等。现抽去隔板，使两气体混合，并达到平衡。求混合后系统的温度 T 及该过程的 Q、W、ΔU 和 ΔH。已知 $\overline{C}_{V,A}=1.5R$，$\overline{C}_{V,B}=2.5R$。

解： 题给过程可表示如下：

1 mol A(g)	3 mol B(g)	恒容绝热混合	1 mol A(g)+3 mol B(g)
10 ℃	20 ℃	→	T 2V
V	V		

因为过程恒容绝热，所以 $Q=0, W=0$

根据热力学第一定律得 $\Delta U=0$

而 $\Delta U=\Delta U_A+\Delta U_B=n_A\overline{C}_{V,A}(T-T_A)+n_B\overline{C}_{V,B}(T-T_B)$

所以 $1\times 1.5R\times(T-283.15)+3\times 2.5R\times(T-293.15)=0$

解得 $T=291.48$ K

则 $\Delta H=\Delta H_A+\Delta H_B=n_A\overline{C}_{p,A}(T-T_A)+n_B\overline{C}_{p,B}(T-T_B)$

$=1\times 2.5\times 8.314\times(291.48-283.15)+3\times 3.5\times 8.314\times(291.48-293.15)$

$=27.35$ J

1.7 相变过程

相是指系统中物理及化学性质完全均匀的部分。物质由一个相转变成另一个相的过程，称为相变过程。纯物质的气态、液态、固态之间的相互变化及同一种物质的不同晶型之间的相互转化过程均为相变过程。纯物质的相变一般是在恒压不做非体积功的条件下进行，此时的相变热为恒压热，在数值上等于相变焓。

1.7.1 相变焓

若物质的量为 n 的物质 B 在恒定的温度、压强下由 α 相转变为 β 相，即

$$B(\alpha)\longrightarrow B(\beta)$$

则过程的焓变称为相变焓，写作 $\Delta_\alpha^\beta H$，单位为 J 或 kJ。通常将 1 mol 物质的相变焓称为摩尔相变焓，用 $\Delta_\alpha^\beta H_m$ 表示，单位为 J·mol^{-1} 或 kJ·mol^{-1}。由固态变成液态的过程称

为熔化,用符号 fus 表示;由液态变成气态的过程称为蒸发,用符号 vap 表示;由固态变成气态的过程称为升华,用符号 sub 表示;不同晶型之间的互相转化称为转变,用符号 trs 表示。

对于 $W'=0$ 时在恒温和该温度的平衡压强下发生的相变过程

$$Q_p = \Delta_\alpha^\beta H = n\Delta_\alpha^\beta H_m \tag{1-52}$$

式中　Q_p——相变热,J 或 kJ;

$\Delta_\alpha^\beta H$——相变焓,J 或 kJ;

$\Delta_\alpha^\beta H_m$——摩尔相变焓,J·mol^{-1} 或 kJ·mol^{-1}。

应用摩尔相变焓数据时应注意以下问题:

(1)相变方向。相变焓数据的相变方向要与实际相变方向相同。如果相变方向的始、终态倒置,则在同样的温度、压强下,相变焓数值相等,符号相反;

(2)相变焓的单位。物质的计量单位与相变焓的物质基准单位要统一;

(3)相变温度。相变焓数据的温度要与实际相变温度一致。

物质在正常相变点(101.325 kPa 下的相平衡温度)的摩尔相变焓可以从化工手册中查到。相变焓是温度和压强的函数,理论和实验都证明了在压强变化范围不大时,压强对相变焓的影响可以忽略,因此,在实际应用中主要考虑温度对相变焓的影响。

1.7.2　相变焓与温度的关系

若知道在 T_1、p_1 下,物质 B 由 α 相变成 β 相的摩尔相变焓 $\Delta_\alpha^\beta H_m(T_1)$ 及 α 相和 β 相的摩尔定压热容 $C_{p,m}(\alpha)$、$C_{p,m}(\beta)$,那么我们就可以利用热力学方法,推算出 T_2、p_2 下物质 B 由 α 相变成 β 相的摩尔相变焓 $\Delta_\alpha^\beta H_m(T_2)$。

在 T_2、p_2 下 n mol 物质 B 由 α 相变成 β 相的相变过程的始、终态之间设计一条包括 T_1、p_1 下相变过程的途径:

$$\begin{array}{ccc} B(\alpha) & \xrightarrow[T_2,p_2]{\Delta H} & B(\beta) \\ \downarrow \Delta H_1 & & \uparrow \Delta H_3 \\ B(\alpha) & \xrightarrow[T_1,p_1]{\Delta H_2} & B(\beta) \end{array}$$

忽略压强对相变焓的影响,根据状态函数的性质可得

$$\Delta H = \Delta H_1 + \Delta H_2 + \Delta H_3$$

$$n\Delta_\alpha^\beta H_m(T_2) = n\int_{T_2}^{T_1} C_{p,m}(\alpha)dT + n\Delta_\alpha^\beta H_m(T_1) + n\int_{T_1}^{T_2} C_{p,m}(\beta)dT$$

$$\Delta_\alpha^\beta H_m(T_2) = \Delta_\alpha^\beta H_m(T_1) + \int_{T_1}^{T_2}[C_{p,m}(\beta) - C_{p,m}(\alpha)]dT$$

令

$$\Delta C_{p,m} = C_{p,m}(\beta) - C_{p,m}(\alpha) \tag{1-53}$$

可得

$$\Delta_\alpha^\beta H_m(T_2) = \Delta_\alpha^\beta H_m(T_1) + \int_{T_1}^{T_2} \Delta C_{p,m}dT \tag{1-54}$$

当 $\Delta C_{p,m}$ 为常数时，式(1-54)可以写成

$$\Delta_\alpha^\beta H_m(T_2) = \Delta_\alpha^\beta H_m(T_1) + \Delta C_{p,m}(T_2 - T_1) \tag{1-55}$$

1.7.3 热力学第一定律在相变过程中的应用

【例 1-16】 在 100 ℃和 101.325 kPa 下，1 mol 水完全蒸发为水蒸气，计算该过程的 Q、W、ΔU 和 ΔH。已知 100 ℃和 101.325 kPa 下，水和水蒸气的密度分别为 958.8 kg·m^{-3} 和 0.586 3 kg·m^{-3}，水的摩尔蒸发焓为 40.64 kJ·mol^{-1}。

解：该蒸发过程是在恒温、恒压条件下进行的，则有

$$W = -p_环(V_2 - V_1) = -p_环 Mn\left(\frac{1}{\rho_{水蒸气}} - \frac{1}{\rho_水}\right)$$

$$= -101.325 \times 18.02 \times 10^{-3} \times 1 \times \left(\frac{1}{0.586\,3} - \frac{1}{958.8}\right) = -3.11 \text{ kJ}$$

$$Q = 40.64 \times 1 = 40.64 \text{ kJ}$$

$$\Delta U = Q + W = 40.64 - 3.11 = 37.53 \text{ kJ}$$

$$\Delta H = Q_p = Q = 40.64 \text{ kJ}$$

【例 1-17】 试求在 25 ℃、101.325 kPa 下 3 mol 水蒸气完全冷凝为同温、同压下水时的 Q、W、ΔU 及 ΔH。已知 $H_2O(l)$ 和 $H_2O(g)$ 的 $\overline{C}_{p,m}$ 分别为 75.38 J·K^{-1}·mol^{-1} 和 33.6 J·K^{-1}·mol^{-1}，水在正常沸点 373.15 K 下的 $\Delta_{vap}H_m = 40.64$ kJ·mol^{-1}。

解：该系统的始、终态及过程特性如下：

| 3 mol H$_2$O(g)
$T=298.15$ K
$p=101.325$ kPa | 恒温、恒压相变 → | 3 mol H$_2$O(l)
$T=298.15$ K
$p=101.325$ kPa |

根据 $\Delta_\alpha^\beta H_m(T_2) = \Delta_\alpha^\beta H_m(T_1) + \Delta C_{p,m}(T_2 - T_1)$，得

$$\Delta_{vap}H_m(298.15 \text{ K}) = \Delta_{vap}H_m(373.15 \text{ K}) + \Delta\overline{C}_{p,m}(298.15 - 373.15)$$

$$= 40.64 + (33.6 - 75.38) \times 10^{-3} \times (298.15 - 373.15)$$

$$= 43.77 \text{ kJ·mol}^{-1}$$

由于欲求相变过程为冷凝过程，所以 $\Delta_g^l H_m = -\Delta_{vap}H_m$

$$Q_p = \Delta H = n(-\Delta_{vap}H_m) = 3 \times (-43.77) = -131.31 \text{ kJ}$$

$$W = -p_环(V_l - V_g) \approx pV_g = n_g RT = 3 \times 8.314 \times 298.15 = 7.44 \text{ kJ}$$

$$\Delta U = Q + W = -131.31 + 7.44 = -123.87 \text{ kJ}$$

1.8 化学变化过程

一个只做体积功的化学反应，反应的始态和终态处于同一个温度时，系统放出或吸收的热量称为化学反应热。了解化学反应热，对于保证化工生产的稳定进行，经济合理地利用能源，防止生产中意外事故的发生等有着极为重要的意义。化学反应热与系统中发生

反应的物质的量有关,为了确切地描述化学反应过程中热力学量的变化,我们引入一个能够方便地描述反应进行程度的物理量——反应进度 ξ。

1.8.1 反应进度

对于化学反应 $aA+bB \longrightarrow gG+hH$
我们可以用一个通式来表示

$$0 = \sum_B \nu_B B \tag{1-56}$$

式中　B——参加反应的任一物质;
　　　ν_B——物质 B 的化学计量数。

反应物的 ν_B 为负值;产物的 ν_B 为正值。同一个化学反应,化学计量数与反应方程式的书写方式有关。

对于反应	$3H_2(g)+N_2(g) \rightleftharpoons 2NH_3(g)$		
起始物质的量 $n_{B,0}/\text{mol}$	6	2	0
t 时刻物质的量 $n_{B,t}/\text{mol}$	3	1	2
B 的物质的量的变化量 $\Delta n_B/\text{mol}$	−3	−1	2
$\dfrac{\Delta n_B}{\nu_B}$	1	1	1

由此可以看出,在反应的同一时刻,参加反应的各物质的物质的量的变化量 Δn_B 不相同,但是各物质的 $\dfrac{\Delta n_B}{\nu_B}$ 是相同的。所以我们可以用参加反应的任一物质 B 的物质的量的变化量 Δn_B 与其化学计量数 ν_B 的比值来描述反应进行的程度。

定义

$$\xi \xlongequal{\text{def}} \dfrac{\Delta n_B}{\nu_B} \tag{1-57}$$

对于化学反应而言,一般选未反应时的 $\xi=0$,则式(1-57)可写成

$$\xi = \dfrac{n_B(\xi) - n_B(0)}{\nu_B} = \dfrac{\Delta n_B}{\nu_B} \tag{1-58}$$

若反应在某一时刻 t_1 时的反应进度为 ξ_1,而在另一时刻 t_2 时的反应进度为 ξ_2,则有

$$n_B(\xi_2) - n_B(\xi_1) = \nu_B(\xi_2 - \xi_1)$$

或

$$\Delta \xi = \dfrac{\Delta n_B}{\nu_B} \tag{1-59}$$

对于 ξ 的微小变化,式(1-59)可写作

$$d\xi = \dfrac{dn_B}{\nu_B} \tag{1-60}$$

式(1-59)和式(1-60)也可以看作 ξ 定义的更广义的表达形式,当 $\xi_1=0$ 时,从式(1-59)就可以得到式(1-58)。

由式(1-57)至式(1-60)可以看出:

(1)对于同一反应,ξ 的数值与选用方程式中何种组分的物质的量的变化来进行计算无关;

(2) ξ 值的大小代表了反应进行的程度及反应物质数量的变化,凡是与物质的量有关的系统的状态函数(U、H 等)也都是 ξ 的函数;

(3) ξ 的值与反应方程式的写法有关,因此使用 ξ 时,必须指明化学反应方程式;

(4) 当 ξ(或 $\Delta\xi$)=1 mol 时,$\Delta n_B = \nu_B$ mol,一般称发生了 1 mol 反应。

1.8.2 恒压反应热和恒容反应热

化学反应热与反应条件有关。恒压下的反应热称为恒压反应热,用 Q_p 表示,$Q_p = \Delta_r H$,也就是反应的焓变。恒容下的反应热称为恒容反应热,用 Q_V 表示,$Q_V = \Delta_r U$,也就是反应的热力学能变。在不发生误解的情况下,$\Delta_r H$ 和 $\Delta_r U$ 的下标"r"可以省略。在敞口容器中测得的反应热是恒压反应热,在密闭容器(如钢制氧弹)中测得的反应热是恒容反应热。

由于化学反应种类繁多,反应条件千变万化,人们不可能对所有的反应热都逐个测定,而在有限的热力学实验数据基础上,利用热力学方法,对一些实验难以测定的反应热进行理论推算则可以收到事半功倍的效果。

1.8.3 反应的摩尔焓变和摩尔热力学能变

当系统发生了 1 mol 反应时,化学反应的恒压反应热和恒容反应热分别称为反应的摩尔焓变和摩尔热力学能变,分别用 $\Delta_r H_m$ 和 $\Delta_r U_m$ 表示,单位为 $J \cdot mol^{-1}$ 或 $kJ \cdot mol^{-1}$。

$$\Delta_r H_m = \frac{\Delta_r H}{\Delta \xi} \tag{1-61}$$

$$\Delta_r U_m = \frac{\Delta_r U}{\Delta \xi} \tag{1-62}$$

根据 $\Delta_r H = \Delta_r U + \Delta(pV)$

若将反应系统中的气体视为理想气体,凝聚态对 $\Delta(pV)$ 值的影响忽略不计,则有

$$\Delta_r H = \Delta_r U + \Delta n(g)RT \tag{1-63}$$

或

$$Q_p = Q_V + \Delta n(g)RT \tag{1-64}$$

将式(1-63)等式两边分别除以 $\Delta \xi$,得

$$\frac{\Delta_r H}{\Delta \xi} = \frac{\Delta_r U}{\Delta \xi} + \frac{\Delta n(g)RT}{\Delta \xi} \tag{1-65}$$

所以

$$\Delta_r H_m = \Delta_r U_m + RT \sum_B \nu_B(g) \tag{1-66}$$

式中 $\Delta_r H_m$ ——反应的摩尔焓变,$J \cdot mol^{-1}$ 或 $kJ \cdot mol^{-1}$;

$\Delta_r U_m$ ——反应的摩尔热力学能变,$J \cdot mol^{-1}$ 或 $kJ \cdot mol^{-1}$;

$\sum_B \nu_B(g)$ ——反应方程式中气体物质化学计量数的代数和。

由此可以判断: $\sum_B \nu_B(g) > 0$ 时,$\Delta_r H_m > \Delta_r U_m$;

$$\sum_B \nu_B(g) < 0 \text{ 时}, \Delta_r H_m < \Delta_r U_m;$$

$$\sum_B \nu_B(g) = 0 \text{ 时}, \Delta_r H_m = \Delta_r U_m。$$

同理,由式(1-66)可导出

$$Q_{p,m} = Q_{V,m} + RT \sum_B \nu_B(g) \tag{1-67}$$

式中　　$Q_{p,m}$——恒压摩尔反应热,$J \cdot mol^{-1}$ 或 $kJ \cdot mol^{-1}$;

$Q_{V,m}$——恒容摩尔反应热,$J \cdot mol^{-1}$ 或 $kJ \cdot mol^{-1}$。

通常测定反应热的实验大多是在刚性的量热计中进行的,因此测得的反应热为恒容反应热,而实际工作中恒压反应热应用更广泛,我们可以根据上述关系对二者进行换算。

【例 1-18】　在 298.15 K 绝热量热计中,0.44 g 的萘完全燃烧,温度升高 1.71 ℃,量热剂和水的热容为 10 293 $J \cdot K^{-1}$,假定点火丝产生的热量可以忽略不计,计算 1 mol 萘燃烧的 ΔU 和 ΔH。

解:萘的燃烧反应为

$$C_{10}H_8(s) + 12O_2(g) \longrightarrow 10CO_2(g) + 4H_2O(l)$$

根据题意可得

$$nQ_{V,m} = Q_V$$

$$\frac{m}{M}Q_{V,m} = -C \cdot \Delta T$$

$$\frac{0.44}{128.2}Q_{V,m} = -10\ 293 \times 1.71$$

解得

$$\Delta_r U_m = Q_{V,m} = -5\ 128.3 \text{ kJ} \cdot \text{mol}^{-1}$$

由 $\Delta_r H_m = \Delta_r U_m + RT \sum_B \nu_B(g)$ 得

$$\Delta_r H_m = -5\ 128.3 + 8.314 \times 298.15 \times (10-12) \times 10^{-3} = -5\ 133.3 \text{ kJ} \cdot \text{mol}^{-1}$$

对于不同的化学反应而言,ΔU 和 ΔH 的差值是不同的。当反应系统中只有液体和固体时,反应前后系统体积变化很小,$\Delta(pV)$ 值可以忽略不计,$\Delta U \approx \Delta H$;若反应系统中有气体参加,则一般情况下 $\Delta(pV)$ 值比较大,ΔU 和 ΔH 的差异就很明显。

反应热的大小与反应条件密切相关。为了区别一般的化学反应方程式,把表示化学反应条件及反应热的化学计量方程式称为热化学方程式。其表示方法具体要求如下:

(1)注明各反应物和产物的聚集状态。气、液、固态分别用 g、l、s 表示,固体若有不同的晶型,则应标明晶型;如

$$C(石墨,s) + O_2(g) \longrightarrow CO_2(g) \qquad \Delta_r H_m^\ominus = -393.5 \text{ kJ} \cdot \text{mol}^{-1}$$

(2)注明反应的温度和压强。若反应是在 298.15 K 及标准压强 $p^\ominus$ 下进行,习惯上可不注明;

(3)反应物和产物的化学计量数必须确定。化学计量数不同,热效应不同。例如

$$H_2(g) + \frac{1}{2}O_2(g) \longrightarrow H_2O(g) \qquad \Delta_r H_m^\ominus = -241.8 \text{ kJ} \cdot \text{mol}^{-1}$$

$$2H_2(g) + O_2(g) \longrightarrow 2H_2O(g) \qquad \Delta_r H_m^\ominus = -483.6 \text{ kJ} \cdot \text{mol}^{-1}$$

热化学方程式表示一个已经完成了的化学反应。

1.8.4 标准摩尔反应焓

由于焓是状态函数,化学反应的焓变与反应前后系统中各物质的状态(温度、压强、相态、浓度等)有关,因此热力学中定义了物质的标准态作为共同基准。气体的标准态是在标准压强下的纯理想气体,固体、液体的标准态是在标准压强下的纯固体或纯液体。对标准态的温度没有具体规定,通常是选在 25 ℃,标准压强的数值规定为 100 kPa。当反应系统中各物质都处于标准态时,反应的摩尔焓变称为标准摩尔反应焓,用符号 $\Delta_r H_m^{\ominus}(T)$ 表示。

$$\Delta_r H_m^{\ominus}(T) = \sum_B \nu_B H_m^{\ominus}(B) \tag{1-68}$$

由于焓的绝对值无法测定,科学家对反应系统中各种物质均选用同样的基准,规定了物质的标准摩尔生成焓和标准摩尔燃烧焓,并由此计算化学反应的标准摩尔反应焓。

1. 标准摩尔生成焓

在指定温度、标准压强下,由稳定单质生成 1 mol 指定相态物质 B 时反应的焓变称为物质 B 的标准摩尔生成焓,用符号 $\Delta_f H_m^{\ominus}(B,\beta,T)$ 表示,单位为 $kJ \cdot mol^{-1}$。符号中的下标"f"表示生成反应,括号中的 β 表示物质 B 的相态。

例如:在 298.15 K、100 kPa 下,反应

$$H_2(g) + \frac{1}{2}O_2(g) \longrightarrow H_2O(l) \qquad \Delta_r H_m^{\ominus}(298.15 \text{ K}) = -285.8 \text{ kJ} \cdot \text{mol}^{-1}$$

则在此条件下 $H_2O(l)$ 的标准摩尔生成焓 $\Delta_f H_m^{\ominus}(H_2O,l,298.15 \text{ K}) = -285.8 \text{ kJ} \cdot \text{mol}^{-1}$。

使用标准摩尔生成焓数据时应注意:

(1)稳定单质是在指定条件下最稳定的状态,如碳的稳定单质是石墨,磷的稳定单质是白磷等。这种定义把稳定单质的标准摩尔生成焓视为零,并作为能量计算的基准;

(2)标准摩尔生成焓没有规定温度。书后附录中列出了一些物质在 298.15 K 时的标准摩尔生成焓。当 $T = 298.15$ K 时,可以不注明温度。

对于在温度 T 和标准压强下进行的任意化学反应

$$dD + eE \longrightarrow gG + hH$$

其标准摩尔反应焓与标准摩尔生成焓的关系为

$$dD + eE \xrightarrow{\Delta_r H_m^{\ominus}(T)} gG + hH$$
$$\Delta_r H_{m,1}^{\ominus}(T) \searrow \text{稳定单质} \nearrow \Delta_r H_{m,2}^{\ominus}(T)$$

根据状态函数的特征有 $\Delta_r H_{m,2}^{\ominus}(T) = \Delta_r H_{m,1}^{\ominus}(T) + \Delta_r H_m^{\ominus}(T)$

所以 $\Delta_r H_m^{\ominus}(T) = \Delta_r H_{m,2}^{\ominus}(T) - \Delta_r H_{m,1}^{\ominus}(T)$

$$\Delta_r H_m^{\ominus}(T) = [g\Delta_f H_m^{\ominus}(G,\beta,T) + h\Delta_f H_m^{\ominus}(H,\beta,T)] - [d\Delta_f H_m^{\ominus}(D,\beta,T) + e\Delta_f H_m^{\ominus}(E,\beta,T)]$$

即

$$\Delta_r H_m^{\ominus}(T) = \sum_B \nu_B \Delta_f H_m^{\ominus}(B,\beta,T) \tag{1-69}$$

2. 标准摩尔燃烧焓

在指定温度、标准压强下,1 mol 物质 B 完全氧化成指定产物时反应的焓变称为该物质的标准摩尔燃烧焓,用符号 $\Delta_c H_m^{\ominus}(B,\beta,T)$ 表示。符号中的下标"c"表示燃烧反应,括

号中的 β 表示物质 B 的相态。$\Delta_c H_m^{\ominus}(B,\beta,T)$ 的单位为 kJ·mol^{-1}。

例如：在 298.15 K、100 kPa 下，反应

$$H_2(g) + \frac{1}{2}O_2(g) \longrightarrow H_2O(l) \qquad \Delta_r H_m^{\ominus}(298.15\ K) = -285.8\ kJ \cdot mol^{-1}$$

则在此条件下 $H_2(g)$ 的标准摩尔燃烧焓 $\Delta_c H_m^{\ominus}(H_2,g,298.15\ K) = -285.8\ kJ \cdot mol^{-1}$。

使用标准摩尔燃烧焓数据时需注意：

(1) 完全氧化的含义是使燃烧物质中的碳氧化成 $CO_2(g)$，氢氧化成 $H_2O(l)$，硫氧化成 $SO_2(g)$，氮氧化成 $NO_2(g)$；

(2) 标准摩尔燃烧焓是一种相对焓，其定义已经规定了完全燃烧产物如 $CO_2(g)$、$H_2O(l)$、$SO_2(g)$ 和 $NO_2(g)$ 等的标准摩尔燃烧焓在任何温度 T 时均为零；

(3) 对于由稳定单质完全燃烧生成产物的反应，反应的标准摩尔反应焓 = 反应物的标准摩尔燃烧焓 = 产物的标准摩尔生成焓。例如，

$$H_2(g) + \frac{1}{2}O_2(g) \longrightarrow H_2O(l)$$

$$\Delta_r H_m^{\ominus}(298.15\ K) = \Delta_f H_m^{\ominus}(H_2O,l,298.15\ K) = \Delta_c H_m^{\ominus}(H_2,g,298.15\ K)$$

同理，对于反应 $\qquad C(石墨) + O_2(g) \longrightarrow CO_2(g)$

则有 $\qquad \Delta_c H_m^{\ominus}(石墨,s,T) = \Delta_f H_m^{\ominus}(CO_2,g,T) = \Delta_r H_m^{\ominus}(T)$

(4) 标准摩尔燃烧焓没有规定温度。书后附录中列出了一些有机物在 298 K 时的标准摩尔燃烧焓。当 $T = 298.15\ K$ 时，可以不注明温度。

对于在温度 T 和标准压强下进行的任意化学反应

$$dD + eE \longrightarrow gG + hH$$

其标准摩尔反应焓与标准摩尔燃烧焓的关系为

$$\begin{array}{c} dD+eE \xrightarrow{\Delta_r H_m^{\ominus}(T)} gG+hH \\ \Delta_r H_{m,1}^{\ominus}(T) \searrow \boxed{完全燃烧产物} \nearrow \Delta_r H_{m,2}^{\ominus}(T) \end{array}$$

根据状态函数的特征有 $\quad \Delta_r H_{m,1}^{\ominus}(T) = \Delta_r H_{m,2}^{\ominus}(T) + \Delta_r H_m^{\ominus}(T)$

则 $\quad \Delta_r H_m^{\ominus}(T) = [d\Delta_c H_m^{\ominus}(D,\beta,T) + e\Delta_c H_m^{\ominus}(E,\beta,T)] - [g\Delta_c H_m^{\ominus}(G,\beta,T) + h\Delta_c H_m^{\ominus}(H,\beta,T)]$

即 $\qquad \Delta_r H_m^{\ominus}(T) = -\sum_B \nu_B \Delta_c H_m^{\ominus}(B,\beta,T) \qquad (1-70)$

【例 1-19】已知在 298.15 K 时，气相丙烯加氢反应

$$C_3H_6(g) + H_2(g) \longrightarrow C_3H_8(g)$$

的 $\Delta_r H_m^{\ominus} = -123.85\ kJ \cdot mol^{-1}$，石墨与丙烷 $C_3H_8(g)$ 的标准摩尔燃烧焓 $\Delta_c H_m^{\ominus}$ 分别为 $-393.5\ kJ \cdot mol^{-1}$ 和 $-2\ 219.22\ kJ \cdot mol^{-1}$，水的标准摩尔生成焓 $\Delta_f H_m^{\ominus}(H_2O,l)$ 为 $-285.8\ kJ \cdot mol^{-1}$。试求该温度下丙烯的 $\Delta_c H_m^{\ominus}(C_3H_6,g)$ 和 $\Delta_f H_m^{\ominus}(C_3H_6,g)$。

解： 反应 $\qquad C_3H_6(g) + H_2(g) \longrightarrow C_3H_8(g)$

$$\Delta_r H_m^{\ominus} = -\sum_B \nu_B \Delta_c H_m^{\ominus}(B,\beta)$$

$$= \Delta_c H_m^{\ominus}(C_3H_6,g) + \Delta_c H_m^{\ominus}(H_2,g) - \Delta_c H_m^{\ominus}(C_3H_8,g)$$

$$= \Delta_c H_m^\ominus(C_3H_6,g) + \Delta_f H_m^\ominus(H_2O,l) - \Delta_c H_m^\ominus(C_3H_8,g)$$

所以
$$\Delta_c H_m^\ominus(C_3H_6,g) = \Delta_r H_m^\ominus - \Delta_f H_m^\ominus(H_2O,l) + \Delta_c H_m^\ominus(C_3H_8,g)$$
$$= -123.85 - (-285.8) + (-2219.22)$$
$$= -2\ 057.27\ \text{kJ} \cdot \text{mol}^{-1}$$

$\Delta_f H_m^\ominus(C_3H_6,g)$ 是指下述生成反应的 $\Delta_r H_m^\ominus$

$$3C(石墨) + 3H_2(g) \longrightarrow C_3H_6(g)$$

即
$$\Delta_f H_m^\ominus(C_3H_6,g) = 3\Delta_c H_m^\ominus(C,石墨) + 3\Delta_c H_m^\ominus(H_2,g) - \Delta_c H_m^\ominus(C_3H_6,g)$$
$$= 3\Delta_c H_m^\ominus(C,石墨) + 3\Delta_f H_m^\ominus(H_2O,l) - \Delta_c H_m^\ominus(C_3H_6,g)$$
$$= 3 \times (-393.5) + 3 \times (-285.8) - (-2\ 057.27)$$
$$= 19.37\ \text{kJ} \cdot \text{mol}^{-1}$$

1.8.5 化学反应热与温度的关系——基希霍夫公式

利用物质的标准摩尔生成焓和标准摩尔燃烧焓数据可以计算出 298.15 K 时化学反应的标准摩尔反应焓,然而在生产和科学实验中的化学反应往往是在各种温度下进行,因此需要找出标准摩尔反应焓与温度的关系,才能计算出任一温度下的化学反应热。

设反应 $dD+eE \longrightarrow gG+hH$ 中,参加反应的各物质在 T_1、T_2 时均处于标准态,其 $\Delta_r H_m^\ominus(T_1)$ 与 $\Delta_r H_m^\ominus(T_2)$ 之间的关系如下所示:

$$\begin{array}{ccc} dD+eE\ T_2 & \xrightarrow{\Delta_r H_m^\ominus(T_2)} & gG+hH\ T_2 \\ \downarrow \Delta H_1 & & \uparrow \Delta H_2 \\ dD+eE\ T_1 & \xrightarrow{\Delta_r H_m^\ominus(T_1)} & gG+hH\ T_1 \end{array}$$

由状态函数的性质可知

$$\Delta_r H_m^\ominus(T_2) = \Delta H_1 + \Delta_r H_m^\ominus(T_1) + \Delta H_2$$

$$\Delta_r H_m^\ominus(T_2) = \int_{T_2}^{T_1}[\nu_D C_{p,m}(D) + \nu_E C_{p,m}(E)]dT + \Delta_r H_m^\ominus(T_1) + \int_{T_1}^{T_2}[\nu_G C_{p,m}(G) + \nu_H C_{p,m}(H)]dT$$

$$\Delta_r H_m^\ominus(T_2) = \Delta_r H_m^\ominus(T_1) + \int_{T_1}^{T_2} \Delta_r C_{p,m} dT \tag{1-71}$$

其中
$$\Delta_r C_{p,m} = \sum_B \nu_B C_{p,m}(B,\beta) \tag{1-72}$$

将式(1-71)对 T 求导可得

$$\left(\frac{\partial \Delta_r H_m^\ominus(T)}{\partial T}\right)_p = \Delta_r C_{p,m} \tag{1-73}$$

式(1-71)和式(1-73)均称为基希霍夫公式。

由基希霍夫公式的微分式(1-73)可以看出,化学反应的恒压反应热随温度变化的根本原因是反应的 $\Delta_r C_{p,m} \neq 0$。

若 $\Delta_r C_{p,m} < 0$,则 $\left(\frac{\partial \Delta_r H_m^\ominus(T)}{\partial T}\right)_p < 0$,温度升高恒压反应热减小;

若 $\Delta_r C_{p,m} > 0$, 则 $\left(\dfrac{\partial \Delta_r H_m^{\ominus}(T)}{\partial T}\right)_p > 0$, 温度升高恒压反应热增大;

若 $\Delta_r C_{p,m} = 0$, 则 $\left(\dfrac{\partial \Delta_r H_m^{\ominus}(T)}{\partial T}\right)_p = 0$, 恒压反应热不随温度而改变。

当 $\Delta_r C_{p,m} =$ 常数时, 由式(1-71)可得

$$\Delta_r H_m^{\ominus}(T_2) = \Delta_r H_m^{\ominus}(T_1) + \Delta_r C_{p,m}(T_2 - T_1) \tag{1-74}$$

应用基希霍夫公式的积分式(1-71)时, 应注意在 T_1 与 T_2 之间不能发生相变, 若发生相变, 则 $C_{p,m}$ 为非连续函数, 积分要分段进行, 同时要增加相应的相变焓。

【例1-20】 求下列反应在 473 K 时的恒压反应热。

$$CO(g) + H_2O(g) \longrightarrow CO_2(g) + H_2(g)$$

解: 由附录查得各物质的 $\Delta_f H_m^{\ominus}(B, \beta, 298\text{ K})$ 及 $\overline{C}_{p,m}$ 如下:

	CO(g)	H$_2$O(g)	CO$_2$(g)	H$_2$(g)
$\Delta_f H_m^{\ominus}(298\text{ K})/\text{kJ}\cdot\text{mol}^{-1}$	−110.5	−241.8	−393.5	0
$\overline{C}_{p,m}/\text{J}\cdot\text{K}^{-1}\cdot\text{mol}^{-1}$	29.1	33.6	37.1	28.8

$\Delta_r H_m^{\ominus}(298\text{ K}) = \Delta_f H_m^{\ominus}(CO_2, g) + \Delta_f H_m^{\ominus}(H_2, g) - \Delta_f H_m^{\ominus}(CO, g) - \Delta_f H_m^{\ominus}(H_2O, g)$
$\qquad = -393.5 + 0 - (-110.5) - (-241.8)$
$\qquad = -41.2 \text{ kJ}\cdot\text{mol}^{-1}$

$\Delta_r \overline{C}_{p,m} = \overline{C}_{p,m}(CO_2, g) + \overline{C}_{p,m}(H_2, g) - \overline{C}_{p,m}(CO, g) - \overline{C}_{p,m}(H_2O, g)$
$\qquad = 37.1 + 28.8 - 29.1 - 33.6$
$\qquad = 3.2 \text{ J}\cdot\text{K}^{-1}\cdot\text{mol}^{-1}$

由 $\Delta_r H_m^{\ominus}(T_2) = \Delta_r H_m^{\ominus}(T_1) + \Delta_r C_{p,m}(T_2 - T_1)$, 得

$\Delta_r H_m^{\ominus}(473\text{ K}) = \Delta_r H_m^{\ominus}(298\text{ K}) + \Delta_r C_{p,m}(473 - 298)$
$\qquad = -41.2 + 3.2 \times 175 \times 10^{-3}$
$\qquad = -40.64 \text{ kJ}\cdot\text{mol}^{-1}$

1.8.6 热力学第一定律在化学变化中的应用

【例1-21】 在 298.15 K 和 101.325 kPa 下, 1 mol H_2(g) 和 $\dfrac{1}{2}$ mol O_2(g) 反应生成 1 mol H_2O(l) 时放热 285.8 kJ, H_2(g) 和 O_2(g) 可看作理想气体, 试计算该过程的 Q、W、ΔU 和 ΔH。若反应在原电池中进行, 在 298.15 K 和 101.325 kPa 下做电功 187.8 kJ, 求该过程的 Q、W、ΔU 和 ΔH。

解: 该反应为恒温、恒压反应, 反应方程式为

$$H_2(g) + \dfrac{1}{2}O_2(g) \longrightarrow H_2O(l)$$

由题意可知反应进度 $\xi = 1$ mol。

(1) 当 H_2(g) 和 O_2(g) 直接反应生成 H_2O(l) 时, 有

$$W = -p_{环}(V_2 - V_1) = -p(V_2 - V_1)$$

产物中液体的体积可以忽略,因此

$$W = -p[0-(\frac{RT}{p}+\frac{1}{2}\cdot\frac{RT}{p})] = -[(-0-1-\frac{1}{2})]RT$$

$$= \frac{3}{2}RT = \frac{3}{2}\times 8.314\times 298.15$$

$$= 3.72 \text{ kJ}$$

由此可推知,恒温、恒压下的化学反应体积功的计算公式为

$$W = -\sum_B \nu_B(g)RT \tag{1-75}$$

式中 $\sum_B \nu_B(g)$——反应方程式中气体物质化学计量数的代数和。

因为此反应在恒压且 $W'=0$ 的条件下进行,故有

$$\Delta H_1 = Q_1 = -285.8 \text{ kJ}$$

所以 $\Delta U_1 = Q_1 + W_1 = -285.8 + 3.72 = -282.1 \text{ kJ}$

(2) 当反应在原电池中进行时,做电功 187.8 kJ,即

$W' = -187.8 \text{ kJ}$

$W_2 = W_1 + W' = 3.72 + (-187.8) = -184.1 \text{ kJ}$

由于两种条件下反应的始、终态相同,所以

$\Delta U_2 = \Delta U_1 = -282.1 \text{ kJ}$

$\Delta H_2 = \Delta H_1 = -285.8 \text{ kJ}$

$Q_2 = \Delta U_2 - W_2 = -282.1 + 184.1 = -98.0 \text{ kJ}$

【例 1-22】 已知反应

$$CO(g) + 2H_2(g) \rightleftharpoons CH_3OH(g)$$

分别在 298 K 和 400 K 恒温、恒压(100 kPa)下进行,试求上述两过程的 Q、W、$\Delta_r U_m$ 和 $\Delta_r H_m$。已知数据如下:

	CO(g)	H_2(g)	CH_3OH(g)
$\Delta_f H_m^\ominus$(298 K)(kJ·mol^{-1})	−110.5	0	−201.0
$\overline{C}_{p,m}$(J·K^{-1}·mol^{-1})	29.1	28.8	44.1

解:(1) 298 K,100 kPa 下的恒温、恒压反应

$$Q_1 = \Delta_r H_m^\ominus(298 \text{ K}) = \sum_B \nu_B \Delta_f H_m^\ominus(B,\beta,298 \text{ K})$$

$$= \Delta_f H_m^\ominus(CH_3OH,g) - \Delta_f H_m^\ominus(CO,g) - 2\Delta_f H_m^\ominus(H_2,g)$$

$$= (-201.0) - (-110.5) - 2\times 0 = -90.5 \text{ kJ·mol}^{-1}$$

根据 $\Delta_r H_m = \Delta_r U_m + RT\sum_B \nu_B(g)$

得 $\Delta_r U_m^\ominus(298 \text{ K}) = \Delta_r H_m^\ominus(298 \text{ K}) - RT\sum_B \nu_B(g)$

$$= -90.5 - 8.314\times 298\times (1-1-2)\times 10^{-3}$$

$$= -85.5 \text{ kJ·mol}^{-1}$$

$W_1 = \Delta U_1 - Q_1 = -85.5 - (-90.5) = 5.0 \text{ kJ·mol}^{-1}$

(2) 400 K,100 kPa 下的恒温、恒压反应

$$\Delta_r \overline{C}_{p,m} = \sum_B \nu_B \overline{C}_{p,m} = \overline{C}_{p,m}(CH_3OH,g) - \overline{C}_{p,m}(CO,g) - 2\overline{C}_{p,m}(H_2,g)$$
$$= 44.1 - 29.1 - 2 \times 28.8 = -42.6 \text{ J} \cdot \text{K}^{-1} \cdot \text{mol}^{-1}$$

由基希霍夫公式可知

$$\Delta_r H_m^{\ominus}(400 \text{ K}) = \Delta_r H_m^{\ominus}(298 \text{ K}) + \Delta_r \overline{C}_{p,m}(400 \text{ K} - 298 \text{ K})$$
$$= -90.5 + (-42.6) \times 10^{-3} \times (400 - 298) = -94.8 \text{ kJ} \cdot \text{mol}^{-1}$$

所以
$$\Delta_r U_m^{\ominus}(400 \text{ K}) = \Delta_r H_m^{\ominus}(400 \text{ K}) - RT \sum_B \nu_B(g)$$
$$= -94.8 - 8.314 \times 400 \times (1 - 1 - 2) \times 10^{-3}$$
$$= -88.1 \text{ kJ} \cdot \text{mol}^{-1}$$
$$Q_2 = \Delta_r H_m^{\ominus}(400 \text{ K}) = -94.8 \text{ kJ} \cdot \text{mol}^{-1}$$
$$W_2 = \Delta U_2 - Q_2 = -88.1 - (-94.8) = 6.7 \text{ kJ} \cdot \text{mol}^{-1}$$

【例 1-23】 反应 $CO(g) + \frac{1}{2}O_2(g) \longrightarrow CO_2(g)$ 的初始温度和压强为 298 K 和 100 kPa，反应恒压升温至终态温度为 600 K。如果各气体都可视为理想气体，试求当反应进度 $\xi = 1$ mol 时的 Q、W、ΔU 和 ΔH 各为多少？已知，$\Delta_f H_m^{\ominus}(CO_2,g,298 \text{ K}) = -393.5 \text{ kJ} \cdot \text{mol}^{-1}$，$\Delta_f H_m^{\ominus}(CO,g,298 \text{ K}) = -110.5 \text{ kJ} \cdot \text{mol}^{-1}$，$\overline{C}_{V,m}(CO_2,g) = 46.5 \text{ J} \cdot \text{K}^{-1} \cdot \text{mol}^{-1}$。

解： 该过程的始、终态及所设途径如下：

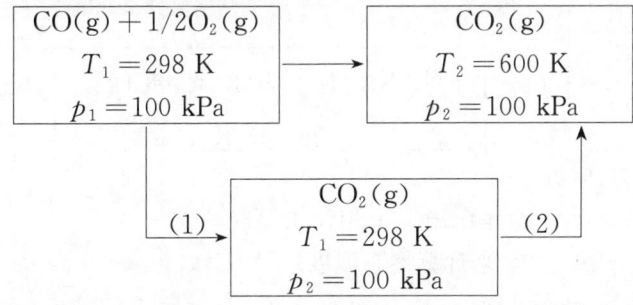

过程(1)为恒温、恒压反应过程

$$\Delta H_1 = \Delta_r H_m^{\ominus}(298 \text{ K}) = \sum_B \nu_B \Delta_f H_m^{\ominus}(B,\beta,298 \text{ K})$$
$$= -393.5 - (-110.5) - \frac{1}{2} \times 0 = -283 \text{ kJ} \cdot \text{mol}^{-1}$$

$$\Delta U_1 = \Delta_r U_m^{\ominus}(298 \text{ K}) = \Delta_r H_m^{\ominus}(298 \text{ K}) - RT \sum_B \nu_B(g)$$
$$= -283 - 8.314 \times 298 \times \left(1 - 1 - \frac{1}{2}\right) \times 10^{-3} = -281.8 \text{ kJ} \cdot \text{mol}^{-1}$$

过程(2)为理想气体恒压变温过程

$$\Delta H_2 = \overline{C}_{p,m}(CO_2,g)(T_2 - T_1) = [(46.5 + 8.314) \times (600 - 298)]$$
$$= 16.6 \text{ kJ} \cdot \text{mol}^{-1}$$

$$\Delta U_2 = \overline{C}_{V,m}(CO_2,g)(T_2 - T_1) = [46.5 \times (600 - 298)]$$
$$= 14.0 \text{ kJ} \cdot \text{mol}^{-1}$$

则　　$Q_p = \Delta H = \Delta H_1 + \Delta H_2 = -283 + 16.6 = -266.4 \text{ kJ} \cdot \text{mol}^{-1}$

$\Delta U = \Delta U_1 + \Delta U_2 = -281.8 + 14.0 = -267.8 \text{ kJ} \cdot \text{mol}^{-1}$

$W = \Delta U - Q_p = -267.8 - (-266.4) = -1.4 \text{ kJ} \cdot \text{mol}^{-1}$

由此可知,在非恒温、恒压反应中,可以通过设计途径求得反应的 ΔU 和 ΔH,所设途径通常由已知 $\Delta_f H_m^\ominus$ 或 $\Delta_c H_m^\ominus$ 数据的恒温、恒压反应和若干个单纯 p、V、T 变化过程构成。

【例 1-24】 在 25 ℃、101.325 kPa 下,1 mol $H_2(g)$ 与过量 50% 空气〔空气中 $n(O_2):n(N_2)=1:4$〕的混合气体于容器中发生爆炸,试求爆炸所能达到的最高温度与压强。设所有气体均可按理想气体处理,$H_2(g)$、$O_2(g)$、$N_2(g)$ 的 $\overline{C}_{V,m}$ 分别为 37.66 J·K^{-1}·mol^{-1}、25.1 J·K^{-1}·mol^{-1} 及 25.11 J·K^{-1}·mol^{-1},25 ℃ 时 $\Delta_f H_m^\ominus(H_2O,g) = -241.8 \text{ kJ} \cdot \text{mol}^{-1}$。

解:爆炸在一定空间内瞬间发生,系统与环境之间来不及发生热交换,可作为恒容绝热过程处理。混合气体的爆炸反应为

$$H_2(g) + \frac{1}{2}O_2(g) \Longrightarrow H_2O(g)$$

爆炸后产物 $H_2O(g)$,空气中的 $N_2(g)$ 以及过量的 $O_2(g)$ 均被反应热升温增压。
题给过程可表示如下:

$$\boxed{H_2(g) + \frac{3}{4}O_2(g) + 3N_2(g) \atop 298.15 \text{ K}} \longrightarrow \boxed{H_2O(g) + \frac{1}{4}O_2(g) + 3N_2(g) \atop T}$$

$$\downarrow (1) \qquad \boxed{H_2O(g) + \frac{1}{4}O_2(g) + 3N_2(g) \atop 298.15 \text{ K}} \quad (2) \uparrow$$

因为过程绝热、恒容,所以

$$Q = 0, dV = 0, W = 0, \Delta U = Q_V = 0$$

则可由 $\Delta U = \Delta U_1 + \Delta U_2 = 0$ 来计算终态温度。

过程(1)为恒温、恒容过程

$\Delta H_1 = \Delta_f H_m^\ominus(H_2O, g, 298.15 \text{ K}) = -241.8 \text{ kJ} \cdot \text{mol}^{-1}$

由 $\Delta_r H_m = \Delta_r U_m + RT\sum_B \nu_B(g)$,得

$\Delta U_1 = \Delta H_1 - RT\sum_B \nu_B(g)$

$= -241.8 - 8.314 \times 298.15 \times \left(1 - 1 - \frac{1}{2}\right) \times 10^{-3}$

$= -240.56 \text{ kJ} \cdot \text{mol}^{-1}$

过程(2)为产物的恒容升温过程

$\Delta U_2 = \sum_B \overline{C}_{V,m}(B,\beta)(T - 298.15 \text{ K})$

$= [\overline{C}_{V,m}(H_2O,g) + 0.25\overline{C}_{V,m}(O_2,g) + 3\overline{C}_{V,m}(N_2,g)](T - 298.15)$

$= (37.66 + 0.25 \times 25.1 + 3 \times 25.11)(T - 298.15) \times 10^{-3}$

$= 0.1193(T - 298.15)$

因为 $\Delta U_1 + \Delta U_2 = 0$

所以 $-240.56 + 0.1193(T - 298.15) = 0$

解得 $T = 2314.58 \text{ K}$

求燃烧后的最高压强 p，根据理想气体状态方程

$$pV = nRT$$

对于反应物 $p_1 V = (\sum n_{反应物}) RT_1$

对于产物 $pV = (\sum n_{产物}) RT$

则 $p = p_1 \times \dfrac{(\sum n_{产物}) T}{(\sum n_{反应物}) T_1}$

$= 101.325 \times \dfrac{(1 + 0.25 + 3) \times 2314.58}{(1 + 0.75 + 3) \times 298.15} = 703.80 \text{ kPa}$

1.9 真实气体的节流膨胀

理想气体状态方程反映了各种真实气体在高温、低压下的共性，而忽略了它们的个性。随着气体温度的降低和压强的增大，真实气体的个性逐渐显现出来。

1.9.1 真实气体的 p、V、T 行为

真实气体分子之间存在相互作用力，分子本身占据一定的体积，其 p、V、T 行为并不严格服从理想气体状态方程。真实气体的 p、V、T 行为与理想气体的偏离程度和压强及真实气体的性质有关。为了定量描述真实气体的 p、V、T 行为与理想气体的偏离程度，定义

$$Z \xlongequal{\text{def}} \frac{pV}{nRT} \quad \text{或} \quad Z = \frac{pV_m}{RT} \tag{1-76}$$

式中 Z——真实气体的压缩因子；

V——真实气体的体积，m^3；

V_m——真实气体的摩尔体积，$m^3 \cdot mol^{-1}$；

p——真实气体的压强，Pa；

T——热力学温度，K。

压缩因子 Z 是量纲为"1"的量，其值可由实验测定。Z 反映了一定量的真实气体对等温等压下的理想气体的偏离程度。由式(1-76)可推得

$$Z = \frac{V_m}{V_{m(理)}} \tag{1-77}$$

式中 $V_{m(理)}$——理想气体的摩尔体积，$m^3 \cdot mol^{-1}$。

由此可知，任何温度、压强下理想气体的压缩因子 Z 总为 1。当 $Z > 1$ 时，$V_m > V_{m(理)}$，表明真实气体比理想气体难压缩；当 $Z < 1$ 时，$V_m < V_{m(理)}$，表明真实气体比理想气

体易压缩。

由压缩因子的定义式可得

$$pV = ZnRT \tag{1-78}$$

式(1-78)是真实气体状态方程的一种,它表示真实气体的 p、V、T 关系。如果能求出 Z 值,便可以计算出真实气体 p、V、T、n 中任何一个量了。

1.9.2 范德华方程

荷兰科学家范德华针对真实气体对理想气体行为产生偏差的原因,对理想气体状态方程进行了修正,提出了一个理论与实验结果比较一致的真实气体状态方程式:

$$\left(p + \frac{a}{V_m^2}\right)(V_m - b) = RT \tag{1-79}$$

对于物质的量为 n 的气体,则上述方程可写为:

$$\left(p + \frac{an^2}{V^2}\right)(V - nb) = nRT \tag{1-80}$$

方程式中的 a、b 称为范德华常数,其值为气体的特性参数,不随温度而变化,分别与气体分子之间的引力及气体分子本身的体积有关,$(V_m - b)$ 为 1 mol 真实气体分子可以自由运动的空间。$\left(p + \frac{a}{V_m^2}\right)$ 为真实气体的压强,且 p 为气体分子间无作用力时的压强。

1.9.3 真实气体的液化及临界现象

真实气体在温度足够低、压强足够高时,会变成液体,称为真实气体的液化。这是真实气体区别于理想气体的特征之一。

将一定量的 CO_2 气体恒温压缩,如图 1-3 所示,在较低温度(如 13 ℃),气体体积随压强的增大而减小,当压强增大到 B 点对应的压强之后,曲线上出现一水平线段,表明从 B 点开始,气态不断地变为液态。将 B 点对应的压强称为在该温度下 CO_2 的饱和蒸气压,而把此时的 CO_2 气体称为饱和蒸气。当 CO_2 被压缩到 C 点对应的压强时,已

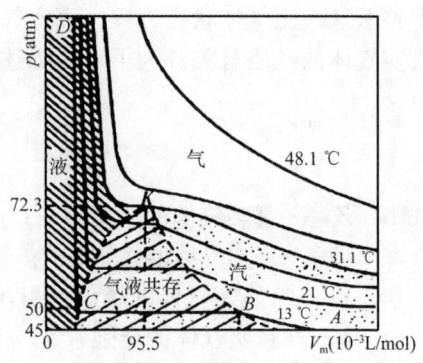

图 1-3 CO_2 气体的等温线

全部液化,再压缩则系统的压强急剧增加。由此可见,液体的饱和蒸气压是物质处于气液平衡共存时蒸气的压强,也是在该温度下使蒸气液化所需施加的最小压强。在指定温度下,当气体压强大于其在该温度的饱和蒸气压时,会发生液化现象。由图中还可以看出,指定温度下液体的饱和蒸气压有确定的数值,温度升高,饱和蒸气压增大。当 $T = 31.1$ ℃时,等温线上出现一个折点 K,此时蒸气摩尔体积与液体摩尔体积相等,气-液界面消失。K 点称为临界点,其所对应的温度称为临界温度,以 T_c 表示。当 $T > T_c$ 时,无论压强多

高,气体都不会变为液体。所以临界温度是能够以加压方式使气体液化的最高温度。临界点所对应的压强和体积分别称为临界压强和临界体积,以 p_c 和 V_c 表示。p_c、T_c、V_c 统称为临界参数,是物质的特征数值。而由临界参数决定的状态,称为临界状态或临界点。真实气体的种类不同,其临界点也不一样。

物质在临界状态下的压缩因子,称为临界压缩因子,记作 Z_c。

$$Z_c = \frac{p_c V_{c,m}}{RT_c} \tag{1-81}$$

临界压缩因子是度量各种气体在临界状态下与理想气体偏离程度的物理量。研究表明在临界状态,各种实际气体与理想气体的偏离是近于相同的。

1.9.4 真实气体的节流膨胀

为了更好地研究真实气体在膨胀时的温度变化情况,1852 年焦耳与汤姆逊设计了如图 1-4 所示的装置。

该装置的管壁及活塞均是绝热的,中间用多孔塞材料隔开以保持两侧气体的压强不同,左侧压强 p_1 大于右侧压强 p_2,且均维持恒定。缓慢推动左侧活塞,左侧在 p_1、T_1 条件下体积为 V_1 的气体通过多孔塞进入右侧后压强降为 p_2,体积变为 V_2,同时将右侧活塞缓慢右移,此时测得右侧气体温度为 T_2。这种在绝热条件下气体的始、终态分别保持压强恒定的膨胀过程称为节流膨胀。

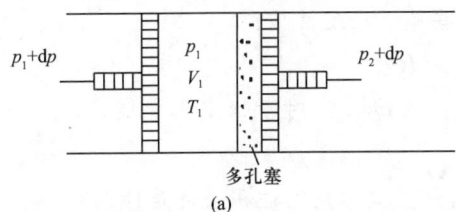
(a)

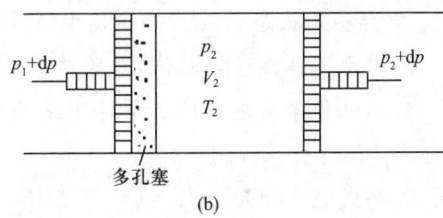
(b)

图 1-4 焦耳-汤姆逊实验

该过程中环境对系统所做的功 $\quad W_1 = -p_1(0-V_1) = p_1V_1$
系统对环境所做的功 $\quad W_2 = -p_2(V_2-0) = -p_2V_2$
整个节流膨胀过程的体积功 $\quad W = W_1 + W_2 = p_1V_1 - p_2V_2$
由于过程绝热,故 $Q=0$,根据热力学第一定律,$\Delta U=W$,可得

$$U_2 - U_1 = p_1V_1 - p_2V_2$$

移项得 $\quad U_2 + p_2V_2 = U_1 + p_1V_1$
即 $\quad H_2 = H_1$
$$\Delta H = 0$$

所以,气体的节流膨胀过程为恒焓过程。

因为理想气体的热力学能和焓只是温度的函数,所以理想气体经节流膨胀后温度不变。对于真实气体,其热力学能和焓除了与温度有关外,还与压强有关,所以真实气体经节流膨胀后温度一般要发生变化,这一现象称为焦耳-汤姆逊效应。过程中温度随压强的变化率为

$$\mu_{\text{J-T}} = \left(\frac{\partial T}{\partial p}\right)_H \tag{1-82}$$

式中，$\mu_{\text{J-T}}$ 为焦耳-汤姆逊系数，又称为节流膨胀系数，$K \cdot Pa^{-1}$。

$\mu_{\text{J-T}} > 0$ 时，随着压强降低，气体的温度降低，气体节流膨胀后制冷；

$\mu_{\text{J-T}} < 0$ 时，随着压强降低，气体的温度升高，气体节流膨胀后制热；

$\mu_{\text{J-T}} = 0$ 时，气体节流膨胀后，温度不变，该气体为理想气体。

$\mu_{\text{J-T}}$ 的大小不仅与气体的本性有关，而且与气体所处环境的温度与压强有关。焦耳-汤姆逊实验表明，常温常压下的多数气体，经节流膨胀后温度下降，产生制冷效应，而氢、氦等少数气体经节流膨胀后温度升高，产生制热效应。而各种气体在压强足够低时经节流膨胀后温度基本保持不变。

节流膨胀应用非常广泛，例如工业上就是让气体通过针形阀，造成气体压强突然降低，利用节流膨胀的制冷效应而使某些气体降温并液化。人们在日常生活中也常利用这种简便的膨胀方法来制冷，如家庭电冰箱的制冷系统。

思 考 题

1. "系统温度升高，就一定吸热，而系统温度不变时，则既不吸热也不放热。"这种说法对吗？举例说明。

2. 状态函数的基本特征是什么？T、p、V、Q、W、m、U、n、H、V_m、U_m、C_V、$C_{V,m}$、C_p、$C_{p,m}$ 中哪些是状态函数？哪些属于强度性质？哪些属于广度性质？

3. 对于气体、液体、固体，是否都有 $C_{p,m} - C_{V,m} = R$？

4. 同一化学反应在什么条件下反应过程的 $Q_{p,m} = Q_{V,m}$？对于恒温化学反应，$\Delta_r H_m$ 与 $\Delta_r U_m$ 两者关系如何？

5. 公式 $\Delta U = Q_V$、$\Delta H = Q_p$ 代表什么意义？有何重要作用？适用条件是什么？

6. $\Delta U = n \int_{T_1}^{T_2} C_{V,m} dT$，$\Delta H = n \int_{T_1}^{T_2} C_{p,m} dT$ 的适用条件是什么？常见的理想气体单纯 p、V、T 变化过程有哪几种？

7. 在什么情况下化学反应的 $\Delta_r H_m^{\ominus}$ 不随温度而变化？

8. 在炎热的夏天，有人提议打开室内正在运行中的电冰箱的门，以降低室温，你认为此建议可行吗？

9. 理想气体存在吗？真实气体的 p、V、T 行为在何种条件下可用 $pV = nRT$ 来描述？

10. 为什么在同样条件下，用理想气体状态方程对易于液化的气体作近似处理，所得结果与实验值的偏差要比难于液化的气体大？

11. 分压和分体积定律只适用于理想气体混合物吗？能否适用于真实气体？

12. 范德华方程是根据哪两个因素来修正理想气体状态方程的？其主要优缺点是什么？

本 章 小 结

本章涉及许多热力学的基本概念和基本方法,通过学习重点掌握热力学第一定律在各种物理变化过程及化学变化过程中的应用,并学会利用设计途径的方法计算状态函数的增量。

一、重点内容

1. 理想气体是在任何温度和压强下都能严格服从 $pV=nRT$ 的气体。

理想气体的微观模型:①分子本身不占体积;②分子间没有相互作用力。

2. 道尔顿分压定律

某一气体组分的分压就是该组分与混合气体等温度、等体积下单独存在时具有的压强;混合气体的总压等于各组分气体的分压之和。

3. 阿马格分体积定律

某一气体组分的分体积就是该组分单独存在于气体混合物所处的温度、压强条件下占有的体积;混合气体的总体积等于各组分气体的分体积之和。

4. 热力学将作为研究对象的物质称为系统,而将周围与之相关的其他部分都称为环境。根据系统和环境之间的关系,系统可分为敞开系统、封闭系统和隔离系统。

5. 系统的状态就是其所有宏观性质的综合表现,用来描述系统状态的各种性质称为状态性质,又称为状态函数。状态性质分为广度性质和强度性质,广度性质具有加和性,强度性质没有加和性。系统状态确定则其状态函数确定;系统状态改变,其状态函数随之改变,状态函数的改变值只决定于系统的始态和终态,与具体途径无关。

6. 系统与环境之间由于存在温度差而被传递的能量称为热。除热以外,系统与环境之间被传递的其他各种形式的能量统称为功。热和功不是状态函数,而是途径函数。

7. 系统状态的改变由一系列无限接近于平衡的状态所构成,中间每一步都可以向相反方向进行而不在环境中留下任何变化的过程称为可逆过程。可逆过程系统做功最多,环境消耗功最少。

8. 热力学能是除整体动能和整体势能外,系统内部所有能量的总和,包括系统中与分子热运动、结构以及其他微观形式有关的全部能量。理想气体的热力学能和焓只是温度的函数。

9. 热力学第一定律是能量守恒定律在热现象领域内所具有的特殊形式,说明热力学能、热和功之间可以相互转化,但总的能量不变。

二、重要公式及其适用条件

1. 理想气体状态方程式

$$pV=nRT \quad \text{或} \quad pV_m=RT$$

此式适用于理想气体,近似地适用于低压下的真实气体。

2. 分压的定义式

$$p_B = y_B p$$

该式适用于任意气体。

对于理想气体

$$p_B = \frac{n_B RT}{V}$$

3. 道尔顿分压定律

$$p = \sum p_B$$

此式对理想气体和真实气体均适用。

4. 阿马格分体积定律

$$V_B = y_B V$$

$$V = \sum V_B$$

此式对理想气体和真实气体均适用。

对于理想气体

$$V_B = \frac{n_B RT}{p}$$

5. 混合物的平均摩尔质量

$$\overline{M} = \sum y_B M_B$$

6. 各类过程中 Q、W、ΔU 和 ΔH 的计算公式见表 1-1。

表 1-1   各类过程中 Q、W、ΔU 和 ΔH 的计算公式

物理量		W	Q	ΔU	ΔH
基本过程		\multicolumn{4}{c}{定义式}			
基本过程		$-\int_{V_1}^{V_2} p_{环}\,dV$	$\Delta U - W$	$Q + W$	$\Delta U + \Delta(pV)$
单纯 pTV 变化过程	恒温 可逆	$nRT\ln\dfrac{V_1}{V_2}$ 或 $nRT\ln\dfrac{p_2}{p_1}$ (理想气体)	$-W$	0	0
	恒温 恒外压	$-p_{环}(V_2 - V_1)$			
	恒压	$-p(V_2 - V_1)$	$Q_p = \Delta H$ ($W'=0$)	$nC_{V,m}(T_2 - T_1)$ ($W'=0$ 的恒容变温过程，$C_{V,m}=$ 常数)	$nC_{p,m}(T_2 - T_1)$ ($W'=0$ 的恒压变温过程，$C_{p,m}=$ 常数)
	恒容	0	$Q_V = \Delta U$ ($W'=0$)		
	绝热	$W = \Delta U$	0		
恒温、恒压 相变过程		$-p(V_\beta - V_\alpha)$	$n\Delta_\alpha^\beta H_m(T)$	$Q + W$	$n\Delta_\alpha^\beta H_m(T)$
化学变化过程	恒温 恒压	$-\sum_B \nu_B(g)RT$ 或 $\Delta_r U_m - Q$	$\Delta_r H_m(T)$ ($W'=0$)	$\Delta_r H_m - RT\sum_B \nu_B(g)$ (气体为理想气体)	$\sum_B \nu_B \Delta_f H_m^{\ominus}(B,\beta,T)$ 或 $-\sum_B \nu_B \Delta_c H_m^{\ominus}(B,\beta,T)$
	恒温 恒容	0	$\Delta_r U_m$		

7. 热力学第一定律数学表达式
$$\Delta U = Q + W \quad \text{或} \quad dU = \delta Q + \delta W$$
适用于封闭系统一切过程能量的衡算。

8. 相变焓随温度变化关系式
$$\Delta_\alpha^\beta H_m(T_2) = \Delta_\alpha^\beta H_m(T_1) + \Delta C_{p,m}(T_2 - T_1)$$
$\Delta C_{p,m} = C_{p,m}(\beta) - C_{p,m}(\alpha) = $ 常数。

9. 化学反应热与温度的关系 —— 基希霍夫公式
$$\Delta_r H_m^\ominus(T_2) = \Delta_r H_m^\ominus(T_1) + \int_{T_1}^{T_2} \Delta_r C_{p,m} dT \quad (T_1 \sim T_2 \text{ 区间反应各组分无相变})$$
$$\Delta_r C_{p,m} = \sum_B \nu_B C_{p,m}(B, \beta)$$
$$\Delta_r H_m^\ominus(T_2) = \Delta_r H_m^\ominus(T_1) + \Delta_r C_{p,m}(T_2 - T_1) \quad (\Delta_r C_{p,m} = \text{常数})$$

10. 理想气体绝热可逆过程方程式
$$T_1 V_1^{\gamma-1} = T_2 V_2^{\gamma-1}, \quad p_1 V_1^\gamma = p_2 V_2^\gamma, \quad p_1^{1-\gamma} T_1^\gamma = p_2^{1-\gamma} T_2^\gamma$$
式中，$\gamma = C_{p,m}/C_{V,m}$

习 题

1. 氧气钢瓶容积为 50 dm^3，20 ℃时，瓶内气体压强为 1 000 kPa，计算钢瓶内氧气的质量。

2. 在一个容积为 1.00 dm^3 的密闭玻璃容器中放入 5.00 g $C_2H_6(g)$，该容器能耐压 1.013 MPa，试问 $C_2H_6(g)$ 在此容器中允许加热的最高温度是多少？

3. 某反应器操作压强为 106.4 kPa，温度为 723 K，每小时送入反应器的气体为 4.00×10^4 m^3（按标准状况 273.15 K，101.325 kPa 计），试计算每小时实际通过反应器的气体体积（体积流量）。

4. 已知混合气体中各组分的物质的量分数为：氯乙烯 0.88、氯化氢 0.10 及乙烯 0.02，在维持压强为 100 kPa 不变条件下，用水洗去氯化氢，求剩余干气体中各组分的分压强。

5. 25 ℃时，装有 0.30 MPa $O_2(g)$ 的体积为 1 dm^3 的容器与装有 0.06 MPa $N_2(g)$ 的体积为 2 dm^3 的容器用旋塞连接。旋塞打开，待两气体混合后，计算：
(1) $O_2(g)$、$N_2(g)$ 的物质的量；
(2) $O_2(g)$、$N_2(g)$ 的分压强；
(3) 混合气体的总压强；
(4) $O_2(g)$、$N_2(g)$ 的分体积。

6. 1 mol 25 ℃、300 kPa 的理想气体经下述两个途径(1) $p_{环}$ 恒为 150 kPa；(2)自由膨胀，至终态为 25 ℃、150 kPa，分别计算两个途径的功。

7. 1 mol 理想气体于恒压条件下温度升高 1 ℃，计算过程中的体积功。

8. 2 mol、200 kPa 的理想气体，经恒温可逆膨胀体积从 V_1 变至 $10V_1$，并对环境做功 41.85 kJ，试求 V_1 及系统的温度。

9. 相同的始态和终态之间有两条不同的途径 a 和 b，已知途径 a 的热和功分别为 $Q_a = 60$ kJ 和 $W_a = -25$ kJ，问当途径 b 的热 Q_b 为 45 kJ 时，W_b 为多少？

10. 在 18 ℃ 和 100 kPa 下，1 mol Zn(s) 溶于足量稀盐酸中，置换出 1 mol H_2(g)，并放热 152 kJ，若以 Zn 和盐酸为系统，求该反应所做的功及系统热力学能的变化。

11. 已知 CH_4(g) 的摩尔定压热容为 $C_{p,m} = 22.34 + 48.12 \times 10^{-3} T$ (J·K^{-1}·mol^{-1})。计算 2 mol 的 CH_4(g) 在恒定压强为 100 kPa 下从 25 ℃ 升温到其体积增加一倍时的 Q、W、ΔU 和 ΔH。

12. 1 mol 双原子分子理想气体在 101.325 kPa 下，温度由 150 ℃ 降低到 50 ℃，试计算此过程的 Q、W、ΔU 和 ΔH。

13. 温度为 273.2 K，压强为 5×101.325 kPa 的 2 dm^3 N_2(g)，在外压为 101.325 kPa 下恒温膨胀，直到 N_2(g) 的压强也等于 101.325 kPa 为止。求此过程的 Q、W、ΔU 和 ΔH。（假定气体是理想气体）

14. 今有 4 mol 某理想气体，使其温度由 298 K 升至 368 K。求下列各过程 Q、W、ΔU 和 ΔH：(1) 加热时保持体积不变；(2) 加热时保持压强不变。已知 $C_{p,m} = 29.29$ J·K^{-1}·mol^{-1}。

15. 2 mol 某理想气体由 400 K、0.084 m^3 的始态，分别经下列途径达到压强为 0.5 倍始态压强的终态。

(1) 恒温反抗恒定外压 $p_{环} = 0.5 p_1$，膨胀至平衡态；

(2) 向真空膨胀至 $p_2 = 0.5 p_1$ 的终态；

(3) 绝热反抗恒定外压 $p_{环} = 0.5 p_1$，膨胀至平衡态；

(4) 绝热可逆膨胀至 $p_2 = 0.5 p_1$ 的终态。

已知该气体的 $C_{V,m} = 1.5R$，分别计算题给各过程的 Q、W、ΔU 和 ΔH 各为多少？

16. 1 mol 理想气体依次经下列过程：(1) 恒容下从 25 ℃ 升温至 100 ℃；(2) 绝热自由膨胀至 2 倍体积；(3) 恒压下冷却至 25 ℃。试计算整个过程的 Q、W、ΔU 和 ΔH。

17. 0.5 mol 单原子分子理想气体，最初温度为 25 ℃，体积为 2 dm^3，反抗 101.325 kPa 恒定外压做绝热膨胀，直至内外压强相等，然后保持在膨胀后的温度下再可逆压缩到 2 dm^3，求整个过程的 Q、W、ΔU 和 ΔH。

18. 1 mol 某理想气体，由始态 300 K、1 000 kPa 依次经过下列过程：(1) 恒容加热到 600 K；(2) 再恒压冷却到 500 K；(3) 最后可逆绝热膨胀至 400 K。已知该气体的绝热指数 $\gamma = 1.4$，试求整个过程的 Q、W、ΔU 和 ΔH。

19. 5 mol 某理想气体，其 $C_{V,m} = 2.5R$，先由 $T_1 = 400$ K，$p_1 = 200$ kPa 的始态，经绝热可逆压缩到 $p_2 = 400$ kPa 后，再自由膨胀至 $p_3 = 200$ kPa 的终态。试求整个过程的 Q、W、ΔU 和 ΔH。

20. 在一带有隔板的绝热刚性容器中，分别充入 10 ℃ 的 1 mol O_2(g) 和 20 ℃ 的 3 mol N_2(g)，隔板两侧体积相等。现抽去隔板，使两气体混合，并达到平衡。求混合后系统的温度 T 及该过程的 Q、W、ΔU 和 ΔH。已知 O_2(g) 和 N_2(g) 均为理想气体，且 $\overline{C}_{p,m}$ 均为 28.0 J·K^{-1}·mol^{-1}。

21. 1 mol 理想气体，自始态 27 ℃、1 dm^3 经 (1) 绝热可逆膨胀；(2) 绝热反抗 101.325 kPa 的外压膨胀，均达到终态压强为 101.325 kPa。分别求出两过程终态的体积和温度及 Q、W、ΔU 和 ΔH。已知理想气体的 $C_{V,m} = 12.55$ J·K^{-1}·mol^{-1}，$C_{p,m} = 20.92$ J·K^{-1}·mol^{-1}。

22. 1 mol $H_2(g)$ 在温度为 298.2 K 和压强为 101.325 kPa 下,经绝热可逆过程压缩到 5 dm^3,计算:(1) $H_2(g)$ 的最后温度;(2) $H_2(g)$ 的最后压强;(3) 需要做多少功?(已知 H_2 的 $C_{V,m}=2.5R$)。

23. 计算在 101.325 kPa 下,1 mol 冰在其熔点 0 ℃ 熔化为水的 Q、W、ΔU 和 ΔH。已知在 101.325 kPa、0 ℃ 时冰的摩尔熔化焓为 6 008 J·mol^{-1},0 ℃ 时冰、水的密度分别为 916.8 kg·m^{-3} 和 999.9 kg·m^{-3}。

24. 试求 100 ℃、101.325 kPa 时,2 mol 水全部蒸发成同温度下 40.530 kPa 水蒸气的 ΔU 和 ΔH。设水蒸气为理想气体,液体水的体积可忽略不计。已知在 100 ℃、101.325 kPa 时,水的 $\Delta_{vap}H_m=40.64$ kJ·mol^{-1}。

25. 利用附录的 $\Delta_f H_m^{\ominus}$(298 K) 数据,计算下列反应的 $\Delta_r H_m^{\ominus}$(298 K) 及 $\Delta_r U_m^{\ominus}$(298 K)。

(1) $4NH_3(g)+5O_2(g) \longrightarrow 4NO(g)+6H_2O(g)$

(2) $C_2H_4(g)+H_2O(g) \longrightarrow C_2H_5OH(g)$

(3) $3NO_2(g)+H_2O(l) \longrightarrow 2HNO_3(l)+NO(g)$

(4) $Fe_2O_3(s)+3C(石墨) \longrightarrow 2Fe(s)+3CO(g)$

(5) $Fe_2O_3(s)+3CO(g) \longrightarrow 2Fe(s)+3CO_2(g)$

26. 根据下列反应的 $\Delta_r H_m^{\ominus}$(298 K),求 298 K 时 AgCl(s) 的 $\Delta_f H_m^{\ominus}$。

$Ag_2O(s)+2HCl(g) \longrightarrow 2AgCl(s)+H_2O(l)$ $\Delta_r H_m^{\ominus}$(298 K)$=-324.72$ kJ·mol^{-1}

$2Ag(s)+\frac{1}{2}O_2(g) \longrightarrow Ag_2O(s)$ $\Delta_r H_m^{\ominus}$(298 K)$=-30.59$ kJ·mol^{-1}

$\frac{1}{2}H_2(g)+\frac{1}{2}Cl_2(g) \longrightarrow HCl(g)$ $\Delta_r H_m^{\ominus}$(298 K)$=-92.30$ kJ·mol^{-1}

$H_2(g)+\frac{1}{2}O_2(g) \longrightarrow H_2O(l)$ $\Delta_r H_m^{\ominus}$(298 K)$=-285.85$ kJ·mol^{-1}

27. 25 ℃ 时乙苯(l)的标准摩尔生成焓 $\Delta_f H_m^{\ominus}=-18.60$ kJ·mol^{-1},苯乙烯(l)的标准摩尔燃烧焓 $\Delta_c H_m^{\ominus}=-4 332.8$ kJ·mol^{-1}。计算在 25 ℃、100 kPa 时乙苯脱氢反应
$$C_6H_5-C_2H_5(l) \longrightarrow C_6H_5-C_2H_3(l)+H_2(g)$$
的标准摩尔反应焓(其他热力学数据可由本书附录中的数据代替)。

28. 丙烯加氢反应的标准摩尔反应焓是 -124 kJ·mol^{-1},丙烷氧化反应的标准摩尔反应焓是 $-2 220$ kJ·mol^{-1},该温度下水的标准摩尔生成焓为 -285.8 kJ·mol^{-1},求丙烯氧化反应的标准摩尔反应焓。

29. 试计算异构化反应 $C_2H_5OH(l) \longrightarrow CH_3OCH_3(g)$ 在 25 ℃ 下的 $\Delta_r H_m^{\ominus}$(298.1 K)。已知 $\Delta_f H_m^{\ominus}$(C_2H_5OH,l,298.1 K)$=-277.6$ kJ·mol^{-1},$\Delta_f H_m^{\ominus}$(H_2O,l,298.1 K)$=-285.8$ kJ·mol^{-1},$\Delta_c H_m^{\ominus}$(CH_3OCH_3,g,298.1 K)$=-1 460.4$ kJ·mol^{-1},$\Delta_c H_m^{\ominus}$(石墨,s,298.1 K)$=-393.51$ kJ·mol^{-1}。

30. 已知 25 ℃、100 kPa 时的下列反应:

(1) $C_2H_4(g)+3O_2(g) \longrightarrow 2CO_2(g)+2H_2O(g)$ $\Delta H_1=-136.8$ kJ·mol^{-1}

(2) $C_2H_6(g)+7/2O_2(g) \longrightarrow 2CO_2(g)+3H_2O(g)$ $\Delta H_2=-1 545$ kJ·mol^{-1}

(3) $H_2(g)+1/2O_2(g) \longrightarrow H_2O(g)$ $\Delta H_3=-241.8$ kJ·mol^{-1}

计算乙烷脱氢反应在此条件下的反应焓。

31. 已知气态苯和液态苯在 298 K 时的标准摩尔生成焓分别为 82.93 kJ·mol^{-1} 和 49.03 kJ·mol^{-1},求苯在 298 K 时的标准摩尔汽化焓。

32. $B_2H_6(g)$ 按下式进行燃烧反应:
$$B_2H_6(g)+3O_2(g)\longrightarrow B_2O_3(s)+3H_2O(g)$$
反应的 $\Delta_rH_m^{\ominus}(298\text{ K})=-2020$ kJ·mol^{-1}。298 K 时 2 mol 元素硼燃烧生成 1 mol $B_2O_3(s)$ 时放热 1264 kJ,求 298 K 时 $B_2H_6(g)$ 的 $\Delta_fH_m^{\ominus}$。已知 25 ℃ 时 $\Delta_fH_m^{\ominus}(H_2O,l)=-285.8$ kJ·mol^{-1},水的 $\Delta_{vap}H_m=44.01$ kJ·mol^{-1}。

33. 计算反应 $CH_3COOH(g)\longrightarrow CH_4(g)+CO_2(g)$ 在 727 ℃ 时的标准摩尔反应焓。已知该反应在 25 ℃ 时的标准摩尔反应焓为 -36.12 kJ·mol^{-1},$CH_3COOH(g)$、$CH_4(g)$ 与 $CO_2(g)$ 的平均摩尔定压热容分别为 66.5 J·K^{-1}·mol^{-1}、35.309 J·K^{-1}·mol^{-1} 与 37.11 J·K^{-1}·mol^{-1}。

34. 反应 $C(石墨)+2H_2(g)\longrightarrow CH_4(g)$ 的初始温度和压强分别为 298 K 和 101.325 kPa,若该反应分别在下列条件下进行:(1)等压升温至终态温度为 500 K;(2)等压绝热。试求上述两条件下反应的 Q、W、ΔU 和 ΔH。设反应进度 $\xi=1$ mol,各气体均可视为理想气体。已知 $\Delta_fH_m^{\ominus}(CH_4,g,298\text{ K})=-74.6$ kJ·mol^{-1},$CH_4(g)$ 的平均摩尔定压热容分别为 35.7 J·mol^{-1}·K^{-1}。

35. 1 mol 气体 A 与 5 mol 气体 B 的混合物,始态为 298 K、100 kPa。该混合物在刚性密闭容器中发生下列爆炸反应:
$$A(g)+5B(g)\longrightarrow 3C(g)+2D(g)$$
若上述气体均可视为理想气体,求爆炸所能达到的最高温度及该反应的 ΔH。已知数据如下:

	A(g)	B(g)	C(g)	D(g)
$\overline{C}_{V,m}$/J·K^{-1}·mol^{-1}	30	15	20	50
$\Delta_fH_m^{\ominus}(298\text{ K})$/J·mol^{-1}	-40	-5	-20	-50

自 测 题

一、填空题

1. 在相同的温度下,一个有理想气体参加的化学反应 $W'=0$,则该反应的摩尔恒压热 $Q_{p,m}$ 与摩尔恒容热 $Q_{V,m}$ 之差 $Q_{p,m}-Q_{V,m}=$ _____。

2. 已知某理想气体的 $C_{V,m}=1.5R$,则其绝热指数 $\gamma=$ _____。

3. _____的系统称为封闭系统。

4. $nC_{V,m}(T_2-T_1)=-p_{环}(V_2-V_1)$,此式适用的条件是_____。

5. 判断下列过程中 Q、W、ΔU、ΔH 是正值、负值还是零?(正值填"+",负值填"−",等于零填"0")

过程	Q	W	ΔU	ΔH
理想气体恒温可逆压缩				
理想气体向真空膨胀				
理想气体绝热可逆压缩				
理想气体节流膨胀过程				
$H_2O(l, p^{\ominus}, 373.15\ K) \longrightarrow H_2O(g, p^{\ominus}, 373.15\ K)$				

6. 298.15 K、300 kPa 下,理想气体混合物中,B 组分的摩尔分数 $y_B = 0.60$,则 B 的分压强 $p_B = $ _____ kPa。

7. 空气的组成为 21%(体积百分数,下同)的氧气、78%的氮气和 1%的氩(原子质量为 40)气,则空气的平均摩尔质量为 _____。

8. 已知 $\Delta_f H_m^{\ominus}(NO, g, 298.15\ K) = 89.86\ kJ \cdot mol^{-1}$,$\Delta_f H_m^{\ominus}(NO_2, g, 298.15\ K) = 33.85\ kJ \cdot mol^{-1}$,反应 $NO_2(g) = NO(g) + \frac{1}{2}O_2(g)$ 的 $\Delta_r H_m^{\ominus}(298.15\ K)$ 为 _____。

9. 在恒定压力下,为了将烧瓶中 20 ℃ 的空气赶出 1/5,需将烧瓶加热到 _____ ℃。

10. 在标准状态下的反应 $H_2(g) + Cl_2(g) = 2HCl(g)$,其 $\Delta_r H_m^{\ominus} = -184.61\ kJ \cdot mol^{-1}$,由此可知 HCl(g)的标准摩尔生成焓为 _____ $kJ \cdot mol^{-1}$。

二、选择题

1. 在温度为 T 的标准状态下,反应(1)A $\longrightarrow$ 2B;反应(2)2A $\longrightarrow$ C 以及反应(3)C $\longrightarrow$ 4B 的标准摩尔反应焓分别为 $\Delta_r H_m^{\ominus}(1)$、$\Delta_r H_m^{\ominus}(2)$ 和 $\Delta_r H_m^{\ominus}(3)$。它们之间的关系为 $\Delta_r H_m^{\ominus}(3) = ($ _____)。
A. $2\Delta_r H_m^{\ominus}(1) + \Delta_r H_m^{\ominus}(2)$ B. $\Delta_r H_m^{\ominus}(2) - \Delta_r H_m^{\ominus}(1)$
C. $\Delta_r H_m^{\ominus}(1) + \Delta_r H_m^{\ominus}(2)$ D. $2\Delta_r H_m^{\ominus}(1) - \Delta_r H_m^{\ominus}(2)$

2. 某一化学反应的 $\Delta_r C_{p,m} < 0$,则该反应的 $\Delta_r H_m^{\ominus}$ 随温度的升高而(_____)。
A. 增大   B. 减小   C. 不变   D. 无法确定

3. 一封闭系统,从 A 状态出发,经一循环过程后回到 A 状态,则下列(_____)的值为零。
A. Q B. W C. $Q+W$ D. $Q-W$

4. 在温度 T 时,反应 $C_2H_5OH(l) + 3O_2(g) \longrightarrow 2CO_2(g) + 3H_2O(l)$ 的 $\Delta_r H_m$ 与 $\Delta_r U_m$ 的关系为(_____)。
A. $\Delta_r H_m > \Delta_r U_m$ B. $\Delta_r H_m < \Delta_r U_m$ C. $\Delta_r H_m = \Delta_r U_m$ D. 无法确定

5. 功和热(_____)。
A. 都是途径函数,无确定的变化途径就无确定的数值
B. 都是途径函数,对应某一状态有一确定值
C. 都是状态函数,变化量与途径无关
D. 都是状态函数,始、终态确定其值也确定

6. 系统吸热 50 kJ,并对环境做了 30 kJ 的功,则系统的热力学能变化值为(_____)。
A. 80   B. 20   C. -80   D. -20

7. 使一过程 $\Delta H = Q_p$ 应满足的条件是(_____)。
A. 恒温、恒容且不做非体积功的过程   B. 恒容绝热过程

C. 恒温、恒压且不做非体积功的过程   D. 可逆绝热过程

8. 当用压缩因子 $Z=pV/nRT$ 来讨论实际气体时,若 $Z>1$,则表示该气体较理想气体( )。

    A. 易于压缩   B. 不易压缩   C. 易于液化   D. 不易液化

9. 在恒定温度下,向一个容积为 2 dm^3 的抽空容器中依次充入初始状态为 100 kPa、2 dm^3 的气体 A 和 200 kPa、1 dm^3 的气体 B,A、B 均可视为理想气体,且 A,B 间不发生化学反应,则容器中混合气体总压强为( )。

    A. 300 kPa   B. 200 kPa   C. 150 kPa   D. 100 kPa

10. 对于真实气体,处于下列哪种情况时,其 p、V、T 行为与理想气体相近( )。

    A. 高温高压   B. 高温低压   C. 低温高压   D. 低温低压

三、判断题(正确的在括号内打"√",错误的在括号内打"×")

1. 根据热力学第一定律,能量不能无中生有,所以一个系统若要对外做功,必须从外界吸收热量。   ( )

2. 石墨的标准摩尔燃烧焓即 $CO_2(g)$ 的标准摩尔生成焓。   ( )

3. 系统状态改变后,状态函数一定都改变。   ( )

4. 在 100 ℃、101.325 kPa 下,2 mol 的水向真空蒸发成 100 ℃、101.325 kPa 的水蒸气,假设水蒸气可以看作理想气体,因为此过程为恒温过程,所以 $\Delta U=0$。   ( )

5. 因为理想气体经节流膨胀后焓值不变,所以温度和热力学能也不改变。   ( )

6. 在任何温度、压强下,遵从 $pV=nRT$ 的气体,叫作理想气体。   ( )

7. 系统的温度越高,所含的热量越多。   ( )

8. 在混合气体中,某气体组分的分压强、分体积都与该气体组分的物质的量分数相等。   ( )

9. 根据分压定律,气体混合物的总压强等于各组分气体的分压强之和,所以压强 p 是广度性质。   ( )

10. 理想气体恒温过程的热力学能和焓为确定值。   ( )

四、计算题

1. 4 mol 某气体从 300.15 K 恒压加热到 600.15 K,已知该气体的 $C_{p,m}=30$ J·K^{-1}·mol^{-1},求此过程的 Q、W、ΔU 和 ΔH。

2. 1 mol 理想气体由 202.65 kPa、10 dm^3 恒容升温,压强增大到 2 026.5 kPa,再恒压压缩至体积为 1 dm^3。求整个过程的 Q、W、ΔU 和 ΔH。

3. 试求 1 mol 水在 120 ℃,101.325 kPa 下完全蒸发为同温、同压下的水蒸气时的 Q、W、ΔU 和 ΔH。已知 $H_2O(l)$ 和 $H_2O(g)$ 的 $\overline{C}_{p,m}$ 分别为 75.38 J·K^{-1}·mol^{-1} 和 33.6 J·K^{-1}·mol^{-1},水在 100 ℃ 时的 $\Delta_{vap}H_m=40.64$ kJ·mol^{-1}。

4. 在一恒温 25 ℃ 的密闭容器中,有 1 mol CO(g) 与 0.5 mol O_2(g) 反应生成 1 mol CO_2(g) 时,求此反应过程的 Q、W、ΔU 和 ΔH。若上述反应在一绝热的密闭容器中进行,此反应过程的 Q、W、ΔU 和 ΔH 各为多少?已知 $\Delta_f H_m^\ominus(CO_2, g, 298.15\ K) = -393.5$ kJ·mol^{-1},$\Delta_f H_m^\ominus(CO, g, 298.15\ K) = -110.5$ kJ·mol^{-1},$\overline{C}_{V,m}(CO_2, g) = 46.5$ J·K^{-1}·mol^{-1}。

第 2 章

热力学第二定律

基本要求

1. 掌握熵的定义、克劳修斯不等式、熵增加原理的数学表达式及其作为判据的适用条件;
2. 掌握吉布斯函数的概念及其作为判据的适用条件;
3. 掌握各种物理变化和化学反应中 ΔS、ΔG 的计算;
4. 理解自发过程的概念及其特征;
5. 理解热力学第三定律、规定熵和标准熵的定义;
6. 理解亥姆霍兹函数的概念及其作为判据的适用条件;
7. 了解卡诺循环、卡诺热机效率及卡诺定理;
8. 了解热力学第二定律的经典表述形式及熵的物理意义;
9. 了解封闭系统的热力学基本关系式及其适用条件。

热力学第一定律本质上是能量守恒定律,任何违反热力学第一定律的过程肯定是不能发生的,那么不违反热力学第一定律的过程是否都能自动发生呢? 例如 C(金刚石)+ $O_2(g) \longrightarrow CO_2(g)$ 的反应在 298.15 K 的标准状态下能自动发生,并且放热 395.4 kJ·mol^{-1},但在相同情况下,由环境供给 395.4 kJ·mol^{-1} 的热,$CO_2(g)$ 却不能自动分解成金刚石。事实证明,热力学第一定律只能给出能量转化具有的相应的量的关系,对过程进行的方向和限度问题不能做出确切的回答,而热力学第二定律正是为了解决这些问题而提出的。

2.1 自发过程和热力学第二定律

2.1.1 自发过程的共同特征

人类实践经验告诉我们,自然界的一切过程都是有方向性的,例如气体向真空膨胀,重物自动地从高处向低处坠落,浓度不均匀的溶液自动扩散至浓度均匀等。类似这样的不需要外界帮助就能自动进行的过程称为自发过程,下面我们通过实例来研究自发过程的共同特征。

1. 热传导

热总是自动地从高温物体传向低温物体,当两物体的温度差 $\Delta T=0$ 时,热传递则"停止",所以 ΔT 是热传递的推动力,$\Delta T=0$ 则是热传递的限度。该过程发生时不需要环境对系统做功,而且如果加以适当的装置系统还可以对环境做功,例如可以带动热机做功。而其逆过程则不能自动进行,若要将热从低温物体传给高温物体,要借助于制冷机才能实现。

2. 气体流动

气体总是自动地从高压处流向低压处,其推动力是两处存在的压强差 Δp,当 $\Delta p=0$ 时,气体流动则"停止",所以 $\Delta p=0$ 是气体流动的限度。该过程发生时不需要环境对系统做功,而且高压蒸气还可以推动汽轮机发电对外做功。若要使气体从低压处向高压处流动,需要借助压缩机消耗环境的功才能实现。

3. 化学变化

定量的锌可以自发地置换硫酸铜溶液中的铜,直到反应达平衡为止:

$$Zn+CuSO_4 \Longrightarrow ZnSO_4+Cu$$

将反应设计成电池可以对外做电功,其逆过程需要借助于电解池消耗环境的功才能发生。

自发过程的逆过程发生后,系统恢复到原来状态,环境能否复原呢?

理想气体自由膨胀过程是一个自发过程,此过程的温度不变,$p_环=0$,所以 $\Delta U_1=0$,$W_1=0,Q_1=0$。若要使膨胀后的气体复原,需借助压缩机接受 W_2 的功将气体压缩回原态,而气体为保持恒温必须向环境传递与 W_2 等值的热 Q_2,即系统回到原来状态后,环境损失了 W_2 的功而得到 Q_2 的热,也就是在环境中留下了功变热的变化。热自动地从高温物体传向低温物体,直到两物体温度相等为止。开动制冷机,可以使热量从低温物体传向高温物体,从而使高温物体复原,恢复原来的温差,环境同样留下了功变热的变化。

可见,一切自发过程是否是可逆过程的关键都归结到热能否全部转化为功而不产生其他变化的问题。实践经验指出,热和功的相互转化也是有方向性的,"功可以自发地全部转化成热,而热却不能全部转化为功而不产生其他变化"。

综上所述,自发过程的共同特征为:自发过程都有确定的方向和限度;自发过程具有对环境做功的能力,其逆过程均需消耗环境的功才得以进行;自发过程都是热力学不可逆过程。

2.1.2 热力学第二定律

热力学第二定律是人类实践经验的总结,其有多种表述方式,下面介绍两种具有代表性的说法。

1. 克劳修斯表述法

不可能把热从低温物体传递给高温物体而不引起其他变化。

2. 开尔文表述法

不可能从单一热源吸热使之全部转化成功而不引起其他变化。

19世纪工业革命后,蒸汽机大量推广,不少人试图制造一种机器,它可以从海水、河水、大气等单一热源吸热,连续不断地做功而不引起其他变化,大家把这类机器称为第二类永动机。然而,所有的尝试都以失败而告终。所以开尔文的说法又可表述为:第二类永动机是不可能制成的。克劳修斯表述法和开尔文表述法分别从制冷机角度和热机角度来表述热力学第二定律,两种表述方式本质上一致,是完全等效的。

2.2 卡诺循环和熵的概念

2.2.1 卡诺循环与热机效率

将热转变成功的机器叫作热机。热机通过工作物质运行于高温和低温两个热源之间,从高温热源吸热,将部分热转化为功,其余的热传给低温热源。卡诺设想了一种理想热机(我们称之为卡诺热机),从理论上证明了热机效率的极限,为提高热机效率提供了科学依据。

1. 卡诺循环

我们把由两个恒温可逆过程和两个绝热可逆过程组成的循环称为卡诺循环,在这样的循环过程中工作的热机称为卡诺热机,如图 2-1 所示。卡诺热机以理想气体为工作物质,在一个具有无质量、无摩擦活塞的气缸中,通过以下四个可逆过程完成循环过程。

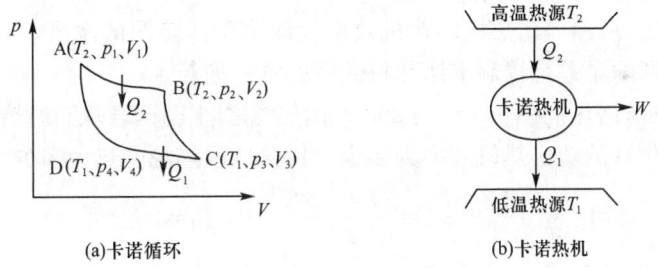

(a)卡诺循环　　　　　　　　　　(b)卡诺热机

图 2-1　卡诺循环和卡诺热机

(1) A→B 恒温可逆膨胀过程,系统与温度 T_2 的高温热源接触,从高温热源吸热 Q_2,对外做功 W_1,系统体积由 V_1 膨胀到 V_2。因为此过程 $\Delta U=0$,所以

$$Q_2 = -W_1 = nRT_2 \ln \frac{V_2}{V_1}$$

(2) B→C 绝热可逆膨胀,系统体积由 V_2 膨胀到 V_3,温度下降至 T_1,因为 $Q=0$,所以

$$W_2 = \Delta U_2 = n\int_{T_2}^{T_1} C_{V,m} dT$$

(3) C→D 恒温可逆压缩过程,系统与温度 T_1 的低温热源接触,向低温热源放热 Q_1,环境做功 W_3,系统体积由 V_3 压缩到 V_4。因为此过程 $\Delta U=0$,所以

$$Q_1 = -W_3 = nRT_1 \ln \frac{V_4}{V_3}$$

(4) D→A 绝热可逆压缩，系统体积由 V_4 压缩至 V_1，温度升高至 T_2。因为 $Q=0$，所以

$$W_4 = \Delta U_4 = n\int_{T_1}^{T_2} C_{V,m} dT$$

整个循环过程完成后

$$W = W_1 + W_2 + W_3 + W_4 = -nRT_2 \ln \frac{V_2}{V_1} - nRT_1 \ln \frac{V_4}{V_3}$$

由绝热可逆过程方程 $T_2 V_2^{\gamma-1} = T_1 V_3^{\gamma-1}$，$T_2 V_1^{\gamma-1} = T_1 V_4^{\gamma-1}$ 可得 $\frac{V_2}{V_1} = \frac{V_3}{V_4}$

所以

$$W = -nR(T_2 - T_1) \ln \frac{V_2}{V_1}$$

2. 热机效率

热机所做的功与它从高温热源所吸收的热的比值称为热机效率，用 η 表示。

$$\eta = \frac{-W}{Q_2} = \frac{Q_1 + Q_2}{Q_2} = \frac{nR(T_2 - T_1)\ln \frac{V_2}{V_1}}{nRT_2 \ln \frac{V_2}{V_1}} = \frac{T_2 - T_1}{T_2} \tag{2-1}$$

式中　　η ——热机效率；
　　　　T_2 ——高温热源的温度，K；
　　　　T_1 ——低温热源的温度，K；
　　　　Q_2 ——从高温热源吸收的热，kJ；
　　　　Q_1 ——向低温热源放出的热，kJ。

由此不难看出，可逆卡诺热机的热机效率仅取决于两热源的温度，与工作物质无关；加大热机两个热源的温差是提高卡诺热机效率的唯一途径。

【例 2-1】 某卡诺热机在 373 K 与 298 K 两热源之间工作，若从高温热源吸热 1 000 J，则可转化为多少焦耳的功？热机效率为多少？传给低温热源的热为多少？

解：根据式(2-1)得 $\eta = \frac{T_2 - T_1}{T_2} = \frac{373 - 298}{373} \times 100\% = 20.1\%$

热机对外做功　　$W = -1\,000 \times 20.1\% = -201$ J

热机传给低温热源的热　　$Q_1 = -W - Q_2 = 201 - 1\,000 = -799$ J

2.2.2　卡诺定理

由式(2-1)的导出过程可以看出，当用不可逆循环代替可逆循环时，将导致热机效率降低。即在相同的两个热源之间工作的所有热机，以卡诺热机的效率最高，这就是著名的卡诺定理。即

$$\eta \leqslant \eta_r \tag{2-2}$$

式中　　η ——热机效率；

η_r——可逆热机的热机效率。

从卡诺定理出发,我们还可以得到如下推论:在温度确定的两热源之间工作的所有可逆热机,其效率相等,与工作物质无关;而在此两热源间工作的不可逆热机,其效率一定小于可逆热机效率。

2.2.3 熵的概念

由式(2-1)可知,对于可逆热机 $\dfrac{Q_1+Q_2}{Q_2}=\dfrac{T_2-T_1}{T_2}$

将此式整理并移项得
$$\frac{Q_1}{T_1}+\frac{Q_2}{T_2}=0 \tag{2-3}$$

$\dfrac{Q}{T}$ 称为过程的热温熵。式(2-3)表明:卡诺循环的热温熵之和等于零。

对于任意的可逆循环过程,如图 2-2 所示,可用无数条无限接近的绝热可逆线(图中虚线)和恒温可逆线(图中实线)把它分成许多首尾相接的小卡诺循环,前一个循环的绝热可逆膨胀线就是下一个循环的绝热可逆压缩线,两个过程的功恰好抵消,从而使众多小卡诺循环的总效应与任意可逆循环的封闭曲线相当。所以任意可逆循环的热温熵的和也等于零。即

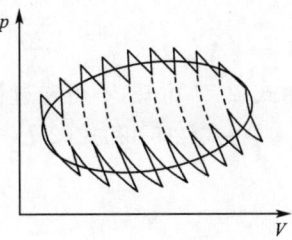

图 2-2 任意可逆循环与卡诺循环

$$\sum_i \left(\frac{\delta Q_i}{T_i}\right)_r = 0$$

如图 2-3 所示,一个任意的可逆循环 ABA 可以由两个可逆过程 1 和 2 所构成,则

$$\int_A^B \left(\frac{\delta Q}{T}\right)_{r_2} + \int_B^A \left(\frac{\delta Q}{T}\right)_{r_1} = 0$$

$$\int_A^B \left(\frac{\delta Q}{T}\right)_{r_1} = \int_A^B \left(\frac{\delta Q}{T}\right)_{r_2}$$

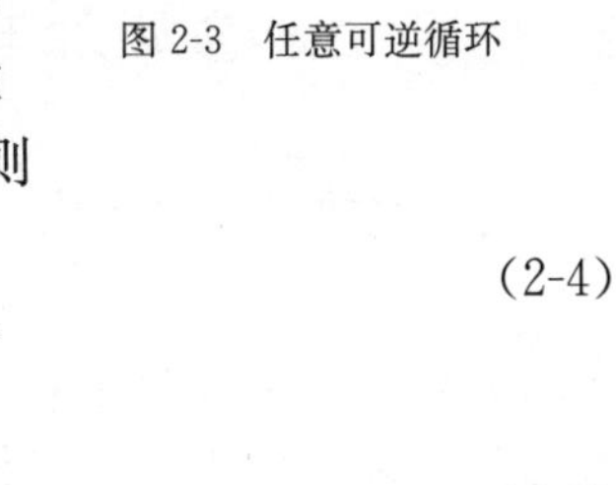

图 2-3 任意可逆循环

此式表明,任意可逆过程的热温熵取决于过程的始态、终态,而与变化的途径无关。所以这个热温熵具有状态函数的性质,将此状态函数取名为熵,以符号 S 表示,单位是 $J \cdot K^{-1}$。则

$$\Delta S = \int_A^B \left(\frac{\delta Q}{T}\right)_r \text{ 或 } \Delta S = \sum_A^B \left(\frac{\delta Q}{T}\right)_r \tag{2-4}$$

对于微小变化过程,则可写成微分的形式

$$dS = \left(\frac{\delta Q}{T}\right)_r \tag{2-5}$$

式(2-5)称为熵变的定义式。它表明可逆过程的热温熵之和等于系统的熵变。

从以上讨论可知,熵是状态函数,只能用可逆过程的热温熵来衡量它的变化;熵是广度性质,系统的熵为系统各部分熵的总和。

2.2.4 热力学第二定律的表达式

根据卡诺定理,对于不可逆热机有 $\dfrac{Q_1+Q_2}{Q_2}<\dfrac{T_2-T_1}{T_2}$

同理可以推出:不可逆(ir 表示不可逆)循环的热温熵之和小于零。即

$$\sum_i \left(\dfrac{\delta Q_i}{T_i}\right)_{ir}<0 \tag{2-6}$$

设有一个循环过程如图 2-4 所示,A→B 为不可逆过程,B→A 为可逆过程,所以整个循环为不可逆循环。由式(2-6)可得

$$\sum_A^B \left(\dfrac{\delta Q}{T}\right)_{ir}+\sum_B^A \left(\dfrac{\delta Q}{T}\right)_r<0$$

$$\sum_A^B \left(\dfrac{\delta Q}{T}\right)_{ir}<\Delta S \tag{2-7}$$

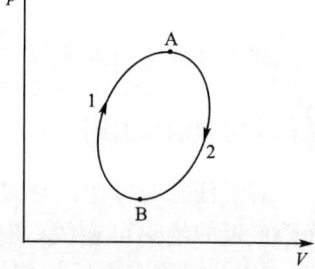

图 2-4 不可逆循环

由式(2-7)可知,不可逆过程的热温熵之和小于系统的熵变。

将式(2-6)和式(2-7)合并可得

$$\Delta S-\sum_A^B \dfrac{\delta Q}{T}\geqslant 0 \tag{2-8}$$

式(2-8)称为克劳修斯不等式。该式表明

$$\Delta S-\sum_A^B \dfrac{\delta Q}{T}\begin{cases}>0 & \text{不可逆过程}\\ =0 & \text{可逆过程}\\ <0 & \text{不可能发生的过程}\end{cases}$$

因此式(2-8)可以作为过程方向和限度的共同判据,通常把该式叫作热力学第二定律的数学表达式。对于微小变化过程,式(2-8)可写作

$$dS-\dfrac{\delta Q}{T}\geqslant 0 \tag{2-9}$$

2.2.5 熵增加原理

对于绝热过程,$\delta Q=0$,由式(2-8)和式(2-9)可得

$$\Delta S_{绝热}\geqslant 0 \quad 或 \quad dS_{绝热}\geqslant 0 \tag{2-10}$$

该式说明,在绝热条件下,趋向于平衡的过程使系统的熵增加。或者说在绝热条件下,不可能发生熵减少的过程,这称为熵增加原理。即

$$\Delta S_{绝热}\begin{cases}>0 & \text{不可逆过程}\\ =0 & \text{可逆过程}\\ <0 & \text{不可能发生的过程}\end{cases}$$

因绝热可逆过程熵不变,故称之为恒熵过程。

同理,对于隔离系统中发生的变化有

$$\Delta S_{隔离} \geqslant 0 \quad 或 \quad dS_{隔离} \geqslant 0 \tag{2-11}$$

因为外界不能干扰隔离系统,所以隔离系统中若发生不可逆过程,则必定是自发的。即

$$\Delta S_{隔离} \begin{cases} >0 & 自发过程 \\ =0 & 平衡(可逆过程) \\ <0 & 不可能发生的过程 \end{cases}$$

由此可知,隔离系统中,自发过程总是向着熵增大的方向进行,达到平衡时,熵值达到最大,此时其中的任何过程都是可逆的。"一个隔离系统的熵永不减少",这是熵增加原理的另一种说法。

式(2-11)是过程能否自发进行或系统是否处于平衡状态的判断依据,简称熵判据。因为真正的隔离系统是不存在的,所以熵判据在使用时有其局限性。为了研究问题方便,我们把系统及与系统有关的环境一起看作是一个大隔离系统,则有

$$\Delta S_{隔离} = \Delta S_{系} + \Delta S_{环} \tag{2-12}$$

应用式(2-12)时,把环境的热容视为很大,环境与系统交换的热不足以引起其温度的改变,而且无论系统发生的过程是否可逆,系统与环境之间的热交换都可看作是可逆的,因此环境的熵变为

$$\Delta S_{环} = -\frac{Q}{T_{环}} \tag{2-13}$$

式中 Q ——系统与环境交换的热,J 或 kJ;

$T_{环}$ ——环境温度,K。

2.3 熵变的计算与熵判据的应用

2.3.1 单纯 p、V、T 变化过程

1. 恒压变温过程

$$\Delta S = \int_{T_1}^{T_2} \frac{\delta Q_r}{T} = \int_{T_1}^{T_2} \frac{nC_{p,m}dT}{T} \tag{2-14}$$

当 $C_{p,m}=$ 常数时

$$\Delta S = nC_{p,m}\ln\frac{T_2}{T_1} \tag{2-15}$$

2. 恒容变温过程

$$\Delta S = \int_{T_1}^{T_2} \frac{\delta Q_r}{T} = \int_{T_1}^{T_2} \frac{nC_{V,m}dT}{T} \tag{2-16}$$

当 $C_{V,m}=$ 常数时

$$\Delta S = nC_{V,m}\ln\frac{T_2}{T_1} \tag{2-17}$$

3. 理想气体状态改变的过程

一定量的理想气体，由始态(p_1、V_1、T_1)变化至终态(p_2、V_2、T_2)，根据只做体积功的热力学第一定律的数学表达式

$$\delta Q_r = dU + pdV = nC_{V,m}dT + nRT\frac{dV}{V}$$

$$\Delta S = \int_{T_1}^{T_2}\frac{\delta Q_r}{T} = \int_{T_1}^{T_2}\frac{nC_{V,m}dT}{T} + \int_{V_1}^{V_2}nR\frac{dV}{V}$$

当 $C_{V,m}$ = 常数时
$$\Delta S = nC_{V,m}\ln\frac{T_2}{T_1} + nR\ln\frac{V_2}{V_1} \tag{2-18}$$

将理想气体状态方程代入式(2-18)，整理得

$$\Delta S = nC_{p,m}\ln\frac{T_2}{T_1} + nR\ln\frac{p_1}{p_2} \tag{2-19}$$

$$\Delta S = nC_{V,m}\ln\frac{p_2}{p_1} + nC_{p,m}\ln\frac{V_2}{V_1} \tag{2-20}$$

对于理想气体恒温过程，式(2-18)和式(2-19)可简化为

$$\Delta S = nR\ln\frac{V_2}{V_1} \tag{2-21}$$

$$\Delta S = nR\ln\frac{p_1}{p_2} \tag{2-22}$$

【例 2-2】 1 mol 理想气体自 273 K、100 kPa 分别经以下途径膨胀至压强为 10 kPa，(1)恒温反抗 10 kPa 恒定外压膨胀；(2)向真空膨胀，试计算各过程的 ΔS，并判断过程的性质。

解：(1)因过程恒温，所以 $\Delta U = 0$

$$\Delta S_1 = nR\ln\frac{p_1}{p_2} = 1\times 8.314\times\ln\frac{100}{10} = 19.14 \text{ J}\cdot\text{K}^{-1}$$

$$Q = -W = p_环(V_2 - V_1) = p_环\left(\frac{nRT}{p_2} - \frac{nRT}{p_1}\right)$$

$$= 10\times\left(\frac{1\times 8.314\times 273}{10} - \frac{1\times 8.314\times 273}{100}\right) = 2\ 043 \text{ J}$$

$$\Delta S_环 = -\frac{Q}{T_环} = -\frac{2\ 043}{273} = -7.48 \text{ J}\cdot\text{K}^{-1}$$

$\Delta S_{隔离} = \Delta S_系 + \Delta S_环 = 19.14 - 7.48 = 11.66 \text{ J}\cdot\text{K}^{-1} > 0$

此结果说明该过程为不可逆过程。

(2)气体向真空膨胀过程与过程(1)的始、终态相同，所以

$$\Delta S_2 = \Delta S_1 = 19.14 \text{ J}\cdot\text{K}^{-1}$$

因为气体向真空膨胀，温度不变，则 $W = 0$，$\Delta U = 0$，$Q = 0$，相当于隔离系统中发生的变化，所以可以直接利用 ΔS_2 来判断过程的性质。$\Delta S_2 > 0$，说明理想气体向真空定温膨胀是一个自发过程。

【例 2-3】 2 mol 双原子分子理想气体从始态 300 K、50 dm³，先恒容加热至 400 K，再恒压加热至体积增大到 100 dm³，求整个过程的 Q、W、ΔU、ΔH 及 ΔS。

解：题给过程可表示如下：

$$\boxed{\begin{array}{c}n=2\text{ mol}\\T_1=300\text{ K}\\V_1=50\text{ dm}^3\end{array}} \xrightarrow[(1)]{\text{恒容升温}} \boxed{\begin{array}{c}n=2\text{ mol}\\T_2=400\text{ K}\\V_2=V_1, p_2\end{array}} \xrightarrow[(2)]{\text{恒压升温}} \boxed{\begin{array}{c}n=2\text{ mol}\\T_3, p_3\\V_3=100\text{ dm}^3\end{array}}$$

(1) 恒容升温过程　　$W_1 = 0$

(2) 恒压升温过程

$$p_3 = p_2 = \frac{nRT_2}{V_2} = \frac{2 \times 8.314 \times 400}{50 \times 10^{-3}} = 133 \text{ kPa}$$

因为

$$\frac{T_3}{V_3} = \frac{T_2}{V_2}$$

所以

$$T_3 = \frac{V_3}{V_2} T_2 = \frac{100}{50} \times 400 = 800 \text{ K}$$

$$W_2 = -p(V_3 - V_2) = -nR(T_3 - T_2) = -2 \times 8.314 \times (800 - 400) = -6\ 651 \text{ J}$$

对于整个过程　　$W = W_1 + W_2 = 0 - 6\ 651 = -6.65 \text{ kJ}$

根据状态函数特征可得

$$\Delta U = nC_{V,m}(T_3 - T_1) = 2 \times \frac{5}{2} \times 8.314 \times (800 - 300) = 20.79 \text{ kJ}$$

$$\Delta H = nC_{p,m}(T_3 - T_1) = 2 \times \frac{7}{2} \times 8.314 \times (800 - 300) = 29.10 \text{ kJ}$$

$$\Delta S = nC_{V,m}\ln\frac{T_3}{T_1} + nR\ln\frac{V_3}{V_1}$$

$$= 2 \times \frac{5}{2} \times 8.314 \times \ln\frac{800}{300} + 2 \times 8.314 \times \ln\frac{100}{50} = 52.30 \text{ J} \cdot \text{K}^{-1}$$

由热力学第一定律可得　　$Q = \Delta U - W = 20.79 + 6.65 = 27.44 \text{ kJ}$

【例 2-4】 物质的量分别为 n_A 和 n_B 的两种理想气体 A 和 B，在一定温度和压强下相互混合，混合过程的始态、终态如下：

$$\boxed{\begin{array}{c|c}n_A & n_B\\p,T,V_A & p,T,V_B\end{array}} \xrightarrow[\text{恒温、恒压混合}]{\Delta S} \boxed{\begin{array}{c}n=n_A+n_B\\p,T,V=V_A+V_B\end{array}}$$

试计算此过程的 ΔS，并判断过程的性质。

解：由于熵是广度性质，所以整个系统的熵变可以看作是在混合过程中两种气体的熵变之和，即

$$\Delta S = \Delta S_A + \Delta S_B$$

由式(2-21)可得 $\Delta S_A = n_A R \ln\dfrac{V}{V_A}$，$\Delta S_B = n_B R \ln\dfrac{V}{V_B}$，所以

$$\Delta S = n_A R \ln\frac{V}{V_A} + n_B R \ln\frac{V}{V_B} = -R(n_A \ln x_A + n_B \ln x_B) \tag{2-23}$$

式中，x_A、x_B 分别为混合气体中 A 和 B 的物质的量分数。由于 $x_A<1$，$x_B<1$，所以有 $\Delta S>0$。在混合过程中系统的体积不变，$W=0$，温度恒定，$\Delta U=0$，则 $Q=0$，可看作隔离系统。根据熵增加原理可以判断，此过程为自发进行的不可逆过程。

2.3.2 相变过程

相变过程分为可逆相变过程和不可逆相变过程。物质在任一指定温度及其在该温度的饱和蒸气压下发生的相变过程称为可逆相变过程，否则，则为不可逆相变过程。例如液体在其沸点时的蒸发或凝结，固体在其熔点时的熔化或凝固都是可逆相变过程。

1. 可逆相变过程 ΔS 的求算

可逆相变过程的熵变，可直接由相应温度的相变焓求算。

$$\Delta_\alpha^\beta S = \frac{\Delta_\alpha^\beta H}{T} = \frac{n\Delta_\alpha^\beta H_m}{T} \tag{2-24}$$

【例 2-5】已知水在正常沸点 373.15 K 下的 $\Delta_{vap}H_m=40.64$ kJ·mol^{-1}，$H_2O(l)$ 和 $H_2O(g)$ 的 $\overline{C}_{p,m}$ 分别为 75.38 J·K^{-1}·mol^{-1} 和 33.6 J·K^{-1}·mol^{-1}。试求 2 mol 水蒸气在下列条件下全部冷凝为水时的 ΔS。(1) 373 K，101.325 kPa 下；(2) 298 K 及该温度的饱和蒸气压 3 167 Pa 下。

解：(1) 373 K，101.325 kPa 下

此相变过程为可逆相变，且相变焓数据与欲求相变过程温度一致，但相变方向相反。

$$\Delta_g^l S = \frac{n\Delta_g^l H_m}{T} = \frac{2\times(-40.64)\times10^3}{373} = -217.9 \text{ J·K}^{-1}$$

(2) 298 K 及该温度的饱和蒸气压 3167 Pa 下

此相变过程也是可逆相变，但 $\Delta_{vap}H_m$ 数据与欲求相变过程的温度不同，故须先求出 $\Delta_{vap}H_m$(298 K)，再计算 ΔS。

$$\Delta_g^l H_m(298 \text{ K}) = \Delta_g^l H_m(373 \text{ K}) + \Delta\overline{C}_{p,m}(298 \text{ K}-373 \text{ K})$$
$$= -40.64\times10^3 + (75.38-33.6)\times(298-373) = -43\,773.5 \text{ J}$$

$$\Delta_g^l S(298 \text{ K}) = \frac{n\Delta_g^l H_m(298 \text{ K})}{T} = \frac{2\times(-43\,773.5)}{298} = -293.8 \text{ J·K}^{-1}$$

2. 不可逆相变过程 ΔS 的求算

不可逆相变过程的熵变，需通过设计可逆途径求算，并且所设计途径中应包含有与已知 $\Delta_\alpha^\beta H_m$ 数据相应的可逆相变的可逆过程。

【例 2-6】求在 101.325 kPa，-5 ℃下 2 mol 过冷液体苯凝固为固体苯的 ΔS，并判断过程的性质。已知 101.325 kPa 下苯的熔点为 5 ℃，苯的摩尔熔化焓为 9 916 J·mol^{-1}，$C_{p,m}(C_6H_6,l)=126.78$ J·K^{-1}·mol^{-1}，$C_{p,m}(C_6H_6,s)=122.59$ J·K^{-1}·mol^{-1}。

解：-5 ℃下 2 mol 过冷液体苯凝固为固体苯为不可逆相变过程，为计算该过程的 ΔS 设计可逆途径如下：

```
┌─────────────────────────────┐   不可逆相变   ┌─────────────────────────────┐
│   2 mol C₆H₆(l)             │ ──────────→   │   2 mol C₆H₆(s)             │
│   268.15 K   101.325 kPa    │     ΔS        │   268.15 K   101.325 kPa    │
└─────────────────────────────┘               └─────────────────────────────┘
              │ ΔS₁                                          ↑ ΔS₃
              ↓                                              │
┌─────────────────────────────┐    ΔS₂        ┌─────────────────────────────┐
│   2 mol C₆H₆(l)             │ ──────────→   │   2 mol C₆H₆(s)             │
│   278.15 K   101.325 kPa    │   可逆相变     │   278.15 K   101.325 kPa    │
└─────────────────────────────┘               └─────────────────────────────┘
```

根据状态函数的性质得

$$\Delta S = \Delta S_1 + \Delta S_2 + \Delta S_3$$

$$= nC_{p,\mathrm{m}}(\mathrm{C_6H_6,l})\ln\frac{T_2}{T_1} + \frac{n\Delta_\mathrm{l}^\mathrm{s}H_\mathrm{m}}{T_2} + nC_{p,\mathrm{m}}(\mathrm{C_6H_6,s})\ln\frac{T_1}{T_2}$$

$$= 2\times 126.78\times\ln\frac{278.15}{268.15} + \frac{2\times(-9\,916)}{278.15} + 2\times 122.59\times\ln\frac{268.15}{278.15}$$

$$= -71.00\ \mathrm{J\cdot K^{-1}}$$

该相变过程的焓变为

$$\Delta H = \Delta H_1 + \Delta H_2 + \Delta H_3$$

$$= nC_{p,\mathrm{m}}(\mathrm{C_6H_6,l})(T_2-T_1) + n\Delta_\mathrm{l}^\mathrm{s}H_\mathrm{m} + nC_{p,\mathrm{m}}(\mathrm{C_6H_6,s})(T_1-T_2)$$

$$= 2\times 126.78\times(278.15-268.15) + 2\times(-9\,916) + 2\times 122.59$$
$$\quad \times(268.15-278.15)$$

$$= -19\,748.2\ \mathrm{J}$$

因为过程恒压，所以 $\quad\quad\quad Q = \Delta H = -19\,748.2\ \mathrm{J}$

环境的熵变 $\quad\quad\quad \Delta S_\text{环} = -\dfrac{Q}{T_\text{环}} = -\dfrac{-19\,748.2}{268.15} = 73.65\ \mathrm{J\cdot K^{-1}}$

所以 $\quad\quad\quad \Delta S_\text{隔离} = \Delta S_\text{系} + \Delta S_\text{环} = -71.00 + 73.65 = 2.65\ \mathrm{J\cdot K^{-1}}$

因为 $\Delta S_\text{隔离} > 0$，所以 $-5\ ℃$ 下过冷液体苯凝固为固体苯是可以自发进行的不可逆过程。

2.3.3 熵的物理意义

从熵变的计算可以看出，系统体积增大、温度升高的过程对系统而言是熵值增大的过程。例如气体向真空膨胀、气体的混合及一定量的物质在一定温度、压强下由液体变成气体、由固体变成液体等过程的 ΔS 均大于零。就物质的三种存在状态而言，液体内部质点排列较气体内部质点排列状况要有秩序得多，而固体内部质点的排列状况又较液体内部质点排列状况更有秩序。显然，从固体到液体再到气体，系统内部质点混乱度增加。对于气体膨胀过程和不同气体在恒温、恒压下的混合过程，都相当于气体分子在更大的空间里运动，因此混乱度增加。当系统的温度升高时，必然引起系统中质点热运动的加剧，从而也导致系统混乱度增加。显然，熵值小的状态对应于混乱度小的状态（比较有秩序的状态），熵值大的状态则对应于混乱度大的状态（比较无秩序的状态）。因此，从混乱度观点来描述，熵是系统内部质点混乱度的量度，这就是熵的物理意义。

2.4 热力学第三定律与化学反应熵变的计算

在通常情况下,很多化学反应都是不可逆的,只有将反应设计为可逆电池,该过程的热效应才能用来计算反应系统的 ΔS。但不是每一个化学反应都能设计成原电池,所以必须找出一个普遍性的计算化学反应 ΔS 的方法。

2.4.1 热力学第三定律

由上述讨论可知从气体到液体再到固体,系统的熵值依次减小,若将固体的温度再降低,则系统的熵值也随之降低。人们充分考虑这种变化规律,并根据一系列实验结果及推测总结出热力学第三定律。该定律可以表述为:在 0 K 时,任何纯物质完美晶体的熵值为零。即

$$S^*(完美晶体, 0\ K) = 0 \tag{2-25}$$

所谓完美晶体是指晶体内部无任何缺陷,质点形成完全有规律的点阵结构,而且质点均处于最低能级。例如,NO 分子晶体中分子的规则排列顺序应为 NONONO…,但若有的分子反向排列成 NONOON…,则前者为完美晶体,后者不是完美晶体。

2.4.2 规定摩尔熵与标准摩尔熵

以热力学第三定律中的完美晶体为相对标准,求得的处在一定温度、压强下 1 mol 某聚集状态纯物质 B 的熵值,称为物质 B 的规定摩尔熵,简称规定熵。若指定的状态为温度 T 时的标准态,则 1 mol 纯物质的规定熵称为标准摩尔熵,用符号 $S_m^{\ominus}(B,\beta,T)$ 表示,单位是 $J \cdot K^{-1} \cdot mol^{-1}$。一些物质在 298.15 K 时的标准摩尔熵 $S_m^{\ominus}(B,\beta,298.15\ K)$ 见本书附录。

2.4.3 化学反应熵变的计算

当反应系统中各物质都处于标准态,反应进度为 1 mol 时,系统的熵变称为反应的标准摩尔反应熵,用符号 $\Delta_r S_m^{\ominus}$ 表示。

对化学反应 $0 = \sum_B \nu_B B$ 来说,温度为 T 时 $\Delta_r S_m^{\ominus}(T)$ 可以用下式计算:

$$\Delta_r S_m^{\ominus}(T) = \sum_B \nu_B S_m^{\ominus}(B, \beta, T) \tag{2-26}$$

由于附录及手册中所给标准摩尔熵是 298.15 K 时的数据,则由式(2-26)可求得 $\Delta_r S_m^{\ominus}(298.15\ K)$。若反应在其他温度 T 下进行,并且参与反应的各物质在 298.15 K~T K 之

间无相变,则利用某已知 $\Delta_r S_m^\ominus(T_1)$ 可以求取任意温度下反应的标准摩尔反应熵 $\Delta_r S_m^\ominus(T_2)$。

$$\Delta_r S_m^\ominus(T_2) = \Delta_r S_m^\ominus(T_1) + \int_{T_1}^{T_2} \frac{\Delta_r C_{p,m}}{T} dT \tag{2-27}$$

其中
$$\Delta_r C_{p,m} = \sum_B \nu_B C_{p,m}(B,\beta) \tag{2-28}$$

当 $\Delta_r C_{p,m}$ 为常数时,式(2-27)可写成

$$\Delta_r S_m^\ominus(T_2) = \Delta_r S_m^\ominus(T_1) + \Delta_r C_{p,m} \ln \frac{T_2}{T_1} \tag{2-29}$$

【例 2-7】 计算下述反应在 100 kPa 下,分别在 298.15 K 及 398.15 K 反应时的 $\Delta_r S_m^\ominus$。

$$C_2H_2(g) + 2H_2(g) \longrightarrow C_2H_6(g)$$

已知 $C_2H_2(g)$、$H_2(g)$、$C_2H_6(g)$ 的 $C_{p,m}$ 分别为 49.29 J·K^{-1}·mol^{-1},27.54 J·K^{-1}·mol^{-1},65.79 J·K^{-1}·mol^{-1}。

解:(1) 由附录可得 $C_2H_2(g)$、$H_2(g)$、$C_2H_6(g)$ 的 $S_m^\ominus(B,\beta,298.15\text{ K})$ 分别为 200.9 J·K^{-1}·mol^{-1},130.7 J·K^{-1}·mol^{-1},229.2 J·K^{-1}·mol^{-1}。代入式(2-26)即可求得

$$\Delta_r S_m^\ominus(298.15\text{ K}) = S_m^\ominus(C_6H_6,g) - S_m^\ominus(C_2H_2,g) - 2S_m^\ominus(H_2,g)$$
$$= 229.2 - 200.9 - 2 \times 130.7 = -233.1 \text{ J·K}^{-1}\text{·mol}^{-1}$$

(2) 由式(2-28)得
$$\Delta_r C_{p,m} = C_{p,m}(C_6H_6,g) - C_{p,m}(C_2H_2,g) - 2C_{p,m}(H_2,g)$$
$$= 65.79 - 49.29 - 2 \times 27.54 = -38.58 \text{ J·K}^{-1}\text{·mol}^{-1}$$

代入式(2-29)得

$$\Delta_r S_m^\ominus(398.15\text{ K}) = \Delta_r S_m^\ominus(298.15\text{ K}) + \Delta_r C_{p,m} \ln \frac{T_2}{T_1}$$
$$= -233.1 + (-38.58) \times \ln \frac{398.15}{298.15} = -244.26 \text{ J·K}^{-1}\text{·mol}^{-1}$$

2.5 亥姆霍兹函数与吉布斯函数

应用熵判据判断过程自发与否时,如果不是隔离系统,除了要计算系统的熵变外还要计算环境的熵变,这样比较烦琐。由于大多数化学反应是在恒温、恒压或恒温、恒容且非体积功为零的条件下进行的,在这样特定的条件下,如果能用系统某一状态函数的变化来判断过程进行的方向和限度,将会更方便。为此我们引出两个新的函数——亥姆霍兹函数与吉布斯函数。

2.5.1 亥姆霍兹函数

将热力学第一定律和热力学第二定律的数学表达式联合,可得

$$T\mathrm{d}S - \mathrm{d}U + \delta W \geqslant 0 \tag{2-30}$$

在恒温条件下式(2-30)可表示为

$$-\mathrm{d}(U - TS) \geqslant -\delta W \tag{2-31}$$

定义

$$A = U - TS \tag{2-32}$$

A 称为亥姆霍兹函数。因为 U、T、S 均为状态函数,所以 A 也是状态函数。A 是广度性质,其单位是 J 或 kJ。由于 U 的绝对值无法确定,所以 A 的绝对值也无法得知。

将式(2-32)代入式(2-31)得

$$-\mathrm{d}A \geqslant -\delta W \text{ 或 } -\Delta A \geqslant -W \tag{2-33}$$

式(2-33)中的"="表示可逆,">"表示不可逆。该式的物理意义是,在恒温条件下,系统对环境所做的功等于系统亥姆霍兹函数减少量的过程为可逆过程;若系统所做的功小于其亥姆霍兹函数的减少量,则该过程是不可逆的。因此亥姆霍兹函数可以理解为恒温条件下系统做功的本领。

若过程是在恒温、恒容条件下进行,则体积功等于零,式(2-33)变为

$$-\mathrm{d}A \geqslant -\delta W' \text{ 或 } -\Delta A \geqslant -W' \tag{2-34}$$

式(2-34)中的"="表示可逆,">"表示不可逆。该式表明,在恒温、恒容条件下,系统可逆地从始态变至终态时,系统所做的非体积功等于系统亥姆霍兹函数的减少量;在不可逆过程中,系统所做的非体积功小于系统亥姆霍兹函数的减少量。因此,亥姆霍兹函数可以理解为恒温、恒容条件下系统做非体积功的能力。

若过程是在恒温、恒容并且 $W' = 0$ 的条件下进行,则式(2-33)变为

$$\mathrm{d}A \leqslant 0 \text{ 或 } \Delta A \leqslant 0 \begin{cases} < & \text{不可逆(自发)} \\ = & \text{可逆(平衡)} \end{cases} \tag{2-35}$$

式(2-35)表明,在恒温、恒容且 $W' = 0$ 的条件下,封闭系统中发生的不可逆过程,总是向着系统的亥姆霍兹函数减小的方向进行,直到 A 达到最小值时系统达到平衡状态;在平衡状态下,系统进行的一切过程都是可逆过程,系统的 A 值保持不变;在上述条件下不可能发生亥姆霍兹函数增大的过程。所以利用式(2-35)可判断恒温、恒容且不做非体积功的条件下过程进行的方向和限度,称为亥姆霍兹函数判据。

2.5.2 吉布斯函数

在恒温、恒压条件下式(2-30)也可表示为

$$T\mathrm{d}S - \mathrm{d}U - p\mathrm{d}V + \delta W' \geqslant 0 \quad (W' \text{ 为非体积功})$$

吉布斯函数及其应用

即
$$-\mathrm{d}(U+pV-TS) \geqslant -\delta W' \tag{2-36}$$

定义
$$G = U + pV - TS = H - TS = A + pV \tag{2-37}$$

G 称为吉布斯函数。因为 U、p、V、T、S 都是系统的状态函数，所以 G 也是状态函数。G 是广度性质，其单位是 J 或 kJ。由于 U 的绝对值无法确定，所以 G 的绝对值也无法得知。

将式(2-37)代入式(2-36)得
$$-\mathrm{d}G \geqslant -\delta W' \quad 或 \quad -\Delta G \geqslant -W' \tag{2-38}$$

式(2-38)中的"＝"表示可逆，"＞"表示不可逆。该式表明，在恒温、恒压非体积功不为零的条件下，系统可逆地从始态变至终态时，系统所做的非体积功等于系统吉布斯函数的减少量；在不可逆过程中，系统所做的非体积功小于系统吉布斯函数的减少量。

若过程是在恒温、恒压并且 $W'=0$ 的条件下进行，则式(2-38)变为
$$\mathrm{d}G \leqslant 0 \quad 或 \quad \Delta G \leqslant 0 \begin{cases} < \quad 不可逆（自发）\\ = \quad 可逆（平衡）\end{cases} \tag{2-39}$$

式(2-39)表明，在恒温、恒压且 $W'=0$ 的条件下，系统吉布斯函数减小的过程能够自发进行，吉布斯函数不变时系统处于平衡状态，不可能发生吉布斯函数增大的过程。所以利用式(2-39)可判断恒温、恒压 $W'=0$ 的条件下过程进行的方向和限度，称为吉布斯函数判据。

2.5.3 恒温过程 ΔA 和 ΔG 的计算

由 $G = H - TS$ 可得
$$\Delta G = \Delta H - T \Delta S \tag{2-40}$$

由 $G = U + pV - TS$ 可得
$$\mathrm{d}G = \mathrm{d}U + p\mathrm{d}V + V\mathrm{d}p - T\mathrm{d}S - S\mathrm{d}T$$

对于恒温、恒压 $W'=0$ 的可逆过程，有 $\mathrm{d}U = \delta Q + \delta W = T\mathrm{d}S - p\mathrm{d}V$，代入上式得
$$\mathrm{d}G = V\mathrm{d}p$$

所以
$$\Delta G = \int_{p_1}^{p_2} V \mathrm{d}p \tag{2-41}$$

将理想气体状态方程代入式(2-41)，积分得
$$\Delta G = nRT \ln \frac{p_2}{p_1} \tag{2-42}$$

或
$$\Delta G = nRT \ln \frac{V_1}{V_2} \tag{2-43}$$

凝聚系统的体积受压强影响很小，可以看作常数，则式(2-41)变为
$$\Delta G = V(p_2 - p_1) \tag{2-44}$$

同理可得
$$\Delta A = \Delta U - T \Delta S \tag{2-45}$$

$$\Delta A = -\int_{V_1}^{V_2} p \mathrm{d}V \tag{2-46}$$

对于理想气体恒温过程有
$$\Delta A = nRT \ln \frac{V_1}{V_2} \tag{2-47}$$

$$\Delta A = nRT\ln\frac{p_2}{p_1} \tag{2-48}$$

可见理想气体恒温过程的 ΔA 和 ΔG 是相等的。

1. 单纯 p、V、T 变化过程

【例 2-8】 试比较 1 mol 水与 1 mol 水蒸气(可看作理想气体)在 298.15 K 由 100 kPa 增压到 1 000 kPa 时的 ΔG。

解： 1 mol 水的体积 $V = 0.018$ dm³

$\Delta G(H_2O, l) = V(p_2 - p_1) = 0.018 \times (1\,000 - 100) = 16.2$ J

$\Delta G(H_2O, g) = nRT\ln\dfrac{p_2}{p_1} = 1 \times 8.314 \times 298.15 \times \ln\dfrac{1\,000}{100} = 5\,707.7$ J

显然 $\Delta G(H_2O, l)$ 远远小于 $\Delta G(H_2O, g)$，即在恒温条件下，压强对凝聚相吉布斯函数的影响比对气体的影响要小得多，在气、液同时存在的系统中，忽略液体的 ΔG 对结果影响不大。

【例 2-9】 计算将 8 g He 从 500 K、200 kPa 可逆膨胀至 500 K、100 kPa 的 Q、W、ΔU、ΔH、ΔS、ΔA 和 ΔG。(He 可视为理想气体)

解： 理想气体恒温可逆过程 $\Delta U = 0$，$\Delta H = 0$

$W = nRT\ln\dfrac{p_2}{p_1} = \dfrac{8}{4} \times 8.314 \times 500 \times \ln\dfrac{100}{200} = -5\,762.8$ J

$Q = -W = 5\,762.8$ J

$\Delta S = nR\ln\dfrac{p_1}{p_2} = \dfrac{8}{4} \times 8.314 \times \ln\dfrac{200}{100} = 11.53$ J·K^{-1}

$\Delta A = \Delta G = W = -5\,762.8$ J

【例 2-10】 将 3 mol N_2(g) 由 300 K、200 kPa 恒温可逆压缩至 1 000 kPa，再恒压升温至 400 K，最后经恒容降温至 300 K，求该过程的 ΔG。

解： 该系统的始、终态和过程特性如下：

| 3 mol N_2(g)
$T_1 = 300$ K
$p_1 = 200$ kPa | →恒温可逆压缩(1)→ | 3 mol N_2(g)
$T_2 = 300$ K
$p_2 = 1\,000$ kPa | →恒压升温(2)→ | 3 mol N_2(g)
$T_3 = 400$ K
$p_3 = p_2$ | →恒容降温(3)→ | 3 mol N_2(g)
$T_4 = 300$ K
p_4 |

因为过程(3)恒容，所以有 $\dfrac{p_3}{T_3} = \dfrac{p_4}{T_4}$，则终态压强为

$$p_4 = \dfrac{T_4}{T_3}p_3 = \dfrac{300}{400} \times 1\,000 = 750 \text{ kPa}$$

因为 $T_1 = T_4$，即整个过程为等温过程。所以

$$\Delta G = nRT_1\ln\dfrac{p_4}{p_1} = 2 \times 8.314 \times 300 \times \ln\dfrac{750}{200} = 6\,593 \text{ J}$$

【例 2-11】 如下所示，在 273 K、100 kPa 下，将 0.5 mol O_2(g) 和 0.5 mol N_2(g) 在一个刚性密闭容器中混合，求此过程的 ΔG，并判断过程是否可逆。

0.5 mol O₂(g)	0.5 mol N₂(g)		0.5 mol O₂(g)+0.5 mol N₂(g)
273 K 100 kPa	273 K 100 kPa	抽去隔板 恒温、恒压混合	273 K 100 kPa
$V(O_2)$	$V(N_2)$		$V=V(O_2)+V(N_2)$

解:因过程恒温,理想气体有 $\Delta H=0$,则

$$\Delta G=\Delta H-T\Delta S=-T\Delta S$$

将 $\Delta S=-R(n_A \ln y_A + n_B \ln y_B)$ 代入上式得

$$\Delta G = RT(n_A \ln y_A + n_B \ln y_B) \tag{2-49}$$

所以 $\Delta G = RT\left(n(O_2)\ln\dfrac{n(O_2)}{n} + n(N_2)\ln\dfrac{n(N_2)}{n}\right)$

$$= 8.314 \times 273 \times \left(0.5 \times \ln\dfrac{0.5}{1} + 0.5 \times \ln\dfrac{0.5}{1}\right) = -1\,573.3\ \text{J}$$

因为在封闭系统、恒温、恒压、$W'=0$ 时,过程的 $\Delta G<0$,所以该过程为可以自发进行的不可逆过程。

2. 相变过程

由于可逆相变过程是在恒温、恒压且不做非体积功的条件下发生的,根据吉布斯函数判据可知可逆相变过程 $\Delta G=0$。对于不可逆相变过程的 ΔG,需设计一个包含可逆相变的恒温可逆途径求算。

【例 2-12】 计算 2 mol 水(1)在 273.15 K、101.325 kPa 下;(2)在 263.15 K、101.325 kPa 下完全结成冰的 ΔG。已知在 263.15 K 时,$H_2O(s)$ 和 $H_2O(l)$ 的饱和蒸气压分别为 552 Pa 和 611 Pa。

解:(1)在 273.15 K、101.325 kPa 下水结成冰的过程是恒温、恒压且不做非体积功的可逆相变过程,所以 $\Delta G=0$。

(2)在 263.15 K、101.325 kPa 下水结成冰的过程是不可逆过程,根据已知条件设计途径如下:

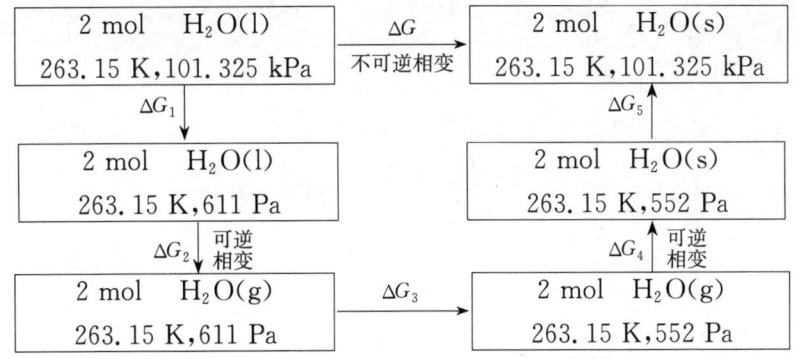

根据状态函数的性质,有

$$\Delta G = \Delta G_1 + \Delta G_2 + \Delta G_3 + \Delta G_4 + \Delta G_5$$

ΔG_1 和 ΔG_5 为液体和固体恒温过程的 ΔG。实验和理论均证明，凝聚系统的 G 随压强变化很小，在压强变化不大时，可以被忽略。因此可以认为 $\Delta G_1=0$，$\Delta G_5=0$。

263.15 K，611 Pa 下，$H_2O(l)$ 在其饱和蒸气压下蒸发为 $H_2O(g)$ 是恒温、恒压可逆相变过程，所以 $\Delta G_2=0$。

同理，522 Pa 是 263.15 K 下 $H_2O(s)$ 的饱和蒸气压，在此条件下 $H_2O(g) \longrightarrow H_2O(s)$ 也是恒温、恒压可逆相变过程，所以 $\Delta G_4=0$。

对理想气体的恒温可逆过程

$$\Delta G_3 = nRT\ln\frac{p_2}{p_1} = 2 \times 8.314 \times 263.15 \times \ln\frac{552}{611} = -444.34 \text{ J}$$

所以 $\Delta G = 0+0+(-444.34)+0+0 = -444.34 \text{ J}$

【例 2-13】已知水在 373.15 K、101.325 kPa 时的摩尔蒸发焓为 40.64 kJ·mol^{-1}，$C_{p,m}(H_2O,l)=75.38$ J·K^{-1}·mol^{-1}，$C_{p,m}(H_2O,g)=33.60$ J·K^{-1}·mol^{-1}。试求 1 mol 水蒸气在 298.15 K，101.325 kPa 下全部恒温、恒压冷凝为水时的 ΔG。

解： 该过程为一不可逆相变过程，在过程的始、终态之间设计一可逆过程如下：

```
┌─────────────────┐              ┌─────────────────┐
│ 1 mol   H_2O(g) │    ΔG        │ 1 mol   H_2O(l) │
│ 101.325 kPa     │ ────────→    │ 101.325 kPa     │
│ T_1=298.15 K    │   ΔH  ΔS     │ T_1=298.15 K    │
└─────────────────┘              └─────────────────┘
    │ ΔH_1 ΔS_1                       ↑ ΔH_3 ΔS_3
    ↓                                 │
┌─────────────────┐              ┌─────────────────┐
│ 1 mol   H_2O(g) │  ΔH_2 ΔS_2   │ 1 mol   H_2O(l) │
│ 101.325 kPa     │ ────────→    │ 101.325 kPa     │
│ T_2=373.15 K    │              │ T_2=373.15 K    │
└─────────────────┘              └─────────────────┘
```

根据状态函数的性质可得

$\Delta H = \Delta H_1 + \Delta H_2 + \Delta H_3$
$= nC_{p,m}(H_2O,g)(T_2-T_1) + n\Delta_g^l H_m + nC_{p,m}(H_2O,l)(T_1-T_2)$
$= 1\times33.60\times(373.15-298.15) + 1\times(-40\ 640) + 1\times75.38\times(298.15-373.15)$
$= -43\ 773.5 \text{ J}$

$\Delta S = \Delta S_1 + \Delta S_2 + \Delta S_3$
$= nC_{p,m}(H_2O,g)\ln\frac{T_2}{T_1} + \frac{n\Delta_g^l H_m}{T_2} + nC_{p,m}(H_2O,l)\ln\frac{T_1}{T_2}$
$= 1\times33.60\times\ln\frac{373.15}{298.15} + \frac{1\times(-40\ 640)}{373.15} + 1\times75.38\times\ln\frac{298.15}{373.15}$
$= -118.28 \text{ J}\cdot\text{K}^{-1}$

$\Delta G = \Delta H - T\Delta S = -43\ 773.5 - 298.15\times(-118.28) = -8\ 508.3 \text{ J}$

因为在恒温、恒压且 $W'=0$ 的条件下，该过程的 $\Delta G<0$，所以该过程是可以自发进行的不可逆过程。

3. 化学变化过程

【例 2-14】 298.15 K、标准状态下,理想气体间进行下列恒温反应:
$$2A(g) + B(g) \longrightarrow C(g) + 3D(g)$$
试求此反应的 $\Delta_r G_m^{\ominus}$。若反应在 400.15 K 的标准状态下进行,其 $\Delta_r G_m^{\ominus}$ 又为多少?
已知 298.15 K 时有关数据如下:

	A(g)	B(g)	C(g)	D(g)
$\Delta_f H_m^{\ominus}/kJ \cdot mol^{-1}$	0	-40	-30	0
$C_{p,m}/J \cdot K^{-1} \cdot mol^{-1}$	10	50	20	25
$S_m^{\ominus}/J \cdot K^{-1} \cdot mol^{-1}$	20	70	30	40

解:因为化学反应一般是在恒温、恒压或恒温、恒容条件下进行,所以求化学反应 $\Delta_r G_m$ 的最基本公式为
$$\Delta_r G_m = \Delta_r H_m - T\Delta_r S_m \tag{2-50}$$

(1) 298.15 K、标准状态下
$$\Delta_r H_m^{\ominus}(298.15\ K) = \sum_B \nu_B \Delta_f H_m^{\ominus}(B, \beta, 298.15\ K)$$
$$= -30 + 0 - (-40) - 0 = 10\ kJ \cdot mol^{-1}$$
$$\Delta_r S_m^{\ominus}(298.15\ K) = \sum_B \nu_B S_m^{\ominus}(B, \beta, 298.15\ K)$$
$$= 30 + 3 \times 40 - 2 \times 20 - 70 = 40\ J \cdot K^{-1} \cdot mol^{-1}$$

由式(2-50)得
$$\Delta_r G_m^{\ominus}(298.1\ K) = \Delta_r H_m^{\ominus}(298.15\ K) - 298.15\ K \times \Delta_r S_m^{\ominus}(298.15\ K)$$
$$= 10 - 298.15 \times 40 \times 10^{-3} = -1.93\ kJ \cdot mol^{-1}$$

(2) 400.15 K、标准状态下
$$\Delta_r C_{p,m} = \sum_B \nu_B C_{p,m}(B, \beta)$$
$$= 20 + 3 \times 25 - 2 \times 10 - 50 = 25\ J \cdot K^{-1} \cdot mol^{-1}$$
$$\Delta_r S_m^{\ominus}(400.15\ K) = \Delta_r S_m^{\ominus}(298.15\ K) + \Delta_r C_{p,m} \ln \frac{T_2}{T_1}$$
$$= 40 + 25 \times \ln \frac{400.15}{298.15} = 47.36\ J \cdot K^{-1} \cdot mol^{-1}$$
$$\Delta_r H_m^{\ominus}(400.15\ K) = \Delta_r H_m^{\ominus}(298.15\ K) + \Delta_r C_{p,m}(400.15\ K - 298.15\ K)$$
$$= 10 + 25 \times (400.15 - 298.15) \times 10^{-3} = 12.55\ kJ \cdot mol^{-1}$$
$$\Delta_r G_m^{\ominus}(400.15\ K) = \Delta_r H_m^{\ominus}(400.15\ K) - 400.15\ K \times \Delta_r S_m^{\ominus}(400.15\ K)$$
$$= 12.55 - 400.15 \times 47.36 \times 10^{-3} = -6.40\ kJ \cdot mol^{-1}$$

2.6 热力学基本关系式

前面已经介绍了五个状态函数:U、H、S、A 和 G。其中 U、S 是基本函数,有明确的

物理意义,而 H、G 和 A 是复合函数,本身无明确的物理意义。U、H 主要解决能量计算问题,S、A 和 G 主要解决过程方向和限度问题。它们都是广度性质,其绝对值都无法确定。本节将寻求可直接测定函数 T、p、V 与不可直接测定函数 U、H、S、A、G 之间的关系,从而实现通过实验测定 T、p、V,间接得到不可直接测定函数有关数值的目的。

2.6.1 热力学基本关系式

组成恒定的封闭系统在不做非体积功的条件下经历一个微小过程,根据热力学第一定律有

$$dU = \delta Q + \delta W$$

若过程可逆且无非体积功,则 $\delta Q = TdS$,$\delta W = -pdV$

故
$$dU = TdS - pdV \tag{2-51}$$

将焓的定义式 $H = U + pV$ 微分可得 $dH = dU + pdV + Vdp$

将式(2-51)代入上式,可得
$$dH = TdS + Vdp \tag{2-52}$$

用同样方法,将 $A = U - TS$ 和 $G = H - TS$ 微分,再分别将式(2-51)、式(2-52)代入得

$$dA = -SdT - pdV \tag{2-53}$$

$$dG = -SdT + Vdp \tag{2-54}$$

式(2-51)至式(2-54)称为封闭系统的**热力学基本关系式**。对简单 p、V、T 变化过程,无论过程是否可逆及 W' 是否为零,均可用上述热力学基本关系式积分求 U、H、A、G 的变化值。

2.6.2 对应系数关系式

对组成不变的均相封闭系统,其状态性质可由两个独立变量决定。如将 H 表示成 S、p 的函数,即 $H = f(S, p)$,则利用状态函数的全微分性质有

$$dH = \left(\frac{\partial H}{\partial S}\right)_p dS + \left(\frac{\partial H}{\partial p}\right)_S dp$$

将此式与式(2-52)相对照,并且根据对应项相等原理,可得

$$\left(\frac{\partial H}{\partial S}\right)_p = T, \quad \left(\frac{\partial H}{\partial p}\right)_S = V \tag{2-55}$$

同理,由另外三个热力学基本方程可得出

$$\left(\frac{\partial U}{\partial S}\right)_V = T, \quad \left(\frac{\partial U}{\partial V}\right)_S = -p \tag{2-56}$$

$$\left(\frac{\partial G}{\partial T}\right)_p = -S, \quad \left(\frac{\partial G}{\partial p}\right)_T = V \tag{2-57}$$

$$\left(\frac{\partial A}{\partial T}\right)_V = -S, \quad \left(\frac{\partial A}{\partial V}\right)_T = -p \tag{2-58}$$

以上八个关系式称为**对应系数关系式**,它们给出了一个热力学函数随某一变量的变

化率与某一状态函数在数值上的等量关系,在分析和证明问题时经常用到。

【例 2-15】 已知 25 ℃时,金刚石与石墨的标准摩尔熵 $S_m^{\ominus}$ 分别为 2.4 J·K^{-1}·mol^{-1} 和 5.7 J·K^{-1}·mol^{-1},其标准摩尔燃烧焓 $\Delta_c H_m^{\ominus}$ 分别为 -395.4 kJ·mol^{-1} 和 -393.5 kJ·mol^{-1},其密度分别为 3.513×10^3 kg·m^{-3} 和 2.260×10^3 kg·m^{-3}。

(1) 求 25 ℃ 及标准压强下石墨 ——→ 金刚石的 $\Delta G_m^{\ominus}$。
(2) 在上述条件下,哪一种晶型较为稳定?
(3) 加压能否使石墨变成金刚石? 如果可能,需要加多大的压强?

解: (1) 石墨 ——→ 金刚石的转换属于不同晶型的相变过程,此过程为恒温过程。

$\Delta H_m^{\ominus} = \Delta_c H_m^{\ominus}(石墨) - \Delta_c H_m^{\ominus}(金刚石) = -393.5 - (-395.4) = 1.9$ kJ·mol^{-1}

$\Delta S_m^{\ominus} = S_m^{\ominus}(金刚石) - S_m^{\ominus}(石墨) = 2.4 - 5.7 = -3.3$ J·K^{-1}·mol^{-1}

$\Delta G_m^{\ominus} = \Delta H_m^{\ominus} - T\Delta S_m^{\ominus} = 1.9 - 298.15\times(-3.3\times10^{-3}) = 2.9$ kJ·mol^{-1}

(2) 因为上述过程为恒温、恒压且 $W'=0$ 的过程,$\Delta G_m^{\ominus}>0$,说明 25 ℃ 及标准压强下石墨不可能变成金刚石,故石墨为稳定晶型。

(3) 根据式(2-57)可得

$$\left(\frac{\partial \Delta G_m}{\partial p}\right)_T = \left(\frac{\partial G_m(金刚石)}{\partial p}\right)_T - \left(\frac{\partial G_m(石墨)}{\partial p}\right)_T = V_m(金刚石) - V_m(石墨)$$

$$\left(\frac{\partial \Delta G_m}{\partial p}\right)_T = \Delta V_m$$

根据题给数据,则

$$\Delta V_m = V_m(金刚石) - V_m(石墨) = \frac{M(金刚石)}{\rho(金刚石)} - \frac{M(石墨)}{\rho(石墨)}$$

$$= \frac{12.011\times10^{-3}}{3.513\times10^3} - \frac{12.011\times10^{-3}}{2.260\times10^3} = -1.896\times10^{-6} \text{ m}^3\cdot\text{mol}^{-1}$$

因为 $\Delta V_m < 0$,因此恒温条件下,上述相变的 $\Delta G_m^{\ominus}$ 将随压强增加而减小。因此加压可能使石墨变成金刚石。

假定当压强增加到 p 时,$\Delta G_m = 0$,则

$$\Delta G_m(p) - \Delta G_m(p^{\ominus}) = \int_{p^{\ominus}}^{p} \Delta V_m \mathrm{d}p$$

设 V_m 在此压强范围内可当作常数,则上式积分得

$$\Delta G_m(p) - \Delta G_m(p^{\ominus}) = \Delta V_m(p - p^{\ominus})$$

$$0 - 2.9\times10^3 = -1.896\times10^{-6}\times(p - 100\times10^3)$$

解之得
$$p = 1.5\times10^9 \text{ Pa}$$

由此可知,在 25 ℃ 时,当压强增加到 $p > 1.5\times10^9$ Pa 时,石墨有可能变成金刚石。

*2.6.3 麦克斯韦关系式

利用状态函数的全微分性质还可以得到另外一组重要关系式。设 z 表示系统的任一状态函数,且 z 是 x 和 y 的函数,即

$$z = f(x, y)$$

则其全微分可表示为
$$dz = \left(\frac{\partial z}{\partial x}\right)_y dx + \left(\frac{\partial z}{\partial y}\right)_x dy = M dx + N dy$$

因为全微分的二阶偏微商与其求导的次序无关,所以
$$\left[\frac{\partial}{\partial y}\left(\frac{\partial z}{\partial x}\right)_y\right]_x = \left[\frac{\partial}{\partial x}\left(\frac{\partial z}{\partial y}\right)_x\right]_y$$

或
$$\left(\frac{\partial M}{\partial y}\right)_x = \left(\frac{\partial N}{\partial x}\right)_y$$

将此关系用于 $dU = TdS - pdV$,可得

$$\left(\frac{\partial T}{\partial V}\right)_S = -\left(\frac{\partial p}{\partial S}\right)_V \tag{2-59}$$

同理,由另外三个热力学基本方程可得出

$$\left(\frac{\partial T}{\partial p}\right)_S = \left(\frac{\partial V}{\partial S}\right)_p \tag{2-60}$$

$$\left(\frac{\partial p}{\partial T}\right)_V = \left(\frac{\partial S}{\partial V}\right)_T \tag{2-61}$$

$$-\left(\frac{\partial V}{\partial T}\right)_p = \left(\frac{\partial S}{\partial p}\right)_T \tag{2-62}$$

式(2-59)至式(2-62)称为麦克斯韦关系式。它们将系统不可直接测定的热力学状态函数与可直接测定的状态函数 p、V、T 联系起来,分别表示系统在同一状态的两种变化率数值相等,常用于某种场合等式两边的代换。

【例 2-16】 在温度一定的条件下,焓 H 随压强的变化率 $\left(\frac{\partial H}{\partial p}\right)_T$ 是不可直接测定的量,是否能转换成可测定的 p、V、T 函数,其关系如何?

解: 根据
$$dH = TdS + Vdp$$
在 T 一定下,等式两边除以 dp,则
$$\left(\frac{\partial H}{\partial p}\right)_T = T\left(\frac{\partial S}{\partial p}\right)_T + V\left(\frac{\partial p}{\partial p}\right)_T = T\left(\frac{\partial S}{\partial p}\right)_T + V$$

将式(2-62)代入上式得
$$\left(\frac{\partial H}{\partial p}\right)_T = -T\left(\frac{\partial V}{\partial T}\right)_p + V$$

即在恒定压强下,测定所求系统的一系列 V-T 关系,并绘成曲线或回归成 $V = f(T)$ 关系式,然后求取与指定温度相应的 $\left(\frac{\partial V}{\partial T}\right)_p$ 值,代入上式就可以算得 $\left(\frac{\partial H}{\partial p}\right)_T$ 值。

思 考 题

1. 熵是如何导出的?为什么要引入熵函数?是否只有可逆过程才有熵变?

2. 理想气体恒温可逆过程中 $\Delta U = 0$,$Q = -W$,即膨胀过程中系统所吸收的热全部转化为功,这与热力学第二定律是否矛盾?为什么?

3. 如何判断在封闭系统内发生的绝热过程是否可逆?

4. 理想气体恒温可逆膨胀过程的 $\Delta S = nRT\ln(V_2/V_1)$，$V_2 > V_1$，所以 $\Delta S > 0$。但根据熵增加原理，可逆过程的 $\Delta S = 0$，这两个结论是否矛盾？为什么？

5. "系统绝热膨胀时，熵不再是状态函数了，因为过程的可逆与不可逆导致了 $\Delta S = 0$ 和 $\Delta S > 0$ 的两种结果。"这种理解对吗？为什么？

6. 理想气体自由膨胀过程 $\Delta T = 0$，$Q = 0$，因此 $\Delta S = \dfrac{Q}{T} = 0$，此结论对吗？

7. "若一个化学反应的 $\Delta_r H_m$ 在一定的温度范围内不随温度变化，则其 $\Delta_r S_m$ 在此温度范围内也与温度无关。"这种说法对吗？为什么？

8. 1 mol 理想气体于 298 K 发生恒温变化，做功 1 490 J，熵变 $\Delta S = 5 \text{ J} \cdot \text{K}^{-1}$。试问可以用几种方法判断过程的可逆性？

9. 试根据熵的统计意义定性判断下列过程中系统的熵变是大于零还是小于零？
   (1) 水蒸气冷凝成水
   (2) 气体在催化剂表面上吸附
   (3) $NH_4Cl(s) \longrightarrow NH_3(g) + HCl(g)$
   (4) 乙烯聚合成聚乙烯

10. 1 mol 水在 373.15 K、101.325 kPa 下，在真空容器中蒸发成 373.15 K、101.325 kPa 的水蒸气，此过程的 ΔG 是多少？能否根据 ΔG 判断此过程是否可逆？

本 章 小 结

本章应着重掌握熵、吉布斯函数的概念、计算及其在判断过程的方向和限度问题上的应用。

一、重点内容

1. 不需要外界帮助就能自动进行的过程称为自发过程。自发过程有确定的方向和限度，有对环境做功的能力，是热力学不可逆过程。

2. 热力学第二定律是人类实践经验的总结，是有关自发过程的方向与限度的规律。

3. 卡诺定理：在两个相同的热源之间工作的所有热机，以卡诺热机的效率最高，即 $\eta \leqslant \eta_r$。

二、重要公式及其适用条件

1. 热机效率

(1) $$\eta = \frac{Q_1 + Q_2}{Q_2}$$

式中，η 为热机效率；Q_2 为热机从高温热源吸收的热；Q_1 为热机向低温热源放出的热。该式适用于计算任意热机的热机效率。

(2) $$\eta = \frac{T_2 - T_1}{T_2}$$

式中，T_2 为高温热源的温度；T_1 为低温热源的温度。该式适用于计算可逆热机的热机效率。可见，可逆热机的热机效率仅决定于两热源的温度，与工作物质无关。

2. 熵变的定义式

$$\Delta S = \int_A^B \left(\frac{\delta Q}{T}\right)_r \text{ 或 } \Delta S = \sum_A^B \left(\frac{\delta Q}{T}\right)_r$$

对微小变化过程,则可写成微分的形式:$dS = \left(\dfrac{\delta Q}{T}\right)_r$

即可逆过程的热温熵之和等于系统的熵变。

3. 热力学第二定律的表达式(克劳修斯不等式)

$$\Delta S - \sum_A^B \dfrac{\delta Q}{T} \begin{cases} >0 & \text{不可逆过程} \\ =0 & \text{可逆过程} \\ <0 & \text{不可能发生的过程} \end{cases}$$

该式可以作为过程方向和限度的共同判据。还可以确定实际过程的不可逆程度。

4. 熵增加原理

(1) 绝热过程

$$\Delta S_{绝热} \begin{cases} >0 & \text{不可逆过程} \\ =0 & \text{平衡或可逆过程} \\ <0 & \text{不可能发生的过程} \end{cases}$$

在绝热条件下,趋向于平衡的过程使系统的熵增加。绝热可逆过程 $\Delta S=0$,又称为恒熵过程。

(2) 隔离系统

$$\Delta S_{隔离} \begin{cases} >0 & \text{自发过程} \\ =0 & \text{平衡或可逆过程} \\ <0 & \text{不可能发生的过程} \end{cases}$$

因此,一个隔离系统的熵永不减少。

为了研究问题的方便,我们把系统及与系统有关的环境看作一个大隔离系统,则有

$$\Delta S_{隔离} = \Delta S_{系} + \Delta S_{环}$$

5. 熵变的计算公式

当 $C_{p,m}$ 和 $C_{V,m}$ 为常数时,有

(1) 恒压、变温过程 $\quad\quad\quad \Delta S = nC_{p,m}\ln\dfrac{T_2}{T_1}$

(2) 恒容、变温过程 $\quad\quad\quad \Delta S = nC_{V,m}\ln\dfrac{T_2}{T_1}$

(3) 理想气体状态改变的过程

$$\Delta S = nC_{V,m}\ln\dfrac{T_2}{T_1} + nR\ln\dfrac{V_2}{V_1}$$

$$\Delta S = nC_{p,m}\ln\dfrac{T_2}{T_1} + nR\ln\dfrac{p_1}{p_2}$$

$$\Delta S = nC_{V,m}\ln\dfrac{p_2}{p_1} + nC_{p,m}\ln\dfrac{V_2}{V_1}$$

(4) 理想气体恒温、恒压混合过程

$$\Delta S = -R(n_A\ln y_A + n_B\ln y_B)$$

(5) 可逆相变过程

$$\Delta_\alpha^\beta S = \frac{\Delta_\alpha^\beta H}{T} = \frac{n\Delta_\alpha^\beta H_m}{T}$$

(6) 化学反应熵变的计算

$$\Delta_r S_m^\ominus(T) = \sum_B \nu_B S_m^\ominus(B,\beta,T)$$

$$\Delta_r S_m^\ominus(T_2) = \Delta_r S_m^\ominus(T_1) + \Delta_r C_{p,m} \ln \frac{T_2}{T_1}$$

式中,$\Delta_r C_{p,m} = \sum_B \nu_B C_{p,m}(B,\beta) =$ 常数。

(7) 环境的熵变

$$\Delta S_{环} = -\frac{Q}{T_{环}}$$

式中,Q 为系统与环境交换的热,J 或 kJ;$T_{环}$ 为环境温度,K。

6. 恒温过程 ΔG 的计算

(1) $\Delta G = \Delta H - T\Delta S$

适用于物理和化学过程。

(2) $\Delta G = nRT\ln\frac{p_2}{p_1}$ 或 $\Delta G = nRT\ln\frac{V_1}{V_2}$

适用于理想气体恒温过程。

(3) $\Delta G = RT(n_A \ln y_A + n_B \ln y_B)$

适用于理想气体恒温、恒压混合过程。

7. 封闭系统热力学基本关系式

$$dU = TdS - pdV, \quad dH = TdS + Vdp$$
$$dA = -SdT - pdV, \quad dG = -SdT + Vdp$$

以上各式可以用来计算封闭系统 $W'=0$ 的任意可逆过程 U、H、A、G 的变化值。

8. 三种判据比较(表 2-1)

表 2-1　　　　　三种判据比较

状态函数	应用系统	应用条件	判据	
S	封闭系统	任意过程	$\Delta S - \sum_A^B \frac{\delta Q}{T} \begin{cases} >0 \\ =0 \\ <0 \end{cases}$	能进行,不可逆 可逆(平衡) 不可能发生
A	封闭系统	恒温、恒容、$W'=0$	$\Delta A \begin{cases} >0 \\ =0 \\ <0 \end{cases}$	能进行,不可逆 可逆(平衡) 不可能发生
G	封闭系统	恒温、恒压、$W'=0$	$\Delta G \begin{cases} >0 \\ =0 \\ <0 \end{cases}$	能进行,不可逆 可逆(平衡) 不可能发生

可见，三种判据应用条件不同。熵判据的应用范围最广，但计算麻烦，A 或 G 判据应用范围有限，但计算方便。相平衡和化学平衡大多是在恒温、恒压且 $W'=0$ 的条件下发生的过程，因而 G 判据应用最多。

习 题

1. 卡诺热机在 600 K 的高温热源和 300 K 的低温热源之间工作，求
(1) 热机效率 η；
(2) 当系统做功 100 kJ 时，求系统从高温热源吸收的热及向低温热源放出的热。

2. 有一可逆卡诺热机从温度为 750 K 的高温热源吸热 250 kJ，若对外做了 150 kJ 的功，则低温热源的温度应为多少？

3. 1 mol 金属银在恒容条件下，由 273.2 K 加热升温到 303.2 K，求 ΔS。已知在该温度范围内银的 $C_{V,m}$ 为 24.84 J·K^{-1}·mol^{-1}。

4. 体积为 25 dm^3 的 2 mol 理想气体，自 300 K 加热到 600 K，体积膨胀到 100 dm^3，求过程的熵变。已知 $C_{V,m}=19.37$ J·K^{-1}·mol^{-1}。

5. 1 mol 理想气体在 $T=300$ K 下，从始态 100 kPa 经历下列各过程，求 Q、ΔS 及 $\Delta S_{隔离}$。
(1) 可逆膨胀到压强 50 kPa；
(2) 反抗恒定外压 50 kPa，不可逆膨胀至平衡态；
(3) 向真空自由膨胀至原体积的 2 倍。

6. 将 1 mol 双原子分子理想气体从始态 298 K、100 kPa，绝热可逆压缩到体积为 5 dm^3，试求终态的温度、压强和过程的 ΔU、ΔH、ΔS、W 和 Q 的值。

7. 1 mol 理想气体（$C_{V,m}=1.5R$），由 273 K、200 kPa，分别经下列不同过程变化到终态 T_2、p_2。
(1) 恒压下体积加倍；
(2) 加热并反抗 100 kPa 的恒外压至 300 K、100 kPa；
(3) 绝热可逆反抗 100 kPa 的恒外压膨胀至平衡。
试求上述各过程的 Q、W、ΔU、ΔH 和 ΔS。

8. 4 mol 单原子分子理想气体从始态 750 K、150 kPa，先恒容冷却使压强降至 50 kPa，再恒温可逆压缩至 100 kPa，求整个过程的 Q、W、ΔU、ΔH、ΔS。

9. 3 mol 双原子分子理想气体从始态 100 kPa、75 dm^3，先恒温可逆压缩使体积缩小至 50 dm^3，再恒压加热至 100 dm^3，求整个过程的 Q、W、ΔU、ΔH 及 ΔS。

10. 4 mol 理想气体，其 $C_{V,m}=2.5R$，由始态 600 K、1 000 kPa 依次经历下列过程：先绝热反抗 600 kPa 恒定的环境压强膨胀至平衡态；再恒容加热至 800 kPa；最后经绝热可逆膨胀至 500 kPa 的终态。试求整个过程的 Q、W、ΔU、ΔH 及 ΔS。

11. 始态为 $T_1=300$ K，$p_1=200$ kPa 的 1 mol 某双原子分子理想气体，经下列不同途径变化到 $T_2=300$ K，$p_2=100$ kPa 的终态，求各步骤及途径的 Q 和 ΔS。

(1) 恒温可逆膨胀；

(2) 先恒容冷却使压强降至 100 kPa，再恒压加热至 T_2；

(3) 先绝热可逆膨胀到使压强降至 100 kPa，再恒压加热至 T_2。

12. 常压下将 100 g 27 ℃的水与 200 g 72 ℃的水在绝热容器中混合，求最终水温及过程的熵变 ΔS，已知水的定压热容 $C_p = 4.18$ J·g^{-1}·K^{-1}。

13. 将温度均为 300 K，压强均为 100 kPa 的 100 dm³ 的 $H_2(g)$ 与 40 dm³ 的 $CH_4(g)$ 恒温、恒压混合。求过程的 ΔS，假设 $H_2(g)$ 和 $CH_4(g)$ 均可认为是理想气体。

14. 绝热恒容容器中有一绝热耐压隔板，隔板一侧为 2 mol 的 200 K、50 dm³ 单原子分子理想气体 A，另一侧为 3 mol 的 400 K、100 dm³ 双原子分子理想气体 B。今将容器中的绝热隔板撤去，气体 A 与气体 B 混合达到平衡态，求过程的 ΔS。

15. 有一系统如图 2-5 所示，已知系统中气体 A、B 均为理想气体，且 $C_{V,m}(A) = 1.5R$，$C_{V,m}(B) = 2.5R$，将绝热容器中隔板抽掉，求混合过程中的 Q、W、ΔU、ΔH 和 ΔS。

16. 水在正常凝固点 273 K 时的凝固热为 $-6\,004$ J·mol^{-1}，水和冰的摩尔定压热容分别是 73.5 J·K^{-1}·mol^{-1} 和 36.8 J·K^{-1}·mol^{-1}，求 101.325 kPa、263 K 时，1.00 mol 过冷水冻结成冰的过程中的 ΔS，并判断此过程是否为自发过程。

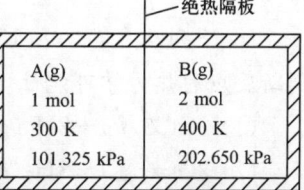

图 2-5　习题 15 附图

17. 把 10 g 100 ℃的铜块放入 2 kg 0 ℃的水中，而水盛在压强保持为 $p^{\ominus}$ 的绝热容器中，试计算该过程的 ΔS。已知铜和水的 $C_{p,m}$ 分别为 24.47 J·K^{-1}·mol^{-1} 和 75.30 J·K^{-1}·mol^{-1}。

18. 计算 101.325 kPa、60 ℃时，1 mol $H_2O(l)$ 变成等温等压下 $H_2O(g)$ 的 ΔU、ΔH 和 ΔS。已知水在 373 K 下的 $\Delta_{vap} H_m = 40.64$ kJ·mol^{-1}，$H_2O(l)$ 和 $H_2O(g)$ 的 $\overline{C_{p,m}}$ 分别为 75.38 J·K^{-1}·mol^{-1} 和 33.6 J·K^{-1}·mol^{-1}。

19. 计算下述反应在标准压强下，分别在 298.15 K 及 500.15 K 进行时的 $\Delta_r S_m^{\ominus}$。

$$C_2H_2(g) + 2H_2(g) \longrightarrow C_2H_6(g)$$

已知数据如下：

物质	$S_m^{\ominus}$(298.15 K)/J·K^{-1}·mol^{-1}	$C_{p,m}$/J·K^{-1}·mol^{-1}
$H_2(g)$	130.6	27.54
$C_2H_2(g)$	200.8	49.29
$C_2H_6(g)$	229.5	65.79

20. 2 mol 0 ℃、101 325 Pa 的理想气体反抗恒定的外压恒温膨胀到压强等于外压、体积为原来的 10 倍，试计算此过程的 Q、W、ΔU、ΔH、ΔS、ΔA 和 ΔG。

21. 1 mol $N_2(g)$ 可看作理想气体，从始态 298 K、100 kPa，经如下两个等温过程，分别到达终态压强为 600 kPa，分别求过程的 ΔU、ΔH、ΔA、ΔG、ΔS、$\Delta S_{隔离}$、W 和 Q 的值。
(1) 恒温可逆压缩；(2) 外压为 600 kPa 时的压缩。

22. 1 mol 过冷水蒸气在 25 ℃、101.325 kPa 下变为同温、同压的水,试求此过程的 ΔG。已知 25 ℃ 时水的饱和蒸气压为 3 167 Pa。

23. 1 mol 过冷水在 −5 ℃、100 kPa 下结成冰,计算此过程的 ΔG,并判断此过程是否自发进行。已知 −5 ℃ 时水与冰的饱和蒸气压分别为 $p^*(l)=422$ Pa 和 $p^*(s)=402$ Pa。

24. 将 1 mol 苯 $C_6H_6(l)$ 在正常沸点 353 K 和 101.3 kPa 压强下,向真空蒸发为同温、同压的蒸气,已知在该条件下,苯的摩尔汽化焓为 $\Delta_{vap}H_m=30.77$ kJ·mol^{-1},设气体为理想气体。试求该过程的 Q、W、ΔS、ΔG、$\Delta S_{隔离}$,并且根据计算结果,判断上述过程的可逆性。

25. 若 −5 ℃ 时,$C_6H_6(s)$ 的蒸气压为 2 280 Pa,−5 ℃ $C_6H_6(l)$ 凝固时的 $\Delta S_m=-35.65$ J·K^{-1}·mol^{-1},放热 9 874 J·mol^{-1},试求 −5 ℃ 时 $C_6H_6(l)$ 的饱和蒸气压为多少?

26. 下列反应在 298.15 K、100 kPa 下进行,试计算反应的 $\Delta_r H_m$、$\Delta_r S_m$ 和 $\Delta_r G_m$,并判断反应的热力学可能性。

(1) $2C(石墨)+2H_2(g) \longrightarrow C_2H_4(g)$

(2) $2C(石墨)+3H_2(g) \longrightarrow C_2H_6(g)$

(3) $C_2H_4(g)+H_2O(l) \longrightarrow C_2H_5OH(l)$

各物质的标准摩尔熵和标准摩尔生成焓数据如下:

物质	C(石墨)	$H_2(g)$	$C_2H_4(g)$	$C_2H_6(g)$	$H_2O(l)$	$C_2H_5OH(l)$
$S_m^\ominus/J·K^{-1}·mol^{-1}$	5.74	130.6	219.4	229.5	69.96	160.7
$\Delta_f H_m^\ominus/kJ·mol^{-1}$	0	0	52.28	−84.67	−285.84	−227.7

27. $CaCO_3(s)$ 的分解反应如下:

$$CaCO_3(s) \longrightarrow CaO(s)+CO_2(g)\uparrow$$

在 298.15 K 及标准压强下,此反应能否自发进行?若使其在标准压强下进行反应,反应温度应为多少?已知 $CaCO_3(s)$、$CaO(s)$ 和 $CO_2(g)$ 的 $\Delta_f H_m^\ominus$ 分别为 −1 206.92 kJ·mol^{-1}、−634.9 kJ·mol^{-1} 和 −393.5 kJ·mol^{-1},$CaCO_3(s)$、$CaO(s)$ 和 $CO_2(g)$ 的 $S_m^\ominus$ 分别为 92.9 J·K^{-1}·mol^{-1}、38.1 J·K^{-1}·mol^{-1} 和 213.8 J·K^{-1}·mol^{-1},假设此反应的 $\Delta_r C_{p,m}=0$。

28. 合成氨反应为

$$N_2(g)+3H_2(g) \Longrightarrow 2NH_3(g)$$

已知在 298.15 K、100 kPa 下进行时,$\Delta_r G_m^\ominus=-33.0$ kJ·mol^{-1},$\Delta_r H_m^\ominus=-92.22$ kJ·mol^{-1}。假设此反应的 $\Delta_r H_m^\ominus$ 不随温度而变化,试求此反应在 500 K 时的 $\Delta_r G_m^\ominus$,并说明温度升高对此反应是否有利?

自 测 题

一、填空题

1. 在_____的条件下,才可使用 $\Delta G \leqslant 0$ 来判断一个过程是否可逆。

2. 系统经可逆循环后，ΔS _____ 0，经绝热不可逆循环后，ΔS _____ 0。（填>、<或=）

3. 下列过程中 ΔU、ΔH、ΔS、ΔA 和 ΔG 何者为零：

(1) 理想气体自由膨胀过程_____；

(2) $H_2(g)$ 和 $O_2(g)$ 在绝热的刚性容器中反应生成 H_2O 的过程_____；

(3) 在 0 ℃、101.325 kPa 时，水结成冰的过程_____。

4. 一定量的理想气体在 300 K 由 A 态恒温变化到 B 态。此过程系统吸热 1 000 J，$\Delta S = 10 \, J \cdot K^{-1}$，据此可判断此过程为_____过程。（填可逆或不可逆）

5. 1 mol 液态苯在其指定外压的沸点下，全部蒸发为苯蒸气，此过程的 ΔS _____；ΔG _____。（填大于零、小于零或等于零）

二、选择题

1. 某一化学反应的 $\Delta_r C_{p,m} < 0$，则该反应的 $\Delta_r H_m^{\ominus}$ 随温度的升高而（　　）。

A. 增大　　　　B. 减小　　　　C. 不变　　　　D. 无法确定

2. 在 0 ℃、101.325 kPa 下，过冷水凝结成冰，则此过程的（　　）。

A. $\Delta S_{系统} > 0$　　　　　　　　B. $\Delta S_{环境} < 0$

C. $\Delta S_{系统} + \Delta S_{环境} > 0$　　　D. $\Delta S_{系统} + \Delta S_{环境} < 0$

3. 1 mol 300 K、100 kPa 的理想气体，在外压恒定为 10 kPa 的条件下，恒温膨胀到体积为原来的 10 倍，此过程的 $\Delta G = ($ 　　$)$。

A. 0　　　　B. 19.1 J　　　　C. 5 743 J　　　　D. $-5\,743$ J

4. 封闭系统中 $W' = 0$ 时的恒温、恒压化学反应，可用（　　）式来计算系统的熵变。

A. $\Delta S = \dfrac{Q}{T}$　　B. $\Delta S = \dfrac{\Delta H}{T}$　　C. $\Delta S = \dfrac{\Delta H - \Delta G}{T}$　　D. $\Delta S = nR\ln\dfrac{V_2}{V_1}$

5. 101.325 kPa 下，10 mol 100 ℃的 $H_2O(l)$ 与 30 mol 0 ℃的 $H_2O(l)$ 在绝热的容器中相互混合，若液体水的 $C_{p,m}$ 可视为常数，则总的熵变为（　　）。

A. $10 C_{p,m} \ln \dfrac{298}{373}$　　　　　　B. $30 C_{p,m} \ln \dfrac{298}{373}$

C. $10 C_{p,m} \ln \dfrac{373}{298} + 30 C_{p,m} \ln \dfrac{273}{298}$　　D. $10 C_{p,m} \ln \dfrac{298}{373} + 30 C_{p,m} \ln \dfrac{298}{273}$

三、判断题（正确的在括号内打"√"，错误的在括号内打"×"）

1. 1 mol 某理想气体，其 $C_{V,m}$ 为常数，由始态 T_1、V_1 绝热可逆膨胀至 V_2，则过程的熵变 $\Delta S > 0$。　　　　　　　　　　　　　　　　　　　　　　　（　　）

2. 根据热力学第二定律可知，功可以完全转变为热，热不能完全转变为功。（　　）

3. 在恒温、恒压且不做非体积功的条件下，反应的 $\Delta_r G_m < 0$ 时，若值越小，自发进行反应的趋势也越强，反应进行得越快。　　　　　　　　　　　　（　　）

4. 熵增加的过程不一定是自发过程。　　　　　　　　　　　　　　　　　（　　）

5. 相变过程的熵变可由 $\Delta S = \dfrac{\Delta H}{T}$ 计算。　　　　　　　　　　　　　　（　　）

四、计算题

1. 在 298.15 K 时,将 1 mol O_2 从 101.325 kPa 恒温可逆压缩到 6×101.325 kPa,求此过程的 Q、W、ΔU、ΔH、ΔS、ΔA 和 ΔG。

2. 已知在 101.325 kPa 下,水的沸点为 100 ℃,其摩尔蒸发焓 $\Delta_{vap}H_m$ = 40.64 kJ·mol^{-1}, $C_{p,m}(H_2O,l)$ = 75.38 J·K^{-1}·mol^{-1}, $C_{p,m}(H_2O,g)$ = 33.6 J·K^{-1}·mol^{-1}。今有 101.325 kPa 下 120 ℃的 1 mol 过热水变成同温、同压下的水蒸气,求此过程的 Q、W、ΔU、ΔH、ΔS 和 ΔG。

3. 试求 500 K、标准态下,理想气体间进行下列恒温反应的 $\Delta_r G_m^{\ominus}$(500 K)。

$$C(g) + 2D(g) \longrightarrow 3G(g) + H(g)$$

已知 298 K 时数据如下:

	C(g)	D(g)	G(g)	H(g)
$\Delta_f H_m^{\ominus}$/(kJ·mol^{-1})	−50	0	0	−40
$C_{p,m}$/(J·K^{-1}·mol^{-1})	10	35	25	30
$S_m^{\ominus}$/(J·K^{-1}·mol^{-1})	45	10	15	60

4. 如下所示,将 CH_4(g) 和 H_2(g) 混合,若混合前后气体的温度均为 25 ℃,压强均为 101.325 kPa,求该过程的 Q、W、ΔU、ΔH、ΔS 和 ΔG,并判断此过程是否能自发进行。

CH_4(g) p = 101.325 kPa t = 25 ℃ V_1 = 0.5 dm^3	H_2(g) p = 101.325 kPa t = 25 ℃ V_2 = 1 dm^3	等温、等压混合 →	CH_4(g) + H_2(g) p = 101.325 kPa t = 25 ℃ V = 1.5 dm^3

模块二

化学热力学应用

二次封

民國學衡派文學

第 3 章

液态混合物和溶液

基本要求

1. 掌握拉乌尔定律与亨利定律及其计算；
2. 掌握溶液的依数性及其计算；
3. 掌握理想液态混合物和理想稀溶液气-液平衡组成的计算；
4. 了解偏摩尔量与化学势的概念；
5. 理解化学势判据的使用条件；
6. 了解理想气体、理想液态混合物、理想溶液中各组分化学势的表示式。

在实际化工生产和科研中我们遇到的大多为多组分系统，多组分系统可以是单相的或多相的。广义地说，两种或两种以上物质彼此以分子或离子状态均匀混合所形成的系统称为溶液。以物态可分为气态溶液、固态溶液和液态溶液。如果多组分均相系统中对各组分均按相同的方法来研究，则这种系统称为混合物。

3.1 偏摩尔量与化学势

3.1.1 偏摩尔量的定义

纯物质或组成不变的系统，其广度性质只受温度和压强的影响，而多组分多相系统的广度性质，不仅受温度和压强的影响，还要受系统内各组分物质的量变化的影响。例如，在 20 ℃、101.325 kPa 下，1 mol 水的体积为 18.09 cm^3，1 mol 乙醇的体积为 58.35 cm^3，当 0.5 mol 水与 0.5 mol 乙醇混合时，实验测得混合后的体积为 37.2 cm^3，而不等于各自摩尔体积与物质的量乘积的和(38.22 cm^3)。

多组分系统的任一广度性质与温度、压强及组分物质的量的关系可表示为
$$X = f(T, p, n_B, n_C \cdots)$$

若系统发生一个微小的变化，则

$$dX = \left(\frac{\partial X}{\partial T}\right)_{p,n_B,n_C\cdots} dT + \left(\frac{\partial X}{\partial p}\right)_{T,n_B,n_C\cdots} dp + \left(\frac{\partial X}{\partial n_B}\right)_{T,p,n_C\cdots} dn_B + \cdots \tag{3-1}$$

为简便起见，偏导数下角标以 n_G 表示除组分 B 外其他组成不变，则上式可简写为

$$dX = \left(\frac{\partial X}{\partial T}\right)_{p,n_B,n_C\cdots} dT + \left(\frac{\partial X}{\partial p}\right)_{T,n_B,n_C\cdots} dp + \sum \left(\frac{\partial X}{\partial n_B}\right)_{T,p,n_G} dn_B \tag{3-2}$$

定义

$$X_B = \left(\frac{\partial X}{\partial n_B}\right)_{T,p,n_G} \tag{3-3}$$

式(3-3)中 X_B 称偏摩尔量。该式表明 X_B 为在温度、压强及除组分 B 以外其他各组分的物质的量均不改变的条件下，广度性质 X 随组分 B 的物质的量 n_B 的变化率。偏摩尔量也可理解为在恒温、恒压下，向足够大量的某组成一定的混合系统中加入 1mol 组分 B 时所引起系统广度性质 X 的变化值。将式(3-3)代入式(3-1)，整理得

$$dX = \left(\frac{\partial X}{\partial T}\right)_{p,n_B,n_C\cdots} dT + \left(\frac{\partial X}{\partial p}\right)_{p,n_B,n_C\cdots} dp + \sum_B X_B dn_B \tag{3-4}$$

理解偏摩尔量的概念时，应注意以下几点：

(1) 只有广度性质才有偏摩尔量，偏摩尔量的概念对混合物和溶液均适用；

(2) 只有恒温、恒压条件下广度性质的偏导数才称为偏摩尔量，其他条件（如恒温恒容）下的偏导数则不是偏摩尔量；

(3) 偏摩尔量是强度性质，其数值决定于温度、压强和组成。对纯物质（单组分系统）来说偏摩尔量就是摩尔量。

例如，系统的偏摩尔体积、偏摩尔热力学能、偏摩尔焓、偏摩尔亥姆霍兹函数、偏摩尔吉布斯函数分别为

$$V_B = \left(\frac{\partial V}{\partial n_B}\right)_{T,p,n_G} \tag{3-5}$$

$$U_B = \left(\frac{\partial U}{\partial n_B}\right)_{T,p,n_G} \tag{3-6}$$

$$H_B = \left(\frac{\partial H}{\partial n_B}\right)_{T,p,n_G} \tag{3-7}$$

$$A_B = \left(\frac{\partial A}{\partial n_B}\right)_{T,p,n_G} \tag{3-8}$$

$$G_B = \left(\frac{\partial G}{\partial n_B}\right)_{T,p,n_G} \tag{3-9}$$

3.1.2 偏摩尔量的集合公式

由式(3-4)，对于一个恒温、恒压的系统有

$$dX = \sum_B X_B dn_B = X_A dn_A + X_B dn_B + \cdots \tag{3-10}$$

将上式等式两边同时积分可得到偏摩尔量的集合公式

$$X = X_A n_A + X_B n_B + \cdots = \sum_B X_B n_B \tag{3-11}$$

式中　X——多组分均相系统的某种广度性质；

n_B——多组分均相系统中组分 B 的物质的量；

X_B——多组分均相系统中组分 B 的偏摩尔量。

式(3-11)表明,恒温、恒压下,某一组成混合物的任一广度性质 X 等于各组分的偏摩尔量 X_B 与其物质的量 n_B 的乘积之和,此公式称为偏摩尔量的集合公式。

3.1.3　化学势

1. 化学势的定义

在偏摩尔量中,以偏摩尔吉布斯函数应用最为广泛。系统中任意组分 B 的偏摩尔吉布斯函数 G_B 也称为组分 B 的化学势,用符号 μ_B 表示

$$\mu_B = G_B = \left(\frac{\partial G}{\partial n_B}\right)_{T,p,n_C} \tag{3-12}$$

在恒温、恒压下,由 $dX = \sum_B X_B dn_B$ 得

$$dG = \sum_B \mu_B dn_B \tag{3-13}$$

化学势是强度性质,其绝对值无法确定,化学势的单位为 $J \cdot mol^{-1}$。

2. 化学势判据

在恒温、恒压且没有非体积功的条件下,多组分多相封闭系统发生相变化或化学变化时,其中的任意一相 α 均可看作是均相敞开系统,由式(3-13)得

$$dG^\alpha = \sum_B \mu_B^\alpha dn_B^\alpha \tag{3-14}$$

如果多相系统有 α 相,β 相,……,则系统吉布斯函数变化量应等于各相吉布斯函数变化量之和,即

$$dG = dG^\alpha + dG^\beta + \cdots = \sum_B \mu_B^\alpha dn_B^\alpha + \sum_B \mu_B^\beta dn_B^\beta + \cdots = \sum_\alpha \sum_B \mu_B^\alpha dn_B^\alpha \tag{3-15}$$

将上式代入吉布斯函数判据准则,在上述条件下则有

$$\sum_\alpha \sum_B \mu_B^\alpha dn_B^\alpha \begin{cases} <0 & \text{可以自发进行的不可逆过程} \\ =0 & \text{可逆过程,系统处于平衡态} \\ >0 & \text{不可能发生的过程} \end{cases} \tag{3-16}$$

式(3-16)称为化学势判据,广泛应用于判断恒温、恒压、非体积功为零条件下相变过程或化学变化的方向和限度。下面以封闭系统的相变过程为例来说明化学势判据的应用。

设有物质的量为 dn 的纯物质 A,在恒温、恒压、非体积功为零的条件下,由液相变为气相。

$$A(l) \xrightarrow{T,p,W'=0} A(g)$$
$$\mu^l \qquad\qquad \mu^g$$
$$dn^l \qquad\qquad dn^g$$

因为 $dn^l = -dn^g$，则由式(3-15)知

$$dG = \sum_\alpha \sum_B \mu_B^\alpha dn_B^\alpha = \mu^l dn^l + \mu^g dn^g = (\mu^g - \mu^l)dn^g$$

如果这个相变化能自发进行，则必有 $dG<0$，因为 $dn^g>0$，所以有 $\mu^g<\mu^l$；当两相处于相平衡状态时，则 $dG=0$，此时 $\mu^g=\mu^l$。

通过以上分析，可以得到如下结论：

(1) 多组分、多相封闭系统的相平衡条件是各组分在各相中的化学势相等；

(2) 在恒温、恒压下，对于相变化或化学变化，系统的自发过程必然是朝着化学势减小的方向进行；若系统处于平衡状态，则其化学势必然相等。所以，化学势是度量物质变化与传递方向的物理量。

3.1.4 理想气体的化学势

1. 纯理想气体的化学势

化学势是偏摩尔吉布斯函数，其绝对值是未知的。气体处于标准态时的化学势称为标准化学势，用符号 $\mu^\ominus(g,T)$ 表示，标准化学势只是温度的函数。

1 mol 纯理想气体在 T、p 时的化学势为 $\mu^*(\mathrm{pg},T,p)$，相当于理想气体在温度 T 时的标准化学势加上压强由 $p^\ominus$ 变到 p 的过程所引起的化学势的变化，即

$$d\mu^* = dG_m^* = -S_m^* dT + V_m^* dp = V_m^* dp = \frac{RT}{p}dp \tag{3-17}$$

上式两边同时积分得

$$\mu^*(\mathrm{pg},T,p) = \mu^\ominus(\mathrm{pg},T) + RT\ln\frac{p}{p^\ominus} \tag{3-18}$$

式中　$\mu^*(\mathrm{pg},T,p)$——纯理想气体在 T、p 时的化学势，$J \cdot mol^{-1}$；

$\mu^\ominus(\mathrm{pg},T)$——纯理想气体在标准态时的化学势，$J \cdot mol^{-1}$；

p——纯理想气体的压强，Pa。

式(3-18)是纯理想气体化学势的表示式。纯理想气体化学势是 T、p 的函数。

2. 理想气体混合物中任一组分 B 的化学势

理想气体混合物中组分 B 的化学势就等于组分 B 在其分压下的纯态 B 的化学势，即

$$\mu_B(\mathrm{pg},T,p) = \mu_B^\ominus(\mathrm{pg},T) + RT\ln\frac{p_B}{p^\ominus} \tag{3-19}$$

式中　$\mu_B(\mathrm{pg},T,p)$——理想气体混合物中组分 B 在 T、p 时的化学势，$J \cdot mol^{-1}$；

$\mu_B^\ominus(\mathrm{pg},T)$——组分 B 在标准态时的化学势，$J \cdot mol^{-1}$；

p_B——理想气体混合物中组分 B 的分压，Pa。

3.2 拉乌尔定律和理想液态混合物

3.2.1 多组分系统组成表示方法

常用的表示多组分系统组成的方法有以下四种：

1. 物质 B 的物质的量分数

系统中物质 B 的物质的量与系统总物质的量的比，叫作物质 B 的物质的量分数。用符号"x_B"(气相中习惯用"y_B")表示。

$$x_B = \frac{n_B}{\sum n_B} \tag{3-20}$$

$$\sum x_B = 1$$

式中　x_B——组分 B 的物质的量分数；
　　　n_B——组分 B 的物质的量，mol；
　　　$\sum n_B$——系统总物质的量，mol。

2. 物质 B 的质量分数

系统中物质 B 的质量与系统总质量的比，叫作物质 B 的质量分数。用符号"w_B"表示。

$$w_B = \frac{m_B}{\sum m_B} \tag{3-21}$$

$$\sum w_B = 1$$

式中　w_B——组分 B 的质量分数；
　　　m_B——组分 B 的质量，kg；
　　　$\sum m_B$——系统总质量，kg。

3. 物质 B 的物质的量浓度

单位体积的溶液中所含溶质 B 的物质的量，叫作溶质 B 的物质的量浓度，用符号"c_B"表示。

$$c_B = \frac{n_B}{V} \tag{3-22}$$

式中　c_B——溶质 B 的物质的量浓度，mol·dm^{-3} 或 mol·m^{-3}；
　　　n_B——溶质 B 的物质的量，mol；
　　　V——溶液的体积，dm^3 或 m^3。

4. 物质 B 的质量摩尔浓度

1 kg 溶剂 A 中所含溶质 B 的物质的量，叫作溶质 B 的质量摩尔浓度，用符号"b_B"表示。

$$b_B = \frac{n_B}{m_A} \tag{3-23}$$

式中　b_B——溶质 B 的质量摩尔浓度，$mol \cdot kg^{-1}$；

　　　n_B——溶质 B 的物质的量，mol；

　　　m_A——溶剂 A 的质量，kg。

【例 3-1】 在常温下取 NaCl 饱和溶液 $10.00\ cm^3$，测得其质量为 12.003 g，将溶液蒸干，得 NaCl 固体 3.173 g。求：(1) NaCl 饱和溶液的质量分数；(2) 饱和溶液中 NaCl 和 H_2O 的物质的量分数；(3) 物质的量浓度；(4) 质量摩尔浓度。

解：(1) NaCl 饱和溶液的质量分数为

$$w(NaCl) = \frac{m(NaCl)}{m(NaCl) + m(H_2O)} = \frac{3.173}{12.003} = 0.264\ 4 = 26.44\%$$

(2) NaCl 饱和溶液中

$n(NaCl) = 3.173/58.5 = 0.054\ 2\ mol$

$n(H_2O) = (12.003 - 3.173)/18 = 0.491\ mol$

$$x(NaCl) = \frac{n(NaCl)}{n(NaCl) + n(H_2O)} = \frac{0.054\ 2}{0.054\ 2 + 0.491} = 0.10$$

$x(H_2O) = 1 - x(NaCl) = 1 - 0.10 = 0.90$

(3) NaCl 饱和溶液的物质的量浓度为

$$c(NaCl) = \frac{n(NaCl)}{V} = \frac{3.173/58.5}{10.00 \times 10^{-3}} = 5.42\ mol \cdot dm^{-3}$$

(4) NaCl 饱和溶液的质量摩尔浓度为

$$b(NaCl) = \frac{n(NaCl)}{m(H_2O)} = \frac{3.173/58.5}{(12.003 - 3.173) \times 10^{-3}} = 6.14\ mol \cdot kg^{-1}$$

3.2.2　拉乌尔定律

拉乌尔定律

　　纯液体在一定温度下具有一定的饱和蒸气压，当在纯液体中加入非挥发性溶质后，溶液的蒸气压要低于相同条件下纯溶剂的蒸气压。拉乌尔定律是 1886 年法国科学家拉乌尔根据实验总结出的有关稀溶液中溶剂组成与其饱和蒸气压关系的经验定律。该定律指出：稀溶液中溶剂的蒸气压等于同温度下纯溶剂的饱和蒸气压与稀溶液中溶剂的物质的量分数的乘积。其数学表达式为

$$p_A = p_A^* x_A \tag{3-24}$$

式中　p_A——稀溶液中溶剂 A 的蒸气压，Pa；

　　　p_A^*——纯溶剂 A 在相同温度下的饱和蒸气压，Pa；

　　　x_A——稀溶液中溶剂 A 的物质的量分数。

若溶液中只有 A、B 两组分，则 $x_A + x_B = 1$，那么就有

$$p_A = p_A^* x_A = p_A^*(1 - x_B) \tag{3-25}$$

$$\Delta p = p_A^* - p_A = p_A^* x_B \tag{3-26}$$

由此可知,稀溶液中溶剂的蒸气压下降值 Δp 与纯溶剂的饱和蒸气压 p_A^* 之比等于溶质的物质的量分数,与溶质的种类无关。这也是二组分系统拉乌尔定律的另一种形式。

进一步研究发现,在含有挥发性溶质的极稀溶液中,溶剂也遵循拉乌尔定律,此时溶液蒸气压 $p=p_A+p_B$,不一定低于同温下纯溶剂的蒸气压。

若液态混合物中的任一组分在全部浓度范围内都遵守拉乌尔定律,则该液态混合物称为理想液态混合物。对于溶质的浓度趋于零的无限稀溶液,则称为理想稀溶液。拉乌尔定律适用于理想液态混合物中的任意组分和理想稀溶液中的溶剂,对一般稀溶液而言,在一定浓度范围内,拉乌尔定律也近似成立。

3.2.3 理想液态混合物

任意组分在全部浓度范围内都遵守拉乌尔定律的液态混合物称为理想液态混合物。理想液态混合物在实际中并不存在,但真实液态混合物中结构异构体的混合物,如间二甲苯和对二甲苯;近邻同系物的混合物,如苯和甲苯,甲醇和乙醇等;光学异构体的混合物,如 d-樟脑和 l-樟脑;同位素化合物的混合物等可近似认为是理想液态混合物。

1. 理想液态混合物的特征

(1)微观特征

①理想液态混合物中各组分的分子结构非常近似,分子体积相等;

②理想液态混合物中各组分的分子间作用力与各组分混合前纯组分的分子间作用力相等。

(2)宏观特征

理想液态混合物的微观特征就决定了在恒温、恒压下由纯组分混合成理想液态混合物时没有热效应,混合前后不发生体积变化,混合过程其熵增加,吉布斯函数减少。以上特征可表示为

$$\Delta_{mix}H = 0, \Delta_{mix}V = 0, \Delta_{mix}S > 0, \Delta_{mix}G < 0$$

所以,恒温、恒压下液体的混合过程是一个自发过程。以上四个性质称为理想液态混合物的混合性质,均可以通过热力学的方法证明。

2. 理想液态混合物的气-液平衡

(1)蒸气压与液相组成的关系

在一定温度下,由 A、B 组成的二组分理想液态混合物,组分 A、B 在平衡气相中的分压分别为

$$p_A = p_A^* x_A = p_A^*(1-x_B) \tag{3-27}$$

$$p_B = p_B^* x_B \tag{3-28}$$

根据分压定律,与混合物平衡的气相总压为

$$p = p_A + p_B = p_A^* + (p_B^* - p_A^*)x_B \tag{3-29}$$

式中 p——理想液态混合物的蒸气总压,Pa;

p_A^*——组分 A 在相同温度下的饱和蒸气压,Pa;

p_B^*——组分 B 在相同温度下的饱和蒸气压，Pa；

x_B——组分 B 在液相中的物质的量分数。

(2)气相组成的计算

根据分压的定义式有
$$y_B = \frac{p_B}{p}$$

所以
$$y_B = \frac{p_B^* x_B}{p} = \frac{p_B^* x_B}{p_A^* + (p_B^* - p_A^*)x_B} \quad (3\text{-}30)$$

式中 y_B——组分 B 在平衡气相中的物质的量分数；

x_B——组分 B 在平衡液相中的物质的量分数。

【例 3-2】 在 101.3 kPa、358 K 时，由甲苯(A)及乙苯(B)组成的二组分液态混合物可视为理想液态混合物，两液体达气-液平衡。已知 358 K 时，纯甲苯和纯乙苯的饱和蒸气压分别为 46.0 kPa 和 116.9 kPa，计算该理想液态混合物在 101.3 kPa、358 K 达气-液平衡时的液相组成和气相组成。

解：因为 $p = p_A + p_B = p_A^* + (p_B^* - p_A^*)x_B$

所以 $x_B = \dfrac{p - p_A^*}{p_B^* - p_A^*} = \dfrac{101.3 - 46.0}{116.9 - 46.0} = 0.78$

$x_A = 1 - x_B = 1 - 0.78 = 0.22$

$y_B = \dfrac{p_B}{p} = \dfrac{p_B^* x_B}{p} = \dfrac{116.9 \times 0.78}{101.3} = 0.90$

$y_A = 1 - y_B = 1 - 0.90 = 0.10$

3.2.4 理想液态混合物中任意组分的化学势

某一理想液态混合物在一定的 T、p 下与其蒸气呈平衡状态，若气相压强不高时，蒸气可视为理想气体混合物。根据相平衡条件可知，任一组分 B 在液相中的化学势与其在平衡气相中的化学势相等，即
$$\mu_B(l, T, p) = \mu_B(pg, T, p)$$

将理想气体混合物中任一组分 B 的化学势代入上式，得
$$\mu_B(l, T, p) = \mu_B(pg, T, p) = \mu_B^{\ominus}(pg, T) + RT\ln\frac{p_B}{p^{\ominus}} \quad (3\text{-}31)$$

理想液态混合物中各组分都服从拉乌尔定律 $p_B = p_B^* x_B$，代入式(3-31)得
$$\mu_B(l, T, p) = \mu_B(pg, T, p) = \mu_B^{\ominus}(pg, T) + RT\ln\frac{p_B^* x_B}{p^{\ominus}}$$

$$= \mu_B^{\ominus}(pg, T) + RT\ln\frac{p_B^*}{p^{\ominus}} + RT\ln x_B$$

定义
$$\mu_B^*(l, T, p) = \mu_B^{\ominus}(pg, T) + RT\ln\frac{p_B^*}{p^{\ominus}} \quad (3\text{-}32)$$

则
$$\mu_B(l, T, p) = \mu_B^*(l, T, p) + RT\ln x_B \quad (3\text{-}33)$$

式(3-33)为纯液体 B 在 T、p 时的化学势。在 p 与 $p^{\ominus}$ 相差不太大时
$$\mu_B^*(l,T,p) \approx \mu_B^{\ominus}(l,T,p)$$
式(3-33)可简写为
$$\mu_B(l) = \mu_B^{\ominus}(l,T) + RT\ln x_B \tag{3-34}$$
式(3-34)即为理想混合物中任一组分 B 的化学势。

3.3 亨利定律和理想稀溶液

3.3.1 亨利定律

亨利定律是有关稀溶液中挥发性溶质与其蒸气压关系的经验性定律。它是 1803 年亨利研究气体在液体中的溶解度时得出的。亨利定律指出：在一定温度下，稀溶液中挥发性溶质 B 在平衡气相中的分压 p_B 与其在溶液中的物质的量分数 x_B 成正比。即
$$p_B = k_{x,B} x_B \tag{3-35}$$
式中　$k_{x,B}$——以 x_B 表示浓度的亨利系数，Pa；

　　　p_B——稀溶液中挥发性溶质 B 在平衡气相中的分压，Pa；

　　　x_B——稀溶液中溶质 B 的物质的量分数。

应用亨利定律时应注意以下几点：

(1) 亨利定律适用于理想稀溶液中的挥发性溶质，对一般稀溶液中的溶质，在一定浓度范围内，亨利定律也近似成立；

(2) 亨利系数的数值与溶质和溶剂的本性及温度、压强和浓度的单位有关，与溶质的饱和蒸气压不同；

(3) 溶液组成表达形式不同时，亨利定律有不同形式：

组成表示	亨利定律	亨利系数	亨利系数的单位
x_B(物质的量分数)	$p_B = k_{x,B} x_B$	$k_{x,B}$	Pa
c_B(物质的量浓度)	$p_B = k_{c,B} c_B$	$k_{c,B}$	Pa·m³·mol⁻¹
b_B(质量摩尔浓度)	$p_B = k_{b,B} b_B$	$k_{b,B}$	Pa·kg·mol⁻¹

可见，表示方法不同，亨利系数数值和单位也不相同。

(4) 当几种气体溶于同一种溶剂中时，每一种气体可分别适用于亨利定律(近似认为与其他气体的分压无关)。比如：空气溶于水中，O_2、N_2 可分别适用于亨利定律；

(5) 温度不同，亨利系数不同。一般对于大多数溶于水中的气体而言，溶解度随温度升高而降低，因此，温度升高或压强下降，亨利系数增大，溶液更稀，从而对亨利定律的服从性更好；

(6) 亨利定律只适用于溶质在气相中和液相中分子形式相同的物质。如，HCl 溶于苯中时，气相和液相中的 HCl 都处于分子状态，此时可用亨利定律；而 HCl 溶于水中变为 H^+ 和 Cl^-，在气相中是 HCl 分子，这时就不适用亨利定律。

3.3.2 理想稀溶液

理想稀溶液是指溶剂服从拉乌尔定律,而溶质服从亨利定律的无限稀的溶液。此时,溶质含量趋近于零,极稀的真实溶液可以按理想稀溶液处理。

由挥发性溶质 B 和溶剂 A 组成的理想稀溶液,达到气-液平衡时,溶液的蒸气压为

$$p = p_A + p_B = p_A^* x_A + k_{x,B} x_B$$
$$= p_A^* (1-x_B) + k_{x,B} x_B$$
$$= p_A^* + (k_{x,B} - p_A^*) x_B \tag{3-36}$$

所以液相组成和气相组成分别为

$$x_B = \frac{p - p_A^*}{k_{x,B} - p_A^*} \text{ 和 } y_B = \frac{p_B}{p} = \frac{k_{x,B} x_B}{p_A^* + (k_{x,B} - p_A^*) x_B}$$

【例 3-3】 在 370.3 K 时,在乙醇(B)和水(A)组成的理想稀溶液中,测得当 $x_B = 0.012$ 时,其蒸气总压为 1.01×10^5 Pa。已知该温度下纯水的饱和蒸气压 $p_A^* = 0.91 \times 10^5$ Pa,试求:

(1) 乙醇在水中的亨利系数 k_x;

(2) $x_B = 0.020$ 的乙醇水溶液中乙醇的蒸气分压。

解:(1) 根据拉乌尔定律 $\quad p_A = p_A^* x_A = p_A^* (1-x_B)$

根据亨利定律 $\quad\quad\quad\quad\quad p_B = k_x x_B$

蒸气总压 $\quad\quad\quad\quad p = p_A + p_B = p_A^* (1-x_B) + k_x x_B$

即 $\quad\quad\quad\quad 1.01 \times 10^5 = 0.91 \times 10^5 \times (1-0.012) + k_x \times 0.012$

解得 $\quad\quad\quad\quad k_x = 9.24 \times 10^5$ Pa

(2) 当 $x_B = 0.020$ 时,

$$p_B = k_x \times x_B = 9.24 \times 10^5 \times 0.020 = 1.85 \times 10^4 \text{ Pa}$$

3.3.3 理想稀溶液中组分的化学势

1. 理想稀溶液中溶剂的化学势

因为理想稀溶液中的溶剂能严格遵循拉乌尔定律,所以溶剂 A 的化学势与理想液态混合物中任一组分 B 在 T、p 时的化学势表示式相同,表示为

$$\mu_A = \mu_A^\ominus + RT \ln x_A \tag{3-37}$$

式中 μ_A——理想稀溶液中溶剂 A 在 T、p 时的化学势,$J \cdot mol^{-1}$;

$\mu_A^\ominus$——溶剂 A 的标准化学势,$J \cdot mol^{-1}$;

x_A——理想稀溶液中溶剂 A 的物质的量分数。

这里溶剂的标准态是温度 T、标准压强 $p^\ominus$ 下的纯溶剂。$\mu_A^\ominus$ 只是 T 的函数。

2. 理想稀溶液中溶质的化学势

理想稀溶液中的溶质 B 遵循亨利定律。溶液组成的表示不同,其化学势及标准态的

表示也不相同。

(1)当溶质 B 的浓度以 x_B 表示时,溶质的化学势可表示为

$$\mu_B = \mu_{x,B}^{\ominus} + RT\ln x_B \tag{3-38}$$

式中 μ_B——理想稀溶液中溶质 B 在 T、p 时的化学势,J·mol^{-1};

x_B——理想稀溶液中溶质 B 的物质的量分数;

$\mu_{x,B}^{\ominus}$——溶质 B 的浓度以 x_B 表示时的标准化学势,J·mol^{-1}。

溶质的标准态为温度 T、标准压强 $p^{\ominus}$ 下,$x_B=1$ 且符合亨利定律的假想状态。

(2)当溶质 B 的浓度以 b_B 表示时,溶质的化学势可表示为

$$\mu_B = \mu_{b,B}^{\ominus} + RT\ln\frac{b_B}{b^{\ominus}} \tag{3-39}$$

式中 b_B——理想稀溶液中溶质 B 的质量摩尔浓度,mol·kg^{-1};

$b^{\ominus}$——溶质 B 的标准质量摩尔浓度,$b^{\ominus}=1$ mol·kg^{-1};

$\mu_{b,B}^{\ominus}$——溶质 B 的浓度以 b_B 表示时的标准化学势,J·mol^{-1}。

溶质的标准态为温度 T、标准压强 $p^{\ominus}$ 下,$b_B=1$ mol·kg^{-1} 且符合理想稀溶液的假想状态。

(3)当溶质 B 的浓度以 c_B 表示时,溶质的化学势可表示为

$$\mu_B = \mu_{c,B}^{\ominus} + RT\ln\frac{c_B}{c^{\ominus}} \tag{3-40}$$

式中 c_B——理想稀溶液中溶质 B 的物质的量浓度,mol·dm^{-3};

$c^{\ominus}$——溶质 B 的标准物质的量浓度,$c^{\ominus}=1$ mol·dm^{-3};

$\mu_{c,B}^{\ominus}$——溶质 B 的浓度以 c_B 表示时的标准化学势,J·mol^{-1}。

溶质的标准态为温度 T、标准压强 $p^{\ominus}$ 下,$c_B=1$ mol·dm^{-3} 且符合理想稀溶液的假想状态。

溶质化学势的三种表示式,标准态不同,标准化学势也不相同,但对于同一溶质,无论使用哪一种表示式,其化学势的数值均相等。溶质化学势的表示式对于非挥发性溶质同样适用,对极稀溶液可近似适用。

3.4 稀溶液的依数性

稀溶液的蒸气压下降值、沸点升高值、凝固点降低值和渗透压值只与溶液中溶质的质点数目有关,而与溶质的本性无关,称这些性质为稀溶液的依数性。

3.4.1 蒸气压下降

当在某溶剂中溶入非挥发性、非电解质溶质而得到稀溶液时,由式(3-26)可知溶液蒸气压下降值为

$$\Delta p = p_A^* - p_A = p_A^* x_B \tag{3-41}$$

上式表明，Δp 与溶质的浓度成正比，比例系数取决于纯溶剂的本性（纯溶剂的饱和蒸气压），而与溶质的本性无关。溶液蒸气压降低规律是拉乌尔定律的必然结果，是稀溶液其他依数性的基础。

3.4.2 沸点升高

沸点是液体饱和蒸气压等于外压时的温度。若溶剂中加入非挥发的溶质，则溶液的蒸气压必小于纯溶剂的蒸气压，如图 3-1 所示。要使溶液在同一外压下沸腾，就必须升高温度，这种现象称为沸点升高。

实验结果表明，稀溶液的沸点升高与溶液浓度的关系为

$$\Delta T_b = T_b - T_b^* = K_b b_B \tag{3-42}$$

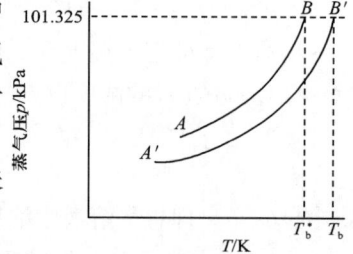

图 3-1 稀溶液的沸点升高
AB——纯溶剂的蒸气压曲线；
$A'B'$——稀溶液的蒸气压曲线

式中　K_b——沸点升高系数，$K \cdot kg \cdot mol^{-1}$；
　　　T_b——稀溶液的沸点，K；
　　　T_b^*——纯溶剂的沸点，K；
　　　b_B——溶质 B 的质量摩尔浓度，$mol \cdot kg^{-1}$。

用热力学方法可以推导出　　$K_b = \dfrac{R(T_b^*)^2 M_A}{\Delta_{vap} H_{m,A}^*}$ 　　(3-43)

所以，K_b 的数值仅与溶剂的性质有关，而与溶质的性质无关。常用溶剂的 K_b 值见表 3-1。

表 3-1　　　　　　几种常用溶剂的 K_b 值

溶剂	水	甲醇	苯	乙醇	丙酮	四氯化碳
$K_b/(K \cdot kg \cdot mol^{-1})$	0.52	0.80	2.57	1.20	1.72	5.02

应用沸点上升公式可计算稀溶液的沸点和浓度，还可以利用沸点上升法测溶质的摩尔质量。

【例 3-4】　3.20×10^{-3} kg 萘（B）溶于 50.0×10^{-3} kg 二硫化碳（A）中，溶液的沸点升高 1.17 K。已知沸点升高系数为 2.34 $K \cdot kg \cdot mol^{-1}$，求萘的摩尔质量为多少？

解： 由沸点升高公式得

$$\Delta T_b = K_b b_B = K_b \frac{m_B}{m_A M_B}$$

$$M_B = K_b \frac{m_B}{m_A \Delta T_b} = \frac{2.34 \times 3.20 \times 10^{-3}}{50.0 \times 10^{-3} \times 1.17} = 0.128 \ kg \cdot mol^{-1}$$

3.4.3 凝固点降低

液态物质在一定外压下逐渐冷却至开始析出固态时的平衡温度，称为该物质的凝固点。凝固点也是固体蒸气压等于其液体蒸气压时的温度。如图 3-2 所示，液态纯溶剂的蒸气压曲线与固态纯溶剂的蒸气压曲线相交于 A 点，此点所对应的温度 T_f^* 为纯溶剂在该外压下的凝固点。溶液中溶剂的蒸气压小于纯溶剂的蒸气压，其蒸气压曲线和固态纯

溶剂的蒸气压曲线相交于 A' 点，A' 点所对应的温度 T_f 为溶液的凝固点，$T_f < T_f^*$，我们称 $T_f^* - T_f = \Delta T_f$ 为溶液的凝固点降低值。

应用相平衡时化学势相等及热力学原理，可以推导出凝固点与溶液组成的定量关系式：

$$\Delta T_f = T_f^* - T_f = K_f b_B \qquad (3-44)$$

式中　K_f——凝固点下降系数，$K \cdot kg \cdot mol^{-1}$；
　　　T_f——稀溶液的凝固点，K；
　　　T_f^*——纯溶剂的凝固点，K；
　　　b_B——溶质 B 的质量摩尔浓度，$mol \cdot kg^{-1}$。

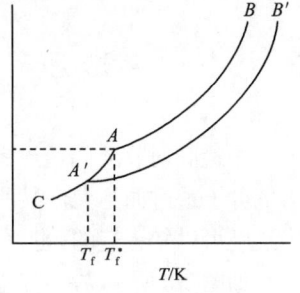

图 3-2　稀溶液的凝固点降低
AB——纯溶剂的蒸气压曲线；
$A'B'$——稀溶液的蒸气压曲线；
AC——固态纯溶剂的蒸气压曲线

用热力学方法可以推导出 $\quad K_f = \dfrac{R(T_f^*)^2 M_A}{\Delta_{fus} H_{m,A}^*} \qquad (3-45)$

式(3-45)仅适用于非电解质的稀溶液且只析出固态纯溶剂（溶剂和溶质不生成固态溶液）的情况。K_f 的数值仅取决于溶剂的性质，与溶质的性质无关。几种常用溶剂的 K_f 值见表 3-2。

表 3-2　几种常用溶剂的 K_f 值

溶剂	水	醋酸	苯	环己烷	萘	樟脑
$K_f/(K \cdot kg \cdot mol^{-1})$	1.86	3.90	5.10	20	7.0	40

工业上，可用凝固点降低法来测定物质的摩尔质量和产品的纯度。测产品的纯度方法是先做出凝固点随溶质浓度降低的标准曲线，物质越纯，凝固点下降得越少，再测定实际产品的凝固点，则由凝固点降低曲线可以查出其纯度。如：苯、酚等有机物的生产中就采用这种方法测产品的纯度。应用凝固点降低公式可计算溶质的摩尔质量。由于同样溶剂的凝固点下降系数较沸点升高系数大，所以在相同的情况下由温度测量引起的误差导致测量物质的摩尔质量的误差较小。另外在温度较低时，测量也易于进行，故采用凝固点降低法测物质的摩尔质量或检验产品的纯度较采用沸点升高法更为准确和方便。

利用凝固点降低原理，可以自制冷冻剂。例如，冬天在室外施工，建筑工人在砂浆中加入食盐或氯化钙；汽车驾驶员在散热水箱中加入乙二醇，可以防止砂浆和散热水箱结冰。

【例 3-5】　冬季，为防止某仪器中的水结冰，在水中加入甘油，如果要使凝固点下降到 -2 ℃，则 1.00 kg 水中应加入多少甘油？已知水的 K_f 为 1.86 $K \cdot kg \cdot mol^{-1}$，甘油的摩尔质量为 0.092 $kg \cdot mol^{-1}$。

解：$\Delta T_f = T_f^* - T_f = 273.15 - 271.15 = 2$ K

由凝固点下降公式得

$$\Delta T_f = K_f b_B = K_f \dfrac{m_B}{m_A M_B}$$

$$m_B = \dfrac{\Delta T_f m_A M_B}{K_f} = \dfrac{2 \times 1.00 \times 0.092}{1.86} = 0.0989 \text{ kg}$$

3.4.4 渗透压

半透膜对物质的透过具有选择性。它只允许某些小离子或溶剂分子透过而不允许某些相对较大的离子或溶质分子透过。半透膜可以是人造的,也可以是天然的,例如动物的肠衣、膀胱等。如图 3-3 所示,在一定温度、压强下,用一个只能使溶剂透过而不能使溶质透过的半透膜把纯溶剂与溶液隔开,则溶剂由纯溶剂一侧单向通过半透膜进入溶液中,这种现象称为渗透现象。当溶液液面升高到某一高度时达到平衡,渗透才停止,这种对于溶剂的膜平衡,叫作渗透平衡。如果要使溶液和溶剂的液面高度相同,则要在溶液一侧加上一个额外压强,这个额外压强就称为渗透压,用符号"Π"表示。根据半透膜两侧化学势相等的关系可以推出稀溶液的渗透压的计算公式为

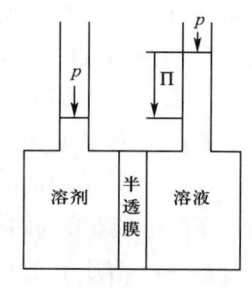

图 3-3 稀溶液的渗透压示意图

$$\Pi V = n_B RT \text{ 或 } \Pi = c_B RT \tag{3-46}$$

此式称为稀溶液的范特霍夫渗透压公式。对于稀溶液,当溶液的密度与同温度下纯溶剂的密度近似相等时,上式又可表示为

$$\Pi = c_B RT = b_B \rho RT \approx b_B \rho_A^* RT \tag{3-47}$$

溶液的渗透压在生物学中有很重要的作用,植物细胞汁有较高渗透压,土壤中水分通过这种渗透作用,送到树梢。鲜花插在水中,可以数日不萎缩,海水中的鱼不能在淡水中生活,都与渗透压有关;给病员补液,特别是大量补液常常用等渗溶液(就是渗透压与人体血液的渗透压相等的溶液,人体的血液,在 310 K 时,渗透压为 700 多千帕)。

通过溶液渗透压的测定,可以求大分子物质的摩尔质量,例如人工合成的高聚物、蛋白质等大分子的摩尔质量,这种方法也称为膜技术。当在溶液一方施加的压强超过其渗透压时,则溶液中的溶剂就会通过半透膜渗透到纯溶剂中,称为反渗透。反渗透是一项新技术,可用于海水的淡化、饮用水净化、溶液浓缩、重金属的回收及污水处理等方面。该技术的关键是半透膜的制备,要求膜具有高选择性、高渗透性、高效率和高强度,解决膜中毒、膜破坏及成本问题。

【例 3-6】 在 298.15 K 时,将 2 g 某化合物溶于 1 kg 水中的渗透压与在 298.15 K 将 0.8 g 葡萄糖($C_6H_{12}O_6$)和 1.2 g 蔗糖($C_{12}H_{22}O_{11}$)溶于 1 kg 水中的渗透压相同。(1)求此化合物的摩尔质量;(2)此化合物溶液的蒸气压降低多少?(3)此化合物溶液的凝固点是多少?(已知 298.15 K 水的饱和蒸气压为 3.168 kPa,水的凝固点降低系数为 1.86 K·kg·mol^{-1})

解:(1)已知 $M(C_6H_{12}O_6) = 180.16 \times 10^{-3}$ kg·mol^{-1};$M(C_{12}H_{22}O_{11}) = 342.30 \times 10^{-3}$ kg·mol^{-1},则 0.8 g 葡萄糖和 1.2 g 蔗糖的物质的量为

$$n = 0.8 \times 10^{-3}/(180.16 \times 10^{-3}) + 1.2 \times 10^{-3}/(342.30 \times 10^{-3}) = 7.946 \times 10^{-3} \text{ mol}$$

因为 $\Pi = nRT/V$ 且 T、V 相同,所以该化合物的物质的量为

$$n_B = n = 7.946 \times 10^{-3} \text{ mol}$$

故该化合物的摩尔质量为

$$M_B = m_B/n_B = (2 \times 10^{-3})/(7.946 \times 10^{-3}) = 251.7 \times 10^{-3} \text{ kg} \cdot \text{mol}^{-1}$$

(2) $x_B = \dfrac{7.946 \times 10^{-3}}{7.946 \times 10^{-3} + 1\,000 \times 18.0^{-1}} = 1.432 \times 10^{-4}$

$$\Delta p = p^*(\text{H}_2\text{O}) x_B = 3.168 \times 10^3 \times 1.432 \times 10^{-4} = 0.454 \text{ Pa}$$

(3) 因 $b_B = \dfrac{n_B}{m_A} = 7.946 \times 10^{-3}/1 = 7.946 \times 10^{-3} \text{ mol} \cdot \text{kg}^{-1}$

所以 $\Delta T_f = T_f^* - T_f = K_f b_B = 1.86 \times 7.946 \times 10^{-3} = 0.015 \text{ K}$

$$T_f = 273.15 - 0.015 = 273.14 \text{ K}$$

3.5 真实液态混合物和真实溶液

由于真实液态混合物中各组分的行为偏离理想液态混合物的行为,于是路易斯提出了活度的概念来处理真实液态混合物的化学势。

3.5.1 真实液态混合物中任意组分化学势

对于真实液态混合物中任一组分B,我们用a_B来代替x_B,a_B称为组分B的活度。

$$a_B = f_B x_B \tag{3-48}$$

式中,f_B为校正因子,称为活度系数。

$$\lim_{x_B \to 1} f_B = \lim_{x_B \to 1} \dfrac{a_B}{x_B} = 1 \tag{3-49}$$

则组分B的化学势为

$$\mu_B(l) = \mu_B^{\ominus}(l, T) + RT \ln a_B = \mu_B^{\ominus}(l, T) + RT \ln f_B x_B \tag{3-50}$$

式中 $\mu_B(l)$——真实液态混合物中任一组分B在T、p时的化学势,$\text{J} \cdot \text{mol}^{-1}$;

$\mu_B^{\ominus}(l, T)$——组分B的标准化学势,$\text{J} \cdot \text{mol}^{-1}$;

a_B——组分B的活度;

f_B——组分B的活度系数;

x_B——组分B的物质的量分数。

活度a_B相当于"有效的物质的量分数",活度系数f_B表示真实液态混合物中组分B偏离理想情况的程度。

3.5.2 真实溶液中溶剂和溶质的化学势

1. 溶剂的化学势

真实溶液中溶剂A的活度与真实液态混合物中任一组分的活度的定义类似。若真实溶液中溶剂的活度为 a_A，溶剂的标准态为 T、$p^\ominus$ 下的纯溶剂 A，则溶剂 A 的化学势可简写为

$$\mu_A(l,T) = \mu_A^\ominus(l,T) + RT\ln a_A \tag{3-51}$$

2. 溶质的化学势

以真实溶液中溶质的活度 a_B 代替 x_B 得真实溶液溶质的化学势，即

$$\mu_B = \mu_{x,B}^\ominus + RT\ln a_{x,B} \tag{3-52}$$

式中 $a_{x,B} = \gamma_{x,B} x_B$ 且 $\lim\limits_{x_B \to 0} \gamma_{x,B} = 1$。

用质量摩尔浓度 b_B 表示溶液组成时，化学势表达式为

$$\mu_B = \mu_{b,B}^\ominus + RT\ln a_{b,B} \tag{3-53}$$

式中 $a_{b,B} = \gamma_{b,B} \dfrac{b_B}{b^\ominus}$ 且 $\lim\limits_{b_B \to 0} \gamma_{b,B} = 1$。

用物质的量浓度 c_B 表示溶液组成时，化学势表达式为

$$\mu_B = \mu_{c,B}^\ominus + RT\ln a_{c,B} \tag{3-54}$$

式中 $a_{c,B} = \gamma_{c,B} \dfrac{c_B}{c^\ominus}$ 且 $\lim\limits_{c_B \to 0} \gamma_{c,B} = 1$。

3.6 分配定律和萃取

3.6.1 分配定律

在一定温度、压强下，溶质在共存的两互不相溶的液体中溶解达到平衡时，若形成理想稀溶液，则溶质在两液相中的浓度之比为一常数。此常数称为分配系数，符号为 K。这一定律称为分配定律。若溶质 B 在溶剂 α 相中的物质的量浓度为 $c_B(\alpha)$，在溶剂 β 相中的物质的量浓度为 $c_B(\beta)$，则

$$K = \frac{c_B(\alpha)}{c_B(\beta)} \tag{3-55}$$

影响 K 值的因素有温度、压强、溶质及两种溶剂的性质，在溶液浓度不太大时能很好地与实验结果相符。若溶质在任一溶剂中有缔合或解离现象，则分配定律只能适用于在溶剂中分子形态相同的部分。若溶质 B 在 α 相以 B 存在，在 β 相以二聚体 B_2 存在，则

$$K = \frac{c_B^\alpha}{(c_B^\beta)^{1/2}} \tag{3-56}$$

分配定律是萃取的理论基础，利用分配定律可以计算萃取的效率。例如，用一定体积的萃取剂进行萃取，使某一定量溶液中溶质的量降到某一程度，可利用分配定律计算出需要萃取的次数。

3.6.2 分配定律的应用——萃取

选用与溶液中的溶剂不互溶的另一种溶剂将溶质从溶液中提取出来的过程,称为萃取。萃取时选用的溶剂叫作萃取剂。萃取是利用不同物质在选定溶剂中溶解度的不同来分离固体或液体混合物中的组分的方法。萃取可分为液-固萃取(也称浸取)和液-液萃取。液-液萃取是用一种与溶液不相溶的溶剂,将溶质从溶液中提取出来的过程;液-固萃取则是利用液体萃取剂直接从固体中将溶质提取出来的过程。萃取法在实验室中和工业生产上应用甚广。例如湿法冶金、稀土元素的提取和分离等都是采用这种方法。根据分配定律可以计算出经过萃取操作后被提出物质的质量。

当分配系数不高时,一次萃取不能满足分离或测定的要求,此时可采用多次连续萃取的方法来提高萃取率。经 n 次萃取后,原溶液中所剩溶质 B 的质量为

$$m_n = m_0 \left(\frac{KV_1}{KV_1 + V_2} \right)^n \tag{3-57}$$

式中 m_n——经 n 次萃取后,原溶液中所剩溶质 B 的质量,kg;

m_0——原溶液含有溶质 B 的质量,kg;

K——分配系数;

V_1——原溶液的体积,m^3;

V_2——每次所加萃取剂的体积,m^3;

n——萃取次数。

实验证明,当萃取剂数量有限时,分若干次萃取的效率要比一次萃取的效率高。

3.6.3 液-液萃取的应用

液-液萃取是物质在两个液相之间的传质过程,它也是从溶液中分离各种组分的有效方法,是依据分配定律,达到提取和分离物质的目的的一种方式。1842 年,E. Peligot 首次将萃取技术应用于硝酸铀酰的提取,1903 年 L. 埃迪兰努用液态二氧化硫从煤油中萃取芳烃,这是萃取的第一次工业应用。20 世纪 40 年代后期,生产核燃料的需要促进了萃取的研究开发。液-液萃取操作具有处理量大、分离效果好、回收率高、可连续操作以及自动控制等特点,经过多年的发展与革新,如今已在石油、化工、医药、环保、有色金属冶炼等工业中得到广泛应用。

1. 分离沸点相近或形成共沸物的混合液

某些混合液各组分沸点相近,甚至形成共沸物,普通精馏的方法不可行,可采取液-液萃取技术。如在石油化工中,从催化重整和烃类裂解得到的汽油中回收轻质芳烃(苯、甲苯以及各种二甲苯),轻质芳烃与相近碳原子数的非芳烃沸点相差很小(如苯的沸点为 80.1 ℃,环己烷的沸点为 80.74 ℃),此时可采用二乙二醇醚、环丁砜等作萃取剂,用液-液萃取的方法回收较高纯度的芳烃。

2. 低浓度高沸点组分的分离

某些有机物沸点较高,用精馏分离能耗很大,如稀醋酸的脱水、植物油中油酸的提取等,可选用萃取方法分离。

3. 多种离子的分离

矿物浸取液的分离和净制,若加入化学品分步沉淀,不但分离质量差,又因有过滤操作损耗大,此时可选用萃取方法来进行处理。

4. 不稳定物质(如热敏性物质)的分离

生化制药中的热敏性复杂有机液体混合物,采用萃取法,可避免受热损坏,提高有效物质的回收率。如青霉素的生产,以醋酸丁酯为溶剂,经过多次萃取玉米发酵得到的含青霉素的发酵液,可得到青霉素的浓溶液。

萃取技术具有可在常温下操作、无相变化以及选择适当溶剂可以获得较好的分离效果等优点,目前得到广泛的发展。元素周期表中大多数的元素,可用萃取法提取和分离。当今出现了很多新型萃取方法如超临界流体萃取(SCFE),可大大提高分离效率。萃取作为一种分离技术将有广阔的发展前景。

思 考 题

1. 如何理解液态混合物和溶液的概念?理想稀溶液与理想液态混合物有何区别?
2. 偏摩尔量的定义式中各符号的含义是什么?偏摩尔量的物理意义是什么?
3. 用化学势判据如何判断多相系统的相平衡和化学平衡?
4. 理想气体和理想液态混合物的微观模型有何不同?
5. 拉乌尔定律和亨利定律的适用条件有何不同?
6. 两种纯液态物质混合后无热效应,形成的均相系统是否一定是理想液态混合物?

本 章 小 结

一、重点内容

1. 两种或两种以上物质彼此以分子或离子状态均匀混合所形成的系统被称为溶液。溶液以物态可分为气态溶液、固态溶液和液态溶液。

2. 组分 B 的偏摩尔量和化学势:在温度、压强及除组分 B 以外其他各组分的物质的量均不改变的条件下,广度量 X 随组分 B 的物质的量 n_B 的变化率,以 X_B 表示。恒温、恒压下,组分 B 的偏摩尔吉布斯函数 G_B 称为组分 B 的化学势,用符号"μ_B"表示。

3. 理想液态混合物和理想稀溶液:任一组分在全部组成范围内都遵循拉乌尔定律的液态混合物称为理想液态混合物。溶剂服从拉乌尔定律,溶质服从亨利定律的无限稀溶液称为理想稀溶液。

4. 稀溶液的依数性:稀溶液的蒸气压下降值、凝固点降低值、沸点升高值和渗透压值,只与溶液中溶质的质点数目有关,而与溶质的本性无关,这一性质称为稀溶液的依数性。

5. 分配定律:在一定温度、压强下,当溶质在共存的互不相溶的两种液体间形成平衡时,若形成理想稀溶液,则溶质在两液相中的浓度之比为一常数。

二、重要公式及其适用条件

1. 组分 B 的偏摩尔量定义式

$$X_B = \left(\frac{\partial X}{\partial n_B}\right)_{T,p,n_C}$$

2. 化学势定义式

$$\mu_B = G_B = \left(\frac{\partial G}{\partial n_B}\right)_{T,p,n_C}$$

3. 化学势判据

$$\sum_\alpha \sum_B \mu_B^\alpha dn_B^\alpha \begin{cases} < 0 & \text{可以自发进行的不可逆过程} \\ = 0 & \text{可逆过程,系统处于平衡态} \\ > 0 & \text{不可能发生的过程} \end{cases}$$

用于判断恒温、恒压和无非体积功条件下相变化或化学变化的方向和限度。

4. 理想气体混合物中任一组分 B 的化学势

$$\mu_B(T,p) = \mu_B^\ominus(T) + RT\ln\frac{p_B}{p^\ominus}$$

气体标准态规定为一定温度、标准压强 $p^\ominus = 100$ kPa 下的纯理想气体。

5. 拉乌尔定律

$$p_A = p_A^* x_A$$

适用于理想液态混合物中任一组分和稀溶液中的溶剂。

6. 亨利定律

$$p_B = k_{x,B} x_B = k_{b,B} b_B = k_{c,B} c_B$$

适用于稀溶液中的挥发性溶质。

7. 稀溶液的依数性

蒸气压下降 $\Delta p = p_A^* - p_A = p_A^* x_B$

沸点升高 $\Delta T_b = T_b - T_b^* = K_b b_B$

凝固点降低 $\Delta T_f = T_f^* - T_f = K_f b_B$

渗透压 $\prod V = n_B RT$ 或 $\prod = c_B RT$

稀溶液的依数性的适用范围是非电解质稀溶液,对于凝固点降低要求析出固态纯溶剂,沸点升高要求溶质不挥发。

习　题

1. 30 g 乙醇(B)溶于 50 g 四氯化碳(A)中形成溶液,其密度为 $\rho = 1.28 \times 10^3$ kg·m^{-3},试用质量分数、物质的量分数、物质的量浓度和质量摩尔浓度来表示该溶液的组成。

2. D-果糖 $C_6H_{12}O_6$(B)溶于水(A)中形成的某溶液,质量分数为 0.095,此溶液在 20 ℃时的密度为 $1.036\ 5 \times 10^3$ kg·m^{-3}。求:此溶液中 D-果糖的(1)物质的量分数;(2)物质的量浓度;(3)质量摩尔浓度。

3. 由溶剂 A 与溶质 B 形成一定组成的溶液。此溶液中 B 的物质的量浓度为 c_B,质量

摩尔浓度为 b_B，此溶液的密度为 ρ。以 M_A、M_B 分别代表溶剂和溶质的摩尔质量，若溶液的组成用 B 的物质的量分数 x_B 表示时，试导出 x_B 与 c_B，x_B 与 b_B 之间的关系。

4. 25 ℃时纯水的饱和蒸气压为 3 159.7 Pa，若有一含甘油质量分数为 0.1 的水溶液，求溶液的饱和蒸气压为多少？

5. 在 22.5 g 苯中溶入 0.238 g 某未知化合物，测得苯的凝固点下降 0.430 K，苯的凝固点降低常数 K_f=5.10 K·kg·mol^{-1}。求此化合物的摩尔质量。

6. 10 g 葡萄糖($C_6H_{12}O_6$)溶于 400 g 乙醇(C_2H_5OH)中，溶液的沸点较纯乙醇的上升 0.142 8 ℃。另外有 2 g 有机物溶于 100 g 乙醇中，此溶液的沸点则上升 0.1 250 ℃。求此有机物的相对分子质量。

7. 在 100 g 苯(C_6H_6)中加入 13.76 g 联苯(C_6H_5—C_6H_5)，所形成溶液的沸点为 82.4 ℃。已知纯苯的沸点为 80.1 ℃。求苯的沸点升高系数。

8. 在 25 ℃时，10 g 某溶质溶于 1 dm^3 溶剂中，测出该溶质的渗透压为 0.400 0 kPa，试确定该溶质相对分子质量。

9. 人的血液(可视为水溶液)在 101.325 kPa 下于 −0.56 ℃凝固。已知水的 K_f=1.86 K·kg·mol^{-1}。求：(1) 血液在 37 ℃时的渗透压；(2) 在同温度下 1 dm^3 蔗糖($C_{12}H_{22}O_{11}$)水溶液中需含有多少克蔗糖时才能与血液有相同的渗透压。

10. 氯化氢气体溶于氯苯中的亨利系数 $k_{b,B}$=4.44×10^5 Pa·kg·mol^{-1}，试计算当溶液中氯化氢气体的质量分数为 1.00%时，溶液上面 HCl 气体的分压强为多少？

11. 在 0 ℃及平衡压强为 810.6 kPa 下，氧气在水中的溶解度为 0.557 g O_2/kg H_2O。问在同温度下，平衡压强为 202.65 kPa 时，每千克水中溶有氧气多少克？

12. 两种挥发性液体 A 和 B 混合形成理想液态混合物。某温度时溶液上面的蒸气总压强为 5.41×10^4 Pa，气相中 A 的物质的量分数为 0.45，液相中为 0.65。求此温度下纯 A 和纯 B 的蒸气压。

13. 在 20 ℃时甲醇的饱和蒸气压是 83.4 kPa，乙醇的饱和蒸气压是 47.0 kPa。二者可形成理想液态混合物。若混合物的组成为二者的质量分数各 50%，求 60 ℃时此混合物的平衡蒸气组成，以物质的量分数表示。

14. 在 80 ℃时纯苯的蒸气压为 100 kPa，纯甲苯的蒸气压为 38.7 kPa。二者可形成理想液态混合物。若有苯-甲苯的气-液平衡混合物，80 ℃时气相中苯的物质的量分数 y(苯)=0.300，求液相的组成。

15. C_6H_5Cl 和 C_6H_5Br 混合后形成理想液态混合物。在 136.7 ℃时纯 C_6H_5Cl 和纯 C_6H_5Br 的蒸气压分别为 1.15×10^5 Pa 和 6.040×10^4 Pa。计算：(1) 要求混合物在 101 325 Pa 下沸点为 136.7 ℃，则混合物应为怎样的组成？(2) 在 136.7 ℃时要使平衡蒸气相中两物质的蒸气压相等，则混合物的组成又如何？

16. 在 25 ℃时 C_6H_{12}(环己烷 A)的饱和蒸气压为 13.33 kPa，在该温度下 840 g 环己烷中溶解 0.5 mol 某非挥发性有机化合物 B，求溶液的饱和蒸气压。已知 $M_{C_6H_{12}}$=84 g·mol^{-1}。

17. 在 293.15 K 时，乙醚的蒸气压为 58.95 kPa，今在 0.10 kg 乙醚中溶入某非挥发性有机物 0.01 kg，乙醚的蒸气压降到 56.79 kPa，试求该有机物的摩尔质量。

自 测 题

一、填空题

1. 理想液态混合物的定义是_____。
2. 理想稀溶液的定义是_____。
3. 拉乌尔定律适用于_____；亨利定律适用于_____。
4. 理想液态混合物的微观特征是_____。
5. 在一定温度下，对由 A、B 组成的二组分理想液态混合物，组分 B 在平衡气相中的物质的量分数表达式为_____。
6. 稀溶液依数性是指_____。

二、选择题

1. 下列气体溶于水溶剂中，不能用亨利定律的是（　　）。
   A. N_2　　　　　B. O_2　　　　　C. NO_2　　　　　D. CO

2. 下列偏导数中，不是偏摩尔量的是（　　）。
   A. $\left(\dfrac{\partial V}{\partial n_B}\right)_{T,p,n_G}$　　B. $\left(\dfrac{\partial G}{\partial n_B}\right)_{T,p,n_G}$　　C. $\left(\dfrac{\partial \mu}{\partial n_B}\right)_{T,p,n_G}$　　D. $\left(\dfrac{\partial A}{\partial n_B}\right)_{T,p,n_G}$

3. 下列偏导数中，表示化学势的是（　　）。
   A. $\left(\dfrac{\partial G}{\partial n_B}\right)_{T,p,n_G}$　　B. $\left(\dfrac{\partial H}{\partial n_B}\right)_{T,p,n_G}$　　C. $\left(\dfrac{\partial A}{\partial n_B}\right)_{T,V,n_G}$　　D. $\left(\dfrac{\partial U}{\partial n_B}\right)_{T,V,n_G}$

4. 下列关于拉乌尔定律的说法中不恰当的是（　　）。
   A. 稀溶液中溶液的蒸气压必低于纯溶剂的饱和蒸气压
   B. 不挥发性溶质的稀溶液中溶液的蒸气压必低于纯溶剂的饱和蒸气压
   C. 不挥发性溶质的稀溶液中溶剂的蒸气压必低于纯溶剂的饱和蒸气压
   D. 稀溶液中溶剂的蒸气压必低于纯溶剂的饱和蒸气压

5. 某温度下 $x_B=0.120$ 的乙醇溶液蒸气压为 101.325 kPa，该温度下纯水的饱和蒸气压为 91.326 kPa，则亨利系数为（　　）kPa。
   A. 83.3　　　　　B. 753　　　　　C. 844　　　　　D. 174

6. A、B 两液体的饱和蒸气压分别为 100 kPa 和 50 kPa，当 A、B 形成理想液体混合物且 $x_A=0.50$ 时，平衡气相中 A 的物质的量分数为（　　）。
   A. 1　　　　　B. 1/2　　　　　C. 2/3　　　　　D. 1/3

7. 从多孔硅胶的强烈吸水性能说明自由水分子与吸附在硅胶表面的水分子相比，化学势高低如何？（　　）
   A. 自由水分子的高　　　　　B. 自由水分子的低
   C. 相等　　　　　D. 不可比较

8. 冬季施工时，为了保证施工质量，常在浇筑混凝土时加入盐类，其主要原因是（　　）。
   A. 增加混凝土的强度　　　　　B. 防止建筑物被腐蚀

C. 降低混凝土的固化温度　　　　　D. 吸收混凝土中的水分

9. 在相同温度时,两种稀盐水的浓度分别为 c_1 和 c_2,若 $c_1 > c_2$,则两者的渗透压的关系为(　　)。

A. $\Pi_1 > \Pi_2$　　　B. $\Pi_1 < \Pi_2$　　　C. $\Pi_1 = \Pi_2$　　　D. 无法确定

10. 恒温、恒压时在 A—B 双液系中,若增加 A 组分使其分压 p_A 上升,则 B 组分在气相中的分压 p_B(　　)。

A. 上升　　　　　　B. 下降　　　　　　C. 不变　　　　　　D. 不可确定

三、判断题（正确的在括号内打"√",错误的在括号内打"×"）

1. 由纯组分混合成理想液态混合物,熵值一定增大。（　　）
2. 稀溶液的凝固点一定下降,沸点一定上升。（　　）
3. 稀溶液的溶剂和溶质分别遵循拉乌尔定律和亨利定律。（　　）
4. 凝固点是固体蒸气压等于其液体蒸气压时的温度。（　　）
5. 在一定温度时,同样是 $0.1\ mol \cdot kg^{-1}$ 的蔗糖溶液和氯化钠溶液的渗透压相同。（　　）

四、计算题

1. 在 20 ℃下将 68.4 g 蔗糖($C_{12}H_{22}O_{11}$)溶于 1 kg 的水中。求:(1)此溶液的蒸气压;(2)此溶液的渗透压。已知 20 ℃下此溶液的密度为 $1.024\ g \cdot cm^{-3}$。纯水的饱和蒸气压 $p^* = 2.339\ kPa$。

2. 在 20 ℃时纯苯和纯甲苯的蒸气压分别是 9.92 kPa 和 2.93 kPa。若混合等质量的苯和甲苯形成理想液态混合物。试求平衡气相中(1)苯的分压强、甲苯的分压强及总蒸气压;(2)苯和甲苯在气相中的物质的量分数。

3. 现有蔗糖 $C_{12}H_{22}O_{11}$ 溶于水形成某一浓度的稀溶液,凝固点为 -0.200 ℃,计算此溶液在 25 ℃时的蒸气压。已知水的 $K_f = 1.86\ K \cdot kg \cdot mol^{-1}$,纯水在 25 ℃时的蒸气压为 $p^* = 3.167\ kPa$。

第4章

相 平 衡

基本要求

1. 掌握相律的意义及应用；
2. 掌握水的相图中点、线、面的含义及其相图分析；
3. 掌握克劳修斯-克拉佩龙方程的应用条件及其相关计算；
4. 掌握二组分液态完全互溶系统的气-液平衡相图及其相图分析；
5. 掌握杠杆规则及相关计算；
6. 理解相图的绘制方法（热分析法和溶解度法）；
7. 理解精馏的原理、水蒸气蒸馏的特点和应用、一些简单的分离提纯问题；
8. 了解非理想液态混合物产生偏差的原因；
9. 了解二组分部分互溶和完全不互溶双液系统相图的特点和应用；
10. 了解二组分固相完全互溶系统、固相部分互溶系统相图的特点和应用。

在化工生产、药物生产、冶金工业和其他生产过程中，往往要对混合物进行分离提纯，相平衡是选择分离方法、设计分离装置以及实现最佳操作的理论基础。本章将介绍相平衡系统所遵循的规律以及各种基本类型的相图，具体分析系统的相平衡与温度、压强和组成等因素的关系，并举例说明其实际应用。

4.1 相　律

4.1.1 基本概念

1. 相和相数

在热力学中，相是指系统中物理性质和化学性质完全相同的均匀部分。多相系统中，相与相之间存在明显的界面，称为相界面。不同相的物质可以用机械方法分离。系统中所包含的相的数目，称为相数，用符号"P"表示。

由于各种气体能完全混合，所以一个系统中无论含有多少种气体，都只有一个相。液体则按其互溶程度可以有一相、两相或多相共存。对于固体而言,一般有几种固体物质便有几相,但固态溶液是一个相。需要指出的是,相数与物质的数量多少无关。

2. 物种数和组分数

系统中能独立存在的纯化学物质的种类数目称为物种数,用符号"S"表示。在一定条件下,足以确定平衡系统中各相组成所需的最少数目的物种数称为独立组分数,简称组分数,用符号"C"表示。

若系统中各物质之间发生了化学反应,则还应满足化学平衡条件。当系统中存在 R 个独立的化学反应时,就有 R 个独立的浓度关系,即 R 个独立化学平衡限制条件,则组分数

$$C=S-R \tag{4-1}$$

例如,系统中含有 PCl_3、PCl_5 和 Cl_2 三种物质,可建立如下平衡

$$PCl_5(g) \rightleftharpoons PCl_3(g) + Cl_2(g)$$

该系统中的物种数 $S=3$,但组分数 $C=2$。这是因为三种物质中只要确定两种物质,则第三种物质在平衡时的含量就可由平衡常数所确定。

这里特别要注意的是"独立化学反应"的含义。所谓"独立"是指该反应方程式不能由其他反应方程式加减而得。例如,在高温下,将 $C(s)$、$O_2(g)$、$CO(g)$、$CO_2(g)$ 放入一密闭容器中,建立了如下几个化学平衡

$$C(s) + \frac{1}{2}O_2(g) \rightleftharpoons CO(g) \tag{1}$$

$$C(s) + O_2(g) \rightleftharpoons CO_2(g) \tag{2}$$

$$CO(g) + \frac{1}{2}O_2(g) \rightleftharpoons CO_2(g) \tag{3}$$

$$C(s) + CO_2(g) \rightleftharpoons 2CO(g) \tag{4}$$

显然,方程式$(2)-(1)=(3)$,$2\times(1)-(2)=(4)$,也就是说,在以上四个化学反应的平衡中,(3)和(4)不是独立的化学平衡,可以用(1)和(2)表示出来。所以,该平衡系统独立的化学平衡数 $R=2$ 而不是 4;系统的物种数 $S=4$,则组分数 $C=4-2=2$。

若在系统中,有几种物质在同一相中的浓度能保持某种数量关系,则称这种独立存在的关系的数目为独立浓度限制条件数,用 R' 表示。计算组分数时要扣除这种数量关系。此时,组分数为

$$C=S-R-R' \tag{4-2}$$

例如,在一密闭抽成真空的容器中放入过量的 $NH_4Cl(s)$,在一定条件下,$NH_4Cl(s)$ 部分分解成 $NH_3(g)$ 和 $HCl(g)$。因为系统中存在 $NH_4Cl(s)$、$NH_3(g)$ 和 $HCl(g)$ 三种物质,所以该系统的物种数 $S=3$;由于三种物质间存在着以下平衡关系:

$$NH_4Cl(s) \rightleftharpoons NH_3(g) + HCl(g)$$

所以 $R=1$;此外,在此平衡系统中,$NH_3(g)$ 和 $HCl(g)$ 均为气相,且组成 $y(NH_3)=y(HCl)=1:1$,所以 $R'=1$,因而此系统的组分数 $C=3-1-1=1$。若在上述系统中额外加入少量 $NH_3(g)$,则 $NH_3(g)$ 和 $HCl(g)$ 之间的特殊浓度关系不再存在,此时 $R'=0$,

但 $NH_4Cl(s)$、$NH_3(g)$ 和 $HCl(g)$ 三种物质之间的化学平衡关系依然存在，所以 $R=1$，则 $C=3-1-0=2$。

若系统中各物质之间没有发生化学反应，也没有其他限制条件，则组分数等于物种数。

【例 4-1】 试确定下列系统的组分数。

(1) 将 $CaCO_3(s)$ 放入真空容器中，在一定条件下，$CaCO_3(s)$ 部分分解为 $CaO(s)$ 和 $CO_2(g)$。

(2) 在 127 ℃时，$NH_4HCO_3(s)$ 在真空容器中按下式分解达平衡：
$$NH_4HCO_3(s) \Longleftrightarrow NH_3(g)+CO_2(g)+H_2O(g)$$

解：(1) 因为系统中有 $CaCO_3(s)$、$CaO(s)$ 和 $CO_2(g)$ 三种物质，所以 $S=3$；该三种物质之间存在下列平衡关系：
$$CaCO_3(s) \Longleftrightarrow CaO(s)+CO_2(g)$$
所以 $R=1$；尽管一开始只有 $CaCO_3(s)$，平衡时 $n(CaO)=n(CO_2)=1:1$，但是因为 $CaO(s)$ 和 $CO_2(g)$ 不是处于同一相中，所以 $R'=0$，则 $C=3-1-0=2$。

(2) $NH_4HCO_3(s)$ 在真空容器中分解达平衡后，因为系统中存在 $NH_4HCO_3(s)$、$NH_3(g)$、$CO_2(g)$ 和 $H_2O(g)$ 四种化学物质，所以 $S=4$，且这四种物质之间存在下列平衡关系：
$$NH_4HCO_3(s) \Longleftrightarrow NH_3(g)+CO_2(g)+H_2O(g)$$
所以 $R=1$；系统中 $NH_3(g)$、$CO_2(g)$ 和 $H_2O(g)$ 均是由 $NH_4HCO_3(s)$ 分解得到的，其浓度(或组成)之比等于上述化学反应中计量系数之比，即 $y(NH_3):y(CO_2):y(H_2O)=1:1:1$，所以 $R'=2$，$C=4-1-2=1$。需要注意的是，在 $y(NH_3):y(CO_2)=1:1$，$y(CO_2):y(H_2O)=1:1$，$y(NH_3):y(H_2O)=1:1$ 这三个关系式中，只有两个是独立的，所以 $R'=2$，而不能写成 $R'=3$。

3. 自由度和自由度数

在不引起系统旧相消失和新相产生的条件下，可以独立改变的强度变量称为自由度，这种强度变量的数目称为自由度数，用符号"f"表示。

例如，$H_2O(l)$ 在不产生 $H_2O(g)$ 和 $H_2O(s)$ 的条件下，温度 T 和压强 p 可以在一定范围内变化，此时 $f=2$。当 $H_2O(l)$ 和 $H_2O(g)$ 呈两相平衡时，在 $H_2O(l)$ 和 $H_2O(g)$ 均不消失的条件下，若指定温度 T，则压强 $p=p^*$（p^* 为 T 对应的水的饱和蒸气压）；若指定压强 p，则温度 $T=T_b$（T_b 为水的沸点），所以 T 和 p 两个变量中，只有一个是可独立变化的，即 $f=1$；而当 $H_2O(l)$、$H_2O(g)$ 和 $H_2O(s)$ 三相共存时，在 $H_2O(l)$、$H_2O(g)$ 和 $H_2O(s)$ 均不消失的条件下，T 和 p 必须为固定值，$p=610.6$ Pa，$T=273.16$ K，此时 $f=0$。

4.1.2 相律的推导和使用

1. 相律的推导

设一平衡系统中有 S 种物质分布于 P 个相的每一相中。在不考虑电场、磁场等情况下,决定相平衡系统状态的变量有温度、压强及各相中$(S-1)$种物质的相对含量,即系统的总变量数为$[P(S-1)+2]$。

根据相平衡条件,系统中每种物质在各相中的化学势相等,因此每种物质有$(P-1)$个化学势相等的方程式,S种物质共有$S(P-1)$个化学势相等的方程式。根据化学平衡条件,各物质间若存在R个独立的化学平衡,就有R个独立化学平衡限制条件。此外,若化学反应中同一相的物质间存在R'个独立的限制物质相对含量(或浓度)比例的条件,则各物质又存在R'个独立浓度限制数。所以关联各变量的方程式数为$[S(P-1)+R+R']$。

根据数学中的代数定理可知:自由度数=总变量数−总方程式数

即
$$f=[P(S-1)+2]-[S(P-1)+R+R']$$

整理可得
$$f=C-P+2 \tag{4-3}$$

此式为只考虑温度、压强影响的相律表达式。

2. 使用相律时的注意事项

(1)相律仅适用于相平衡系统。相律只能确定平衡系统中可以独立改变的强度性质的数目,而不能具体指出是哪些强度性质,也不能指出这些强度性质之间的函数关系;

(2)式(4-3)中的常数项"2"是假定系统不受电场、磁场等作用,且平衡时系统只由一个平衡温度和一个平衡压强得到的;当温度或压强固定不变时,相律计算式变为
$$f=C-P+1 \tag{4-4}$$

(3)若考虑其他强度性质的影响,可以用n来表示除浓度外能影响系统平衡状态的其他强度变量的数目,相律计算式变为
$$f=C-P+n \tag{4-5}$$

4.1.3 相律的应用

【例 4-2】 试确定下述平衡系统中的独立组分数及自由度数。

(1) NaCl 固体及其饱和水溶液;

(2)在高温下 $NH_3(g)$、$N_2(g)$、$H_2(g)$ 达成平衡的系统;

(3)在 700 ℃时将物质的量之比为 1∶1 的 $H_2O(g)$ 及 $CO(g)$ 充入一抽空的密闭容器使之发生下述反应并达平衡:
$$H_2O(g)+CO(g) \Longleftrightarrow CO_2(g)+H_2(g)$$

解:(1)此系统有两种化学物质 NaCl 和 H_2O,它们之间既无化学反应又无其他浓度限制条件,因此 $C=2-0-0=2$

平衡时系统内共有两相,固体 NaCl 和溶液,所以 $P=2$
$$f=C-P+2=2-2+2=2$$

(2)该系统中有三种化学物质,它们之间存在着下述化学反应
$$2NH_3(g) \Longleftrightarrow N_2(g)+3H_2(g)$$

除此之外没有其他浓度限制条件,因此 $C=3-1-0=2$

由于三种物质均为气体,所以系统内只有一相,即 $P=1$
$$f=C-P+2=2-1+2=3$$

(3)该系统中有四种物质,它们之间存在着一个化学反应,即 $R=1$。此外由于反应开始时反应物 $H_2O(g)$ 和 $CO(g)$ 是按照反应方程式的计量系数比例加入的,因此达到化学平衡时气体混合物中反应物 $H_2O(g)$ 和 $CO(g)$ 的浓度及产物 $H_2(g)$ 和 $CO_2(g)$ 的浓度必然遵循反应方程式的计量系数比例关系,即 $x(H_2O)=x(CO)$、$x(H_2)=x(CO_2)$,因而有两个浓度限制条件,$R'=2$。
$$C=4-1-2=1$$
因为该系统只有气体,所以 $P=1$
由于系统的温度已确定为 700 ℃,因而除浓度外能影响系统状态的其他强度因素只有压强。即
$$f=C-P+1=1-1+1=1$$

【例 4-3】 已知 $Na_2CO_3(s)$ 和 $H_2O(l)$ 可以组成的含水盐有 $Na_2CO_3 \cdot H_2O(s)$、$Na_2CO_3 \cdot 7H_2O(s)$ 和 $Na_2CO_3 \cdot 10H_2O(s)$。求:(1)系统的组分数是多少;(2)系统最多能以几相共存;(3)系统的最大自由度数为多少;(4)在 300 K 时与水蒸气平衡共存的含水盐最多有几种?

解:(1)该系统物种数 $S=5$,即 $Na_2CO_3(s)$、$H_2O(l)$、$Na_2CO_3 \cdot H_2O(s)$、$Na_2CO_3 \cdot 7H_2O(s)$ 和 $Na_2CO_3 \cdot 10H_2O(s)$。独立的化学平衡关系数 $R=3$,即
$$Na_2CO_3(s)+H_2O(l) \rightleftharpoons Na_2CO_3 \cdot H_2O(s)$$
$$Na_2CO_3(s)+7H_2O(l) \rightleftharpoons Na_2CO_3 \cdot 7H_2O(s)$$
$$Na_2CO_3(s)+10H_2O(l) \rightleftharpoons Na_2CO_3 \cdot 10H_2O(s)$$
浓度限制数 $R'=0$,故
$$C=S-R-R'=5-3-0=2$$

(2)系统共存相最多时,系统的自由度数 $f=0$,由相律 $f=C-P+2$ 可得
$$P_{max}=C+2=4$$

(3)系统自由度数最大时,系统存在的相数最少(只有一相),由相律得
$$f_{max}=2-1+2=3$$

(4)在 300 K 时,系统适用的相律为
$$f=C-P+1=3-P$$
当 $f=0$ 时,系统最多平衡共存的相数 $P=3$,故与水蒸气平衡共存的含水盐最多还可以有两种。

4.2 单组分系统的相平衡

单组分系统中只存在一种物质,故 $C=S=1$。则有
$$f=C-P+2=3-P$$
因此,单组分系统最多可有三相共存,最多有两个独立可变的强度性质,即温度和压强。

当单组分系统处于两相平衡时,温度和压强之间的函数关系可通过克拉佩龙方程表示。

4.2.1 克拉佩龙方程

设在一定的温度和压强下,某纯物质的两相平衡

$$B^*(\alpha, T, p) \rightleftharpoons B^*(\beta, T, p)$$

根据相平衡条件可知 B 物质在两相中的化学势相等,所以有

$$G_{m,B}^*(\alpha, T, p) = G_{m,B}^*(\beta, T, p) \tag{4-6}$$

若使温度改变 dT,相应压强改变 dp,在新的条件下两相又达到平衡,则

$$G_{m,B}^*(\alpha, T, p) + dG_{m,B}^*(\alpha) = G_{m,B}^*(\beta, T, p) + dG_{m,B}^*(\beta) \tag{4-7}$$

$$dG_{m,B}^*(\alpha) = dG_{m,B}^*(\beta) \tag{4-8}$$

由热力学基本方程 $dG = -SdT + Vdp$ 得

$$-S_{m,B}^*(\alpha)dT + V_{m,B}^*(\alpha)dp = -S_{m,B}^*(\beta)dT + V_{m,B}^*(\beta)dp \tag{4-9}$$

移项、整理得

$$\frac{dp}{dT} = \frac{S_{m,B}^*(\beta) - S_{m,B}^*(\alpha)}{V_{m,B}^*(\beta) - V_{m,B}^*(\alpha)} = \frac{\Delta S_{m,B}^*}{\Delta V_{m,B}^*} \tag{4-10}$$

纯物质在恒温、恒压下的相变过程是在无限接近平衡条件下进行的,为可逆相变,将 $\Delta_\alpha^\beta S_{m,B}^* = \dfrac{\Delta_\alpha^\beta H_{m,B}^*}{T}$,代入上式得

$$\frac{dp}{dT} = \frac{\Delta_\alpha^\beta H_{m,B}^*}{T \cdot \Delta_\alpha^\beta V_{m,B}^*} \tag{4-11}$$

式中 $\Delta_\alpha^\beta H_{m,B}^*$——纯物质的摩尔相变焓,$J \cdot mol^{-1}$;

$\Delta_\alpha^\beta V_{m,B}^*$——纯物质相变过程摩尔体积的增量,$m^3$;

$\dfrac{dp}{dT}$——平衡压强随平衡温度的变化率,$Pa \cdot K^{-1}$。

式(4-11)即为克拉佩龙方程。它反映了纯物质(单组分系统)两相平衡时,平衡温度对平衡压强的影响。克拉佩龙方程适用于纯物质的任意两相平衡,如蒸发、升华、熔化、晶型转变等过程。

克拉佩龙方程也可写为

$$\frac{dT}{dp} = \frac{T \cdot \Delta_\alpha^\beta V_m^*}{\Delta_\alpha^\beta H_m^*} \tag{4-12}$$

由式(4-12)可知:当 $\Delta_\alpha^\beta H_{m,B}^* > 0$(吸热过程)时,若 $\Delta_\alpha^\beta V_{m,B}^* > 0$,则两相平衡温度 T 随压强 p 增大而升高;若 $\Delta_\alpha^\beta V_{m,B}^* < 0$,则 T 随 p 增大而降低。

对于纯物质的固-液两相平衡系统,可将摩尔熔化焓 $\Delta_{fus}H_m^*$ 及对应的熔化过程的摩尔体积增量 $\Delta_{fus}V_m^*$ 代入式(4-12),得

$$\frac{dT}{dp} = \frac{T \cdot \Delta_{fus}V_m^*}{\Delta_{fus}H_m^*} \tag{4-13}$$

若温度变化不大，$\Delta_{fus}H_m^*$、$\Delta_{fus}V_m^*$ 都可视为常数，对式(4-13)积分可得

$$\ln\frac{T_2}{T_1}=\frac{\Delta_{fus}V_m^*}{\Delta_{fus}H_m^*}(p_2-p_1) \tag{4-14}$$

T_1、T_2 分别对应平衡外压为 p_1、p_2 时纯液体的凝固点。

【例 4-4】 在 273 K 时，压强每增加 1 Pa，冰的熔点降低 7.42×10^{-8} K。已知冰和水在 273 K、100 kPa 下的摩尔体积分别为 19.633 cm³·mol⁻¹ 和 18.0046 cm³·mol⁻¹，求 273 K、100 kPa 下冰的摩尔熔化焓。

解：压强每增加 1 Pa，冰的熔点降低 7.42×10^{-8} K，即

$$\frac{dT}{dp}=-7.42\times10^{-8}\text{ K}\cdot\text{Pa}^{-1}$$

根据式(4-13)得

$$\Delta_{fus}H_m^*=\frac{T\cdot\Delta_{fus}V_m^*}{dT/dp}=\frac{T[V_m^*(l)-V_m^*(s)]}{dT/dp}$$

$$=\frac{273\times(18.0046-19.633)\times10^{-6}}{-7.42\times10^{-8}}=5991\text{ J}\cdot\text{mol}^{-1}$$

4.2.2 克劳修斯-克拉佩龙方程

克拉佩龙方程可应用于纯物质固-气或液-气两相平衡。现以液-气两相平衡为例

克劳修斯-克拉佩龙方程

$$B^*(l) \Longleftrightarrow B^*(g)$$

假设气相为理想气体，因为 $V_m^*(l)\ll V_m^*(g)$，所以 $V_m^*(g)-V_m^*(l)\approx V_m^*(g)$。则克拉佩龙方程式(4-11)可写成

$$\frac{dp}{dT}=\frac{\Delta_{vap}H_m^*}{TV_m^*(g)} \tag{4-15}$$

由理想气体状态方程可知 $V_m^*(g)=RT/p$，代入式(4-15)整理得

$$\frac{d\ln p/[p]}{dT}=\frac{\Delta_{vap}H_m^*}{RT^2} \tag{4-16}$$

式(4-16)称为克劳修斯-克拉佩龙方程(简称克-克方程)，它反映了纯物质(单组分系统)呈液-气两相平衡时饱和蒸气压随温度的变化关系。

假定 $\Delta_{vap}H_m^*$ 与温度无关，或温度变化范围小可将 $\Delta_{vap}H_m^*$ 视为常数，对上式积分可得

$$\ln\frac{p}{[p]}=-\frac{\Delta_{vap}H_m^*}{R}\frac{1}{T}+C \tag{4-17}$$

若测定不同温度下的饱和蒸气压，以 $\ln\frac{p}{[p]}$ 对 $\frac{1}{T}$ 作图，可得一条直线，直线斜率为 $-\frac{\Delta_{vap}H_m^*}{R}$。由直线斜率可求得物质的摩尔蒸发焓 $\Delta_{vap}H_m^*$。

对式(4-16)求定积分，则可得

$$\ln\frac{p_2}{p_1}=-\frac{\Delta_{vap}H_m^*}{R}\left(\frac{1}{T_2}-\frac{1}{T_1}\right) \tag{4-18}$$

式(4-18)可用于 p_1、p_2、T_1、T_2 和 $\Delta_{vap}H_m^*$ 的相互求算。

克-克方程的优点是计算简便,而且可由 T、p 的变化关系得到 $\Delta_{vap}H_m^*$ 值,缺点是只适用于固-气或液-气两相平衡。因为引入假设,所以克-克方程不如克拉佩龙方程精确。

当缺乏 $\Delta_{vap}H_m^*$ 数据时,有时可用特鲁顿规则来估算。对非极性液体,其正常沸点时的摩尔蒸发焓与正常沸点之比(摩尔蒸发熵)为一常数

$$\Delta_{vap}H_m^*/T_b = \Delta_{vap}S_m^* = 88 \text{ J} \cdot \text{K}^{-1} \cdot \text{mol}^{-1} \qquad (4-19)$$

【例 4-5】 已知固体苯的蒸气压在 273.15 K 时为 3.27 kPa,293.15 K 时为 12.303 kPa,液体苯的蒸气压在 293.15 K 时为 10.021 kPa,液体苯的摩尔蒸发焓为 34.17 kJ·mol^{-1},求:(1)303.15 K 时液体苯的蒸气压;(2)苯的摩尔升华焓;(3)苯的摩尔熔化焓。

解:(1)已知 p_1=10.021 kPa;T_1=293.15 K;$\Delta_{vap}H_m^*$=34.17 kJ·mol^{-1};T_2=303.15 K,代入克-克方程的定积分形式得

$$\ln \frac{p_2}{10.021} = \frac{34.17 \times 10^3}{8.314} \times \left(\frac{1}{293.15} - \frac{1}{303.15}\right)$$

解得 p_2=15.913 kPa

(2)已知 T_3=273.15 K;p_3=3.27 kPa;T_1=293.15 K;p_1=12.303 kPa;用 $\Delta_{sub}H_m^*$ 表示升华焓,代入克-克方程的定积分形式得

$$\ln \frac{3.27}{12.303} = \frac{\Delta_{sub}H_m^*}{8.314} \times \left(\frac{1}{293.15} - \frac{1}{273.15}\right)$$

解得 $\Delta_{sub}H_m^*$=44.11 kJ·mol^{-1}

(3)因为 $\Delta_{sub}H_m^* = \Delta_{fus}H_m^* + \Delta_{vap}H_m^*$,所以

$$\Delta_{fus}H_m^* = 44.11 - 34.17 = 9.94 \text{ kJ} \cdot \text{mol}^{-1}$$

4.2.3 单组分系统的相图

研究相平衡最直观的方法就是根据实验结果,将处于相平衡系统的相态及相组成与系统的温度、压强、总组成等变量之间的关系用图形表示出来,这种表示相平衡关系的图形称为相图。通过相图可以了解在一定条件下,系统中有几相共存、各相组成与含量以及条件变化时系统中相态的变化方向和限度。

1. 相图的绘制

单组分系统可以是单相(气、液、固),两相平衡共存(气-液、气-固、固-液),还可以是三相平衡共存。以水为例,通过实验分别测出相平衡时不同温度下水和冰的饱和蒸气压及不同压强下冰的熔点,将它们画在 p-T 图上即为单组分系统的相图。

2. 水的相图

图 4-1 是根据实验结果所绘制的水的相图。

(1)相区:图中 AOB 为固相区;AOC 为液相区;BOC 为气相区。各相区中,相数 $P=1$,自由度 $f=2$。即在这三个区域,可以在一定范围

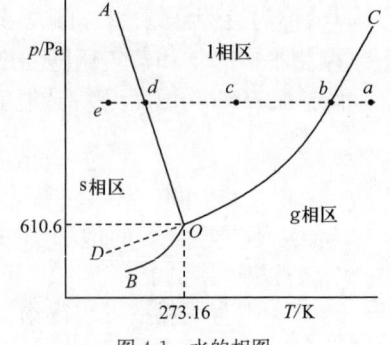

图 4-1 水的相图

内任意改变温度和压强,都不会引起相变。

(2)相线:OA、OB、OC 三条线都是根据两相平衡时的温度和压强画出,称为两相平衡线。线上任一点表示系统的某一状态。由于两相共存,$P=2$,自由度 $f=1$。若温度发生了变化,要想维持系统平衡,压强也应发生相应的变化。

OB 线称为冰的饱和蒸气压平衡曲线。由 OB 线可知,冰的饱和蒸气压随温度升高而增大,OB 线的理论终点为绝对零度(0 K)。OA 线称为冰的熔点曲线,线上任一点表示冰和水处于固-液两相平衡。由 OA 线可知,冰的熔点(水的凝固点)随压强增大略有降低。OC 线称为水的饱和蒸气压曲线,表示水和水蒸气两相平衡,也称为水的蒸发曲线。OC 线不能无限延伸,C 点是水的临界点($T_c=647.4$ K,$p_c=22.112$ MPa),当系统温度高于临界温度时,H_2O 只能以气体形式存在。OD 线是 CO 线的延长线,为过冷水(温度在 273.15 K 以下的水)的饱和蒸气压曲线。过冷水在热力学上是不稳定的,但在一定条件下也能长期存在,称为亚稳态。

(3)相点:图中 O 点是三相共存点,称为水的三相点,在该点系统的压强和温度分别为 610.6 Pa 和 0.01 ℃。在三相点,水、冰、水蒸气三相共存,由相律得 $f=0$。这说明三相点的温度和压强为一固定值,都不能改变,否则就会引起相变。

应当注意,水的三相点与常说的水的凝固点不是一个概念。水的三相点是纯组分系统三相平衡共存的状态点(273.16 K,610.6 Pa);而水的凝固点则是在 101.325 kPa 下被空气饱和的水蒸气、水和冰成平衡时的温度,即 0 ℃。

4.3 二组分液态完全互溶系统的气-液平衡相图

对二组分系统,根据相律可知 $f=2-P+2=4-P$,即二组分最多可四相共存,最大自由度数 $f=3$(温度、压强和组成)。为了绘制相图和研究问题的简便,一般都固定一个强度因素(恒温或恒压),用两变量的平面图来表示系统状态的变化。

4.3.1 理想液态混合物的气-液平衡相图

1. 理想液态混合物的蒸气压-组成图

(1)相图的绘制

蒸气压-组成图(p-x 图)在一定温度下作出,纵坐标为蒸气压 p,横坐标为组成 x_B。

设液体 A 和 B 可以形成理想液态混合物,温度为 T 时,各纯物质的饱和蒸气压分别为 p_A^* 和 p_B^*,且 $p_A^*<p_B^*$。当达到气-液两相平衡时,由拉乌尔定律可得到气相中 A 和 B 的分压 p_A 和 p_B 与液相组成 x_A 和 x_B 的关系式,见式(3-27)~式(3-29),以 x_B 为横坐标,以蒸气压为纵坐标作 p-x 图如图 4-2 所示,可看出总压与液相组成呈线性关系。由图

可知:$x_B=0$ 时,$p=p_A^*$;$x_B=1$ 时,$p=p_B^*$;$0<x_B<1$ 时,$p_A^*<p<p_B^*$。p-x 线反映了系统总蒸气压与液相组成间的关系,称为液相线。

蒸气压与气相组成的关系则与上述不同,由分压强的概念可知

$$y_A = \frac{p_A}{p} = \frac{p_A^*(1-x_B)}{p}, y_B = \frac{p_B^* x_B}{p}$$

若 $0<x_B<1$,则 $p_A^*<p<p_B^*$,就有 $\frac{p_B^*}{p}>1, \frac{p_A^*}{p}<1$

所以 $y_B > x_B, y_A < x_A$

上式说明理想液态混合物处于气-液平衡时,易挥发组分在气相中的相对含量 y_B 大于它在液相中的相对含量 x_B,而难挥发组分在液相中的相对含量 x_A 大于它在气相中的相对含量 y_A,这是液态混合物可以通过蒸馏进行提纯分离的理论基础。

将蒸气压随气相组成的变化关系作图就可得到气相线。如图 4-2 所示。

(2)相图分析

由图 4-2 可以看出,整个相图被两条线分为三个区域,图中有两个点、两条线和三个面:两点是气相线与液相线在纵坐标轴上的交点,分别表示纯组分 A 和 B 的饱和蒸气压 p_A^* 和 p_B^*;此两点为纯组分的气-液平衡点,其自由度

$$f = C - P + 1 = 1 - 2 + 1 = 0$$

两条线中上方的直线为液相线,下方的曲线为气相线(因同一压强下 $y_B > x_B$)。

液相线以上的区域为液相区($f=2$),气相线以下的区域为气相区($f=2$),气相线、液相线之间的区域为气-液平衡共存区($f=1$)。

如图 4-2 所示,在一个组成为 N_B 的系统中,由始态 a 在温度不变的情况下,缓慢降低系统的压强,则系统的状态点沿 aN_B 线(恒组成线)缓慢下移。此时系统为液相区。当物系点到达 l_1 时,液体开始蒸发,出现第一个微小的气泡,气相的状态点为 g_1。随着压强

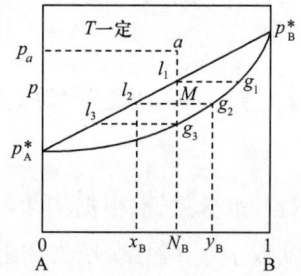

图 4-2 理想液态混合物的 p-x 图

的降低,气相的量不断增大,气相组成沿着气相线向下移动。同时,液相的量相应减少,液相组成也沿着液相线向左下方移动。当系统点处于 M 点时,组成为 l_2 的液相和组成为 g_2 的气相平衡共存。l_2 点和 g_2 点都称为相点,两平衡相点的连接线称为结线。如图 4-2 中的 l_2Mg_2 线。当压强降低至 g_3 点所对应的压强时,液体全部蒸发,在 l_3 点系统剩最后一滴液体。压强继续降低,系统进入气相区。由以上分析可见,在单相区内,系统点和相点重合。而在两相平衡区,系统点和相点不重合,且平衡两相的组成和相对数量随总压的变化而变化。平衡两相的相对数量可由杠杆规则来计算。

(3)杠杆规则

如图 4-2 所示,当系统处于两相平衡区内的 M 点时,系统总组成为 N_B,总物质的量

为 n,气相点为 g_2,气相组成为 y_B,气相物质的量为 n_g,液相点为 l_2,液相组成为 x_B,液相物质的量为 n_1。则

$$n_B = n_g y_B + n_1 x_B = (n_g + n_1) N_B$$

整理得
$$n_1(N_B - x_B) = n_g(y_B - N_B)$$

即
$$\frac{n_1}{n_g} = \frac{y_B - N_B}{N_B - x_B} = \frac{\overline{Mg_2}}{\overline{l_2 M}} \tag{4-20}$$

式(4-20)称为杠杆规则。它表明,在两相平衡系统中,两相的物质的量反比于物系点到两个相点的线段长度。这相当于以物系点 M 为支点,两个相点为力点,分别挂着 n_g 和 n_1 的重物,当杠杆达到平衡时,则存在上述关系。

若图 4-2 中横坐标用质量分数表示,则杠杆规则中两相的物质的量换成质量,组成换成质量分数,杠杆规则依然成立。杠杆规则是根据物质守恒原理得出的,所以不论是否两相平衡,只要将指定系统分成组成不同的两部分,这两部分物料的数量关系就必然服从杠杆规则。

【例 4-6】 已知液体甲苯(A)和液体苯(B)在 90 ℃时的饱和蒸气压分别为 54.22 kPa 和 136.12 kPa。二者可形成理想液态混合物。今有系统组成为 $N_B = 0.3$ 的甲苯-苯混合物 5 mol,在 90 ℃下达到气-液两相平衡,若气相组成为 $y_B = 0.455\,6$,求:(1)平衡时液相组成 x_B 及系统的压强 p;(2)平衡时气、液两相的物质的量(n_g 和 n_1)。

解:(1) $y_A = 1 - 0.455\,6 = 0.544\,4$

由拉乌尔定律和分压定律得

$$p_A = p_A^* x_A = p_A^*(1 - x_B) = p y_A \tag{1}$$

$$p_B = p_B^* x_B = p y_B \tag{2}$$

将式(1)除以式(2)得
$$\frac{p_A^*(1 - x_B)}{p_B^* x_B} = \frac{y_A}{y_B}$$

则有
$$\frac{54.22 \times (1 - x_B)}{136.12 x_B} = \frac{0.544\,4}{0.455\,6}$$

解得
$$x_B = 0.25$$

由总压和液相组成的关系可知
$$p = p_A + p_B = p_A^* + (p_B^* - p_A^*) x_B$$
$$= 54.22 + (136.12 - 54.22) \times 0.25 = 74.70 \text{ kPa}$$

(2)总物质的量 $n_1 + n_g = 5$ mol,由杠杆规则可知
$$n_1(N_B - x_B) = n_g(y_B - N_B)$$

则有
$$n_1(0.3 - 0.25) = (5 - n_1)(0.455\,6 - 0.3)$$

解得 $n_1 = 3.784$ mol

$n_g = 5 - 3.784 = 1.216$ mol

2. 理想液态混合物的温度-组成图

工业生产中的一些分离操作(如蒸馏)往往是在固定压强下进行的。因此,讨论一定

压强下的温度-组成图更有实际意义。

温度-组成图($t-x$ 图)在一定压强下作出,纵坐标为温度,横坐标为组成。

当外压恒定时,表示二组分系统气-液两相平衡组成与温度关系的相图称为温度-组成图。当外压为 101.325 kPa 时,理想液态混合物的气-液平衡温度就是它的正常沸点,此时温度-组成图也叫沸点-组成图。在恒定外压的条件下,测定溶液的沸点及相应的气相组成和液相组成,将所得数据绘制成相图,如图 4-3 所示。

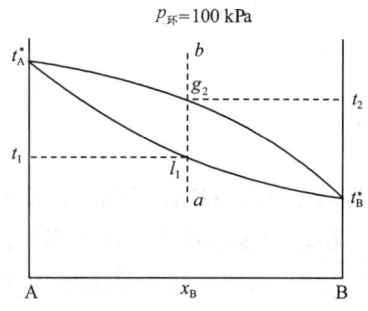

图 4-3　理想液态混合物的沸点-组成图

在温度-组成图上,组分 A 的蒸气压低,则沸点高;组分 B 的蒸气压高,则沸点低。与压强-组成图类似,温度-组成图也是由两个点、两条线和三个区域构成,两个点分别是纯 A 和纯 B 在指定压强下的沸点($f=0$)。两条线中,上面一条为气相线,下面一条为液相线。气相线上方的区域为气相区,液相线下方的区域为液相区($f=1$)。气相区和液相区之间的区域为气-液两相平衡区($f=2$)。从图中可以看出,气相线始终在液相线的上方,即 $y_B>x_B$。对理想液态混合物系统,其沸点在全部浓度范围内均介于两纯组分的沸点之间,即

$$t_B^*<t<t_A^*$$

在沸点-组成图中,液相线又称为泡点线,气相线也称为露点线。在气-液平衡区,杠杆规则同样适用。

3. 简单蒸馏和精馏原理

所谓蒸馏就是将液态物质加热到沸腾变为蒸气,又将蒸气冷凝为液体的过程。若将两种挥发性液体混合物进行蒸馏,在沸腾温度下,气相与液相达平衡,蒸气中含有较多易挥发组分,将此蒸气冷凝后收集起来,则馏出物中易挥发组分的含量高于原始液体混合物,而残留液中却含有较多的高沸点组分(难挥发组分),这就是一次简单的蒸馏。简单蒸馏方法只能粗略地将混合物相对分离,要想得到较纯的两种组分则需要采用精馏的方法。

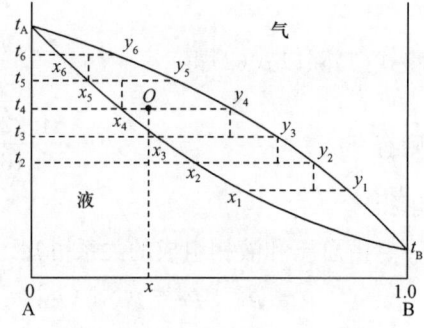

图 4-4　精馏过程的 $t-x$ 图

精馏的原理如图 4-4 所示,设原始溶液的组成为 x,加热到 t_4 时,系统点为 O 点,此时气-液两相的组成分别为 y_4 和 x_4。如果把组成为 y_4 的气相冷却到 t_3,则气相将部分冷凝为液体,得到组成为 x_3 的液相和组成为 y_3 的气相。再将组成为 y_3 的气相冷却到 t_2,就得到组成为 x_2 的液相和组成为 y_2 的气相,以此类推。从图中可见,$y_4<y_3<y_2<y_1$。如果继续下去,反复把气相冷凝,最后得到的气相组成可接近纯 B。

再看液相部分,将 x_4 的液相部分加热到 t_5,液相部分汽化,此时,气相和液相的组成分别为 y_5 和 x_5。把组成为 x_5 的液相再部分汽化,则得到组成为 y_6 的气相和组成为 x_6

的液相。显然 $x_6>x_5>x_4>x_3$，即液相组成沿液相线上升，最后得到纯 A。总之，多次反复部分蒸发和部分冷凝的结果，使气相组成沿气相线下降，最后蒸出来的是纯 B，而液相组成沿液相线上升，最后剩余的是纯 A，这就是精馏的原理。

在工业上，上述气相反复的部分冷凝和液相反复的部分汽化过程是在精馏塔中同时进行的。图 4-5 为泡罩式精馏塔。精馏塔主要由塔釜、塔身和塔顶冷凝器三部分组成。物料在塔釜内加热后，蒸气通过塔板上的泡罩与塔板上的液体接触，进行能量和物质的交换。蒸气中难挥发组分冷凝为液体并放出热量，使液相中易挥发组分汽化并升入高一级塔板。上升蒸气中含有较多的易挥发组分，而下降的液体中难挥发组分增加。每一层塔板就相当于一个简单的蒸馏器。最终在塔顶得到纯度较高的易挥发组分，经塔顶冷凝器变为液体放出，而在塔底得到纯度较高的难挥发组分。两种纯液体的沸点相差越大，塔板越多，分离的效果越好。

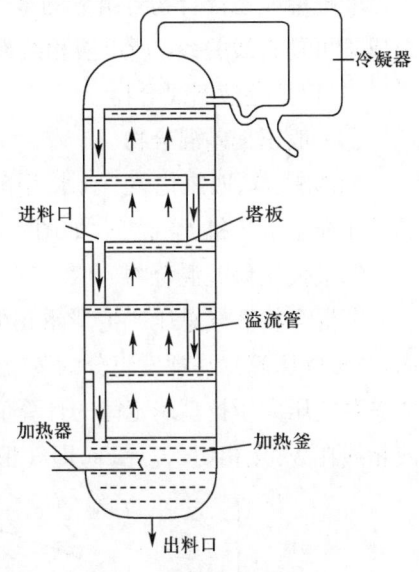

图 4-5　泡罩式精馏塔

4.3.2　非理想液态混合物的气-液平衡相图

非理想液态混合物各组分的蒸气压只在很小范围内符合拉乌尔定律。若非理想液态混合物蒸气压的实验值大于拉乌尔定律的计算值，称为产生正偏差，反之则称为产生负偏差。非理想液态混合物对理想液态混合物之所以产生偏差，一般认为有三种原因：

(1) 形成混合物后组分发生解离。系统中某组分独存在时为缔合分子，与其他组分形成混合物后，发生解离或缔合度变小，使其在混合物中的分子数目增加，蒸气压增大，产生正偏差。

(2) 形成混合物后组分发生缔合。混合物中组分单独存在时为单个分子或缔合度较低，形成混合物后发生分子间缔合或形成氢键，使组分的分子数目减少，蒸气压降低，产生负偏差。

(3) 形成混合物后分子间作用力发生改变。若某一组分(A)在与另一组分(B)形成混合物后，B-A 间的作用力小于 A-A 间的作用力，形成液态混合物后，就会减少 A 分子所受到的引力，A 变得容易逸出，A 组分就产生正偏差；相反，若 B-A 间的作用力大于 A-A 间的作用力，形成混合物后，就会产生负偏差。

一般来说，对于非理想液态混合物，若其中一种组分产生正偏差，则另外一种组分也产生正偏差；若其中一种组分产生负偏差，则另一种组分也产生负偏差。

1. 蒸气压-组成图

非理想液态混合物各组分的蒸气压在某一浓度范围内偏离拉乌尔定律，蒸气压-液相组成不再是直线关系，所以液相线不再是直线。

(1) 正偏差液态混合物

① 一般正偏差混合物

如丙酮-苯、四氯化碳-苯、水-甲醇等，它们的总蒸气压大于拉乌尔定律的计算值，系统的总压介于 p_A^* 和 p_B^* 之间，如图 4-6 所示。

② 最大正偏差混合物

若混合物蒸气总压产生严重正偏差，或两纯组分的蒸气压相差不大，在某浓度范围内，总蒸气压超出易挥发组分的蒸气压，液相线上出现最高点。如甲醇-氯仿混合物，它们的总蒸气压大于拉乌尔定律的计算值，如图 4-7 所示，在 M 点总压出现最大值，气相线和液相线在 M 点相切，$y_B = x_B$，即气相组成和液相组成相等。

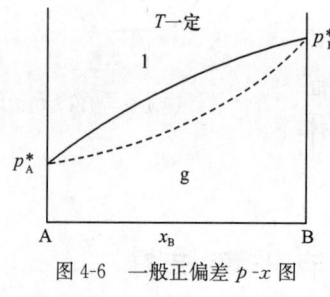
图 4-6 一般正偏差 $p\text{-}x$ 图

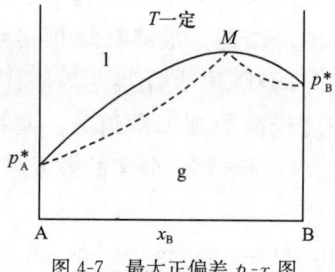
图 4-7 最大正偏差 $p\text{-}x$ 图

(2) 负偏差液态混合物

① 一般负偏差混合物

如氯仿(A)-乙醚(B)，它们的总蒸气压小于拉乌尔定律的计算值，系统的总压仍介于 p_A^* 和 p_B^* 之间，如图 4-8 所示。

② 最大负偏差混合物

若混合物总蒸气压产生严重负偏差，或两个纯组分的蒸气压相差不大，在某浓度范围内，总蒸气压低于难挥发组分的蒸气压，液相线上出现最低点。如氯仿-丙酮混合物，它们的总蒸气压小于拉乌尔定律的计算值，而且在某一浓度范围内总压线上出现最小值，此值比两个纯组分饱和蒸气压都小。如图 4-9 所示，在 M 点总压出现最小值，气相线和液相线在 M 点相切，$y_B = x_B$，即气相组成和液相组成相等。

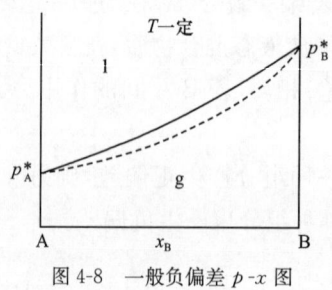
图 4-8 一般负偏差 $p\text{-}x$ 图

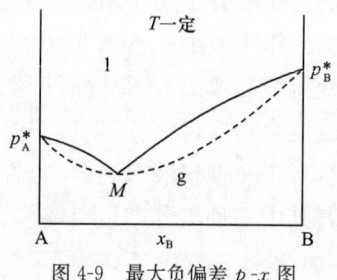
图 4-9 最大负偏差 $p\text{-}x$ 图

2. 温度-组成图

(1) 正偏差液态混合物

① 一般正偏差混合物

对理想状态产生正偏差如图 4-10 所示,沸点介于两纯组分沸点之间。

② 最大正偏差混合物

对理想状态产生最大正偏差如图 4-11 所示。沸点低于两纯组分沸点,液相线出现最低点 C。在 C 点 $y_B = x_B$,即气相组成和液相组成相等,此点对应的温度称为最低恒沸点,对应的组成称为恒沸组成,对应的液相称为恒沸混合物。属于这类系统的有:水-乙醇、甲醛-苯、乙醇-苯、二硫化碳-丙酮等。

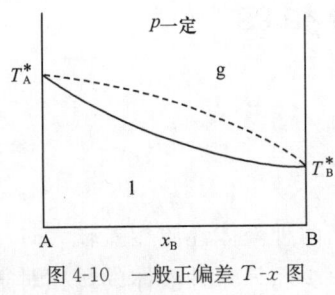
图 4-10　一般正偏差 T-x 图

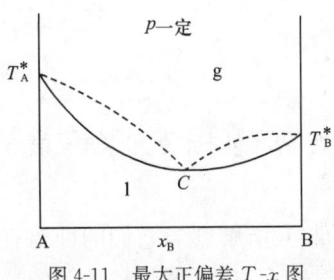
图 4-11　最大正偏差 T-x 图

(2) 负偏差液态混合物

① 一般负偏差混合物

对理想状态产生负偏差如图 4-12 所示,沸点介于两纯组分沸点之间。

② 最大负偏差混合物

对理想状态产生最大负偏差如图 4-13 所示,沸点高于两纯组分沸点,液相线出现最高点 C。在 C 点 $y_B = x_B$,即气相组成和液相组成相等。此点所对应的温度称为最高恒沸点,对应的组成称为恒沸组成,对应的液相称为恒沸混合物。例如,H_2O-HCl 系统,在 101.325 kPa 下,最高恒沸点为 108.5 ℃,恒沸混合物组成 HCl 为 20.24%。

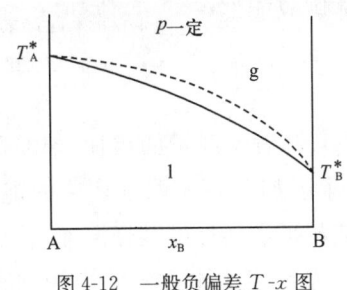
图 4-12　一般负偏差 T-x 图

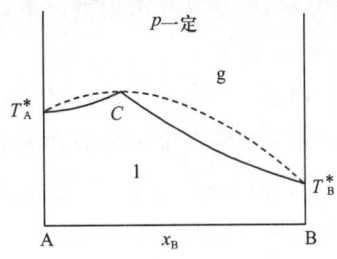
图 4-13　最大负偏差 T-x 图

(3) 具有恒沸点系统的精馏

同一系统恒沸混合物的组成取决于压强。压强一定,恒沸混合物的组成一定,压强改变,恒沸混合物的组成改变,甚至消失。这就证明了恒沸混合物不是纯净化合物。

如图 4-11 所示在具有低恒沸点的二组分气-液平衡系统中,在 C 点右侧易挥发组分 B 在气相中的相对含量小于其在平衡液相中的相对含量,即 $y_B < x_B$,精馏结果为在塔顶

得到恒沸混合物,塔底得到纯组分 B;在 C 点左侧则相反,$y_B > x_B$,精馏结果为在塔顶得到恒沸混合物,塔底得到纯组分 A。在图 4-13 所示的系统中,C 点右侧 $y_B > x_B$,精馏结果为在塔顶得到纯组分 B,塔底得到恒沸混合物;C 点左侧,$y_B < x_B$,精馏结果为在塔顶得到纯组分 A,塔底得到恒沸混合物。由于这两类液态混合物存在着最低或最高恒沸点,用简单精馏法不能将两个纯组分分离,只能得到一种纯组分和恒沸混合物。

例如水-乙醇系统,若乙醇的含量小于 95.57%,无论如何精馏,都得不到无水乙醇。只有加入 $CaCl_2$ 等吸水剂,使乙醇的含量高于 95.57%,才能通过精馏得到无水乙醇。

4.4 二组分液态部分互溶系统的气-液平衡相图

4.4.1 液体的相互溶解度

两液体的相互溶解度与它们的性质有关。当两种液体性质相差较大时,只能部分互溶,即在某些温度下,只有当一种液体的量相对很少而另一种液体的量相对很多时,才能溶为均匀的一个液相,而在其他配比下,系统将分层而呈现两个液相平衡共存,这样的系统就是部分互溶系统。这两个平衡共存的液层称为共轭溶液。

图 4-14 为水-苯酚系统的相互溶解度曲线,图中 MC 为苯酚在水中的溶解度曲线,NC 为水在苯酚中的溶解度曲线,两条溶解度曲线相交于 C 点,MCN 称为溶解度曲线。曲线 MCN 以外为单液相区,MCN 以内为液-液两相平衡共存区,C 点称为最高互溶点(或最高临界互溶点),其温度称为高互溶温度。温度高于高互溶温度时,两液体可以以任何比例完全互溶,而在高互溶温度以下,两液体则只能部分互溶。

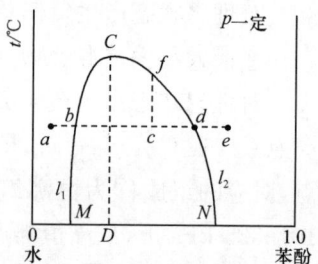

图 4-14 水-苯酚系统的相互溶解度曲线

在高互溶温度以下的某一温度时,向水中加入少量苯酚可完全溶解,形成苯酚在水中的饱和溶液(a 点),随着苯酚量的增加,苯酚在水中溶解达到饱和(b 点),若再加入苯酚,系统就会出现两个液层,即苯酚在水中的饱和溶液(水层 l_1)和水在苯酚中的饱和溶液(酚层 l_2),两个液相平衡共存即共轭溶液,若再增加苯酚的量,l_1 减少,l_2 增多,到 d 点时 l_1 即将消失,则系统成为水在苯酚中的饱和溶液。同样,系统在某组成下随温度变化的情况也可由相图看出。若系统在 DC 线右侧,如 c 点,温度升高时,由杠杆规则可知,水层量逐渐减少,酚层量逐渐增多,温度上升到 f 点时,水层 l_1 消失,系统变为单一液相。若系统点在 DC 线左侧,当温度上升到与 MC 线相交时,苯酚层消失。

互溶温度的高低反映了一对液体间相互溶解能力的强弱,对具有高互溶温度的液体来说,互溶温度越低两液体的互溶性越好,实际应用中常利用互溶温度的数据来选择优良的萃取剂。

4.4.2 二组分液态部分互溶系统气-液平衡的温度-组成图

如图 4-15 所示,为恒压下的温度-组成图,上半部(高温)为最低恒沸点的气-液平衡曲线;下半部(低温)为部分互溶的液-液平衡曲线。当压强改变(降低)时,对液-液平衡影响甚微,即液-液平衡曲线的位置变动不大,但气-液平衡线的位置不仅明显下降(泡点随压强的减小而降低),而且其形状亦发生变化,以至于当压强降至一定程度时,气-液平衡线可能和液-液平衡线相交而形成特殊的气-液-液平衡相图。如图 4-16 表示水(A)-异丁醇(B)二组分系统的液-液-气平衡的温度-组成图。

图 4-16 的上半部分与一般的最低恒沸点系统类似。但在最低恒沸点时,溶液已不能完全互溶而分成两个互相平衡的相,一个是异丁醇在水中的饱和溶液,即水相(l_1),另一个是水在异丁醇中的饱和溶液,即异丁醇相(l_2)。这时实际上是三相共存,水相 D、异丁醇相 D' 和气相 H。应用相律 $f=C-P+1=2-3+1=0$,即压强确定后 D、H、D' 三点不能随意变动。若温度降低,则蒸气消失,只有两个液相,它们的溶解度随温度的变化如前所述。在 CD、$C'D'$ 线以外,由于组成小于溶解度,所以溶液仍为均相。图中 $l_1(A+B)$ 代表异丁醇的水溶液,$l_2(A+B)$ 代表水的异丁醇溶液。

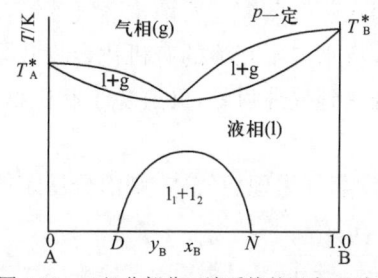
图 4-15 二组分部分互溶系统的温度-组成图

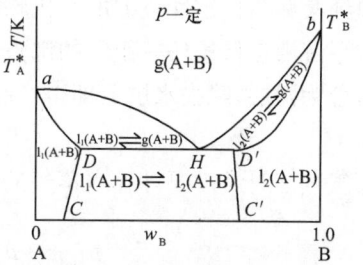
图 4-16 水(A)-异丁醇(B)系统的温度-组成图

4.5 二组分液态完全不互溶系统的气-液平衡相图

4.5.1 二组分液态完全不互溶系统气-液平衡的温度-组成图

若两种液体相互溶解度非常小,则这两种液体所组成的系统就称为液态完全不互溶系统,如二硫化碳-水、水-汞、水-油系统。由于两种液体完全不互溶,所以分为两个纯物质液层,不论两液体相对数量如何,在一定温度下各组分的蒸气压之和等于系统的总蒸气压：

$$p = p_A^* + p_B^* \tag{4-21}$$

即，完全不互溶系统的蒸气压恒大于相同条件下任一组分的蒸气压，当系统的蒸气总压等于外压时，两液体同时沸腾，此温度称为在指定外压下两液体的共沸点。即同外压任意组成下完全不互溶系统的共沸点恒低于其中任一组分的沸点。如图 4-17 中 E 点所示。此点为三相平衡时的气相点，对应的组成为共沸物。

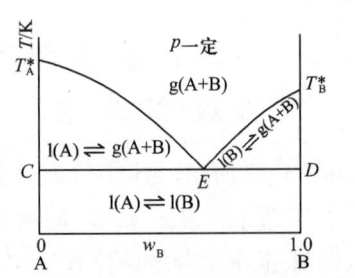

图 4-17　液态完全不互溶系统的温度-组成图

在三相平衡时继续加热，温度不变，两液相的量不断减少，气相的量不断增多，直到有一个液相消失温度才上升。当温度上升至 $T_A^* E$ 线或 $T_B^* E$ 线所对应的温度时另一个液相也全部汽化。图中 T_A^*、T_B^* 分别为纯液体 A、B 的沸点。图中 $T_A^* E$ 线、$T_B^* E$ 线为气相线，此两线以上的区域为气相区。水平线 CED 为三相平衡线。系统在此线上的任意一点，皆为 A 液相、B 液相与气相三相平衡。三相平衡线以下为 A 液相、B 液相两相平衡，即两相区。

4.5.2　水蒸气蒸馏的原理

在提纯某些热稳定性较差的有机物时，常采用水蒸气蒸馏。所谓水蒸气蒸馏，就是利用不互溶系统沸点低于任一组分的沸点这一特点，将水与不互溶的有机化合物共同蒸发，经冷凝后分为两层，除去水层后即得产品。这样既达到提纯目的，又避免了有机物在高温下分解。

水蒸气蒸馏时常需要计算水蒸气的消耗量。设蒸气为理想气体，则由分压定律，有

$$p_{H_2O}^* = p y_{H_2O} = p \frac{n_{H_2O}}{n_{H_2O} + n_B}$$

$$p_B^* = p y_B = p \frac{n_B}{n_{H_2O} + n_B}$$

两式相除得

$$\frac{p_{H_2O}^*}{p_B^*} = \frac{n_{H_2O}}{n_B} = \frac{m_{H_2O}/M_{H_2O}}{m_B/M_B}$$

整理得

$$\frac{m_{H_2O}}{m_B} = \frac{p_{H_2O}^* M_{H_2O}}{p_B^* M_B} \tag{4-22}$$

式中　$\dfrac{m_{H_2O}}{m_B}$——水蒸气消耗系数；

$p_{H_2O}^*$、p_B^*——纯水和纯物质 B 的饱和蒸气压，Pa；

M_{H_2O}、M_B——纯水和纯物质B的摩尔质量,g·mol^{-1}。

水蒸气消耗系数表示蒸馏出单位质量物质B所需的水蒸气质量。该系数越小,说明水蒸气蒸馏的效率越高。水蒸气消耗系数与物质B的本性有关。物质B的蒸气压越高,摩尔质量越大,水蒸气消耗系数就越小。实际上,水蒸气蒸馏就相当于减压蒸馏的效果,越是分子量大、沸点高的物质,采用水蒸气蒸馏越理想,这是因为所需要的水蒸气少而且能耗低。在缺少真空减压设备时,水蒸气蒸馏不失为一种实用的方法。

【例 4-7】 在 101.325 kPa 下,对氯苯进行水蒸气蒸馏,已知水和氯苯系统的沸点为 91 ℃。此温度下水和氯苯的饱和蒸气压分别为 72 852.68 Pa 和 28 472.31 Pa,求:(1)平衡气相组成(物质的量分数);(2)蒸出 1 000 kg 氯苯至少消耗水蒸气多少千克?

解:(1) $y_{H_2O} = \dfrac{p^*_{H_2O}}{p} = \dfrac{72.852\,68}{101.325} = 0.719$

$$y_B = 1 - y_{H_2O} = 1 - 0.719 = 0.281$$

(2)水蒸气消耗系数

$$\frac{m_{H_2O}}{m_B} = \frac{p^*_{H_2O} M_{H_2O}}{p^*_B M_B} = \frac{72\,852.68 \times 18.0}{28\,472.31 \times 112.5} = 0.409$$

蒸出 1 000 kg 氯苯至少消耗水蒸气

$$m_{H_2O} = (1\,000 \times 0.409)\,\text{kg} = 409\,\text{kg}$$

4.6 二组分系统的液-固平衡相图

将只有固体和液体存在的系统称为凝聚系统,压强对凝聚系统相平衡影响很小,通常不予考虑。二组分液-固系统,也称二组分凝聚系统,在高温时呈液态,低温时为固态,压强对相平衡影响很小,通常不予考虑。

4.6.1 具有简单低共熔混合物系统

该系统为液态完全互溶而固态完全不互溶,且两物质之间不发生化学反应的二组分凝聚系统。

1. 热分析法和具有简单低共熔混合物系统相图

(1)热分析法及相图的绘制

热分析法是研究凝聚系统相平衡及绘制其相图最常用的实验方法,适用于两组分在室温下都是固体的系统。下面我们以 Sb-Pb 系统为例,介绍热分析法的原理及相图的绘制。

先配好一定组成的六个样品,将样品加热至全部融化,然后让其缓慢而均匀地冷却,分别记录每个样品温度随时间变化的数据,并以时间为横坐标,温度为纵坐标,将上述实验数据绘成曲线,称为步冷曲线(如图 4-18(a))。当液体缓慢自行冷却时,若系统不发生相变化,则系统的温度随时间均匀下降,当系统发生相变时,由于放出相变热,而在步冷曲线上出现转折点或水平线,前者表示温度随时间的变化率发生了变化,后者则表示温度不再随时间变化。根据不同组成的步冷曲线上的转折点或水平线,即可确定相图中的相点,从而绘制成相图(见图 4-18(b))。

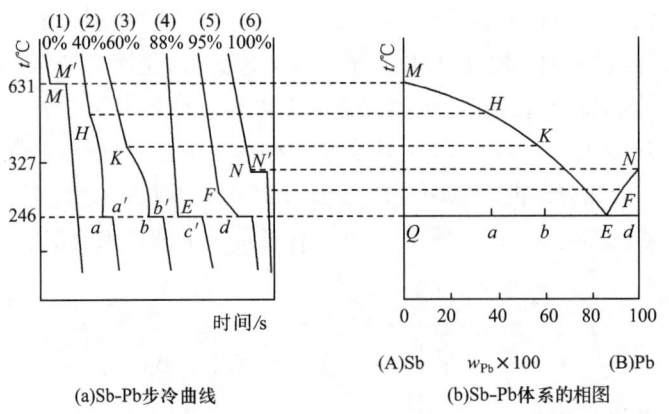

(a)Sb-Pb 步冷曲线   (b)Sb-Pb 体系的相图

图 4-18   Sb-Pb 步冷曲线及相图

曲线(1)是纯 Sb 的步冷曲线。在 631 ℃以上,该系统为单相($P=1$)单组分($C=1$)系统,由相律表达式可得 $f=C-P+1=1-1+1=1$,由于环境比系统温度低,系统散热,系统温度均匀下降,可得出曲线上部的平滑段。当降温至 Sb 的凝固点(631 ℃)时,固相开始析出,系统处于固-液两相平衡,$P=2$,$f=1-2+1=0$,即相变温度是确定值,在系统完全转化为固相前的一段时间内,系统的温度保持不变,故步冷曲线出现平台线段。直到液体全部凝固,系统又变成单一固相,其自由度 $f=1$,温度又继续下降,冷却过程可用曲线下部的平滑段表示。由步冷曲线上平台对应的温度得到纯 Sb 的液、固相变温度为 631 ℃,即得到了相图上的 M 点。同理,曲线(6)为纯 Pb 的步冷曲线,形状与曲线(1)类似,而差别在于其凝固点较低(327 ℃),出现平台段较迟。

曲线(2)为含 Pb 40%的熔融液的步冷曲线。高温时为熔融液相,当组成恒定时,系统温度均匀下降,至 H 点开始析出固体 Sb,此时 $P=2$,$f=2-2+1=1$,温度仍可不断下降,因固体析出放出凝固热,使冷却速度较前缓慢,步冷曲线上出现拐点(或转折点),即为相图上的 H 点。继续降温至 246 ℃时,另一固体 Pb 也开始析出,此时三相共存,$f=0$,表明温度不能改变,步冷曲线上出现平台 aa',由此平台得到相图上的 a 点。随着固体 Sb 和 Pb 的不断析出,液相消失,系统又呈两相,$f=1$,温度又可下降,a 点以下为纯 Sb 和纯 Pb 的两固相混合物。

曲线(3)为含 Pb 60%的熔融液的步冷曲线,情况与曲线(2)相似,只是出现拐点 K 的温度低一些,而三相平衡时的温度,即平台 bb' 出现时的温度仍为 246 ℃,由此拐点和平台得到相图上的 K 点和 b 点。

曲线(5)为含 Pb 95%的熔融液的步冷曲线,情况与曲线(2)、(3)相似,出现一个拐点及一个平台。不同的是,首先自熔融液中析出的纯 Pb 固体,继续降温至 246 ℃时,另一固体 Sb 也开始析出。由步冷曲线上拐点和平台得到相图上的 F 点和 d 点。

曲线(4)为含 Pb 88%的熔融液的步冷曲线。熔融液降温至 246 ℃时,同时析出纯 Sb

和纯 Pb 固体，系统呈三相平衡，$f=0$，且液相组成始终不变，直至全部冷凝，步冷曲线上只出现一平台段 Ec'，由此得到相图上的 E 点。称这种同时析出的纯 Sb 和纯 Pb 的混合物为低共熔混合物，E 点对应的温度为 Sb-Pb 系统的低共熔点，其所对应的温度(246 ℃)为最低熔融温度。

将由步冷曲线得到的各点连接起来，即可得到图 4-18(b)所示的相图。

(2)相图分析

图中 M 点为纯 Sb 的凝固点，N 点为纯 Pb 的凝固点。E 点为低共熔点，在此点，$f=0$，固态 Sb 和 Pb 以及溶液三相共存。

ME、NE 线分别为金属 Sb(A)和金属 Pb(B)的凝固点下降曲线，在 ME、NE 线上，系统是两相平衡共存，自由度 $f=1$。水平线 QEd 为三相线，处在该线上的系统为纯 Sb 和纯 Pb 的固体以及溶液的三相平衡系统，$f=0$。MQE 为溶液和固体 Sb 的两相平衡区，NEd 为溶液和固体 Pb 的两相平衡区，两区域 $f=1$。QEd 线以下为固相区，是固体 Sb 和固体 Pb 的混合物。

此类相图能提供制备低熔点合金的方法。如在水银中加入铊(Tl)，能使水银凝固点(-38.9 ℃)降低，但通过相图可明确判断最低只能降到-59 ℃，若想进一步降低，则需采用更多组分的系统。其他像锑-铝、铋-镉、KCl-AgCl、C_6H_6-$CHBr_3$ 等也可以组成形成简单低共熔物的系统。

2. 溶解度法和水-盐系统相图

溶解度法适用于在常温下有一种组分是液态的系统，水-盐系统相图一般用溶解度法绘制。盐溶于水中使水的凝固点下降，凝固点降低值与盐在溶液中的浓度有关。根据不同温度下盐在水中的溶解度实验数据，就可以绘制水-盐系统相图(如图 4-19)。

图 4-19 中 FE 线是冰与盐溶液平衡共存曲线，表示水的凝固点随盐的加入而下降，故又称为水的凝固点降低曲线。ME 线是硫酸铵与其饱和溶液平衡共存曲线，表示硫酸铵的溶解度随温度变化的规律，故称为硫酸铵的溶解度曲线。一般盐的熔点甚高，大大超过其饱和溶液的沸点，所以 ME 不可向上任意延伸。FE 线和 ME 线上都满足 $P=2$，$f=1$(温度和溶液浓度中只有一个可以自由变动)。

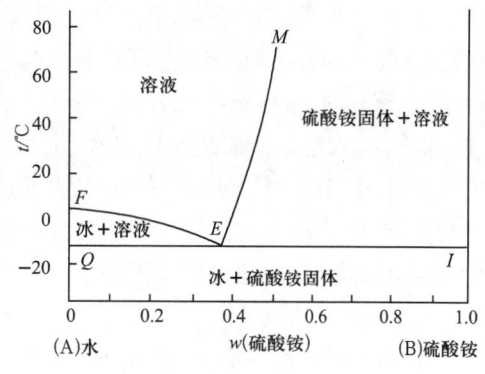

图 4-19 水-硫酸铵系统固液平衡相图

FE 线与 ME 线交于 E 点，在此点上出现冰、盐和盐溶液三相共存。当 $P=3$ 时，$f=0$，表明系统于 E 点时，温度和各相的组成均有固定不变的数值(-18.3 ℃，硫酸铵浓度为 39.8%)，即温度降至-18.3 ℃，系统就出现冰、盐和盐溶液的三相平衡共存，因同时析出冰、盐晶体，故也称共晶线。此线上各物系点(除两端点 Q 和 I 外)均保持三相共存，系统的温度及三个相的组成固定不变。若从此类系统中取走热量，则会结晶出更多的冰和盐，而相点为 E 的溶液的量将逐渐减少直到消失。溶液消失后系统中仅剩下冰和盐两固相，$P=2$, $f=1$，温度可继续下降，即系统将落入只存在冰和盐两个固相共存的两相区。若从降温角度看，E 点的温度是冰和盐一起从溶液中析出的温度，称为共析点；反之，若从升温角度看，E 点的温度是冰和盐能够共同熔化的最低温度，可称为最低共熔点。溶液 E 凝成的共晶混合物，称为共晶体或简单低共熔物。不同的冰-盐系统，其低共熔物的总组成以及低共熔点各不相同。

FE 线和 EM 线的上方区域是均匀的液相区，因而 $f=3-P=3-1=2$（温度和盐溶液浓度两个变量）。FQE 是冰-盐溶液两相共存区；MEI 是盐与饱和盐溶液两相共存区，在两相区内 $P=2$, $f=1$，即液相的组成随温度而变。QEI 线以下区域，温度及总组成可以任意变动。但因各相组成（纯态）固定，故常选温度为独立变量（$f=1$）。

3. 水-盐系统相图的应用

水-盐系统的相图可用于有低共熔点的盐的分离和提纯，可用来创造低温条件，帮助人们有效地选择分离提纯盐类的最佳工艺条件和方法。

(1) 结晶法提纯盐类

如图 4-20 所示，从 80 ℃ 20%（NH_4）$_2SO_4$ 溶液（物系点 H）中获得纯（NH_4）$_2SO_4$ 晶体，应如何操作？

由图 4-20 可见，当溶液的组成落在 ME 线左边时，用单纯降温的方法最终得到的只能是冰和（NH_4）$_2SO_4$ 固体的混合物，是分离不出纯盐的。故应先将此溶液蒸发浓缩，使物系点 H 沿水平方向移至 S 点，再冷却此溶液。到 K 点时溶液已饱和，若再降低温度，将

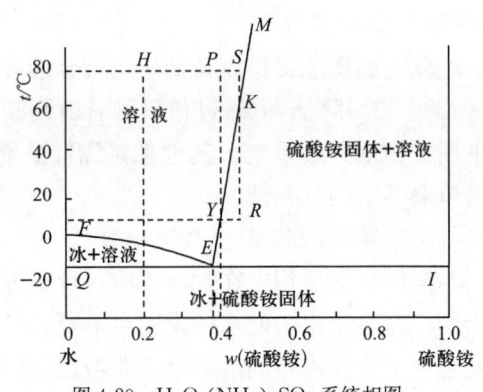

图 4-20　H_2O-(NH_4)$_2SO_4$ 系统相图

析出（NH_4）$_2SO_4$ 固体，此时，可将晶体与母液分开，并将母液重新加热到 P 点，再溶入粗（NH_4）$_2SO_4$，适当补充些水分，物系点又自 P 点移至 S 点，然后再过滤、降温、结晶、分离、加热、溶入粗盐。如此循环多次，从而达到粗盐提纯、精制的目的。需要注意的是，温度不能降至 -18.3 ℃（E 点）的水-盐共析点。一般以冷却至 10～20 ℃ 为宜，不必将温度降得太低，因为根据相图分析，10 ℃ 时系统中固相所占的百分率与 0 ℃ 时所占的百分率相差无几，而且这样还可以节能。

(2) 配制冷冻剂

水-盐系统相图具有低共熔点时，可用来创造低温条件。例如，只要把冰和食盐混合，当有少许冰融化成水，又有盐溶入，则三相共存，溶液的组成向 E 点接近，相应的温度将向最低共熔点趋近，于是系统将自发地通过冰的熔化耗热而降低温度直至达到最低共熔点。此后，只要冰和盐存在，则此系统的温度将保持最低共熔点温度（-21.1 ℃）恒定不变。

4.6.2　生成化合物的二组分系统

1. 生成稳定化合物的二组分系统

将熔化后液相组成与固相组成相同的固体化合物称为稳定化合物，称其熔点为相合

熔点。这类系统中最简单的情况是两物质间只生成一种化合物,而且这种化合物与两纯物质在固态时相互之间完全不相溶。如图 4-21 所示,苯酚(A)-苯胺(B)的分子数之比为 1∶1,故反应可表示为

$$C_6H_5OH(A) + C_6H_5NH_2(B) \longrightarrow C_6H_5OH \cdot C_6H_5NH_2(C)$$

在组成坐标线上,C 的位置应在 $x_B=0.5$ 处,C 的熔点为 31 ℃。相区的稳定相已标于图中。图中 R 点与纯物质 C 完全相同,系统点与相点重合,且表示 C(l)与 C(s)处于两相平衡态。P、Q、R 分别为 A、B、C 的熔点。此相图可以看成是由两相图组合而成的:一个是 A-C 系统相图,另一个是 C-B 系统相图。这两个相图都是具有低共熔点的固态不互溶系统相图。

能形成稳定化合物的系统还有很多,如 Fe_2Cl_6-H_2O、H_2O-NaI、Au-Fe、CuCl-KCl 等。相图中有几个类似伞状(如图 4-22 中 R 处)的图形存在,就有几种稳定化合物生成。

2. 生成不稳定化合物的二组分系统

若 A、B 两物质生成的化合物只能在固态时存在,将其加热到某一温度时,它就分解成另一种固态物质和液相,而且液相的组成完全不同于固态化合物的组成,我们称这类系统为生成不稳定化合物的系统。这类系统最简单的是不稳定化合物与生成它的两种物质在固态时完全不互溶,其相图如图 4-22 所示。若将不稳定化合物 D(s)加热,系统点由 D 垂直向上移动,达到相当于 S_3 点所对应的温度时,化合物开始分解成 B(s)及相点为 L_2 的液相

$$D(s) \longrightarrow L_2(l) + B(s)$$

所产生的固液两相的质量比符合杠杆规则,即 $m(l)/m(s) = S_3S_4/L_2S_3$。水平线段 L_2S_4 所对应的温度称为化合物的不相合熔点或转熔温度。在此温度下,三相共存,$f=0$,三相的组成及温度皆为定值,直到加热至 D(s)完全分解,温度才开始上升。再继续加热,B(s)将不断地熔化,对应的液相组成将沿着 L_2G 曲线移动,直至 B(s)消失,液相点与物系点重合,以后则是液相的升温过程。在二组分系统的相图中,凡有"T"形的图形(如图 4-22 中 S_3 处)出现,就表示有不稳定化合物生成。

这一类系统的实例有:Au-Sb、KCl-CuCl$_2$、SiO$_2$-Al$_2$O$_3$ 等。

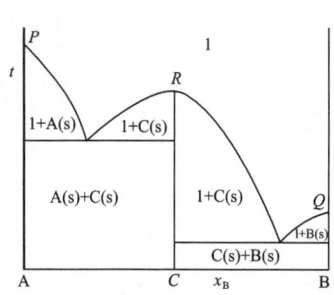

图 4-21 苯酚(A)-苯胺(B)系统相图

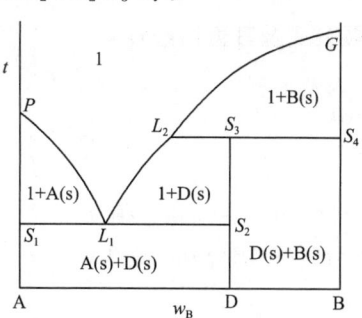

图 4-22 生成不稳定化合物系统相图

思 考 题

1. 物种数和组分数在什么情况下相等?
2. 为什么在高原上煮饭要用高压锅才能煮熟?
3. 水在三相点处,自由度数为零,在冰点时,自由度数是否也等于零?
4. 在一个密闭容器中,装满了温度为 373.2 K 的水,一点空隙也不留,这时水的蒸气压是否等于零?
5. 双液系若形成共沸混合物,试讨论在共沸点时的组分数、自由度和相数各为多少?
6. 水蒸气蒸馏有何优点?
7. 含 Pb 88% 的 Sb-Pb 合金系统的步冷曲线形状与纯 Pb 的步冷曲线形状有无区别?为什么?
8. 二组分液-固系统相图有哪些特点?

本 章 小 结

一、重点内容

1. 系统中物理性质和化学性质完全均匀的部分称为一个相。系统中相的总数称为相数,用 P 表示。通常对于气体,不论有多少种气体都只有一个相;对于液体,按其互溶情况,可以是一相、两相或三相;对于固体,一般有一种固体便有一相。

2. 组分数为足以确定相平衡系统各相组成所需要的数目最少的物种数。定义式为 $C=S-R-R'$。

3. 能够维持系统原有相数而可以独立改变的强度性质称为自由度,这些强度性质的数目叫作自由度数。用字母 f 表示。

4. 二组分系统的液-固平衡相图特征:
(1) 生成简单低共熔物系统,典型特征:"⌄"形标志,交点处为低共熔点。
(2) 生成稳定化合物系统,典型特征:"⊤"形标志,交点处为稳定化合物的相合熔点。
(3) 生成不稳定化合物系统,典型特征:"⊤"形标志,交点处为不稳定化合物的不相合熔点。

二、重要公式及其适用条件

1. 克拉佩龙方程

$$\frac{\mathrm{d}p}{\mathrm{d}T}=\frac{\Delta H_\mathrm{m}^*}{T\cdot\Delta V_\mathrm{m}^*}$$

适用于纯物质任意两相平衡。
对于纯物质(单组分)固-液两相平衡

$$\frac{\mathrm{d}T}{\mathrm{d}p}=\frac{T\cdot\Delta_\mathrm{fus}V_\mathrm{m}^*}{\Delta_\mathrm{fus}H_\mathrm{m}^*}$$

$$\ln\frac{T_2}{T_1}=\frac{\Delta_\mathrm{fus}V_\mathrm{m}^*}{\Delta_\mathrm{fus}H_\mathrm{m}^*}(p_2-p_1)$$

适用条件：温度变化不大，$\Delta_{fus}H_m^*$、$\Delta_{fus}V_m^*$ 都为常数。

2. 克劳修斯-克拉佩龙方程

微分式　　$\dfrac{\mathrm{d}\ln p/[p]}{\mathrm{d}T}=\dfrac{\Delta_{vap}H_m^*}{RT^2}$

不定积分式　　$\ln\dfrac{p}{[p]}=-\dfrac{\Delta_{vap}H_m^*}{R}\dfrac{1}{T}+C$

定积分式　　$\ln\dfrac{p_2}{p_1}=-\dfrac{\Delta_{vap}H_m^*}{R}\left(\dfrac{1}{T_2}-\dfrac{1}{T_1}\right)$

适用条件：固-气或液-气两相平衡；蒸气为理想气体，并且 $V_m^*(l)\ll V_m^*(g)$，两者比较 $V_m^*(l)$ 可以忽略；$\Delta_{vap}H_m^*$ 为常数。对于固-气两相平衡，应将 $\Delta_{vap}H_m^*$ 换成 $\Delta_{sub}H_m^*$。

3. 相律

$$f=C-P+2$$

其中　　$$C=S-R-R'$$

适用于只受温度和压强影响的相平衡系统。

4. 杠杆规则

$$n_l(N_B-x_B)=n_g(y_B-N_B)$$

$$\dfrac{n_l}{n_g}=\dfrac{y_B-N_B}{N_B-x_B}$$

无论两相是否平衡，只要能使混合物分成组成不同的两个部分，两者之间皆可用杠杆规则进行物料衡算。

习　题

1. 指出下列平衡系统中的组分数 C、相数 P 及自由度数 f。
(1) $I_2(s)$ 与其蒸气成平衡；
(2) $CaCO_3(s)$ 与其分解产物 $CaO(s)$ 和 $CO_2(g)$ 成平衡；
(3) 将 $NH_4HS(s)$ 放入一抽空的容器中，并与其分解产物 $NH_3(g)$ 和 $H_2S(g)$ 成平衡；
(4) 任意量的 $NH_3(g)$ 和 $HCl(g)$ 与 $NH_4Cl(s)$ 达到平衡；
(5) $I_2(g)$ 溶于互不相溶的 H_2O 和 $CCl_4(l)$ 中，并达到平衡。

2. 试求下述系统的自由度数并指出变量是什么。
(1) 在 100 kPa 下，液体水与水蒸气达到平衡；
(2) 在 25 ℃ 和标准压强下，固体 NaCl 与其水溶液达成平衡；
(3) 由 $Fe(s)$、$FeO(s)$、$C(s)$、$CO(g)$、$CO_2(g)$ 组成的平衡系统；
(4) $O_2(g)$、$N_2(g)$ 溶于水中且达到相平衡；
(5) $NaCl(s)$ 与含有 HCl 的 NaCl 饱和溶液达到相平衡。

3. $Ag_2O(s)$ 分解的计量方程为 $Ag_2O(s)\rightleftharpoons 2Ag(s)+1/2\,O_2(g)$，$Ag_2O(s)$ 分解达平衡时，系统的组分数、自由度数和可能平衡共存的最多相数各为多少？

4. 在平均海拔为 4 500 m 的西藏高原上，大气压强只有 $5.73\times10^4\,Pa$，已知水的蒸气压与温度的关系为 $\ln(p/Pa)=25.567-5\,216/(T/K)$，计算水的 $\Delta_{vap}H_m$ 和沸点。

5. 计算在 −0.5 ℃时,欲使冰融化所需施加的最小压强？已知冰的密度为 0.916 8 g·cm^{-3},水的密度为 0.999 8 g·cm^{-3},冰的熔化焓为 333.5 J·g^{-1},并且不随温度而变。

6. 固体 CO_2 的饱和蒸气压在 −103 ℃时为 10.226 kPa,在 −78.5 ℃时为 101.325 kPa,求：(1)CO_2 的升华焓；(2) −90 ℃时 CO_2 的饱和蒸气压。

7. 环己烷在其正常沸点(80.75 ℃)时,汽化焓为 358 J·g^{-1},液、气相密度分别为 0.719 9 g·cm^{-3} 和 0.002 9 g·cm^{-3}。

(1)计算沸点时 dp/dT 的值；(2)估算 $p = 5 \times 10^4$ Pa 时的沸点；(3)欲使环己烷在 25 ℃沸腾,应将压强降低至多少？

8. 已知 UF_6 的固态和液态的饱和蒸气压与温度的关系式如下：

$$\lg \frac{p(s)}{[kPa]} = -\frac{2\,559.5}{T/K} + 9.773, \quad \lg \frac{p(l)}{[kPa]} = -\frac{1\,511.3}{T/K} + 6.665$$

试计算：

(1)三相点的温度和压强；

(2)在 101 325 Pa 下固态 UF_6 的升华温度；

(3)在(2)所求出的温度下,液态 UF_6 的饱和蒸气压为多少？并说明在此温度及 101 325 Pa 下 UF_6 是否以固态存在？

9. 图 4-23 为某物质的相图,请标出各区域的相态,说明各线的含义。系统在 E 点时的自由度是多少？若系统点从 A 点变化到 B 点,再到 C 点,再到 D 点,分析此过程系统自由度的变化。系统从 A 状态变化到 D 状态还有其他途径吗？此物质在何温度和压强范围内可能升华？

10. 图 4-24 为 A、B 两组分液态完全互溶系统的压强-组成图。试根据该图画出该系统的沸点-组成图,并在图中标示各相区的聚集态及成分。

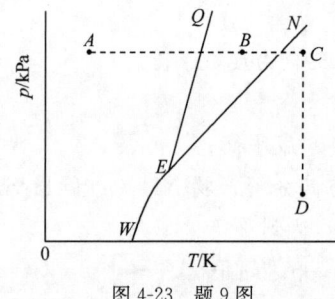
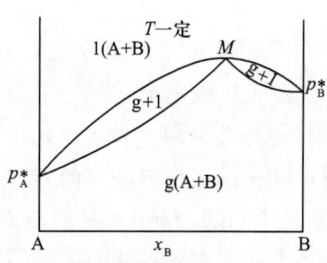

图 4-23 题 9 图　　　图 4-24 题 10 图

11. 已知水-苯酚系统在 30 ℃液-液平衡时共轭溶液的组成 w(苯酚)数值如下：L_1(苯酚溶于水),8.75%；L_2(水溶于苯酚),69.9%。试计算：

(1)在 30 ℃,100 g 苯酚和 200 g 水形成的系统达液-液平衡时,两液相的质量各为多少？

(2)在上述系统中若再加入 100 g 苯酚,又达到相平衡时,两液相的质量各变到多少？

12. 恒压下二组分液态部分互溶系统气-液平衡的温度-组成如图 4-25 所示,指出四个区域内平衡的相。若 M、Q、N 点含 B 的质量分数分别为 26%、34%、77%,那么物系点为 Q 的混合物 100 kg,平衡各相的质量是多少？若继续升温至系统点 X 时,定性说明 B 在平衡各相的质量如何变化？

13. 如图 4-26 所示相图,画出系统点 R、S、Q、M、N 的冷却曲线。试标出各相区的稳定相。

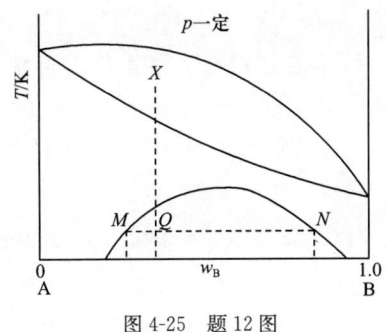
图 4-25 题 12 图

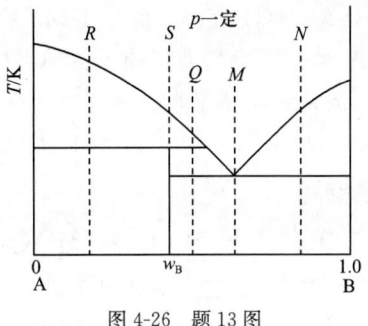
图 4-26 题 13 图

自 测 题

一、选择题

1. 如图 4-27 所示的冷却过程,右边的步冷曲线在相图中对应的系统点是(　　)。

A. a 点 　　　　B. b 点
C. c 点 　　　　D. d 点

2. 在水的 p-T 相图中,$H_2O(l)$ 的蒸气压曲线代表的是(　　)。

A. $P=1, f=2$ 　　B. $P=2, f=1$
C. $P=3, f=0$ 　　D. $P=2, f=2$

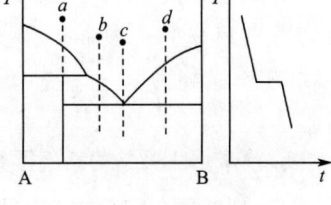
图 4-27 题 1 图

3. 在 410 K,$Ag_2O(s)$ 部分分解成 $Ag(s)$ 和 $O_2(g)$,此平衡系统的自由度为(　　)。

A. 0 　　　　B. 1 　　　　C. 2 　　　　D. -1

4. 通常情况下,对于二组分能平衡共存的最多相为(　　)。

A. 1 　　　　B. 2 　　　　C. 3 　　　　D. 4

5. 对于与本身的蒸气处于平衡状态的液体,通过作图法可获得一直线的是(　　)。

A. p 对 T 　　　　　　　　B. $\lg(p/Pa)$ 对 T
C. $\lg(p/Pa)$ 对 $1/T$ 　　　　D. $1/p$ 对 $\lg(T/K)$

6. 二元合金处于低共熔温度时,物系的自由度为(　　)。

A. 0 　　　　B. 1 　　　　C. 3 　　　　D. 2

7. 在一定压强下,由 A(l) 与 B(l) 形成的二组分温度-组成图(T-x 图),图中恒沸点处的气液两相组成的关系为(　　)。

A. $y_B > x_B$ 　B. $y_B < x_B$ 　C. $y_B = x_B$ 　D. y_B 和 x_B 无确定的关系

8. 水蒸气蒸馏通常适用于某有机物与水组成的(　　)。

A. 完全互溶双液系 　　　　B. 互不相溶双液系
C. 部分互溶双液系 　　　　D. 所有双液系

9. 如图 4-28 所示,对于形成简单低共熔物的二元相图,当物系的组成为 x,冷却到 t ℃时,固液两相的质量之比是(　　)。

A. $m(s):m(l) = ac:ab$ 　　B. $m(s):m(l) = bc:ab$

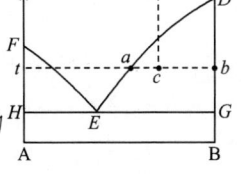
图 4-28 题 9 图

C. $m(s):m(l)=ac:bc$　　D. $m(s):m(l)=bc:ac$

10. A 和 B 可形成具有最低恒沸点($x_B=0.7$)的液态完全互溶系统。若把 $x_B=0.8$ 的溶液进行精馏,从精馏塔顶和塔釜可分别得到(　　)。

　　A. 纯 A,纯 B　　　　B. 纯 B,恒沸物　　　C. 恒沸物,纯 B　　　D. 恒沸物,纯 A

二、填空题

1. 在密闭容器中,$H_2O(l)$、$H_2O(g)$ 和 $H_2O(s)$ 三相呈平衡时,系统的组分数为_____,相数为_____,自由度数为_____。

2. 在 0 ℃到 100 ℃的范围内,液态水的蒸气压 p 与温度 T 的关系为:$\lg(p/\text{Pa})=-2265/(T/K)+11.101$,某高原地区的气压只有 59 995 Pa,则该地区水的沸点为_____。

3. 水在三相点附近的蒸发热和熔化热分别为 45 kJ·mol^{-1} 和 6 kJ·mol^{-1},三相点时的蒸气压为 609 Pa,则升华热为_____ kJ·mol^{-1}。−10 ℃时冰的蒸气压为_____。

4. 二组分气-液相平衡的 T-x 图中,沸点与液相组成的关系曲线,称为_____,沸点与气相组成的关系曲线,称为_____。液相线与气相线将图平面分为三个区:气相线以上的区域称为_____,液相线以下的区域称为_____,气、液相线之间的区域为_____。

5. 炊事用压强锅的蒸气压最高的允许值为 233 kPa,锅内水蒸气的最高温度为_____。

三、判断题(正确的在括号内打"√",错误的在括号内打"×")

1. 只要两组分的蒸气压不同,利用简单蒸馏总能分离得到两纯组分。　　　　　(　　)

2. 在一个密封的钟罩内,一个烧杯盛有纯液体苯,另一烧杯盛有苯和甲苯溶液,长时间放置,最后两个烧杯内溶液浓度相同。　　　　　(　　)

3. 在简单低共熔物的相图中,三相线上的任何一个系统点的液相组成都相同。
　　　　　(　　)

4. 共沸物是混合物,而不是化合物,其组成随压强改变而改变。　　　　　(　　)

5. 杠杆规则只适用于 T-x 图的两相平衡区。　　　　　(　　)

四、计算题

1. 已知水在 77 ℃时的饱和蒸气压为 41.891 kPa。水在 101.325 kPa 下的正常沸点为 100 ℃。求

(1) 下面表示水的蒸气压与温度关系的方程式中的 A 和 B 值;
$$\lg(p/\text{Pa})=-A/(T/K)+B$$

(2) 在此温度范围内水的摩尔蒸发焓;

(3) 在多大压强下水的沸点为 105 ℃。

2. 已知 100 ℃时纯液体 A 和 B 的饱和蒸气压分别为 40 kPa 和 120 kPa,在一抽空容器中注入 4 mol 纯液体 A 和 6 mol 纯液体 B,两者形成理想液态混合物。在 100 ℃下,气液两相达平衡时,测得系统的总压强为 80 kPa。试计算平衡时:

(1) 系统的气液两相组成 y_B 和 x_B;

(2) 气液两相的量及气液中 A 的物质的量。

第 5 章

化学平衡

基本要求

1. 掌握理想气体反应等温方程,并会利用标准平衡常数 $K^{\ominus}$ 和压强熵 Q_p 判断化学反应的方向和限度;
2. 掌握标准平衡常数 $K^{\ominus}$ 的表达式,以及与 $\Delta_r G_m^{\ominus}$、平衡组成和平衡转化率的相互求算;
3. 掌握利用化学反应等压方程定性讨论和定量计算温度对 $K^{\ominus}$ 的影响;
4. 掌握定性分析和定量计算压强和惰性组分对化学平衡的影响;
5. 理解化学反应的 $K^{\ominus}$ 与 θ_p 的区别与联系,各种平衡常数的表达式及相互关系;
6. 理解标准摩尔反应吉布斯函数的意义及其计算;
7. 了解化学反应等温方程、化学反应等压方程的推导及 $\Delta_r H_m^{\ominus}$ 为变量时化学反应等压方程的有关计算;
8. 了解反应物原料配比对化学平衡的影响。

绝大多数化学反应都有一定的可逆性。化学平衡状态是指在一定条件下的可逆反应中,正、逆反应的速率相等,反应体系中各组分的量保持不变的状态。用热力学方法对化学平衡进行研究,可以判断化学反应在一定条件下进行的方向和限度;通过化学平衡的计算,可以得到给定条件下反应的最高产率;通过分析各种因素对化学平衡的影响,可以制定出合理的工艺路线和最佳的工艺条件,有助于人们控制化学反应条件,使反应按预定的方向进行,并获得最理想的收益。化学平衡是热力学基本原理在化学反应中的具体应用,对科学研究及化工生产具有重要的指导意义。

5.1 化学反应的方向与限度

由热力学第二定律可知,封闭系统中恒温、恒压且不做非体积功的条件下,任一过程总是自发地向着系统吉布斯函数减小的方向进行,直到吉布斯函数达到一个最小值为止。化学反应通常在上述条件下进行,因而可以用反应前后的吉布斯函数增量来判断反应进行的方向和限度。

5.1.1 摩尔反应吉布斯函数

对于在恒温、恒压且不做非体积功的封闭系统内发生的任一化学反应

$$a\text{A} + b\text{B} \rightleftharpoons m\text{M} + l\text{L}$$

当参加反应的任一物质 B 的物质的量的变化为 dn_B 时，系统吉布斯函数改变为

$$dG_{T,p} = \sum_B \mu_B dn_B$$

当反应进度为 $d\xi$ 时，参加反应的任一物质 B 的物质的量的变化为 $dn_B = \nu_B d\xi$，代入上式得

$$dG_{T,p} = \sum_B \nu_B \mu_B d\xi$$

所以

$$\left(\frac{\partial G}{\partial \xi}\right)_{T,p} = \sum_B \nu_B \mu_B$$

$\left(\dfrac{\partial G}{\partial \xi}\right)_{T,p}$ 称为摩尔反应吉布斯函数，通常用符号 $\Delta_r G_m$ 表示。其物理意义是：在恒温、恒压、不做非体积功且组成不变的条件下，反应系统的吉布斯函数随化学反应进度的变化率。

$$\Delta_r G_m = \left(\frac{\partial G}{\partial \xi}\right)_{T,p} = \sum_B \nu_B \mu_B \tag{5-1}$$

若参加反应的各物质都处于标准态，则此时的 $\Delta_r G_m$ 称为标准摩尔反应吉布斯函数，用 $\Delta_r G_m^{\ominus}$ 表示。

5.1.2 化学反应的方向与限度

根据热力学第二定律，在恒温、恒压且不做非体积功的条件下，反应系统的 $\Delta_r G_m$ 可以作为化学反应进行的方向和限度的判据：

$\left(\dfrac{\partial G}{\partial \xi}\right)_{T,p} < 0$，即 $\Delta_r G_m < 0$ 或 $\sum_B \nu_B \mu_B < 0$，正向反应可以自发进行；

$\left(\dfrac{\partial G}{\partial \xi}\right)_{T,p} = 0$，即 $\Delta_r G_m = 0$ 或 $\sum_B \nu_B \mu_B = 0$，化学反应处于平衡态；

$\left(\dfrac{\partial G}{\partial \xi}\right)_{T,p} > 0$，即 $\Delta_r G_m > 0$ 或 $\sum_B \nu_B \mu_B > 0$，逆向反应可以自发进行。

由此可知，在恒温、恒压且不做非体积功的条件下，当反应物化学势的总和大于产物化学势的总和时反应自发地向正向进行，此时系统的吉布斯函数降低，至最小值时达到平衡。

$\Delta_r G_m$ 的数值可以通过化学反应等温方程来计算。

5.2 理想气体反应的等温方程与平衡常数

5.2.1 理想气体反应的等温方程

对于理想气体反应 $a\mathrm{A(g)} + b\mathrm{B(g)} \rightleftharpoons m\mathrm{M(g)} + l\mathrm{L(g)}$

反应的摩尔吉布斯函数变与各组分的化学势关系为

$$\Delta_r G_m = m\mu_M + l\mu_L - a\mu_A - b\mu_B$$

当理想气体混合物中任一纯组分 B 的分压为 p_B 时,其化学势为

$$\mu_B(\mathrm{pg}, T, p) = \mu_B^\ominus(\mathrm{pg}, T) + RT\ln\frac{p_B}{p^\ominus}$$

则
$$\Delta_r G_m = m\left[\mu_M^\ominus(\mathrm{pg}, T) + RT\ln\frac{p_M}{p^\ominus}\right] + l\left[\mu_L^\ominus(\mathrm{pg}, T) + RT\ln\frac{p_L}{p^\ominus}\right]$$
$$- a\left[\mu_A^\ominus(\mathrm{pg}, T) + RT\ln\frac{p_A}{p^\ominus}\right] - b\left[\mu_B^\ominus(\mathrm{pg}, T) + RT\ln\frac{p_B}{p^\ominus}\right]$$
$$= \left[(m\mu_M^\ominus(\mathrm{pg}, T) + l\mu_L^\ominus(\mathrm{pg}, T) - a\mu_A^\ominus(\mathrm{pg}, T) - b\mu_B^\ominus(\mathrm{pg}, T)\right]$$
$$+ RT\ln\frac{(p_M/p^\ominus)^m (p_L/p^\ominus)^l}{(p_A/p^\ominus)^a (p_B/p^\ominus)^b}$$

令 $\Delta_r G_m^\ominus = [m\mu_M^\ominus(\mathrm{pg}, T) + l\mu_L^\ominus(\mathrm{pg}, T)] - [a\mu_A^\ominus(\mathrm{pg}, T) + b\mu_B^\ominus(\mathrm{pg}, T)]$

$$Q_p = \frac{(p_M/p^\ominus)^m (p_L/p^\ominus)^l}{(p_A/p^\ominus)^a (p_B/p^\ominus)^b} = \prod_B \left(\frac{p_B}{p^\ominus}\right)^{\nu_B}$$

则有
$$\Delta_r G_m = \Delta_r G_m^\ominus + RT\ln Q_p \tag{5-2}$$

式(5-2)称为理想气体化学反应的等温方程。

式中 Q_p——压强熵,量纲为 1。

当 $\Delta_r G_m = 0$ 时,反应达到平衡

$$\Delta_r G_m^\ominus = -RT\ln Q_p^{eq}$$

Q_p^{eq} 为平衡压强熵,称为标准平衡常数,用 $K^\ominus$ 表示。

即
$$\Delta_r G_m^\ominus = -RT\ln K^\ominus \tag{5-3}$$

5.2.2 理想气体反应的平衡常数

1. 理想气体反应的标准平衡常数

对于理想气体化学反应
$$a\mathrm{A(g)} + b\mathrm{B(g)} \rightleftharpoons m\mathrm{M(g)} + l\mathrm{L(g)}$$
$$K^\ominus = \frac{(p_M^{eq}/p^\ominus)^m (p_L^{eq}/p^\ominus)^l}{(p_A^{eq}/p^\ominus)^a (p_B^{eq}/p^\ominus)^b} \tag{5-4}$$

也可简写成
$$K^\ominus = \prod_B (p_B^{eq}/p^\ominus)^{\nu_B} \tag{5-5}$$

式中　　$K^{\ominus}$ —— 标准平衡常数,量纲为 1;

p_B^{eq} —— 组分 B 的平衡分压,kPa;

$p^{\ominus}$ —— 标准压强,$p^{\ominus}=100$ kPa。

由式(5-4)可知,对于给定的理想气体反应,平衡常数可以看作是反应所能达到限度的标志。无论反应从正向开始进行,还是从逆向开始进行,也无论各物质的初始浓度如何变化,只要在一定温度下反应达到平衡后,平衡常数就为定值。

应用 $K^{\ominus}$ 时要注意以下问题:

(1) 同一个化学反应,方程式的书写方式不同,$K^{\ominus}$ 值不同。

例如　　①$N_2(g) + 3H_2(g) \rightleftharpoons 2NH_3(g)$　　$K_1^{\ominus} = \dfrac{(p_{NH_3}^{eq}/p^{\ominus})^2}{(p_{N_2}^{eq}/p^{\ominus})(p_{H_2}^{eq}/p^{\ominus})^3}$

②$\dfrac{1}{2}N_2(g) + \dfrac{3}{2}H_2(g) \rightleftharpoons NH_3(g)$　　$K_2^{\ominus} = \dfrac{p_{NH_3}^{eq}/p^{\ominus}}{(p_{N_2}^{eq}/p^{\ominus})^{\frac{1}{2}}(p_{H_2}^{eq}/p^{\ominus})^{\frac{3}{2}}}$

可以看出 $(K_1^{\ominus})^{1/2} = K_2^{\ominus}$。因此在给出一个化学反应的 $K^{\ominus}$ 值的同时,必须指出它的计量方程。

(2) 若在同一温度下,不同化学反应的组合可得到另一个化学反应,则这些反应的标准平衡常数之间必然存在着一定的关系。

例如　　①$C(石墨) + \dfrac{1}{2}O_2(g) \rightleftharpoons CO(g)$　　$K_1^{\ominus} = \dfrac{p_{CO}^{eq}/p^{\ominus}}{(p_{O_2}^{eq}/p^{\ominus})^{1/2}}$

②$CO(g) + \dfrac{1}{2}O_2(g) \rightleftharpoons CO_2(g)$　　$K_2^{\ominus} = \dfrac{p_{CO_2}^{eq}/p^{\ominus}}{(p_{CO}^{eq}/p^{\ominus})(p_{O_2}^{eq}/p^{\ominus})^{1/2}}$

③$C(石墨) + O_2(g) \rightleftharpoons CO_2(g)$　　$K_3^{\ominus} = \dfrac{p_{CO_2}^{eq}/p^{\ominus}}{p_{O_2}^{eq}/p^{\ominus}}$

从以上三个反应方程式可以看出:反应③ = 反应① + 反应②,而标准平衡常数的关系是 $K_3^{\ominus} = K_1^{\ominus} \cdot K_2^{\ominus}$。

反应② = 反应③ - 反应①,则 $K_2^{\ominus} = K_3^{\ominus}/K_1^{\ominus}$。

(3) 正、逆反应的平衡常数互为倒数关系。

(4) $K^{\ominus}$ 的数值只与温度有关,与平衡系统的总压及组成无关。

2. 理想气体反应的 $K^{\ominus}$、K_y、$K_c^{\ominus}$ 和 K_n

理想气体反应在一定条件下达到平衡时,其平衡常数除了用标准平衡常数表示之外,还可以有其他几种表示方法。

(1) 用平衡时各组分的摩尔分数表示的平衡常数 K_y

对于理想气体化学反应　　$aA(g) + bB(g) \rightleftharpoons mM(g) + lL(g)$

定义　　$K_y = \dfrac{(y_M^{eq})^m (y_L^{eq})^l}{(y_A^{eq})^a (y_B^{eq})^b} = \prod_B (y_B^{eq})^{\nu_B}$　　(5-6)

式中　　y_B —— 平衡时组分 B 的摩尔分数。

由于 $p_B = y_B p$,代入式(5-5)得

$$K^{\ominus} = \prod_B (p_B/p^{\ominus})^{\nu_B} = \prod_B (y_B p/p^{\ominus})^{\nu_B} = (p/p^{\ominus})^{\sum \nu_B} \prod_B y_B^{\nu_B}$$

则
$$K^{\ominus} = K_y (p/p^{\ominus})^{\sum \nu_B} \tag{5-7}$$

式中　　p——系统的总压强，Pa；

　　　　K_y——其大小与平衡系统的温度和压强有关。

(2) 用平衡时各组分的物质的量浓度表示的平衡常数 $K_c^{\ominus}$

对于理想气体化学反应　　$aA(g) + bB(g) \rightleftharpoons mM(g) + lL(g)$

定义
$$K_c^{\ominus} = \frac{(c_M^{eq}/c^{\ominus})^m (c_L^{eq}/c^{\ominus})^l}{(c_A^{eq}/c^{\ominus})^a (c_B^{eq}/c^{\ominus})^b} = \prod_B (c_B^{eq}/c^{\ominus})^{\nu_B} \tag{5-8}$$

当用物质的量浓度表示理想气体混合物的组成时，$p_B = c_B RT$，代入式(5-5) 得

$$K^{\ominus} = \prod_B (p_B^{eq}/p^{\ominus})^{\nu_B} = \prod_B \left(\frac{c_B^{eq}}{c^{\ominus}} c^{\ominus} RT/p^{\ominus}\right)^{\nu_B}$$

$$= (c^{\ominus} RT/p^{\ominus})^{\sum \nu_B} \prod_B \left(\frac{c_B^{eq}}{c^{\ominus}}\right)^{\nu_B}$$

则
$$K^{\ominus} = K_c^{\ominus} (c^{\ominus} RT/p^{\ominus})^{\sum \nu_B} \tag{5-9}$$

式中　　$c^{\ominus}$——标准浓度，$c^{\ominus} = 1 \text{mol} \cdot \text{dm}^{-3}$；

　　　　$K_c^{\ominus}$——其值只取决于平衡系统的温度。

(3) 用平衡时各组分的物质的量表示的平衡常数 K_n

对于理想气体化学反应
$$aA(g) + bB(g) \rightleftharpoons mM(g) + lL(g)$$

定义
$$K_n = \frac{(n_M^{eq})^m (n_L^{eq})^L}{(n_A^{eq})^a (n_B^{eq})^b} = \prod_B (n_B^{eq})^{\nu_B} \tag{5-10}$$

因为 $p_B = y_B p = \dfrac{n_B}{\sum n_B} p$，代入式(5-5) 得

$$K^{\ominus} = \prod_B (p_B^{eq}/p^{\ominus})^{\nu_B} = \prod_B \left(\frac{n_B^{eq}}{\sum n_B^{eq}} p/p^{\ominus}\right)^{\nu_B} = \left(\frac{p}{p^{\ominus} \cdot \sum n_B^{eq}}\right)^{\sum \nu_B} \prod_B (n_B^{eq})^{\nu_B}$$

则
$$K^{\ominus} = K_n \left(\frac{p}{p^{\ominus} \cdot \sum n_B^{eq}}\right)^{\sum \nu_B} \tag{5-11}$$

式中　　n_B——平衡时组分 B 的物质的量；mol；

　　　　K_n——其值与平衡系统的温度和压强有关。

对于理想气体反应，若 $\sum \nu_B = 0$，则有
$$K^{\ominus} = K_y = K_c^{\ominus} = K_n$$

5.2.3　多相反应的标准平衡常数

若理想气体反应中还有纯液态或纯固态物质参加，如
$$dD(g) + eE(l) = fF(g) + mM(s)$$
在通常情况下，压强对凝聚态的影响可忽略不计，故参加反应的凝聚相可以认为处于标准

态,因此 μ_B(凝聚态) $=\mu_B^\ominus$,$K^\ominus$ 简化为只包含气体组分的分压,即

$$K^\ominus = \prod_B (p_{B,g}^{eq}/p^\ominus)^{\nu_B}$$

可见,在有纯凝聚相参加的理想气体反应中,标准平衡常数 $K^\ominus$ 的表示式中不出现凝聚相。例如 $CaCO_3$ 的分解反应 $CaCO_3(s) \rightleftharpoons CaO(s) + CO_2(g)$,其标准平衡常数的表示式为 $K^\ominus = \dfrac{p^{eq}(CO_2)}{p^\ominus}$。

当一种纯固(液)态化合物分解达到平衡状态时,各气体产物的分压之和,称为该化合物在该温度下的分解压。

例如,$CaCO_3$ 的分解反应,在 1 170 K 下 $CO_2(g)$ 的平衡压强为 1.01×10^5 Pa,这个压强就称为 $CaCO_3$ 在该温度下的分解压。由多相反应标准平衡常数的表达式可以看出:分解压的大小只与温度有关。当分解压与外压相等时所对应的温度称为分解温度。

5.2.4 理想气体反应等温方程的应用

理想气体等温方程

将式(5-3)代入式(5-2),得

$$\Delta_r G_m = -RT\ln K^\ominus + RT\ln Q_p \tag{5-12}$$

或

$$\Delta_r G_m = RT\ln \frac{Q_p}{K^\ominus} \tag{5-13}$$

式(5-12)和式(5-13)也是理想气体反应等温方程的表示形式。由式(5-13)不难看出:

$Q_p < K^\ominus$,$\Delta_r G_m < 0$,正向反应能自发进行;
$Q_p = K^\ominus$,$\Delta_r G_m = 0$,反应达到平衡;
$Q_p > K^\ominus$,$\Delta_r G_m > 0$,逆向反应能自发进行。

因为 Q_p 和 $K^\ominus$ 均能通过实验测定,所以可以很方便地利用理想气体反应等温方程判断化学反应进行的方向和限度。

【例 5-1】 在 298.15 K 时,理想气体反应 $\dfrac{1}{2}N_2(g) + \dfrac{3}{2}H_2(g) \rightleftharpoons NH_3(g)$ 的 $\Delta_r G_m^\ominus = -16.467$ kJ·mol^{-1}。系统的总压强为 100 kPa,混合气体中物质的量之比为 $n_{N_2} : n_{H_2} : n_{NH_3} = 1 : 3 : 2$。试求:(1)反应系统的压强熵 Q_p;(2)摩尔反应吉布斯函数 $\Delta_r G_m$;(3)298.15 K 时的 $K^\ominus$;(4)判断反应自发进行的方向。

解:(1)反应系统的压强熵

$$Q_p = \frac{p_{NH_3}/p^\ominus}{(p_{N_2}/p^\ominus)^{1/2}(p_{H_2}/p^\ominus)^{3/2}} = \frac{(\frac{2}{6} \times \frac{100}{100})}{(\frac{1}{6} \times \frac{100}{100})^{\frac{1}{2}}(\frac{3}{6} \times \frac{100}{100})^{\frac{3}{2}}} = 2.309$$

(2)由式(5-2)得

$$\Delta_r G_m = \Delta_r G_m^\ominus + RT\ln Q_p$$
$$= -16.467 \times 10^3 + 8.314 \times 298.15 \times \ln 2.309$$
$$= -14\ 393 \text{ J·mol}^{-1}$$

(3) 由 $\Delta_r G_m^\ominus = -RT\ln K^\ominus$ 得

$$\ln K^\ominus = -\frac{-16.467 \times 10^3}{8.314 \times 298.15} = 6.643$$

$$K^\ominus = 767.5$$

(4) 因为 $K^\ominus > Q_p$,$\Delta_r G_m < 0$,故反应可以正向自发进行。

【例 5-2】 反应 $FeO(s) + H_2(g) \rightleftharpoons Fe(s) + H_2O(g)$ 在 900 ℃ 达平衡时,$H_2(g)$ 和 $H_2O(g)$ 的平衡分压分别为 61 555 Pa 和 39 770 Pa。工厂在进行热处理时,为防止钢件氧化常用氢气做保护。若所用的原料气中含有 2%(体积分数)的水蒸气。试问,在 900 ℃ 进行热处理时,钢件能不能被氧化?

解: 900 ℃ 达平衡时,反应的标准平衡常数 $K^\ominus$ 为

$$K^\ominus = \frac{p_{H_2O}^{eq}/p^\ominus}{p_{H_2}^{eq}/p^\ominus} = \frac{p_{H_2O}^{eq}}{p_{H_2}^{eq}} = \frac{39\,770}{61\,555} = 0.646$$

热处理时,反应的压强熵 Q_p 为

$$Q_p = \frac{p_{H_2O}/p^\ominus}{p_{H_2}/p^\ominus} = \frac{py_{H_2O}}{py_{H_2}} = \frac{0.02}{0.98} = 0.02$$

因为 $K^\ominus > Q_p$,反应正向自发进行,所以钢件热处理时不会被氧化。

5.3 标准平衡常数的计算

在化学平衡的计算中最基本的数据是标准平衡常数 $K^\ominus$,它不仅能衡量一个化学反应在一定温度下是否达到了平衡,而且还可以计算平衡转化率、平衡产率、平衡组成等。$K^\ominus$ 可通过实验测定平衡组成来求得,也可由反应的 $\Delta_r G_m^\ominus$ 求算。

5.3.1 标准平衡常数的测定

在外界条件一定的情况下,测定反应达到平衡时各组分的组成或压强,然后代入标准平衡常数的定义式,即可计算出 $K^\ominus$。

【例 5-3】 在一容积为 1 104.2 cm³ 的真空容器中放入 1.279 8 g $N_2O_4(g)$。实验测得在 25 ℃,反应 $N_2O_4(g) \rightleftharpoons 2NO_2(g)$ 达平衡时,气体的压强为 39.943 kPa,求此反应在 25 ℃ 时的标准平衡常数。

解: 反应开始时 $N_2O_4(g)$ 的物质的量

$$n_{N_2O_4} = \frac{m}{M} = \frac{1.279\,8}{92} = 0.013\,9 \text{ mol}$$

平衡时系统中总的物质的量

$$n_{总} = \frac{pV}{RT} = \frac{39.943 \times 10^3 \times 1\,104.2 \times 10^{-6}}{8.314 \times 298.15} = 0.017\,8 \text{ mol}$$

设平衡时 $NO_2(g)$ 的物质的量为 x,则

$$N_2O_4(g) \rightleftharpoons 2NO_2(g)$$

起始物质的量 n_B/mol   0.013 9   0

平衡物质的量 n_B^{eq}/mol $0.013\ 9 - \frac{1}{2}x$ x

$$\sum n_B^{eq} = (0.013\ 9 - \frac{1}{2}x) + x = 0.017\ 8 \text{ mol}$$

解得 $x = 0.007\ 8$ mol

则平衡时 N_2O_4 的物质的量为 $n_{N_2O_4}^{eq} = 0.013\ 9 - \frac{1}{2} \times 0.007\ 8 = 0.01$ mol

$$K^{\ominus} = \frac{(\frac{p_{NO_2}^{eq}}{p^{\ominus}})^2}{\frac{p_{N_2O_4}^{eq}}{p^{\ominus}}} = \frac{(\frac{0.007\ 8}{0.017\ 8} \times \frac{p}{p^{\ominus}})^2}{\frac{0.01}{0.017\ 8} \times \frac{p}{p^{\ominus}}} = \frac{(0.007\ 8)^2}{0.01 \times 0.017\ 8} \times \frac{39.943}{100} = 0.137$$

测定一定温度下的 $K^{\ominus}$，就是测定在一定温度、压强及原料配比的条件下，反应达到平衡时的组成。为了缩短达到平衡的时间，可加入催化剂。用测定折射率、电导率、吸光度等物理方法测定平衡浓度，一般不会影响平衡。如用化学方法，在加入试剂时可能会造成平衡的移动而产生误差，这就需要采取某些措施将影响降低到可忽略的程度。

5.3.2 由反应的 $\Delta_r G_m^{\ominus}$ 求算 $K^{\ominus}$

用已知的热力学数据或其他方法求出反应的标准摩尔反应吉布斯函数，然后由 $\Delta_r G_m^{\ominus} = -RT \ln K^{\ominus}$ 来计算 $K^{\ominus}$。$\Delta_r G_m^{\ominus}$ 的计算方法有以下几种：

1. 由物质的 $\Delta_f G_m^{\ominus}(B,\beta,T)$ 计算化学反应的 $\Delta_r G_m^{\ominus}$

在一定温度下，由处于标准状态的稳定单质，生成 1 mol 处于标准状态的指定相态的化合物，这一生成反应的摩尔反应吉布斯函数，称为该化合物的标准摩尔生成吉布斯函数。用 $\Delta_f G_m^{\ominus}(B,\beta,T)$ 表示，单位是 kJ·mol^{-1}。按此定义，稳定单质的 $\Delta_f G_m^{\ominus}(B,\beta,T)$ 为零。附录中列出了一些物质在 298.15 K 时的 $\Delta_f G_m^{\ominus}(B,\beta,T)$。

与计算标准摩尔反应焓 $\Delta_r H_m^{\ominus} = \sum \nu_B \Delta_f H_m^{\ominus}(B,\beta,T)$ 相类似，标准摩尔反应吉布斯函数 $\Delta_r G_m^{\ominus}$ 可按下式由参加反应的各物质的标准摩尔生成吉布斯函数 $\Delta_f G_m^{\ominus}(B,\beta,T)$ 计算。

$$\Delta_r G_m^{\ominus} = \sum \nu_B \Delta_f G_m^{\ominus}(B,\beta,T) \tag{5-14}$$

【例 5-4】 已知在 $N_2O_4(g)$ 和 $NO_2(g)$ 在 25 ℃ 时的标准摩尔生成吉布斯函数分别为 51.86 kJ·mol^{-1} 和 98.29 kJ·mol^{-1}，计算反应 $N_2O_4(g) = 2NO_2(g)$ 在该温度时的标准平衡常数。

解：$\Delta_r G_m^{\ominus} = 2\Delta_f G_m^{\ominus}(NO_2,g,298.15\text{ K}) - \Delta_f G_m^{\ominus}(N_2O_4,g,298.15\text{ K})$

$= 2 \times 51.86 - 98.29 = 5.43$ kJ·mol^{-1}

$$\Delta_r G_m^{\ominus} = -RT \ln K^{\ominus}$$

$$\ln K^{\ominus} = -\frac{\Delta_r G_m^{\ominus}}{RT} = \frac{-5.43 \times 10^3}{8.314 \times 298.15} = -2.19$$

$$K^{\ominus}=0.113$$

2. 由反应的 $\Delta_rH_m^{\ominus}$ 及 $\Delta_rS_m^{\ominus}$ 计算 $\Delta_rG_m^{\ominus}$

$$\Delta_rG_m^{\ominus}=\Delta_rH_m^{\ominus}-T\Delta_rS_m^{\ominus} \tag{5-15}$$

【例 5-5】 已知在 298.15 K 时 $CH_4(g)$、$H_2O(g)$、$CO_2(g)$ 的 $\Delta_fH_m^{\ominus}(B,\beta,T)$ 分别为 -74.81 kJ·mol^{-1}、-241.8 kJ·mol^{-1}、-393.5 kJ·mol^{-1}；$CH_4(g)$、$H_2O(g)$、$CO_2(g)$、$H_2(g)$ 的 $S_m^{\ominus}(B,\beta,T)$ 分别为 188.0 J·K^{-1}·mol^{-1}、188.8 J·K^{-1}·mol^{-1}、213.8 J·K^{-1}·mol^{-1} 和 130.7 J·K^{-1}·mol^{-1}。试利用以上数据计算 298.15 K 时反应的 $\Delta_rG_m^{\ominus}$ 和 $K^{\ominus}$

$$CH_4(g)+2H_2O(g)=CO_2(g)+4H_2(g)$$

解：
$$\begin{aligned}\Delta_rH_m^{\ominus}&=\Delta_fH_m^{\ominus}(CO_2,g,298.15\text{ K})+4\Delta_fH_m^{\ominus}(H_2,g,298.15\text{ K})\\&\quad-2\Delta_fH_m^{\ominus}(H_2O,g,298.15\text{K})-\Delta_fH_m^{\ominus}(CH_4,g,298.15\text{ K})\\&=-393.5+0-2\times(-241.8)-(-74.81)\\&=164.91\text{ kJ/mol}\end{aligned}$$

$$\begin{aligned}\Delta_rS_m^{\ominus}&=S_m^{\ominus}(CO_2,g,298.15\text{ K})+4S_m^{\ominus}(H_2,g,298.15\text{ K})\\&\quad-S_m^{\ominus}(CH_4,g,298.15\text{ K})-2S_m^{\ominus}(H_2O,g,298.15\text{ K})\\&=213.8+4\times130.7-188-2\times188.8\\&=171\text{ J/(mol·K)}\end{aligned}$$

$$\Delta_rG_m^{\ominus}=\Delta_rH_m^{\ominus}-T\Delta_rS_m^{\ominus}=164.91-298.15\times171\times10^{-3}=113.92\text{ kJ·mol}^{-1}$$

$$\ln K^{\ominus}=-\frac{\Delta_rG_m^{\ominus}}{RT}=\frac{-113.92\times10^3}{8.314\times298.15}=-45.96$$

$$K^{\ominus}=1.096\times10^{-20}$$

3. 由有关反应计算 $\Delta_rG_m^{\ominus}$

【例 5-6】 已知在 1 000 K 时，反应

(1) $C(石墨)+\frac{1}{2}O_2(g)\rightleftharpoons CO(g)$ $\Delta_rG_m^{\ominus}=-2.002\times10^5$ J·mol^{-1}；

(2) $CO(g)+\frac{1}{2}O_2(g)\rightleftharpoons CO_2(g)$ $\Delta_rG_m^{\ominus}=-1.96\times10^5$ J·mol^{-1}

求反应 $C(石墨)+O_2(g)\rightleftharpoons CO_2(g)$ 在 1 000 K 时的平衡常数。

解： 因为所求反应＝反应(1)＋反应(2)，所以

$$\begin{aligned}\Delta_rG_m^{\ominus}&=\Delta_rG_m^{\ominus}(1)+\Delta_rG_m^{\ominus}(2)\\&=-2.002\times10^5-1.96\times10^5=-3.96\times10^5\text{ J·mol}^{-1}\end{aligned}$$

$$\ln K^{\ominus}=-\frac{\Delta_rG_m^{\ominus}}{RT}=\frac{3.96\times10^5}{8.314\times298.15}=47.63$$

$$K^{\ominus}=4.85\times10^{20}$$

5.4 平衡组成的计算

平衡常数的重要应用，在于求出平衡转化率及产率，为提高产品产量和质量提供理论依据。

$$\text{转化率} = \frac{\text{某反应物消耗掉的数量}}{\text{该反应物的原始数量}} \times 100\%$$

若无副反应，则产率等于转化率；有副反应，产率小于转化率。

【例 5-7】 在 1 000 K 时生成水煤气的反应为

$$C(s) + H_2O(g) \rightleftharpoons CO(g) + H_2(g)$$

在 100kPa 时，平衡转化率 $\alpha = 0.844$。计算：(1) 标准平衡常数 $K^{\ominus}$；(2) 200 kPa 时的平衡转化率。

解：(1) $C(s) + H_2O(g) \rightleftharpoons CO(g) + H_2(g)$

起始物质的量 $n_{B,0}$/mol   1   0   0

平衡物质的量 n_B^{eq}/mol $1-\alpha$ α α

平衡时总物质的量 $\sum n_B^{eq} = 1 - \alpha + \alpha + \alpha = 1 + \alpha$

平衡分压 p_B^{eq} $\dfrac{1-\alpha}{1+\alpha}p$ $\dfrac{\alpha}{1+\alpha}p$ $\dfrac{\alpha}{1+\alpha}p$

所以 $K^{\ominus} = \dfrac{\left(\dfrac{\alpha}{1+\alpha} \cdot \dfrac{p}{p^{\ominus}}\right)^2}{\left(\dfrac{1-\alpha}{1+\alpha} \cdot \dfrac{p}{p^{\ominus}}\right)} = \dfrac{\alpha^2}{1-\alpha^2} \cdot \dfrac{p}{p^{\ominus}} = \dfrac{0.844^2}{1-0.844^2} \cdot \dfrac{100}{100} = 2.48$

(2) 设在 200 kPa 时的平衡转化率为 α_2，则

$$K^{\ominus} = \frac{\alpha_2^2}{1-\alpha_2^2} \cdot \frac{p_2}{p^{\ominus}}$$

$$2.48 = \frac{\alpha_2^2}{1-\alpha_2^2} \cdot \frac{200}{100}$$

$$\alpha_2 = 0.744$$

从计算结果可以看出，增加压强该反应的平衡转化率下降。

【例 5-8】 在 900 K 时，纯乙烷气体通过脱氢催化后，发生分解作用

$$C_2H_6(g) \rightleftharpoons C_2H_4(g) + H_2(g)$$

若在该温度下维持总压为 100 kPa，该反应的标准摩尔反应吉布斯函数为 24 480 J·mol^{-1}，求：(1) 达到平衡后，乙烷的平衡转化率；(2) 达到平衡后，混合气体中氢的物质的量分数。

解：(1) 由 $\Delta_r G_m^{\ominus} = -RT\ln K^{\ominus}$ 得

$$\ln K^{\ominus} = -\frac{\Delta_r G_m^{\ominus}}{RT} = \frac{-24\ 480}{8.314 \times 900} = -3.27$$

$$K^{\ominus} = 0.038$$

设达到平衡后，乙烷的平衡转化率为 α，则

          $C_2H_6(g) \rightleftharpoons C_2H_4(g) + H_2(g)$

起始物质的量 $n_{B,0}$/mol   1   0   0

平衡物质的量 n_B^{eq}/mol $1-\alpha$ α α

平衡时总物质的量 $\sum n_B^{eq} = 1 - \alpha + \alpha + \alpha = 1 + \alpha$

各物质的平衡分压 p_B^{eq} $\dfrac{1-\alpha}{1+\alpha}p$ $\dfrac{\alpha}{1+\alpha}p$ $\dfrac{\alpha}{1+\alpha}p$

$$K^\ominus = \frac{\left(\dfrac{\alpha}{1+\alpha} \cdot \dfrac{p}{p^\ominus}\right)^2}{\dfrac{1-\alpha}{1+\alpha} \cdot \dfrac{p}{p^\ominus}} = \frac{\alpha^2}{1-\alpha^2} \cdot \frac{p}{p^\ominus}$$

所以
$$\frac{\alpha^2}{1-\alpha^2} \cdot \frac{100}{100} = 0.038$$

解得 $\alpha = 0.191$

即平衡系统 $n_{H_2} = 0.191$ mol $n_\text{总} = 1 + 0.191 = 1.191$ mol

(2) 达到平衡后，混合气体中氢气的物质的量分数为

$$y_{H_2} = \frac{0.191}{1+0.191} = 0.16$$

【例 5-9】 已知气相反应

$$CH_2CH_2(g) + HCl(g) \rightleftharpoons CH_3CH_2Cl(g)$$

在 200 ℃，系统总压为 100 kPa 时，$K^\ominus = 16.6$。若反应开始时 CH_2CH_2 和 HCl 分别为 1 mol 和 2 mol，计算反应达平衡时 (1) CH_3CH_2Cl 的最大产量是多少 mol？(2) 各气体的百分含量是多少？(3) CH_2CH_2 和 HCl 的转化率是多少？

解：(1) 设平衡时 CH_3CH_2Cl 的最大产量为 x mol

$$CH_2CH_2 + HCl \rightleftharpoons CH_3CH_2Cl$$

起始物质的量 $n_{B,0}$/mol　　1　　　　2　　　　　0

平衡物质的量 n_B^{eq}/mol　$1-x$　　$2-x$　　　x

平衡时总物质的量 $\sum n_B^{eq} = 1-x + 2-x + x = 3-x$

各物质的平衡分压 p_B^{eq}　$\dfrac{1-x}{3-x}p$　$\dfrac{2-x}{3-x}p$　$\dfrac{x}{3-x}p$

代入标准平衡常数表示式，得

$$K^\ominus = \frac{\dfrac{x}{3-x} \cdot \dfrac{p}{p^\ominus}}{\left(\dfrac{1-x}{3-x} \cdot \dfrac{p}{p^\ominus}\right)\left(\dfrac{2-x}{3-x} \cdot \dfrac{p}{p^\ominus}\right)}$$

将 $K^\ominus = 16.6$、$p = p^\ominus = 100$ kPa 代入整理得

$$17.6x^2 - 52.8x + 33.2 = 0$$

解方程得　$x = 0.897$（弃去不合题意的根）

故平衡时 CH_3CH_2Cl 的最大产量是 0.897 mol。

(2) 平衡时各气体的百分含量分别为：

CH_2CH_2：$\dfrac{1-x}{3-x} \times 100\% = \dfrac{1-0.897}{3-0.897} \times 100\% = 4.9\%$

HCl：$\dfrac{2-x}{3-x} \times 100\% = \dfrac{2-0.897}{3-0.897} \times 100\% = 52.4\%$

CH_3CH_2Cl：$\dfrac{x}{3-x} \times 100\% = \dfrac{0.897}{3-0.897} \times 100\% = 42.7\%$

(3) CH_2CH_2 的转化率　$\alpha_1 = \dfrac{x}{1} \times 100\% = \dfrac{0.897}{1} \times 100\% = 89.7\%$

HCl 的转化率 $\quad \alpha_2 = \dfrac{x}{2} \times 100\% = \dfrac{0.897}{2} \times 100\% = 44.9\%$

【例 5-10】 已知反应 $C(s) + 2H_2(g) \rightleftharpoons CH_4(g)$ 在 1 273 K 时,$K^{\ominus} = 0.261$。在该温度下,向 2 L 的容器中加入 0.1 mol 甲烷,试计算当系统达到平衡时甲烷的解离度及系统的总压。

解:设平衡时甲烷的解离度为 α

$$C(s) + 2H_2(g) \rightleftharpoons CH_4(g)$$

起始物质的量 $n_{B,0}/\text{mol}$ $\qquad\qquad\qquad 0 \qquad\qquad 0.1$

平衡物质的量 n_B^{eq}/mol $\qquad\qquad 2 \times 0.1\alpha \quad 0.1(1-\alpha)$

平衡时总物质的量 $\sum n_B^{eq} = 2 \times 0.1\alpha + 0.1(1-\alpha) = 0.1(1+\alpha)$

$$p = \frac{nRT}{V} = \frac{0.1 \times (1+\alpha) \times 8.314 \times 1273}{2 \times 10^{-3}} = 5.29 \times 10^5 (1+\alpha)$$

$$K^{\ominus} = K_n \left(\frac{p}{p^{\ominus} \cdot \sum n_B} \right)^{\sum \nu_B}$$

$$0.261 = \frac{0.1(1-\alpha)}{(2 \times 0.1\alpha)^2} \left[\frac{5.29 \times 10^5 (1+\alpha)}{100\,000 \times 0.1 \times (1+\alpha)} \right]^{-1}$$

整理得 $\qquad\qquad\qquad 5.53\alpha^2 + \alpha - 1 = 0$

解之得 $\qquad\qquad\qquad \alpha = 0.344$(弃去不合题意的根)

$$p = 5.29 \times 10^5 (1+\alpha) = 7.12 \times 10^5 \text{ Pa}$$

5.5 温度对平衡常数的影响

通常由标准热力学数据求得的多是在 298.15 K 下化学反应的标准平衡常数 $K^{\ominus}$。若要计算其他温度下的平衡常数,就要研究温度对 $K^{\ominus}$ 的影响。

5.5.1 吉布斯 — 亥姆霍兹方程

由热力学关系式 $dG = -SdT + Vdp$ 可知,在恒压条件下有 $\left(\dfrac{\partial G}{\partial T}\right)_p = -S$;则

$$\left(\frac{\partial \Delta G}{\partial T}\right)_p = -\Delta S$$

而

$$-\Delta_r S_m = \frac{\Delta_r G_m - \Delta_r H_m}{T}$$

所以

$$\left(\frac{\partial \Delta_r G_m}{\partial T}\right)_p = \frac{\Delta_r G_m - \Delta_r H_m}{T} \qquad (5\text{-}16)$$

式(5-16) 称为吉布斯 — 亥姆霍兹方程,它给出了恒压过程中 $\Delta_r G_m$ 随温度的变化率。由此可以导出平衡常数与温度的关系式 —— 化学反应等压方程。

5.5.2 化学反应等压方程式——$K^{\ominus}$ 与温度 T 的关系式

将式(5-16)应用于标准状态的化学反应,得

$$\left(\frac{\partial \Delta_r G_m^{\ominus}}{\partial T}\right)_p = \frac{\Delta_r G_m^{\ominus} - \Delta_r H_m^{\ominus}}{T} \tag{5-17}$$

将 $\Delta_r G_m^{\ominus} = -RT\ln K^{\ominus}$ 两边对 T 求偏导数,并代入式(5-17)得

$$\left(\frac{\partial \Delta_r G_m^{\ominus}}{\partial T}\right)_p = -R\ln K^{\ominus} - RT\left(\frac{\partial \ln K^{\ominus}}{\partial T}\right)_p = \frac{\Delta_r G_m^{\ominus} - \Delta_r H_m^{\ominus}}{T}$$

所以

$$\left(\frac{\partial \ln K^{\ominus}}{\partial T}\right)_p = \frac{\Delta_r H_m^{\ominus}}{RT^2}$$

在恒压条件下,该式也可表示为

$$\frac{d\ln K^{\ominus}}{dT} = \frac{\Delta_r H_m^{\ominus}}{RT^2} \tag{5-18}$$

式(5-18)是标准平衡常数随温度变化的微分式,称为范特霍夫等压方程。由此方程可以定性分析温度对平衡常数的影响:对于放热反应,$\Delta_r H_m^{\ominus} < 0$,$K^{\ominus}$ 随着温度的升高而减小;对于吸热反应,$\Delta_r H_m^{\ominus} > 0$,$K^{\ominus}$ 随着温度的升高而增大;当 $\Delta_r H_m^{\ominus} = 0$ 时,$K^{\ominus}$ 不随温度的变化而变化。

上述结论与平衡移动原理相一致。若要计算任意温度下的平衡常数,需对式(5-18)进行积分,得到范特霍夫方程的积分式。

(1) 当反应前后热容变化很微小($\Delta_r C_{P,m} \approx 0$)或温度变化范围不大的情况下,可以认为 $\Delta_r H_m^{\ominus}$ 为常数。对式(5-18)进行不定积分得

$$\ln K^{\ominus} = -\frac{\Delta_r H_m^{\ominus}}{RT} + C \tag{5-19}$$

式(5-19)表明了某反应的 $\ln K^{\ominus} = f(T)$ 的具体函数关系,当 $\Delta_r H_m^{\ominus}$ 和 C 已知时,则可由该式求得任一温度下反应的 $K^{\ominus}$,或由任一确定的 $K^{\ominus}$ 求得相对应的温度 T。

当 $\Delta_r H_m^{\ominus}$ 未知时,由式(5-19)还可以看出,以 $\ln K^{\ominus}$ 对 $1/T$ 作图可得一直线,直线的斜率为 $-\frac{\Delta_r H_m^{\ominus}}{R}$,所以利用直线的斜率可以求算化学反应的 $\Delta_r H_m^{\ominus}$。

同样条件下,对式(5-18)进行不定积分得:

$$\ln \frac{K_2^{\ominus}}{K_1^{\ominus}} = \frac{\Delta_r H_m^{\ominus}}{R}\left(\frac{1}{T_1} - \frac{1}{T_2}\right) \tag{5-20}$$

在该式中,有 $K_1^{\ominus}$、$K_2^{\ominus}$、T_1、T_2 和 $\Delta_r H_m^{\ominus}$ 五个变量,若已知其中任意四个即可求出第五个量。

(2) 若反应前后热容有明显变化,或温度变化范围很大时,应考虑 $\Delta_r H_m^{\ominus}$ 随温度的变化,这时必须将 $\Delta_r H_m^{\ominus}$ 与温度的关系 $\Delta_r H_m^{\ominus} = \Delta H_0 + \Delta a T + \frac{1}{2}\Delta b T^2 + \frac{1}{3}\Delta c T^3$ 代入式(5-18),然后积分得

$$\ln K^{\ominus} = -\frac{\Delta H_0}{RT} + \frac{\Delta a}{R}\ln T + \frac{\Delta b}{2R}T + \frac{\Delta c}{6R}T^2 + I \tag{5-21}$$

式中，ΔH_0 和 I 为积分常数，可分别通过某一温度下的 $\Delta_r H_m^\ominus$ 和 $K^\ominus$ 求出。若已知 I 和 ΔH_0，则由式(5-21)可求任一温度的 $K^\ominus$。

【例 5-11】 水蒸气通过灼热的煤层，生成水煤气

$$C(s) + H_2O(g) \rightleftharpoons H_2(g) + CO(g)$$

在 1 000 K 及 1 200 K 时 $K^\ominus$ 分别为 2.505 和 38.08，试计算此温度范围内标准摩尔反应焓 $\Delta_r H_m^\ominus$ 以及 1 100 K 时反应的 $K^\ominus$。

解：根据 $\ln \dfrac{K_2^\ominus}{K_1^\ominus} = \dfrac{\Delta_r H_m^\ominus}{R}\left(\dfrac{1}{T_1} - \dfrac{1}{T_2}\right)$，得

$$\ln \frac{38.08}{2.505} = \frac{\Delta_r H_m^\ominus}{8.314}\left(\frac{1}{1\,000} - \frac{1}{1\,200}\right)$$

解得

$$\Delta_r H_m^\ominus = 1.35 \times 10^5 \text{ J} \cdot \text{mol}^{-1}$$

$$\ln \frac{K^\ominus(1\,100\text{ K})}{2.505} = \frac{1.35 \times 10^5}{8.314}\left(\frac{1}{1\,000} - \frac{1}{1\,100}\right)$$

解得

$$K^\ominus(1\,100\text{ K}) = 10.96$$

【例 5-12】 在 200～400 K 条件下，反应 $NH_4Cl(s) \rightleftharpoons NH_3(g) + HCl(g)$ 的 $K^\ominus$ 与温度的关系为

$$\lg K^\ominus = 16.02 - \frac{9\,127 \text{ K}}{T}$$

计算在 300 K 时，反应的 $\Delta_r H_m^\ominus$、$\Delta_r G_m^\ominus$ 和 $\Delta_r S_m^\ominus$。（反应的 $\Delta_r H_m^\ominus$ 为常数）

解：根据范特霍夫等压方程的不定积分式

$$\lg K^\ominus = \frac{\Delta_r H_m^\ominus}{2.303RT} + C'$$

有

$$-\frac{\Delta_r H_m^\ominus}{2.303R} = -9\,127$$

所以 $\Delta_r H_m^\ominus = 9\,127 \times 2.303 \times 8.314 = 1.748 \times 10^5 \text{ J} \cdot \text{mol}^{-1}$

$T = 300$ K 时

$$\lg K^\ominus = 16.02 - \frac{9\,127}{300} = -14.4$$

$\Delta_r G_m^\ominus = -RT\ln K^\ominus = -8.314 \times 300 \times 2.303 \times (-14.4) = 8.272 \times 10^4 \text{ J} \cdot \text{mol}^{-1}$

由 $\Delta_r G_m^\ominus = \Delta_r H_m^\ominus - T\Delta_r S_m^\ominus$，得

$$\Delta_r S_m^\ominus = \frac{\Delta_r H_m^\ominus - \Delta_r G_m^\ominus}{T} = \frac{1.748 \times 10^5 - 8.272 \times 10^4}{300} = 306.9 \text{ J} \cdot \text{K}^{-1} \cdot \text{mol}^{-1}$$

5.6 其他因素对化学平衡的影响

温度影响平衡是因为它能改变标准平衡常数 $K^\ominus$。除温度外，能影响化学反应平衡的因素还有压强、惰性组分以及反应物的原料配比等。

5.6.1 压强对平衡转化率的影响

压强不能改变标准平衡常数 $K^{\ominus}$,但是对于气体化学计量系数代数和 $\sum \nu_B \neq 0$ 的反应,却能通过改变 K_y 而改变其平衡转化率,从而使平衡发生移动。

对于理想气体或低压下气体反应,在一定温度下,$K^{\ominus}$ 一定。由式(5-7) $K^{\ominus} = K_y (\frac{p}{pK^{\ominus}})^{\sum \nu_B}$ 可以看出,对于气体分子数增大的反应,$\sum \nu_B > 0$,增大系统总压,$(\frac{p}{pK^{\ominus}})^{\sum \nu_B}$ 增大,则 K_y 必定减小,即平衡左移;对于气体分子数减小的反应,$\sum \nu_B < 0$,增大系统总压,$(\frac{p}{pK^{\ominus}})^{\sum \nu_B}$ 减小,则必定使 K_y 增大,即平衡右移;若反应前后气体分子数相同,$\sum \nu_B = 0$,$K^{\ominus} = K_y$,则系统总压改变对化学平衡无影响。

【**例 5-13**】 在某温度及 100 kPa 压强下,反应 $N_2O_4(g) \rightleftharpoons 2NO_2(g)$ 达到平衡时,有 50.2% $N_2O_4(g)$ 分解成 $NO_2(g)$,问在 1 000 kPa 压强下,N_2O_4 的转化率是多少?

解:设起始时 $N_2O_4(g)$ 的物质的量为 1 mol,转化率 $\alpha = 50.2\%$

$$N_2O_4(g) \rightleftharpoons 2NO_2(g)$$

平衡物质的量 n_B^{eq}/mol $1-\alpha$ 2α

平衡时总物质的量 $\sum n_B^{eq} = 1 - \alpha + 2\alpha = 1 + \alpha$

$$K^{\ominus} = \frac{(\frac{2\alpha}{1+\alpha} \cdot \frac{p}{p^{\ominus}})^2}{\frac{1-\alpha}{1+\alpha} \cdot \frac{p}{p^{\ominus}}} = \frac{4\alpha^2}{1-\alpha^2} \cdot \frac{p}{p^{\ominus}} = \frac{4 \times 50.2\%^2}{1 - 50.2\%^2} \times \frac{100}{100} = 1.35$$

设 α_2 为 1 000 kPa 压力下 N_2O_4 的转化率,则 $\frac{4\alpha_2^2}{1-\alpha_2^2} \times \frac{1\,000}{100} = 1.35$

解得 $\alpha_2 = 18.1\%$

从计算结果可以看出,增大压强,N_2O_4 的转化率降低,对该反应不利。

5.6.2 惰性组分对化学平衡的影响

惰性组分是指在系统中存在但不参加化学反应的组分。对于理想气体或低压下气体反应,在恒温、恒压下加入惰性组分,会使反应系统的总物质的量 $\sum n_B$ 增大,其结果相当于降低了参与化学反应的各组分的分压。

由式(5-11) $K^{\ominus} = K_n (\frac{p}{p^{\ominus} \sum n_B})^{\sum \nu_B}$ 可以看出,对于 $\sum \nu_B > 0$ 的反应,$\sum n_B$ 增大,$(\frac{p}{p^{\ominus} \sum n_B})^{\sum \nu_B}$ 减小,在一定温度下 $K^{\ominus}$ 恒定,则 K_n 必将增大,平衡向右移动;如乙苯脱

氢制苯乙烯的反应 $C_6H_5C_2H_5(g) = C_6H_5C_2H_3(g) + H_2(g)$ 在系统温度和总压保持不变的情况下，充入惰性组分(如水蒸气)，可以提高乙苯的转化率。而对于 $\sum \nu_B < 0$ 的反应，$\sum n_B$ 增大，$\left(\dfrac{p}{p^{\ominus} \sum n_B}\right)^{\sum \nu_B}$ 也增大，因 $K^{\ominus}$ 不变，则 K_n 减小，平衡向左移动。如合成氨反应 $N_2(g) + 3H_2(g) = 2NH_3(g)$，当有惰性组分存在时，对反应不利，所以为了提高氨的产率，需要定期排放出一部分原料气以减少惰性组分的含量。

【例 5-14】 在 560 ℃ 时乙苯脱氢制苯乙烯 $C_6H_5C_2H_5(g) \rightleftharpoons C_6H_5C_2H_3(g) + H_2(g)$，已知 560 ℃ 时反应的 $K^{\ominus} = 0.089$。试分别计算下列三种情况下乙苯的平衡转化率：
(1) 以乙苯为原料，反应在 100 kPa 下进行；
(2) 以乙苯为原料，反应在 10 kPa 下进行；
(3) 以乙苯∶水蒸气＝1∶10 的混合气体为原料，反应在 100 kPa 下进行。

解：设平衡时乙苯的转化率为 α

$$C_6H_5C_2H_5(g) \rightleftharpoons C_6H_5C_2H_3(g) + H_2(g)$$

起始物质的量 $n_{B,0}$/mol　　　　1　　　　　　0　　　　　　0
平衡时物质的量 n_B^{eq}/mol　　$1-\alpha$　　　　α　　　　　α
平衡时的总物质的量 $\sum n_B^{eq} = 1 - \alpha + \alpha + \alpha = 1 + \alpha$

$$K^{\ominus} = \dfrac{\left(\dfrac{\alpha}{1+\alpha} \cdot \dfrac{p}{p^{\ominus}}\right)^2}{\dfrac{1-\alpha}{1+\alpha} \cdot \dfrac{p}{p^{\ominus}}} = \dfrac{\alpha^2}{1-\alpha^2} \cdot \dfrac{p}{p^{\ominus}}$$

(1) 当 $p = 100$ kPa 时，$K^{\ominus} = \dfrac{\alpha^2}{1-\alpha^2} \cdot \dfrac{100}{100} = 0.089$

解得　　　　　　　　　　　　$\alpha = 0.286$

(2) 当 $p = 10$ kPa 时，$K^{\ominus} = \dfrac{\alpha^2}{1-\alpha^2} \cdot \dfrac{10}{100} = 0.089$

解得　　　　　　　　　　　　$\alpha = 0.686$

(3) 加水蒸气：

$$C_6H_5C_2H_5(g) = C_6H_5C_2H_3(g) + H_2(g) \qquad H_2O(g)$$

起始物质的量 $n_{B,0}$/mol　　　　1　　　　　　　0　　　　　　0　　　　10
平衡各物质的量 n_B/mol　　　$1-\alpha$　　　　　α　　　　　α　　　　10
平衡时总物质的量 $\sum n_{总} = 11 + \alpha$

$$K^{\ominus} = \dfrac{[\alpha/(11+\alpha)]^2}{(1-\alpha)/(11+\alpha)}(p/p^{\ominus})$$

$$(1 + K^{\ominus})\alpha^2 + 10K^{\ominus}\alpha - 11K^{\ominus} = 0$$

$$(1 + 0.089)\alpha^2 + 10 \times 0.089\alpha - 11 \times 0.089 = 0$$

解得　　　　　　　　　　　　$\alpha = 0.624$

由此例看出，在恒温下减小压强及恒温、恒压下充入惰性组分都有利于 $\sum \nu_B > 0$ 的反应。需要指出的是，对于一个平衡系统，在恒温、恒容条件下，充入惰性组分，无论 $\sum \nu_B > 0$、

$\sum \nu_B = 0$ 还是 $\sum \nu_B < 0$,平衡都不移动。这是因为平衡系统的总压虽然增加,但各反应物的分压并无改变,平衡状态不变。

5.6.3 反应物配比对平衡转化率的影响

对于气相化学反应
$$a\text{A}(g) + b\text{B}(g) \rightleftharpoons m\text{M}(g) + l\text{L}(g)$$

若原料气中只有反应物而无产物,令反应物的摩尔比 $r = n_A/n_B$,其变化范围为 $0 < r < +\infty$。在维持总压强不变的情况下,随着 r 的增加,气体 B 的转化率增加,而气体 A 的转化率减少。产物在混合气体中的平衡含量随着 r 的增加,存在着一极大值。由实践得出结论:当 $r = a/b$,即原料气中两种气体物质的量之比等于化学计量比时,产物 M、L 在混合气体中的含量(物质的量分数)为最大。对这一原则要灵活运用,在生产实际中,如果两种原料气,其中 A 气体较 B 气体便宜、易得,为了充分利用 B 气体,可以使 A 气体过量,以尽量提高 B 的转化率。这样做虽然可能导致产物在混合气体中的平衡含量降低,但经过分离还是可以得到更多的产物,在考虑经济效益时还是较为合理的。

思 考 题

1. 化学反应系统的 $\Delta_r G_m$ 和 $\Delta_r G_m^\ominus$ 有何异同?
2. 怎样用化学反应等温方程判断反应进行的方向和限度?
3. 化学反应的标准平衡常数是一个确定不变的常数吗?它与哪些因素有关?
4. 在 673.15 K 时反应 $\text{C}(s) + \text{H}_2\text{O}(g) \rightleftharpoons \text{CO}(g) + \text{H}_2(g)$ 达平衡,已知 $\Delta_r H_m^\ominus = 133.5 \text{ kJ} \cdot \text{mol}^{-1}$,为使平衡向右移动,可采取的措施有哪些?
5. 在 298 K 和 101 325 Pa 下,反应 $\text{A}(g) + \text{B}(g) \rightleftharpoons \text{C}(g)$ 达到平衡时的转化率 $\alpha = 25\%$,如果加入催化剂,转化率 α 为多少?
6. 已知反应 $\text{NH}_2\text{COONH}_4(s) \rightleftharpoons 2\text{NH}_3(g) + \text{CO}_2(g)$,在 30 ℃、100 kPa 的平衡常数 $K^\ominus$ 为 66.37,将系统总压强升高到 200 kPa,则 $K^\ominus$、K_y、$K_c^\ominus$ 将如何变化?
7. 标准平衡常数改变,平衡是否移动?平衡发生移动,标准平衡常数是否要改变?
8. 如何利用化学平衡移动原理指导化工生产过程,去获得最好的生产效益?

本 章 小 结

一、重点内容

1. 在恒温、恒压、不做非体积功且组成不变的条件下,反应系统的吉布斯函数随反应进度的变化率,称为摩尔反应吉布斯函数($\Delta_r G_m$)。
2. 恒压下,升高温度有利于吸热反应;恒温下,增大压强有利于气体物质分子数减小的反应;恒温、恒压下,充入惰性组分有利于气体物质分子数增大的反应;恒温、恒容下,充入惰性组分对平衡无影响;反应物的配比等于化学反应方程式计量系数比时,产物的量最大。

二、重要公式及其适用条件

1. 理想气体化学反应等温方程

$$\Delta_r G_m = \Delta_r G_m^{\ominus} + RT\ln Q_p \quad \text{或} \quad \Delta_r G_m = -RT\ln K^{\ominus} + RT\ln Q_p$$

利用该式可以判断化学反应进行的方向及限度：

$\Delta_r G_m < 0$ 或 $Q_p < K_p$，正向反应可以自发进行；

$\Delta_r G_m = 0$ 或 $Q_p = K_p$，平衡态；

$\Delta_r G_m > 0$ 或 $Q_p > K_p$，逆向反应可以自发进行。

2. 标准平衡常数

对于理想气体化学反应 $aA(g) + bB(g) \rightleftharpoons mM(g) + lL(g)$

$$K^{\ominus} = \prod_B (p_B^{eq}/p^{\ominus})^{\nu_B} = \frac{(p_M^{eq}/p^{\ominus})^m (p_L^{eq}/p^{\ominus})^l}{(p_A^{eq}/p^{\ominus})^a (p_B^{eq}/p^{\ominus})^b}$$

$K^{\ominus}$ 的数值只与温度有关，与平衡系统的总压及组成无关。

3. 理想气体化学反应的 $K^{\ominus}$、K_y、$K_c^{\ominus}$ 和 K_n 的关系

$$K^{\ominus} = K_y (p/p^{\ominus})^{\sum\nu_B} = K_c^{\ominus} \left(\frac{c^{\ominus}RT}{p^{\ominus}}\right)^{\sum\nu_B} = K_n \left(\frac{p}{p^{\ominus}\sum n_B^{eq}}\right)^{\sum\nu_B}$$

当 $\sum\nu_B = 0$ 时，$K_y = K_c^{\ominus} = K_n = K^{\ominus}$

4. 标准摩尔反应吉布斯函数的计算

(1) $\Delta_r G_m^{\ominus} = \sum \nu_B \Delta_f G_m^{\ominus}(B, \beta, T)$

(2) $\Delta_r G_m^{\ominus} = \Delta_r H_m^{\ominus} - T\Delta_r S_m^{\ominus}$

(3) $\Delta_r G_m^{\ominus} = -RT\ln K^{\ominus}$

5. 温度对化学平衡的影响 —— 化学反应等压方程

(1) 微分式

$$\frac{d\ln K^{\ominus}}{dT} = \frac{\Delta_r H_m^{\ominus}}{RT^2}$$

由此式可以定性分析温度对平衡常数的影响。

(2) 不定积分式 $\quad \ln K^{\ominus} = -\frac{\Delta_r H_m^{\ominus}}{R}\frac{1}{T} + C \quad (\Delta_r H_m^{\ominus} = 常数)$

此式表示了 $K^{\ominus}$ 与 T 的函数关系，以 $\ln K^{\ominus}$ 对 $1/T$ 作图得一直线，利用直线的斜率可以求算化学反应的 $\Delta_r H_m^{\ominus}$。

(3) 定积分式 $\quad \ln\frac{K_2^{\ominus}}{K_1^{\ominus}} = -\frac{\Delta_r H_m^{\ominus}}{R}\left(\frac{1}{T_2} - \frac{1}{T_1}\right) \quad (\Delta_r H_m^{\ominus} = 常数)$

此式用于 $K_1^{\ominus}$、$K_2^{\ominus}$、T_1、T_2 和 $\Delta_r H_m^{\ominus}$ 的相互求算。

习 题

1. 已知 $N_2O_4(g)$ 的分解反应 $N_2O_4(g) \rightleftharpoons 2NO_2(g)$，在 298.15 K 时，$\Delta_r G_m^{\ominus} = 4.75 \text{ kJ} \cdot \text{mol}^{-1}$，试判断在此温度及下列条件下反应进行的方向：

(1) $N_2O_4(g)$ 100 kPa, $NO_2(g)$ 1 000 kPa；

(2) $N_2O_4(g)$ 1 000 kPa, $NO_2(g)$ 100 kPa;
(3) $N_2O_4(g)$ 300 kPa, $NO_2(g)$ 200 kPa。

2. 已知在 298.15 K 时 $CH_4(g)$、$C_6H_6(g)$ 和 $C_6H_5CH_3(g)$ 的 $\Delta_f G_m^\ominus(B,\beta)$ 分别为 -50.5 kJ·mol^{-1}、129.7 kJ·mol^{-1} 和 122.3 kJ·mol^{-1}。求反应
$$CH_4(g) + C_6H_6(g) \rightleftharpoons C_6H_5CH_3(g) + H_2(g)$$
在 298.15 K 时的标准平衡常数。

3. 在 298 K 的真空容器中，$NH_4HS(s)$ 分解为 $NH_3(g)$ 和 $H_2S(g)$，平衡时容器内的压强为 66.66 kPa。试计算：(1) 当放入 $NH_4HS(s)$ 时，容器中已有 39.99 kPa 的 $H_2S(g)$，平衡时容器中的压强为多少？(2) 当放入 $NH_4HS(s)$ 时，容器中已有 6.666 kPa 的 $NH_3(g)$，需加多大压强的 $H_2S(g)$，才能形成 $NH_4HS(s)$？

4. 合成氨时所用的氢和氮的比例为 3:1，在 673 K 和 1 000 kPa 时，平衡混合物中氨的摩尔百分数为 3.85%。求：(1) $N_2(g) + 3H_2(g) \rightleftharpoons 2NH_3(g)$ 的 $K^\ominus$；(2) 在此温度时，若要得到 5% 的氨，总压应为多少？

5. 已知 298.15 K 时下列物质的热力学数据：

物质	$O_2(g)$	$Zn(s)$	$ZnO(s)$
$\Delta_f H_m^\ominus(B,\beta)/kJ\cdot mol^{-1}$	0	0	-348.9
$S_m^\ominus(B,\beta)/J\cdot mol^{-1}\cdot K^{-1}$	205.2	41.6	43.5

求反应 $ZnO(s) \rightleftharpoons Zn(s) + \frac{1}{2}O_2(g)$ 在 298.15 K 时的标准平衡常数。

6. $PCl_5(g)$ 的分解反应 $PCl_5(g) \rightleftharpoons PCl_3(g) + Cl_2(g)$ 在 473 K 时的 $K^\ominus = 0.312$。求：(1) 473 K 及 200 kPa 下 $PCl_5(g)$ 的解离度；(2) 组成为 1:5 的 $PCl_5(g)$ 与 $Cl_2(g)$ 的混合物，在 473 K 及 100 kPa 下 $PCl_5(g)$ 的解离度。

7. 大气中的 SO_2 在一定条件下可氧化为 SO_3，并进一步与水蒸气结合生成酸雾或酸雨，对农田、森林、建筑物及人体造成危害。已知 $SO_2(g)$ 和 $SO_3(g)$ 在 298.15 K 时的 $\Delta_f G_m^\ominus(B,\beta)$ 分别为 -300.37 kJ·mol^{-1} 和 -370.4 kJ·mol^{-1}；298.15 K 时，空气中 $O_2(g)$、$SO_2(g)$ 和 $SO_3(g)$ 的浓度分别为 8.00 mol·m^{-3}、2.00×10^{-4} mol·m^{-3} 和 2.00×10^{-6} mol·m^{-3}，问反应 $SO_2(g) + \frac{1}{2}O_2(g) \rightleftharpoons SO_3(g)$ 能否发生？

8. 反应 $2CO(g) + O_2(g) \rightleftharpoons 2CO_2(g)$ 在 2 000 K 时 $K^\ominus = 5.781 \times 10^5$。求标准状态下 1 mol CO_2 分解成 CO 和 O_2 时的 $\Delta_r G_m^\ominus$。

9. 在 1 000 K 时，反应 $C(s) + 2H_2(g) \rightleftharpoons CH_4(g)$ 的 $\Delta_r G_m^\ominus = 19\ 397$ J·mol^{-1}。现有与碳反应的气体，其中含有 CH_4 10%，H_2 80%，N_2 10%。试问：
(1) $T = 1\ 000$ K，$p = 101\ 325$ Pa 时，甲烷能否生成？
(2) 在(1)的条件下，压强需增加到多少，上述反应才能进行？

10. 银可能受到 $H_2S(g)$ 的腐蚀而发生下面的反应：
$$H_2S(g) + 2Ag(s) \rightleftharpoons Ag_2S(s) + H_2(g)$$
在 298.15 K 和 100 kPa 下，将银放在等体积的氢和硫化氢组成的混合气体中，求：(1) 银

能否受到腐蚀;(2) 在混合气体中硫化氢的百分数低于多少才不致发生腐蚀?(已知: $H_2S(g)$ 和 $Ag_2S(s)$ 的 $\Delta_f G_m^{\ominus}(B,\beta)$ 分别为 -33.4 kJ·mol^{-1} 和 -40.26 kJ·mol^{-1})

11. 1 000 K、100 kPa 时,反应 $2SO_3(g) \rightleftharpoons 2SO_2(g)+O_2(g)$ 的 $K_c^{\ominus}=0.003\ 54$,
(1) 求此反应的 $K^{\ominus}$ 和 K_y;
(2) 若反应写成 $SO_3(g) \rightleftharpoons SO_2(g)+\dfrac{1}{2}O_2(g)$,则反应的 $K^{\ominus}$ 和 $K_c^{\ominus}$ 分别为多少?

12. 现有理想气体间的反应 $A(g)+B(g) \rightleftharpoons C(g)+D(g)$,开始时,A 和 B 均为 1 mol。在 298 K 反应达平衡时,A 与 B 的物质的量均为 1/3 mol。(1) 求此反应的 $K^{\ominus}$;(2) 若开始时 A 为 1 mol,B 为 2 mol,计算平衡时 C 的物质的量。

13. 在一个抽空的容器中引入氯气和二氧化硫,如果它们之间没有发生反应,则在 375.3 K 时的分压分别为 47.866 kPa 和 44.786 kPa。将容器温度保持在 375.3 K,经过一定时间后,压强变为常数,且等于 86.096 kPa。求反应 $SO_2Cl_2(g) \rightleftharpoons SO_2(g)+Cl_2(g)$ 的 $K^{\ominus}$。

14. 在 900 K 时,乙烷通过脱氢催化后,发生反应 $C_2H_6(g) \rightleftharpoons C_2H_4(g)+H_2(g)$,若在该温度下 $K^{\ominus}=0.038$,维持总压为 100 kPa。求 $\Delta_f G_m^{\ominus}(C_2H_6,g,900\ K)$。已知在该温度下 $\Delta_f G_m^{\ominus}(C_2H_4,g,900\ K)=63.84$ kJ·mol^{-1}。

15. 在 101.325 kPa 下,反应 $A(s)+2B(g)=C(s)+D(g)$ 的标准平衡常数 $K^{\ominus}$ 与温度 T 的关系为 $\lg K^{\ominus}=\dfrac{6\ 550}{T/K}-6.11$,该反应的 $\Delta_r C_{p,m}=0$。(1) 求上述反应的 $\Delta_r H_m^{\ominus}$;(2) 当 B(g) 的平衡组成 $y_B=0.01$ 时,反应温度为多少?

16. 已知气相反应 $CO(g)+H_2(g) \rightleftharpoons CO_2(g)+H_2O(g)$,在 690 K 时,$K^{\ominus}=10$,$\Delta_r H_m^{\ominus}=-42\ 677$ J·mol^{-1},求 500 K 时的 $K_{500\ K}^{\ominus}$ 及 $\Delta_r G_m^{\ominus}$。

17. 已知反应 $CuSO_4·3H_2O(s) \rightleftharpoons CuSO_4(s)+3H_2O(g)$,在 298 K 时,$K_{298\ K}^{\ominus}=10^{-6}$;在 323 K 时,$K_{323\ K}^{\ominus}=10^{-4}$。若将 $\Delta_r H_m^{\ominus}$ 视为常数,求 $\Delta_r H_m^{\ominus}$ 及 313 K 时的 $K_{313\ K}^{\ominus}$。

18. 在 448~668 K 的温度区间内,用分光光度法研究气相反应 $A+B \rightleftharpoons C$ 得到 $K^{\ominus}$ 与温度的关系为

$$\ln K^{\ominus}=17.39-\dfrac{51\ 034}{4.575T/K}$$

试计算反应在 573 K 时的 $\Delta_r G_m^{\ominus}$、$\Delta_r H_m^{\ominus}$ 和 $\Delta_r S_m^{\ominus}$。

19. 常压下乙苯脱氢制苯乙烯反应为 $C_6H_5C_2H_5(g) \rightleftharpoons C_6H_5C_2H_3(g)+H_2(g)$,若反应在 873 K 下进行,$K^{\ominus}=0.178$,原料气中乙苯和水蒸气的物质的量之比为 1:9,求乙苯的平衡转化率;若不加入水蒸气,则乙苯的平衡转化率为多少?

20. 在 1 273 K,总压 3 000 Pa 时,反应 $CO_2(g)+C(s) \rightleftharpoons 2CO(g)$ 达到平衡,混合气体中 $CO_2(g)$ 的摩尔分数为 0.17。(1) 求总压为 2 000 kPa 时 $CO_2(g)$ 的摩尔分数;(2) 在此温度下,压强为多少才能使 CO(g) 的摩尔分数为 25%;(3) 加入 $N_2(g)$,使 $N_2(g)$ 分压达到 2 000 kPa,此时系统总压为 3 000 kPa,问 $N_2(g)$ 的加入对平衡有何影响?

21. 将石墨和水各 1 mol 放入密闭容器中进行反应 $C(石墨)+H_2O(g) \rightleftharpoons CO(g)+H_2(g)$,在 1 000 K 和 101.325 kPa 时,测得平衡气体组成 $y(H_2)=0.457\ 7$,$y(H_2O)=0.084\ 6$,求:(1) 在 1 000 K 时反应的 $K^{\ominus}$;(2) 在 1 000 K,110 kPa 时,水的平衡转化率;(3) 已知反应的 $\Delta_r H_m^{\ominus}$ 为 131.8 kJ·mol^{-1},且不随温度而变化,计算在 1 200 K 时反应的 $K^{\ominus}$。

22. 某理想气体反应 A(g) + 2B(g) ⇌ Y(g) + 4Z(g),已知该反应的 $\Delta_r C_{p,m} \approx 0$,在 298.15 K 时,有关热力学数据如下:

物质	A(g)	B(g)	Y(g)	Z(g)
$\Delta_f H_m^\ominus(B,\beta)/kJ \cdot mol^{-1}$	−74.84	−241.84	−393.42	0
$S_m^\ominus(B,\beta)/J \cdot K^{-1} \cdot mol^{-1}$	186.0	188.0	214.0	130.0

通过计算说明当 A、B、Y 和 Z 的摩尔分数分别为 0.3、0.2、0.3 和 0.2,反应温度为 800 K,系统的总压强在 100 kPa 时反应进行的方向。(假设 $\Delta_r H_m^\ominus$ 不随温度变化)

23. 已知反应 C(石墨) + CO_2(g) ⇌ 2CO(g) 的 $\Delta_r G_m^\ominus$(298 K) = 120 kJ · mol^{-1},$\Delta_r G_m^\ominus$(1 000 K) = −3.4 kJ · mol^{-1}。计算(1)在标准态及温度分别为 298 K 和 1 000 K 时的标准平衡常数;(2)判断在 1 000 K,p_{CO} = 200 kPa,p_{CO_2} = 800 kPa 时,该反应进行的方向。

自 测 题

一、选择题

1. 在一定温度、压强下,对于一个化学反应能用以判断其反应方向的是(　　)。
   A. $\Delta_r G_m^\ominus$　　　B. $K^\ominus$　　　C. $\Delta_r G_m$　　　D. $\Delta_r H_m^\ominus$

2. 某化学反应在 298 K 时的 $\Delta_r G_m^\ominus$ 为负值,则该反应(　　)。
   A. $K^\ominus < 0$　　　B. $0 < K^\ominus < 1$　　　C. $K^\ominus = 1$　　　D. $K^\ominus > 1$

3. 在 298 K 时,反应 CO_2(g) + H_2(g) ⇌ CO(g) + H_2O(g) 的 $K^\ominus = 10^{-5}$,则其 $\Delta_r G_m^\ominus$ 为(　　)。
   A. 28 524 J　　　B. 22 819 J　　　C. 12 387 J　　　D. 2 961 J

4. 在 2 000 K 时,反应 CO(g) + $\frac{1}{2}O_2$(g) ⇌ CO_2(g) 的 $K^\ominus = 6.443$,则同温度下反应 $2CO_2$(g) ⇌ 2CO(g) + O_2(g) 的 $K^\ominus$ 应为(　　)。
   A. $\frac{1}{6.443}$　　　B. $\sqrt{6.443}$　　　C. $\left(\frac{1}{6.443}\right)^2$　　　D. $\frac{1}{\sqrt{6.443}}$

5. 在 1 000 K 时,气相反应 $2SO_3$(g) ⇌ $2SO_2$(g) + O_2(g) 的 $K^\ominus = 0.290$。则反应的 $K_c^\ominus$ 为(　　)。
   A. 0.059 5　　　B. 0.003 5　　　C. 0.290　　　D. 0.539

6. 增大压强能使平衡向生成物方向移动的是(　　)。
   A. $CaCO_3$(s) ⇌ CaO(s) + CO_2(g)
   B. CO(g) + H_2O(g) ⇌ CO_2(g) + H_2(g)
   C. $3H_2$(g) + N_2(g) ⇌ $2NH_3$(g)
   D. CH_3COOH(l) + C_2H_5OH(l) ⇌ H_2O(l) + $CH_3COOC_2H_5$(l)

7. 某气相反应 A ⇌ Y + Z 是吸热反应,在 25 ℃ 时其标准平衡常数 $K^\ominus = 1$,则 25 ℃ 时反应的 $\Delta_r S_m^\ominus$(　　)0,此反应在 40 ℃ 时的 $K^\ominus$(　　)25 ℃ 时的 $K^\ominus$。
   A. >　　　B. =　　　C. <　　　D. ≤

8. 气相反应 2NO(g) + O_2(g) ⇌ $2NO_2$(g) 是放热的,当反应达到平衡时可采用下列哪组条件,使其平衡向右移动( )。

A. 降低温度和减小压强 B. 升高温度和增大压强

C. 升高温度和减小压强 D. 降低温度和增大压强

二、填空题

1. 对于理想气体间的反应,以各种形式表示的平衡常数中,其值与温度和压强皆有关的是_____。

2. 在 1 000 K 时,反应 $CO(g) + H_2O(g) \rightleftharpoons CO_2(g) + H_2(g)$ 的 $K^{\ominus}$ 为 1.39,则反应的 $K_c^{\ominus}$ 为_____,K_y 为_____。

3. 在刚性密闭容器中,理想气体反应 $A(g) + B(g) \rightleftharpoons Y(g)$ 达到平衡时,若在恒温、恒压下加入一定量的惰性气体,平衡向_____移动。

4. 在温度 T 时将 $NH_4HS(s)$ 置于抽空的容器中,当反应 $NH_4HS(s) \rightleftharpoons NH_3(g) + H_2S(g)$ 达到平衡时,测得总压强为 p,则反应的标准平衡常数 $K^{\ominus}=$_____。

5. 在温度为 $T(K)$、压强为 $p(kPa)$ 时反应 $3O_2(g) \rightleftharpoons 2O_3(g)$ 的 $K^{\ominus}$ 与 K_y 之比值为_____。

三、判断题(正确的在括号内打"√",错误的在括号内打"×")

1. 标准平衡常数只是温度的函数。( )

2. 如果某一化学反应方程式(3)是由反应(1)和反应(2)加和而得到的,则在一定温度下,$K_3^{\ominus} \rightleftharpoons K_1^{\ominus} + K_2^{\ominus}$。( )

3. 对于反应 $CaCO_3(s) \rightleftharpoons CaO(s) + CO_2(g)$,在恒温、恒容条件下加入惰性组分时,有利于 $CaCO_3(g)$ 分解。( )

4. 反应 $C(石墨) + 2H_2(g) \rightleftharpoons CH_4(g)$,在 873 K 时的 $\Delta_r H_m^{\ominus} < 0$,减小系统的压强,可提高 $H_2(g)$ 的平衡转化率。( )

5. 恒温、恒压且非体积功为零的条件下,放热且熵增大的化学反应均可自动发生,反应的标准平衡常数 $K^{\ominus} > 1$,且随温度升高而增大。( )

四、计算题

1. 反应 $MCO_3(s) \rightleftharpoons MO(s) + CO_2(g)$(M 为某金属)的有关数据如下:

物质	$\Delta_f H_m^{\ominus}(B,\beta)/kJ \cdot mol^{-1}$	$S_m^{\ominus}(B,\beta)/J \cdot mol^{-1} \cdot K^{-1}$
$MCO_3(s)$	−500	167.4
$MO(s)$	−29.0	121.4
$CO_2(g)$	−393.5	213

求:(1) 该反应的 $\Delta_r G_m^{\ominus}$ 与 T 的关系。(视 $\Delta_r H_m^{\ominus}$ 为定值)

(2) 该系统温度为 127 ℃,总压强为 101 325 Pa,$CO_2(g)$ 的摩尔分数 $y(CO_2)=0.01$,系统中 $MCO_3(s)$ 能否分解为 $MO(s)$ 和 $CO_2(g)$?

(3) 为防止 $MCO_3(s)$ 在上述系统中分解,则系统温度应低于多少?

2. 将 2×10^5 Pa 的 $CO(g)$ 通入含有过量 $S(s)$ 的反应器中,发生反应 $S(s) + 2CO(g) \rightleftharpoons SO_2(g) + 2C(s)$,达到平衡时系统总压强为 1.03×10^5 Pa,试求反应的 $K^{\ominus}$。

3. 已知在 25 ℃、100 kPa 下，HI(g) 分解为 I_2(g) 与 H_2(g) 达平衡时，HI(g) 有 7.42% 分解了。已知 HI(g) 的标准摩尔生成焓为 26.5 kJ/mol，求反应 $2HI(g) \rightleftharpoons I_2(g) + H_2(g)$ 在 25 ℃ 时的 $\Delta_r S_m^\ominus$。

4. 将 NH_2COONH_4(s) 放入真空容器中，使之按下式分解：
$$NH_2COONH_4(s) \rightleftharpoons 2NH_3(g) + CO_2(g)$$
在 418 K 时达平衡，容器内压强为 815 kPa。计算：

(1) 该反应在 418 K 时的标准平衡常数；

(2) 反应在 298 K 时的标准平衡常数（已知反应的 $\Delta_r H_m^\ominus = 1\,570\ \text{J} \cdot \text{mol}^{-1}$，并视为常数）。

第 6 章

电化学

基本要求

1. 掌握常见可逆电极的构成，能正确写出电极反应和电池反应，能将反应设计成电池；
2. 掌握能斯特方程、电极电势、电池电动势的计算及电池电动势测定的应用；
3. 理解电解池、原电池的构成和法拉第定律及有关计算；
4. 理解电导、电导率、摩尔电导率的概念、影响因素，掌握有关计算；
5. 理解离子独立移动定律、电导测定的应用；
6. 理解电解质溶液的活度、活度系数和离子的平均活度、离子的平均活度系数等概念；
7. 了解德拜-休克尔极限公式；
8. 了解电极极化、超电势产生的原因和结果及电解时的电极反应。

电化学是物理化学的重要分支，是研究化学现象与电现象之间关系的科学，从理论上讲，电化学包括电解质溶液、原电池、电解与极化三部分内容。当前电化学广泛应用于石油化工、能源、材料、医药和生命科学等各个领域，已逐步成为一门独立的学科。

（一）电解质溶液

6.1 电化学的基本概念和法拉第定律

6.1.1 导体的分类

能导电的物质称为导电体或导体，导体一般可分为两类：第一类导体是依靠自由电子的定向运动而导电，称为电子导体，例如金属、合金、石墨和某些固体金属化合物等；第二类导体是依靠离子的定向运动而导电,称为离子导体,例如电解质溶液和熔融状态的电解质等。

将第一类导体作为电极浸入电解质溶液,从而形成了电极与溶液之间的直接接触,当电流通过溶液时,在两类导体相接触的界面层,通过得、失电子的电极反应来实现两类导体导电形式的过渡。

6.1.2 电解池和原电池

实现化学能和电能相互转换的装置有两种:一种是电解池,另一种是原电池。

1. 电解池

利用电能以发生化学反应的装置称为电解池。在电解池中电能转变为化学能。电解池如图 6-1 所示。电极与直流电源相连接,与电源正极相连的电极称为阳极,与电源负极相连的电极称为阴极。下面以两个 Pt 电极浸入 $CuCl_2$ 溶液形成的电解池为例,来了解电解质溶液的导电机理。

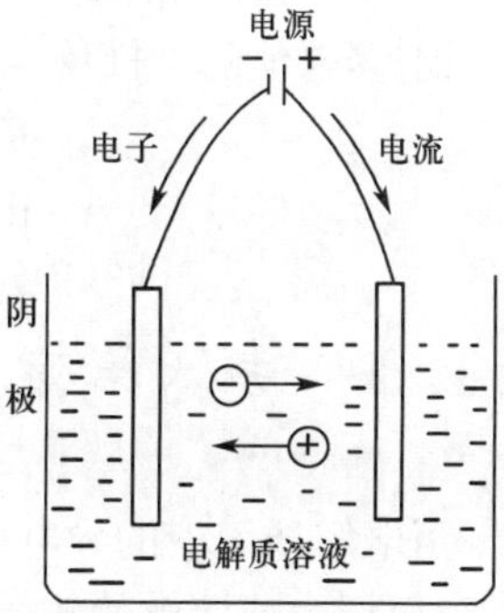

当直流电源与两电极连接时,电子从电源的负极经外电路流向阴极,在阴极和电解质溶液的界面上发生阳离子结合电子的还原反应,即

$$Cu^{2+} + 2e^- \longrightarrow Cu$$

图 6-1 电解池示意图

同时,在阳极和电解质溶液的界面上则发生阴离子失去电子的氧化反应。即

$$2Cl^- \longrightarrow Cl_2 + 2e^-$$

氧化反应中放出的电子经外电路流向电源的正极。这种在电极上进行的有电子得失的化学反应称为电极反应,两个电极反应之和则称为电池反应。与此同时,在外电场作用下,溶液中的正离子向阴极迁移,负离子向阳极迁移,即电流通过电解池由正极流向负极。由此可知,电解质溶液的导电过程包括电极反应及电解质溶液中正、负离子的定向迁移。这就是电解质溶液的导电机理。

电化学中规定,发生氧化反应的电极为阳极,发生还原反应的电极为阴极。又根据电势的高低,将电极分为正极和负极,电势高的为正极,电势低的为负极。

2. 原电池

利用两电极的电极反应以产生电流的装置称为原电池。在原电池中化学能转变为电能。如图 6-2 所示,原电池的电池反应也由两个电极反应组成,在阳极上发生失去电子的氧化反应,给出的电子通过外电路流向阴极,电流则从阴极经电路流向阳极,在阴极上发生结合电子的还原反应。原电池的阴极为正极,阳极为负极。

最典型的原电池——铜-锌电池(Daniell 电池),如图 6-3 所示。将铜片和锌片分别插入浓度为 1 mol·kg^{-1} 的 $CuSO_4$ 和 $ZnSO_4$ 溶液中,两种溶液用多孔隔板隔开,其作用是防止 $ZnSO_4$ 溶液和 $CuSO_4$ 溶液相互混合,但允许电解质离子通过。当用导线将铜片和锌片连接后,两电极会发生氧化还原反应,同时有电流通过电池。

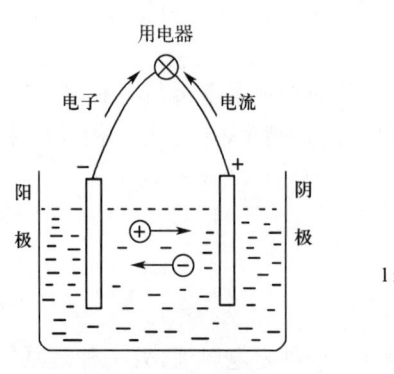

图 6-2 原电池示意图

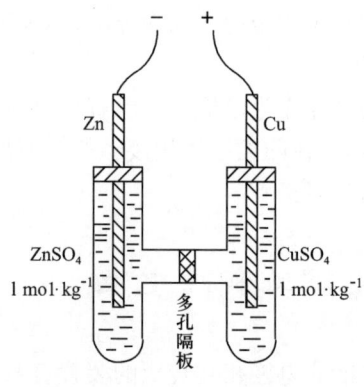

图 6-3 铜-锌电池

铜-锌电池的电极反应为

负极（阳极）　　$Zn(s) \longrightarrow Zn^{2+}(a) + 2e^-$

正极（阴极）　　$Cu^{2+}(a) + 2e^- \longrightarrow Cu(s)$

6.1.3　法拉第定律

由电解质溶液的导电机理可知，当电流通过电解质溶液时，电极上就会有物质析出或溶解，而析出或溶解的物质的量与通过电解质溶液的电量有关。1833 年法拉第研究了大量电解实验的结果，提出了如下基本定律：

①电解质溶液通电后，在电极界面上发生化学反应的物质的物质的量与通过溶液的电量成正比；

②同一时间间隔内通过任一截面的电量相等。

上述结论称为法拉第定律。由此可知，对于各种不同的电解质溶液，每通过 1 mol 电子的电量，在任一电极上就发生得失 1 mol 电子的电极反应。

每摩尔电子的电量为

$$F = Le = 6.022 \times 10^{23} \text{ mol}^{-1} \times 1.6022 \times 10^{-19} \text{ C} = 96\,485.309 \text{ C} \cdot \text{mol}^{-1}$$

F 称为法拉第常数，一般计算可近似取 $F = 96\,500$ C·mol^{-1}。则法拉第定律数学表达式为

$$Q = n_e F = z n_B F \tag{6-1}$$

式中　Q——电量，C；

n_e——通过电解质溶液的电子的物质的量，mol；

n_B——发生电极反应的物质 B 的物质的量，mol；

z——电极反应化学计量式中电子的计量数。

法拉第定律是电化学的基本定律，没有使用条件的限制。在电化学实验中，实验越精确，所得数据与法拉第定律的计算值就越吻合。

【**例 6-1**】　在 $CuCl_2$ 电镀溶液中，以 20.00 A 电流电镀 60.00 min。试求阴极上能析出多少克 Cu？

解：已知 $I = 20.00$ A，$t = 60.00$ min $= 3\,600.00$ s，$M(Cu) = 63.55$ g·mol^{-1}，将 $n_B = m_B/M_B$，$Q = It$ 代入式(6-1)，整理得

$$m(\text{Cu}) = \frac{ItM(\text{Cu})}{zF} = \frac{20.00 \times 3\,600.00 \times 63.55}{2 \times 96\,500} = 23.7 \text{ g}$$

即阴极上能析出 23.7 g 铜。

6.2 电解质溶液的电导

6.2.1 电导和电导率

电解质溶液的导电能力常用电阻的倒数——电导来表示,电导的符号为 G,其单位为 S(西门子,简称西)。

$$G = \frac{1}{R} \tag{6-2}$$

若导体的截面是均匀的,则导体的电导与其截面积成正比,与其长度成反比,即

$$G = \kappa \frac{A}{l}$$

则有

$$\kappa = G \frac{l}{A} \tag{6-3}$$

式中 A ——导体截面积,m^2;
l ——导体长度,m;
κ ——比例系数,称为电导率,$S \cdot m^{-1}$。

由式(6-3)可知,电导率就是长度为 1 m,截面积为 1 m^2 的导体的电导。对于电解质溶液而言,电导率是指面积分别为 1 m^2,电极间距离为 1 m 的两个平行电极之间的电解质溶液所具有的电导。

6.2.2 摩尔电导率

电解质溶液的电导率与其浓度有关,为了比较不同电解质溶液的导电能力,故引入摩尔电导率的概念。在相距 1 m 的两个平行电极之间,放置含有 1 mol 某电解质的溶液,此时溶液的电导称为该电解质溶液的摩尔电导率,用 Λ_m 表示。

因为电解质的物质的量规定为 1 mol,故导电溶液的体积应为含有 1 mol 该电解质的溶液的体积,用 V_m 表示。它与电解质的物质的量浓度之间的关系为 $V_m = 1/c$。由于电导率 κ 是相距 1 m 的两平行电极之间含有 1 m^3 溶液的电导,所以 Λ_m 与 κ 之间的关系为 $\Lambda_m = V_m \kappa$,即

$$\Lambda_m = \frac{\kappa}{c} \tag{6-4}$$

式中 Λ_m ——摩尔电导率,$S \cdot m^2 \cdot mol^{-1}$;
κ ——电导率,$S \cdot m^{-1}$;

c ——电解质溶液物质的量浓度,mol·m^{-3}。

在表示电解质的摩尔电导率时,应标明物质的量的基本单元。常用元素符号和结构式表明基本单元。例如,一定条件下 $MgCl_2$ 的摩尔电导率为

$$\Lambda_m(MgCl_2) = 0.025\ 8\ S·m^2·mol^{-1}$$

$$\Lambda_m\left(\frac{1}{2}MgCl_2\right) = 0.012\ 9\ S·m^2·mol^{-1}$$

显然
$$\Lambda_m(MgCl_2) = 2\Lambda_m\left(\frac{1}{2}MgCl_2\right)$$

习惯上,在计算 Λ_m 时,人们常把正、负离子各带有 1 mol 电荷的电解质选作物质的量的基本单元,例如 KCl、$\frac{1}{2}ZnSO_4$、$\frac{1}{3}FeCl_3$ 等。

【例 6-2】 有一电导池,电极的有效面积为 $2×10^{-4}\ m^2$,两电极间距离为 0.10 m,电解质溶液为 MA 的水溶液,浓度为 30 mol·m^{-3}。电极间电势差为 3 V,电流强度为 3 mA,试求电解质 MA 的摩尔电导率。

解: 根据式(6-3) $\kappa = G\dfrac{l}{A}$ 得

$$\kappa = \frac{1}{R}·\frac{l}{A} = \frac{I}{U}·\frac{l}{A} = \frac{0.003×0.10}{3×2×10^{-4}} = 0.5\ S·m^{-1}$$

则该电解质的摩尔电导率为

$$\Lambda_m = \frac{\kappa}{c} = \frac{0.5}{30} = 1.67×10^{-2}\ S·m^2·mol^{-1}$$

6.2.3 电导的测定

测量电解质溶液的电导,实际上就是测其电阻。测量电解质溶液的电阻,可利用惠斯通电桥,如图 6-4 所示。图中 AB 为均匀的滑线电阻,R_Z 为可变电阻,T 为检零器,R_X 为待测电阻,R_3 和 R_4 分别为 AC、CB 段的电阻,K 为用以抵消电导池电容的可变电容器,电源使用 1 000 Hz 左右的交流电。测定时,接通电源,选择一定的电阻 R_Z,移动接触点 C,直到流经 T 的电流接近于零,此时电桥达到平衡,各电阻之间存在如下关系

$$\frac{R_Z}{R_X} = \frac{R_3}{R_4}$$

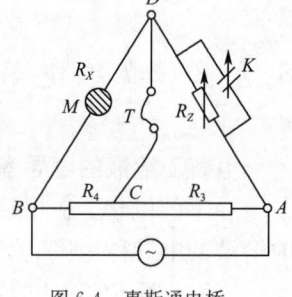

图 6-4 惠斯通电桥

故溶液的电导

$$G_X = \frac{1}{R_X} = \frac{R_3}{R_4}\frac{1}{R_Z} = \frac{\overline{AC}}{\overline{CB}}\frac{1}{R_Z} \tag{6-5}$$

根据式(6-3),待测溶液的电导率为

$$\kappa = G_X\frac{l}{A} = \frac{1}{R_X}\frac{l}{A}$$

对于固定的电导池,l/A 为常数,称为电池常数,用符号 K_{cell} 表示,单位为 m^{-1}。

所以
$$\kappa = GK_{cell} = \frac{1}{R}K_{cell} \tag{6-6}$$

欲测定某一电解质溶液在一定温度下的电导率 κ,须先将一个已知电导率的溶液注入该电导池中,测其电阻值,根据式(6-6)计算出 K_{cell}。然后,再将待测溶液置于此电导池中,测其电阻,即可用式(6-6)计算出待测溶液的电导率,根据式(6-4)计算出摩尔电导率。

用来测定电池常数的电解质溶液通常是 KCl 水溶液,不同浓度 KCl 水溶液的电导率列于表 6-1 中。

表 6-1　　　　　　　　298.15 K 时 KCl 水溶液的电导率

浓度 $c/(mol \cdot m^{-3})$	10^3	10^2	10	1.0	0.1
电导率 $\kappa/(S \cdot m^{-1})$	11.19	1.289	0.141 3	0.014 69	0.001 489

【例 6-3】 在 298.15 K 时,某电导池充以 0.010 00 $mol \cdot dm^{-3}$ 的 KCl 溶液,测得其电阻为 112.3 Ω,若改充以同浓度的醋酸溶液,测得其电阻为 2 184 Ω,已知 298.15 K 时 0.010 00 $mol \cdot dm^{-3}$ 的 KCl 溶液电导率为 0.141 3 $S \cdot m^{-1}$。试计算:

(1)此电导池的电池常数 K_{cell};
(2)醋酸溶液的电导率 $\kappa(CH_3COOH)$ 和摩尔电导率 $\Lambda_m(CH_3COOH)$。

解: (1)根据式(6-6),电导池的电池常数为
$$K_{cell} = \kappa(KCl) \cdot R(KCl) = 0.141 3 \times 112.3 = 15.87 \, m^{-1}$$

(2)醋酸溶液的电导率 $\kappa(CH_3COOH)$ 为
$$\kappa(CH_3COOH) = \frac{1}{R(CH_3COOH)}K_{cell} = \frac{15.87}{2\ 184} = 7.266 \times 10^{-3} \, S \cdot m^{-1}$$

醋酸溶液的摩尔电导率 $\Lambda_m(CH_3COOH)$ 为
$$\Lambda_m(CH_3COOH) = \frac{\kappa(CH_3COOH)}{c} = \frac{7.266 \times 10^{-3}}{0.010\ 00 \times 10^3} = 7.266 \times 10^{-4} \, S \cdot m^2 \cdot mol^{-1}$$

6.2.4　电导率、摩尔电导率与浓度的关系

1. 电导率与浓度的关系

图 6-5 给出了一些电解质溶液在 298 K 时的电导率随电解质浓度变化而变化的曲线关系,由图可见,强酸、强碱的电导率最大,其次是盐类,而弱电解质的电导率最低。对于同一电解质溶液,电导率随着溶液浓度的变化而有很大变化。随着浓度的增大,稀溶液单位体积内导电离子增多,故溶液的电导率随浓度的增大而增加,但强电解质溶液中离子间的相互作用随着浓度的增大而增强,离子迁移速率变慢,电导率减小。所以强电解质溶液的电导率经过一极大值后反而降低。

2. 摩尔电导率与浓度的关系

电解质溶液的摩尔电导率与浓度的关系可由实验得出。图 6-6 是几种电解质的摩尔电导率对浓度平方根的变化关系图,由图可见,无论是强电解质还是弱电解质,其摩尔电导率均随溶液浓度的降低而增大,但增大的情况及原因不一样。

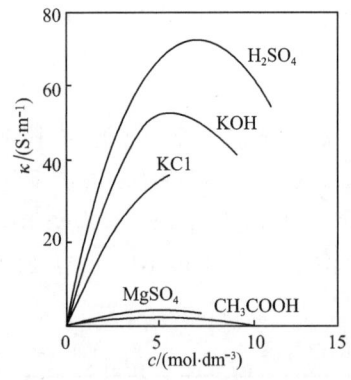 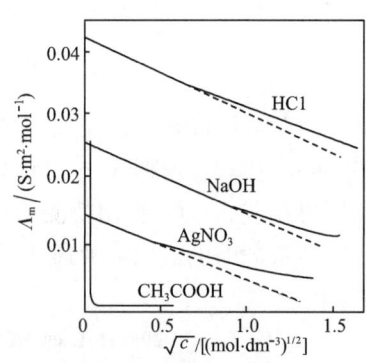

图 6-5 电导率与物质的量浓度的关系　　图 6-6 摩尔电导率与物质的量浓度平方根的关系

在强电解质溶液中,随着溶液浓度的降低,离子间距离增大,引力变小,离子的运动速率加快,使其摩尔电导率增大。科尔劳施根据实验结果得出结论:在很稀的强电解质溶液中,其摩尔电导率与浓度的平方根呈线性关系。数学表达式为

$$\Lambda_m = \Lambda_m^\infty - A\sqrt{c} \tag{6-7}$$

式中　Λ_m^∞——极限摩尔电导率,$S \cdot m^2 \cdot mol^{-1}$;

A——与电解质有关的常数。

对于一定温度下的指定电解质溶液而言,Λ_m^∞ 及 A 都是常数。在溶液很稀时,Λ_m 与强电解质溶液物质的量浓度的平方根 $\sqrt{c}$ 呈直线关系,将直线外推到 $c=0$ 时,直线的截距即为极限摩尔电导率 Λ_m^∞。

对于弱电解质而言,其摩尔电导率随溶液浓度降低而增大。当溶液浓度较大时,由于弱电解质电离度较小,溶液中离子数量很少,所以 Λ_m 很小,且随浓度的变化缓慢。当溶液浓度下降时,弱电解质的解离度增大,溶液中离子数目增多,而且正、负离子间的相互吸引力随浓度的减小而减弱,从而使溶液的摩尔电导率随溶液浓度的下降而急剧增大。弱电解质的 Λ_m^∞ 不能用外推法求得,只能根据离子独立运动定律来计算。

6.2.5　离子独立运动定律和离子的摩尔电导率

科尔劳施研究了大量的强电解质溶液,总结出离子独立运动定律:在无限稀释的溶液中,所有电解质全部电离,且离子间的相互作用可忽略不计,离子彼此独立,互不影响,电解质的极限摩尔电导率为正、负离子摩尔电导率之和。

如对于电解质 $A_{\nu_+}B_{\nu_-}$,科尔劳施离子独立运动定律表达式为

$$\Lambda_m^\infty = \nu_+ \Lambda_{m,+}^\infty + \nu_- \Lambda_{m,-}^\infty \tag{6-8}$$

式中　Λ_m^∞——电解质的极限摩尔电导率,$S \cdot m^2 \cdot mol^{-1}$;

$\Lambda_{m,+}^\infty$、$\Lambda_{m,-}^\infty$——正、负离子的极限摩尔电导率,$S \cdot m^2 \cdot mol^{-1}$;

ν_+、ν_-——正、负离子的化学计量数,量纲为1。

离子独立运动定律适用于无限稀释的强、弱电解质溶液,因而,可以用强电解质的极限摩尔电导率计算弱电解质的极限摩尔电导率。在 25 ℃时水溶液中一些离子的无限稀

释摩尔电导率见表 6-2。

表 6-2　　　在 25 ℃时水溶液中一些离子的无限稀释摩尔电导率

正离子	$\Lambda_m^\infty/(S \cdot m^2 \cdot mol^{-1})$	负离子	$\Lambda_m^\infty/(S \cdot m^2 \cdot mol^{-1})$
H^+	349.82×10^{-4}	OH^-	198.0×10^{-4}
Li^+	38.69×10^{-4}	Cl^-	76.34×10^{-4}
Na^+	50.11×10^{-4}	Br^-	78.4×10^{-4}
K^+	73.52×10^{-4}	I^-	76.8×10^{-4}
NH_4^+	73.4×10^{-4}	NO_3^-	71.44×10^{-4}
Ag^+	61.92×10^{-4}	CH_3COO^-	40.9×10^{-4}
$(1/2)Ca^{2+}$	59.50×10^{-4}	ClO_4^-	68.0×10^{-4}
$(1/2)Ba^{2+}$	63.64×10^{-4}	$(1/2)SO_4^{2-}$	79.8×10^{-4}
$(1/2)Sr^{2+}$	59.46×10^{-4}	HCO_3^-	44.5×10^{-4}
$(1/2)Mg^{2+}$	53.06×10^{-4}	$(1/2)CO_3^{2-}$	69.3×10^{-4}
$(1/3)La^{3+}$	69.6×10^{-4}	$C_2H_5COO^-$	35.8×10^{-4}

【例 6-4】 已知在 298.15 K 时，NH_4Cl、$NaOH$ 和 $NaCl$ 的极限摩尔电导率分别为 $\Lambda_m^\infty(NH_4Cl) = 0.01499 \ S \cdot m^2 \cdot mol^{-1}$，$\Lambda_m^\infty(NaOH) = 0.02487 \ S \cdot m^2 \cdot mol^{-1}$，$\Lambda_m^\infty(NaCl) = 0.01265 \ S \cdot m^2 \cdot mol^{-1}$。试计算 $NH_3 \cdot H_2O$ 的 $\Lambda_m^\infty(NH_3 \cdot H_2O)$。

解：对于弱电解质而言，在无限稀释的情况下，可以认为它是完全电离的。根据离子独立运动定律可得

$$\begin{aligned}\Lambda_m^\infty(NH_3 \cdot H_2O) &= \Lambda_m^\infty(NH_4^+) + \Lambda_m^\infty(OH^-) \\ &= \Lambda_m^\infty(NH_4Cl) - \Lambda_m^\infty(NaCl) + \Lambda_m^\infty(NaOH) \\ &= 0.01499 - 0.01265 + 0.02487 = 0.02721 \ S \cdot m^2 \cdot mol^{-1}\end{aligned}$$

6.3　电导测定的应用

6.3.1　检验水的纯度

通常，水中因含有多种电解质而具有相当大的电导率，一般蒸馏水中也会因为溶解了空气中的二氧化碳等杂质而具有一定的电导率，其值约为 $1.00 \times 10^{-3} \ S \cdot m^{-1}$。纯水在 298.15 K 时电导率为 $5.5 \times 10^{-6} \ S \cdot m^{-1}$，重蒸馏水(蒸馏水经 $KMnO_4$ 和 KOH 溶液处理除去 CO_2 及其他有机杂质，然后在石英皿中重新蒸馏 1~2 次)和去离子水(用离子交换树脂处理的水)的电导率可小于 $1.00 \times 10^{-4} \ S \cdot m^{-1}$，可以认为相当纯净。所以只要测出水的电导率，就可以断定水的纯度是否合格或符合使用要求。

6.3.2 测定弱电解质的电离度及电离常数

弱电解质在溶液中仅部分解离,例如乙酸水溶液中乙酸分子的解离:

$$CH_3COOH \longrightarrow H^+ + CH_3COO^-$$

由于弱电解质的电离度很小,溶液中离子的浓度很低,可以认为离子的移动速率受浓度的影响很小,因而,一定浓度的弱电解质溶液的摩尔电导率与其极限摩尔电导率的差别主要是由电离度的不同造成的。例如乙酸,在无限稀释的溶液中全部电离,此时其摩尔电导率为 Λ_m^∞,当溶液浓度为 c 时,乙酸的电离度为 α,此时其摩尔电导率为 Λ_m。显然有

$$\alpha = \frac{\Lambda_m}{\Lambda_m^\infty} \tag{6-9}$$

则其电离常数为

$$K^\ominus = \frac{[c(H^+)/c^\ominus][c(CH_3COO^-)/c^\ominus]}{c(CH_3COOH)/c^\ominus} = \frac{(\alpha c/c^\ominus)^2}{(1-\alpha)c/c^\ominus} = \frac{\alpha^2}{1-\alpha}(c/c^\ominus) \tag{6-10}$$

【例 6-5】 有一电导池,电池常数 K_{cell} 为 13.7 m^{-1},将浓度为 15.81 mol·m^{-3} 的乙酸溶液放入电导池中,测得其电阻为 655 Ω,求在 298.15 K 时乙酸的电离度和电离常数。

解: 查表得,

298.15 K 时 $\Lambda_m^\infty(H^+) = 34.96 \times 10^{-3}$ S·m^2·mol,$\Lambda_m^\infty(CH_3COO^-) = 4.09 \times 10^{-3}$ S·m^2·mol^{-1}

(1) $\Lambda_m^\infty(CH_3COOH) = \Lambda_m^\infty(H^+) + \Lambda_m^\infty(CH_3COO^-)$

$$= (34.96 + 4.09) \times 10^{-3}$$

$$= 39.05 \times 10^{-3} \text{ S·m}^2\text{·mol}^{-1}$$

乙酸溶液的电导率为

$$\kappa = G \cdot K_{cell} = \frac{1}{R} \cdot K_{cell}$$

$$= \frac{1}{655} \times 13.7$$

$$= 2.09 \times 10^{-2} \text{ S·m}^{-1}$$

所以

$$\Lambda_m(CH_3COOH) = \frac{\kappa}{c} = \frac{2.09 \times 10^{-2}}{15.81}$$

$$= 1.32 \times 10^{-3} \text{ S·m}^2\text{·mol}^{-1}$$

乙酸的电离度

$$\alpha = \frac{\Lambda_m}{\Lambda_m^\infty} = \frac{1.32 \times 10^{-3}}{39.05 \times 10^{-3}} = 3.38 \times 10^{-2}$$

(2) 乙酸的电离常数

$$K^\ominus = \frac{\alpha^2}{1-\alpha} c/c^\ominus$$

$$= \frac{(3.38 \times 10^{-2})^2}{1 - 3.38 \times 10^{-2}} \times \frac{15.81 \times 10^{-3}}{1}$$

$$= 1.87 \times 10^{-5}$$

6.3.3 测定难溶盐的溶解度和溶度积

一些难溶盐因在水中的溶解度太小而无法用普通的滴定方法测定,但可以利用测定电导的方法计算。

【例 6-6】 在 298.15 K 时,测得 AgCl 饱和溶液的电导率为 3.41×10^{-4} S·m^{-1},配制该溶液所用的纯水的电导率为 1.60×10^{-4} S·m^{-1},试求在 298.15 K 时 AgCl 的溶解度和溶度积。

解: 查表知 $\Lambda_m^\infty(Ag^+)=6.19\times10^{-3}$ S·m^2·mol^{-1},$\Lambda_m^\infty(Cl^-)=7.64\times10^{-3}$ S·m^2·mol^{-1}

(1) $\kappa(AgCl)=\kappa(溶液)-\kappa(水)=(3.41-1.60)\times10^{-4}$
$$=1.81\times10^{-4} \text{ S·m}^{-1}$$

$$\Lambda_m^\infty(AgCl)=\Lambda_m^\infty(Ag^+)+\Lambda_m^\infty(Cl^-)=(6.19+7.64)\times10^{-3}$$
$$=13.83\times10^{-3} \text{ S·m}^2\cdot\text{mol}^{-1}$$

AgCl 饱和溶液的溶解度为

$$c(AgCl)=\frac{\kappa(AgCl)}{\Lambda_m^\infty(AgCl)}=\frac{1.81\times10^{-4}}{13.83\times10^{-3}}=1.31\times10^{-2} \text{ mol·m}^{-3}$$

(2) AgCl 饱和溶液的溶度积为

$$K_{sp}=\frac{c(Ag^+)}{c^\ominus}\cdot\frac{c(Cl^-)}{c^\ominus}=\left(\frac{1.31\times10^{-2}}{1\times10^3}\right)^2=1.72\times10^{-10}$$

6.3.4 电导滴定

在分析化学中,当溶液浑浊或有颜色而不能使用指示剂时,可用电导滴定来测定溶液中电解质的浓度。但只有在滴定过程中,一种离子被另一种离子所代替,电导率发生明显变化时才能选用此法。

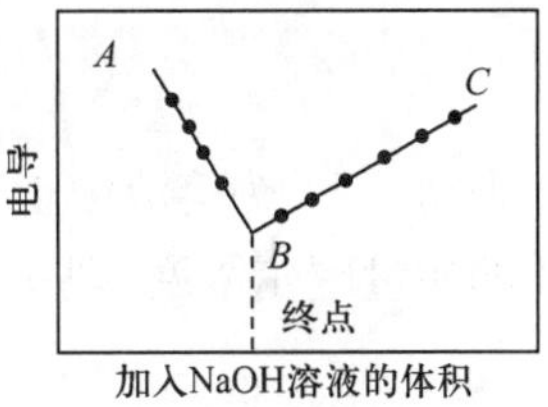

图 6-7 强酸强碱的电导滴定

例如用 NaOH 溶液滴定 HCl 溶液,如图 6-7 所示,滴定前,溶液中只有 HCl 一种电解质,而且 H$^+$ 的电导率很大,所以溶液的电导率也很大;当逐渐滴入 NaOH 时,溶液中的 H$^+$ 逐渐减少,Na$^+$ 逐渐增多,而 Na$^+$ 的电导率较小,所以溶液的电导率在滴定过程中逐渐降低(AB 段);当到达滴定终点时,H$^+$ 全部被 Na$^+$ 所取代,此时电导率最小(B 点);此后再滴入 NaOH,由于 OH$^-$ 的电导率也很大,所以滴定终点以后电导率骤增(BC 段)。B 点就是滴定的终点,根据 B 点对应的 NaOH 溶液的体积就可以计算出 HCl 溶液的浓度。

6.4 强电解质溶液理论简介

6.4.1 电解质的平均活度和平均活度系数

对于非电解质和弱电解质,溶液解离平衡的计算可使用浓度,但对于强电解质溶液,由于溶液中各种离子的相互作用,在有关热力学的计算中,不能再使用浓度,而应当使用活度。

1. 电解质及离子的活度和活度系数

强电解质在水溶液中整体溶液的化学势 μ 与正、负离子的化学势(μ_+、μ_-)之间的关系为

$$\mu = \nu_+ \mu_+ + \nu_- \mu_- \tag{6-11}$$

忽略压强对化学势的影响,则电解质及离子的化学势分别可表示为

$$\mu = \mu^{\ominus} + RT\ln a \tag{6-12}$$

$$\mu_+ = \mu_+^{\ominus} + RT\ln a_+ \tag{6-13}$$

$$\mu_- = \mu_-^{\ominus} + RT\ln a_- \tag{6-14}$$

式中,$\mu^{\ominus}$、$\mu_+^{\ominus}$、$\mu_-^{\ominus}$、a、a_+、a_- 分别为电解质及溶液中正、负离子的标准化学势和活度,则

$$\mu^{\ominus} = \nu_+ \mu_+^{\ominus} + \nu_- \mu_-^{\ominus} \tag{6-15}$$

将式(6-12)~式(6-14)代入式(6-11),结合式(6-15)整理即得电解质活度与正、负离子活度之间的关系式

$$a = a_+^{\nu_+} \cdot a_-^{\nu_-} \tag{6-16}$$

定义正、负离子的活度系数 γ_+、γ_- 为

$$\gamma_+ = \frac{a_+}{b_+/b^{\ominus}}, \gamma_- = \frac{a_-}{b_-/b^{\ominus}} \tag{6-17}$$

式中,b_+、b_- 为溶液中正、负离子的质量摩尔浓度;$b^{\ominus}$ 为 $1\ \mathrm{mol \cdot kg^{-1}}$。如果 b 表示电解质的质量摩尔浓度,则 b_+、b_- 为

$$b_+ = \nu_+ b, \quad b_- = \nu_- b \tag{6-18}$$

2. 电解质及离子的平均活度和平均活度系数

由于电解质溶液是电中性的,正、负离子总是同时存在于溶液之中,因此单一离子的活度和活度系数均不能由实验测得,为此,我们定义正、负离子活度的几何平均值为离子的平均活度,并用 $a_\pm$ 表示,即

$$a_\pm = (a_+^{\nu_+} \cdot a_-^{\nu_-})^{1/\nu} \tag{6-19}$$

同理,定义正、负离子活度系数及质量摩尔浓度的几何平均值为离子的平均活度系数与平均质量摩尔浓度,即

$$\gamma_\pm = (\gamma_+^{\nu_+} \cdot \gamma_-^{\nu_-})^{1/\nu} \tag{6-20}$$

$$b_\pm = (b_+^{\nu_+} \cdot b_-^{\nu_-})^{1/\nu} \tag{6-21}$$

式中，$\nu = \nu_+ + \nu_-$。

综合以上各式可得到强电解质的整体活度、正、负离子的活度、活度系数和平均活度、平均活度系数之间的定量关系式：

$$a = a_+^{\nu_+} \cdot a_-^{\nu_-} = a_\pm^\nu = \left(\gamma_\pm \cdot \frac{b_\pm}{b^\ominus}\right)^\nu \tag{6-22}$$

离子的平均活度系数 $\gamma_\pm$ 的大小反映了由于离子相互作用所导致的电解质溶液偏离理想溶液的程度。表 6-3 列出了在 298.15 K 时某些电解质水溶液中离子的平均活度系数。

表 6-3　在 298.15 K 时某些电解质水溶液中离子的平均活度系数 $\gamma_\pm$

$b/(\text{mol} \cdot \text{kg}^{-1})$	0.001	0.005	0.010	0.050	0.100	0.500
HCl	0.965	0.928	0.904	0.830	0.796	0.757
NaCl	0.966	0.929	0.904	0.823	0.778	0.682
KCl	0.965	0.927	0.901	0.815	0.769	0.650
HNO_3	0.965	0.927	0.902	0.823	0.785	0.715
$CaCl_2$	0.887	0.783	0.724	0.574	0.518	0.448
H_2SO_4	0.830	0.639	0.544	0.340	0.265	0.154
$CuSO_4$	0.740	0.530	0.410	0.210	0.160	0.068
$ZnSO_4$	0.734	0.477	0.387	0.202	0.148	0.063

从表中数据可以看出：

(1) 在稀溶液范围内，电解质离子平均活度系数 $\gamma_\pm$ 随着浓度的降低而增加；

(2) 在稀溶液范围内，相同价态的电解质，若浓度相同，$\gamma_\pm$ 几乎相等；不同价态的电解质，浓度相同时，其 $\gamma_\pm$ 并不相同，高价态的电解质 $\gamma_\pm$ 较小。

【例 6-7】 已知浓度 $b = 0.01 \text{ mol} \cdot \text{kg}^{-1}$ 的 H_2SO_4 水溶液中，离子平均活度系数 $\gamma_\pm = 0.544$，试求该溶液中 H_2SO_4 的活度和离子的平均活度。

解： H_2SO_4 在水溶液中的电离反应为 $H_2SO_4 \longrightarrow 2H^+ + SO_4^{2-}$

已知 $\nu_+ = 2, \nu_- = 1, \nu = 3, b_+ = 2b = 0.02 \text{ mol} \cdot \text{kg}^{-1}, b_- = b = 0.01 \text{ mol} \cdot \text{kg}^{-1}$

电解质的平均质量摩尔浓度

$$b_\pm = (b_+^2 \cdot b_-)^{1/3} = [(2b)^2 \cdot b]^{1/3} = 4^{1/3} \times 0.01 = 1.59 \times 10^{-2} \text{ mol} \cdot \text{kg}^{-1}$$

离子的平均活度　$a_\pm = \gamma_\pm \cdot \dfrac{b_\pm}{b^\ominus} = 0.544 \times \dfrac{1.59 \times 10^{-2}}{1} = 0.0086$

电解质溶液的活度　$a = a_\pm^3 = 0.0086^3 = 6.4 \times 10^{-7}$

6.4.2　离子强度和德拜-休克尔极限公式

由表 6-3 中数据可以看出，影响强电解质离子平均活度系数的主要因素是浓度和离子的价电子数，而离子价电子数的影响比浓度更加显著，路易斯根据上述事实，提出了离子强度的概念。离子强度定义式为

$$I = \frac{1}{2} \sum b_B z_B^2 \tag{6-23}$$

式中　I——离子强度，$mol \cdot kg^{-1}$；
　　　b_B——离子 B 的质量摩尔浓度，$mol \cdot kg^{-1}$；
　　　z_B——离子 B 的电荷数。

路易斯总结了大量实验事实，进一步指出在稀溶液范围内，$\gamma_\pm$ 与 I 的关系符合下述经验关系式

$$\lg\gamma_\pm = -k\sqrt{I}$$

式中 k 为常数。

1923 年，德拜和休克尔提出了强电解质离子互吸理论，导出了定量计算离子平均活度系数的德拜-休克尔极限公式

$$\lg\gamma_\pm = -A|z_+z_-|\sqrt{I} \tag{6-24}$$

式中，A 是和电解质溶液中溶剂自身性质和外界条件有关的一个常数，在 298.15 K 时的水溶液中，$A = 0.509\ (kg \cdot mol^{-1})^{1/2}$。

式(6-24)的正确性已为许多实验结果所证实，且与路易斯的经验式相吻合，该式适用于强电解质稀溶液，当电解质溶液的质量摩尔浓度小于 $0.01\ mol \cdot kg^{-1}$ 时比较准确。

【例 6-8】 利用德拜-休克尔极限公式，计算在 298.15 K 时浓度为 $0.002\ mol \cdot kg^{-1}$ 的 $CuSO_4$ 水溶液中，正、负离子的平均活度系数。

解：已知 $b_+ = b_- = b$，$z_+ = 2$，$z_- = -2$，$A = 0.509\ (kg \cdot mol^{-1})^{1/2}$

$$I = \frac{1}{2}\sum b_B z_B^2 = \frac{1}{2}[b \times 2^2 + b \times (-2)^2] = 4b = 0.008\ mol \cdot kg^{-1}$$

$$\lg\gamma_\pm = -A|z_+z_-|\sqrt{I} = -0.509 \times |2 \times (-2)| \times \sqrt{0.008} = -0.1821$$

所以
$$\gamma_\pm = 0.658$$

（二）可逆电池

6.5　可逆电池与可逆电极

6.5.1　电池的表示方法

根据前面所学知识，若要表示某一原电池，用画出装置图的方法很烦琐而且不利于记录，所以常采用电池表达式来表示电池。

例如，铜-锌电池（Daniell 电池）用电池表达式可表示为

$$Zn(s)|ZnSO_4(1\ mol \cdot kg^{-1})\|CuSO_4(1\ mol \cdot kg^{-1})|Cu(s)$$

用电池表达式表示电池时，应遵循如下规定：

(1) 将发生氧化反应的阳极（负极）写在左边，将发生还原反应的阴极（正极）写在右边；
(2) 金属电极写在外面，电解质溶液写在中间，如 $Zn(s)|ZnSO_4$；
(3) 用实垂线"|"表示相与相之间的界面，用双竖线"∥"表示盐桥；
(4) 必须标明电池中各物质的组成和相态，溶液要写明浓度或活度，气体要注明压强或逸度。

6.5.2 可逆电池

根据热力学可逆过程的概念,可逆电池必须具备以下条件:

(1)电极反应可逆。也就是说,当相反方向的电流通过电极时,电极反应也应随之逆向进行,当电流停止时,反应也应停止。

(2)电池的充、放电过程可逆。即不论是充电还是放电,通过电池的电流必须为无限小,使电池在接近平衡态的条件下工作。这样的充、放电过程就是可逆充、放电过程。

(3)电池中的其他过程可逆。对于如同铜-锌电池的双液电池而言,两种溶液接界面存在着离子的扩散,该过程是不可逆的,存在着接界电势。若在两种溶液中插入盐桥则可消除液体接界电势。严格地说,只有一种电解质溶液构成的电池才能成为可逆电池,对于双液电池而言,若满足(1)和(2),在有盐桥存在的情况下可视为可逆电池。

6.5.3 可逆电极

可逆电池构成的首要条件之一是两个电极的电极反应必须是可逆的,这样的电极称为可逆电极。通常将可逆电极分为三大类。

1. 第一类电极

(1)金属电极

金属电极是由金属浸入该金属离子的溶液中构成的,其通式为 $M|M^{z+}$。常见的金属电极如 $Zn(s)|Zn^{2+}(a)$、$Cu(s)|Cu^{2+}(a)$、$Ag(s)|Ag^{+}(a)$ 等。$Cu(s)|Cu^{2+}(a)$ 的电极反应为

$$Cu^{2+}(a)+2e^{-} \rightleftharpoons Cu(s)$$

(2)气体(或其他非金属单质)电极

此类电极是由惰性金属电极和非金属单质及其离子形成的电极,如 $Pt|H_2(g)|H^{+}(a)$、$Pt|Cl_2(g)|Cl^{-}(a)$、$Pt|I_2(s)|I^{-}(a)$ 等。电极反应一般比较简单,例如氢电极的电极反应为

$$2H^{+}(a)+2e^{-} \rightleftharpoons H_2(g)$$

2. 第二类电极

(1)金属-难溶盐电极

金属-难溶盐电极是金属与其金属难溶盐和该金属难溶盐阴离子构成的电极。常见的金属-难溶盐电极是银-氯化银电极 $Cl^{-}(a)|AgCl(s)|Ag(s)$ 和甘汞电极 $Cl^{-}(a)|Hg_2Cl_2(s)|Hg(l)$,其电极反应分别为

$$AgCl(s)+e^{-} \rightleftharpoons Ag(s)+Cl^{-}(a)$$

$$Hg_2Cl_2(s)+2e^{-} \rightleftharpoons 2Hg(l)+2Cl^{-}(a)$$

(2)金属-难溶氧化物电极

金属-难溶氧化物电极是在金属表面上覆盖一层该金属的难溶氧化物(或难溶氢氧化物),然后将其插入含有 H^{+} 或 OH^{-} 的溶液中形成电极。例如 $OH^{-}(a)|Ag_2O(s)|Ag(s)$、$OH^{-}(a)|Fe(OH)_2(s)|Fe(s)$、$H^{+}(a)|Sb_2O_3(s)|Sb(s)$ 等,其电极反应分别为

$$Ag_2O(s) + H_2O + 2e^- \rightleftharpoons 2Ag(s) + 2OH^-(a)$$

$$Fe(OH)_2(s) + 2e^- \rightleftharpoons Fe(s) + 2OH^-(a)$$

$$Sb_2O_3(s) + 6H^+(a) + 6e^- \rightleftharpoons 2Sb(s) + 3H_2O$$

3. 第三类电极

第三类电极又称氧化还原电极,是由惰性金属(如 Pt)插入含有同一种元素的不同氧化态的离子混合溶液中构成的。常见的氧化还原电极有 $Pt|Fe^{3+}(a_1),Fe^{2+}(a_2)$、$Pt|Cr^{3+}(a_1),Cr^{2+}(a_2)$、$Pt|Fe(CN)_6^{3-}(a_1),Fe(CN)_6^{4-}(a_2)$ 等。$Pt|Fe^{3+}(a_1),Fe^{2+}(a_2)$ 的电极反应为

$$Fe^{3+}(a_1) + e^- \rightleftharpoons Fe^{2+}(a_2)$$

在电极上进行的是不同氧化态离子之间的氧化还原反应,电极中的惰性金属只起传递电子的作用。

在上述电极反应中,我们均写成如下形式:

$$\text{氧化态} + ze^- \rightleftharpoons \text{还原态}$$

式中氧化态和还原态(如 Zn^{2+} 和 Zn)称为电极反应的"氧还对";z 为电极反应中电子的化学计量数,取正值。

6.5.4 电极反应与电池反应

1. 电极反应与电池反应

在电池的两个电极上发生的反应为电极反应,阳极上进行的是氧化反应,阴极上进行的是还原反应,两个电极反应之和为电池反应。因而,若给出电池图示,我们就能方便地写出电极反应和电池反应。

【例 6-9】 写出各电池的电极反应和电池反应

(1) $Pt|Cu^{2+}(a_1),Cu^+(a_2) \| Fe^{3+}(a_3),Fe^{2+}(a_4)|Pt$

(2) $Pt|O_2(p^\ominus)|NaOH(a=1)|HgO(s)|Hg(l)$

(3) $Pt|H_2(g,p_1)|H^+(a)|H_2(g,p_2)|Pt$

(4) $Pt|H_2(g,p)|H^+(a_1) \| H^+(a_2)|H_2(g,p)|Pt$

解:(1) 阳极反应　　　　$Cu^+(a_2) \longrightarrow Cu^{2+}(a_1) + e^-$

　　阴极反应　　　　$Fe^{3+}(a_3) + e^- \longrightarrow Fe^{2+}(a_4)$

　　电池反应　　　　$Cu^+(a_2) + Fe^{3+}(a_3) \longrightarrow Cu^{2+}(a_1) + Fe^{2+}(a_4)$

(2) 阳极反应　　　　$2OH^-(a) \longrightarrow \frac{1}{2}O_2(p^\ominus) + H_2O + 2e^-$

　　阴极反应　　　　$HgO(s) + H_2O + 2e^- \longrightarrow Hg(l) + 2OH^-(a)$

　　电池反应　　　　$HgO(s) \longrightarrow Hg(l) + \frac{1}{2}O_2(p^\ominus)$

(3) 阳极反应　　　　$H_2(p_1) \longrightarrow 2H^+(a) + 2e^-$

　　阴极反应　　　　$2H^+(a) + 2e^- \longrightarrow H_2(p_2)$

　　电池反应　　　　$H_2(p_1) \longrightarrow H_2(p_2)$

(4) 阳极反应　　　　$H_2(p) \longrightarrow 2H^+(a_1) + 2e^-$

阴极反应 $\qquad 2H^+(a_2)+2e^- \longrightarrow H_2(p)$

电池反应 $\qquad 2H^+(a_2) \longrightarrow 2H^+(a_1)$

2. 原电池的分类

按照电池反应的不同,原电池可分为化学电池和浓差电池。化学电池的电池反应为一个化学反应,如例 6-9 中(1)和(2);浓差电池的电池反应不是化学反应,如例 6-9 中(3)和(4)。

按照电池组成的不同,原电池可分为单液电池和双液电池。单液电池两电极共用同一电解质溶液,如例 6-9 中(2)和(3);双液电池两电极各用一种电解质溶液,通常用盐桥将两种电解质溶液连接,如例 6-9 中(1)和(4)。

浓差电池又可分为两类:电极物质浓度或压强不同的浓差电池称为电极浓差电池(单液电池),如例 6-9 中(3);电解质溶液浓度不同的浓差电池称为电解质浓差电池(双液电池),如例 6-9 中(4)。

6.5.5 原电池设计

在利用电池电动势进行有关化学热力学计算时,常需要将给定的反应设计成电池,其步骤如下:

(1)根据化学反应中各元素氧化数的变化确定氧化还原电对(氧还对),发生氧化反应的氧还对作为阳极(负极),发生还原反应的氧还对作为阴极(正极);

(2)按照书写原电池图示的规定写出电池图示,若组成原电池的是两种不同的电解质溶液,则需在两种溶液之间插入盐桥;

(3)写出所设计电池的电极反应、电池反应并与给定反应进行核对,确保电池反应与给定反应相符。

【例 6-10】 将下列反应设计成原电池。

(1) $Cd(s) + Cu^{2+}(a_1) \longrightarrow Cd^{2+}(a_2) + Cu(s)$

(2) $Pb(s) + HgO(s) \longrightarrow Hg(l) + PbO(s)$

(3) $Ag_2O(s) \longrightarrow 2Ag(s) + \frac{1}{2}O_2(g, p)$

(4) $Ag^+(a_1) + I^-(a_2) \longrightarrow AgI(s)$

(5) $H_2(g, p_1) \longrightarrow H_2(g, p_2)$

解:(1)该化学反应中,Cd 失去电子被氧化,所对应电极为阳极;Cu^{2+} 得到电子被还原,所对应电极为阴极,其相应的电池图示应为

$$Cd(s) | Cd^{2+}(a_2) \| Cu^{2+}(a_1) | Cu(s)$$

检验:阳极反应 $\quad Cd(s) \longrightarrow Cd^{2+}(a_2) + 2e^-$

阴极反应 $\quad Cu^{2+}(a_1) + 2e^- \longrightarrow Cu(s)$

电池反应 $\quad Cd(s) + Cu^{2+}(a_1) \longrightarrow Cd^{2+}(a_2) + Cu(s)$

电池反应与题给反应一致,说明设计正确。

(2)该反应中各物质也发生了价态的变化,HgO 和 Hg、PbO 和 Pb 均为金属-金属难溶氧化物电极,而且两电极都对 OH^- 可逆,所以可设计成一单液电池。从各物质价态的

变化可以看出 Pb 和 PbO 电极为阳极,Hg 和 HgO 电极为阴极,其相应的电池图示应为

$$Pb(s)|PbO(s)|OH^-(a)|HgO(s)|Hg(l)$$

检验:阳极反应 $Pb(s)+2OH^-(a) \longrightarrow PbO(s)+H_2O+2e^-$

阴极反应 $HgO(s)+H_2O+2e^- \longrightarrow Hg(l)+2OH^-(a)$

电池反应 $Pb(s)+HgO(s) \longrightarrow Hg(l)+PbO(s)$

电池反应与题给反应一致,说明设计正确。

(3)该反应中有 Ag_2O、Ag 和 O_2,所以两个电极应该为金属-金属难溶氧化物电极和金属-非金属单质电极,其中 O_2 对应电极为阳极,Ag_2O 和 Ag 对应电极为阴极,其相应的电池图示应为

$$Pt|O_2(g,p)|OH^-(a)|Ag_2O(s)|Ag(s)$$

检验:阳极反应 $2OH^-(a) \longrightarrow \frac{1}{2}O_2(g,p)+H_2O+2e^-$

阴极反应 $Ag_2O(s)+H_2O+2e^- \longrightarrow 2Ag(s)+2OH^-(a)$

电池反应 $Ag_2O(s) \longrightarrow 2Ag(s)+\frac{1}{2}O_2(g,p)$

电池反应与题给反应一致,说明设计正确。

(4)该反应中各物质反应前后价态均没有发生变化,可在等式两边同时加上 $Ag(s)$ 制造氧还对。则 $Ag(s) \longrightarrow AgI(s)$ 氧化数升高,即 $I^-(a_2)|AgI(s)|Ag(s)$ 作阳极,而 $Ag^+(a_1) \longrightarrow Ag(s)$ 氧化数降低,所以 $Ag^+(a_1)|Ag(s)$ 作阴极,其相应的电池图示应为

$$Ag(s)|AgI(s)|I^-(a_2) \| Ag^+(a_1)|Ag(s)$$

检验:阳极反应 $Ag(s)+I^-(a_2) \longrightarrow AgI(s)+e^-$

阴极反应 $Ag^+(a_1)+e^- \longrightarrow Ag(s)$

电池反应 $Ag^+(a_1)+I^-(a_2) \longrightarrow AgI(s)$

电池反应与题给反应一致,说明设计正确。

(5)这一反应前后只存在一种物质,但物质的压力不同,且元素的氧化态没有改变,故将其设计成浓差电池。我们可以在等式两边都加入 H^+,即

$$H_2(g,p_1)+2H^+(a) \longrightarrow H_2(g,p_2)+2H^+(a)$$

则其相应的电池图示应为

$$Pt|H_2(g,p_1)|H^+(a)|H_2(g,p_2)|Pt$$

检验:阳极反应 $H_2(g,p_1) \longrightarrow 2H^+(a)+2e^-$

阴极反应 $2H^+(a)+2e^- \longrightarrow H_2(g,p_2)$

电池反应 $H_2(g,p_1) \longrightarrow H_2(g,p_2)$

电池反应与题给反应一致,说明设计正确。

该题中,也可以在等式两边加入 OH^-,电池就可变为

$$Pt|H_2(g,p_1)|OH^-(a)|H_2(g,p_2)|Pt$$

读者可以自己检验设计是否正确。

6.6 可逆电池热力学

电池的电动势是指当通过电池的电流趋近于零时阴、阳极之间的电势差,通常以 E

表示,单位为 V(伏特)。只要测出不同温度下的电池电动势,就可以进行相应的热力学计算。

6.6.1 电池电动势与电池反应 $\Delta_r G_m$ 的关系

根据热力学原理,在恒温、恒压的可逆过程中,系统吉布斯函数减少量($\Delta_r G_m$)等于系统所做的最大非体积功,即 $\Delta_r G_m = -W_r$。在可逆电池中,则有

$$\Delta_r G_m = -zFE \tag{6-25}$$

式(6-25)是连接电化学与热力学的桥梁,通过该式可以计算电池反应摩尔吉布斯函数变。

若电池中各反应物质都处于标准状态($a_B=1$)时,则有

$$\Delta_r G_m^\ominus = -zFE^\ominus \tag{6-26}$$

$E^\ominus$ 称为标准电动势,是电池中各反应物质都处于标准状态且不存在接界电势时电池的电动势。

6.6.2 由电动势温度系数计算电池反应的 $\Delta_r S_m$

电动势温度系数是指一定压强下电动势随温度的变化率$(\partial E/\partial T)_p$。根据式(6-25)有

$$(\partial \Delta_r G_m/\partial T)_p = -zF(\partial E/\partial T)_p$$

又因为 $\Delta_r S_m = -(\partial \Delta_r G_m/\partial T)_p$

所以

$$\Delta_r S_m = zF(\partial E/\partial T)_p \tag{6-27}$$

6.6.3 由电动势及电动势温度系数计算电池反应的 $\Delta_r H_m$

根据吉布斯函数的定义式,在恒温条件下有

$$\Delta_r H_m = \Delta_r G_m + T\Delta_r S_m$$

将式(6-25)和式(6-27)代入上式得

$$\Delta_r H_m = -zF[E - T(\partial E/\partial T)_p] \tag{6-28}$$

由式(6-28)可知,测得任一温度下的电动势和电动势温度系数,就可以计算出电池反应的 $\Delta_r H_m$,同样,已知电池反应的 $\Delta_r H_m$ 和电动势温度系数,就可以计算电池在任一温度时的电动势。

6.6.4 电池反应的热

由于可逆电池中的化学反应过程都是可逆的,电池反应的摩尔反应热 $Q_{r,m}$ 为可逆热,所以 $Q_{r,m} = T\Delta_r S_m$,将式(6-27)代入该式得

$$Q_{r,m} = T\Delta_r S_m = zFT(\partial E/\partial T)_p \tag{6-29}$$

从上式可以看出,可逆电池在恒温条件下放电时,若$(\partial E/\partial T)_p > 0$ 则 $Q_{r,m} > 0$,电池从环境吸热,若$(\partial E/\partial T)_p < 0$,则 $Q_{r,m} < 0$,电池向环境放热,若$(\partial E/\partial T)_p = 0$,则 $Q_{r,m} = 0$,电

池既不吸热也不放热。

【例 6-11】 在 298.15 K 时，电池 Zn(s)|Zn^{2+}(a_1)‖Cu^{2+}(a_2)|Cu(s) 的电动势 $E=$ 1.103 V，电池反应为

$$Zn(s) + Cu^{2+}(a_2) \longrightarrow Cu(s) + Zn^{2+}(a_1)$$

电动势温度系数 $(\partial E/\partial T)_p = -4.6 \times 10^{-4}$ V·K^{-1}。试求该电池反应的 $\Delta_r G_m$、$\Delta_r S_m$、$\Delta_r H_m$ 和电池恒温可逆放电时的可逆热 $Q_{r,m}$。

解：由电池反应可知反应中两电极得失电子的化学计量数 $z=2$。

(1) $\Delta_r G_m = -zEF = -2 \times 1.103 \times 96\,500 = -212.9$ kJ·mol^{-1}

(2) $\Delta_r S_m = zF(\partial E/\partial T)_p = 2 \times 96\,500 \times (-4.6 \times 10^{-4}) = -88.78$ J·K^{-1}·mol^{-1}

(3) $\Delta_r H_m = \Delta_r G_m + T\Delta_r S_m = -212.9 + 298.15 \times (-88.78 \times 10^{-3})$
$= -239.4$ kJ·mol^{-1}

(4) $Q_{r,m} = T\Delta_r S_m = 298.15 \times (-88.78 \times 10^{-3}) = -26.47$ kJ·mol^{-1}

6.6.5 电池反应的标准平衡常数

根据化学平衡理论可知 $\Delta_r G_m^{\ominus} = -RT\ln K^{\ominus}$

与式(6-26)结合可得到电池标准电动势与电池反应标准平衡常数的关系式

$$\ln K^{\ominus} = \frac{zFE^{\ominus}}{RT} \tag{6-30}$$

若已知电池的标准电动势 $E^{\ominus}$，就可应用式(6-30)计算电池反应的标准平衡常数 $K^{\ominus}$。

【例 6-12】 已知电池 Cd(s)|Cd^{2+}(a_1)‖Cl$^-$(a_2)|Cl$_2$($p^{\ominus}$)|Pt 的标准电动势为 1.761 V，试写出电极反应和电池反应，并计算在 298.15 K 时电池反应的标准平衡常数 $K^{\ominus}$。

解：(1) 该电池的电极反应和电池反应分别为

阳极反应　　Cd(s) ⟶ Cd^{2+}(a_1) + 2e$^-$

阴极反应　　Cl$_2$($p^{\ominus}$) + 2e$^-$ ⟶ 2Cl$^-$(a_2)

电池反应　　Cd(s) + Cl$_2$($p^{\ominus}$) ⟶ Cd^{2+}(a_1) + 2Cl$^-$(a_2)

(2) 因为 $\ln K^{\ominus} = \dfrac{zFE^{\ominus}}{RT} = \dfrac{2 \times 96\,500 \times 1.761}{8.314 \times 298.15} = 137.11$

所以反应的标准平衡常数 $K^{\ominus} = 3.52 \times 10^{59}$

6.7 电极电势和电池电动势

6.7.1 电池电动势的产生

根据物理学中电学原理，电池电动势等于 $I \to 0$ 时，电池中各相界面上电势差之和。例如 Daniell 电池

$$Cu(s)|Zn(s)|ZnSO_4(1\ mol \cdot kg^{-1}) \| CuSO_4(1\ mol \cdot kg^{-1})|Cu(s)|Cu(s)$$

电池两边的"Cu(s)"表示导线铜丝。$\Delta\varphi_1$、$\Delta\varphi_2$、$\Delta\varphi_3$、$\Delta\varphi_4$、$\Delta\varphi_5$ 分别表示 Cu(s)-Zn(s)、Zn(s)-ZnSO$_4$、ZnSO$_4$-CuSO$_4$、CuSO$_4$-Cu(s)、Cu(s)-Cu(s)各个相界面上的电势差,电池电动势为

$$E = \sum \Delta\varphi_i = \Delta\varphi_1 + \Delta\varphi_2 + \Delta\varphi_3 + \Delta\varphi_4 + \Delta\varphi_5$$

若在两种电解质溶液之间加盐桥,两液体的液体接界电势可降低到忽略不计,即 $\Delta\varphi_3=0$。

电池中各相界面上电势差的绝对值无法由实验测定。在实际应用中,通常选定一个标准电极作为基准,测定一定温度下其他电极与基准电极电势的相对差值,再利用此相对电势差来计算任意两个电极构成的电池的电动势。现在国际上规定以标准氢电极作为基准电极。

6.7.2 标准氢电极和标准电极电势

1. 标准氢电极

标准氢电极的构造如图 6-8 所示。把镀有铂黑(其目的是增加电极的表面积,促进对气体的吸附,并起电催化作用)的铂片浸入氢离子活度 $a(H^+)=1$ 的溶液中,并不断通入纯净的氢气(压力为标准压力),使铂片吸附氢气达到饱和。

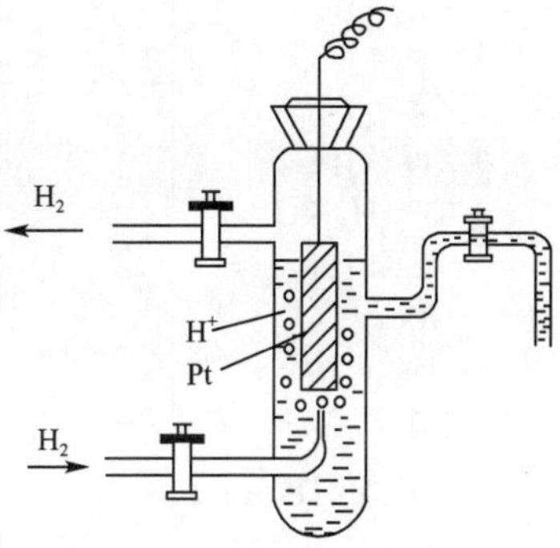

氢电极图示为 $H^+[a(H^+)=1]|H_2(g,p^\ominus)|Pt$

其电极反应为 $2H^+(a)+2e^- \rightleftharpoons H_2(g)$

按照统一规定,任意温度下,标准氢电极的电极电势为零。即

$$\varphi^\ominus\{H^+[a(H^+)=1]|H_2(g,p^\ominus)\}=0$$

图 6-8 氢电极示意图

2. 电极电势

以标准氢电极为阳极,指定待测电极为阴极,组成如下电池:

$$Pt|H_2(g,p^\ominus)|H^+[a(H^+)=1] \| 待测电极$$

规定此电池的电动势 E 就是该待测电极的电极电势,用 φ 表示。当指定电极中各反应组分均处于标准态($a=1$)时,该电极的电极电势称为标准电极电势,以 $\varphi^\ominus$ 表示。

上述规定中假定待测电极的电极反应为还原反应,且电池电动势与两个电极电势的关系为

$$E = \varphi_阴 - \varphi_阳 \quad 或 \quad E = \varphi_正 - \varphi_负 \tag{6-31}$$

按照这一规定,若待测电极上确实发生还原反应,则电极电势为正值;若待测电极上实际发生的是氧化反应,则电极电势为负值。

例如,以标准锌电极 $Zn^{2+}[a(Zn^{2+})=1]|Zn(s)$ 作为待测电极,与标准氢电极构成原电池如下:

$$Pt|H_2(g,p^\ominus)|H^+[a(H^+)=1] \| Zn^{2+}[a(Zn^{2+})=1]|Zn(s)$$

在 298.15 K 时,实验测得 $E^{\ominus}=-0.7626$ V(在实验测定时,锌电极实际上是阳极),所以 $\varphi^{\ominus}(Zn^{2+}/Zn)=-0.7626$ V。

再如,将标准铜电极与标准氢电极构成原电池

$$Pt\,|\,H_2(g,p^{\ominus})\,|\,H^+[a(H^+)=1]\,\|\,Cu^{2+}[a(Cu^{2+})=1]\,|\,Cu(s)$$

在 298.15 K 时,实验测得 $E^{\ominus}=0.3402$ V(在实验测定时,铜电极实际上是阳极),所以 $\varphi^{\ominus}(Cu^{2+}/Cu)=0.3402$ V。

表 6-4 列出了在 25 ℃时某些电极的标准电极电势。

表 6-4   在 25 ℃时某些电极的标准电极电势($\varphi^{\ominus}$)

电极	电极反应(还原)	$\varphi^{\ominus}/V$
$K^+\,|\,K$	$K^+ + e^- \rightleftharpoons K$	-2.924
$Na^+\,|\,Na$	$Na^+ + e^- \rightleftharpoons Na$	-2.7107
$Mg^{2+}\,|\,Mg$	$Mg^{2+} + 2e^- \rightleftharpoons Mg$	-2.375
$Zn^{2+}\,|\,Zn$	$Zn^{2+} + 2e^- \rightleftharpoons Zn$	-0.7626
$Cd^{2+}\,|\,Cd$	$Cd^{2+} + 2e^- \rightleftharpoons Cd$	-0.4029
$Fe^{2+}\,|\,Fe$	$Fe^{2+} + 2e^- \rightleftharpoons Fe$	-0.409
$Co^{2+}\,|\,Co$	$Co^{2+} + 2e^- \rightleftharpoons Co$	-0.28
$Ni^{2+}\,|\,Ni$	$Ni^{2+} + 2e^- \rightleftharpoons Ni$	-0.23
$Sn^{2+}\,|\,Sn$	$Sn^{2+} + 2e^- \rightleftharpoons Sn$	-0.1362
$Pb^{2+}\,|\,Pb$	$Pb^{2+} + 2e^- \rightleftharpoons Pb$	-0.1261
$H^+\,|\,H_2\,|\,Pt$	$H^+ + e^- \rightleftharpoons \frac{1}{2}H_2$	0.0000(定义量)
$Cu^{2+}\,|\,Cu$	$Cu^{2+} + 2e^- \rightleftharpoons Cu$	$+0.3402$
$Cu^+\,|\,Cu$	$Cu^+ + e^- \rightleftharpoons Cu$	$+0.522$
$Hg_2^{2+}\,|\,Hg$	$Hg_2^{2+} + 2e^- \rightleftharpoons 2Hg$	$+0.851$
$Ag^+\,|\,Ag$	$Ag^+ + e^- \rightleftharpoons Ag$	$+0.7994$
$OH^-\,|\,O_2\,|\,Pt$	$\frac{1}{2}O_2 + H_2O + 2e^- \rightleftharpoons 2OH^-$	$+0.401$
$H^+\,|\,O_2\,|\,Pt$	$O_2 + 4H^+ + 4e^- \rightleftharpoons 2H_2O$	$+1.229$
$I^-\,|\,I_2\,|\,Pt$	$\frac{1}{2}I_2 + e^- \rightleftharpoons I^-$	$+0.401$
$Br^-\,|\,Br_2\,|\,Pt$	$\frac{1}{2}Br_2 + e^- \rightleftharpoons Br^-$	$+1.3586$
$Cl^-\,|\,Cl_2\,|\,Pt$	$\frac{1}{2}Cl_2 + e^- \rightleftharpoons Cl^-$	$+1.3595$
$I^-\,|\,AgI\,|\,Ag$	$AgI + e^- \rightleftharpoons Ag + I^-$	-0.1517
$Br^-\,|\,AgBr\,|\,Ag$	$AgBr + e^- \rightleftharpoons Ag + Br^-$	$+0.0715$
$Cl^-\,|\,AgCl\,|\,Ag$	$AgCl + e^- \rightleftharpoons Ag + Cl^-$	$+0.2225$
$Cl^-\,|\,Hg_2Cl_2\,|\,Hg$	$Hg_2Cl_2 + 2e^- \rightleftharpoons 2Hg + 2Cl^-$	$+0.2676$
$OH^-\,|\,Ag_2O\,|\,Ag$	$Ag_2O + H_2O + 2e^- \rightleftharpoons 2Ag + 2OH^-$	$+0.342$
$SO_4^{2-}\,|\,Hg_2SO_4\,|\,Hg$	$Hg_2SO_4 + 2e^- \rightleftharpoons 2Hg + SO_4^{2-}$	$+0.6258$
$SO_4^{2-}\,|\,PbSO_4\,|\,Pb$	$PbSO_4 + 2e^- \rightleftharpoons Pb + SO_4^{2-}$	-0.356
H^+,醌氢醌$\,|\,Pt$	$C_6H_4O_2 + 2H^+ + 2e^- \rightleftharpoons C_6H_4(OH)_2$	$+0.6997$
$Fe^{3+},Fe^{2+}\,|\,Pt$	$Fe^{3+} + e^- \rightleftharpoons Fe^{2+}$	$+0.770$
$H^+,MnO_4^-,Mn^{2+}\,|\,Pt$	$MnO_4^- + 8H^+ + 5e^- \rightleftharpoons Mn^{2+} + 4H_2O$	$+1.491$
$Sn^{4+},Sn^{2+}\,|\,Pt$	$Sn^{4+} + 2e^- \rightleftharpoons Sn^{2+}$	$+0.15$

6.7.3 电极电势、电池电动势与各组分活度的关系——能斯特方程

能斯特方程

对于恒温条件下可逆电池中进行的任一电池反应,均可表示为

$$a\text{A} + b\text{B} \longrightarrow c\text{C} + d\text{D}$$

根据化学反应等温方程 $\Delta_r G_m = \Delta_r G_m^{\ominus} + RT \ln \prod a_B^{\nu_B}$,结合式(6-25)、(6-26)有

$$E = E^{\ominus} - \frac{RT}{zF} \ln \prod a_B^{\nu_B} \tag{6-32}$$

上式称为电池电动势的能斯特方程。

能斯特方程表示了在一定温度下可逆电池的电动势与参加电池反应的各组分活度之间的关系。纯固体和纯液体的活度为1,气体的活度以 $p_B/p^{\ominus}$ 来表示。

对于任一电极,其电极反应可写成还原反应形式

$$\text{氧化态} + z\text{e}^- \longrightarrow \text{还原态}$$

z 为电极反应中电子的化学计量数,取正值。

将式(6-31)代入式(6-32),整理得

$$\varphi = \varphi^{\ominus} - \frac{RT}{zF} \ln \frac{a(\text{还原态})}{a(\text{氧化态})} \tag{6-33}$$

式(6-33)为电极电势的能斯特方程,式中的电极电势均为还原电极电势。利用该式可以计算任一电极在不同活度时的电极电势。

6.7.4 电池电动势的计算

在计算电池电动势时,首先根据电池表达式正确写出电极反应和电池反应,然后可以利用以下两种方法计算电池电动势。

方法一:按式(6-33)分别计算出阴极和阳极的电极电势,再按式(6-31)计算电池电动势。

方法二:根据电池反应,直接应用式(6-32)进行计算,其中 $E^{\ominus} = \varphi_+^{\ominus} - \varphi_-^{\ominus}$。

下面举例说明电池电动势的计算方法。

1. 化学电池

单液化学电池与双液化学电池电动势的计算方法基本相同,既可用方法一,也可用方法二。

【例 6-13】 试计算在 298.15 K 时下列电池的电动势

$$\text{Pt} | \text{H}_2(\text{g}, 100 \text{ kPa}) | \text{HCl}(b = 0.1 \text{ mol} \cdot \text{kg}^{-1}) | \text{AgCl}(\text{s}) | \text{Ag}(\text{s})$$

已知在 298.15 K 时 0.1 mol·kg^{-1} HCl 水溶液中离子平均活度系数 $\gamma_\pm = 0.796$。

解: 题给电池的电极反应和电池反应分别为

阳极反应 $\frac{1}{2}\text{H}_2(\text{g}, 100 \text{ kPa}) \longrightarrow \text{H}^+ (b = 0.1 \text{ mol} \cdot \text{kg}^{-1}) + \text{e}^-$

阴极反应 $\text{AgCl}(\text{s}) + \text{e}^- \longrightarrow \text{Ag}(\text{s}) + \text{Cl}^- (b = 0.1 \text{ mol} \cdot \text{kg}^{-1})$

电池反应　$\frac{1}{2}H_2(g, 100\ kPa) + AgCl(s) \longrightarrow Ag(s) + HCl\ (b = 0.1\ mol \cdot kg^{-1})$

查表知在 298.15 K 时 $\varphi^{\ominus}\{H^+ | H_2(g, p^{\ominus})\} = 0, \varphi^{\ominus}\{AgCl(s) | Ag\} = 0.2221\ V$，所以该电池的标准电池电动势为 $E^{\ominus} = \varphi^{\ominus}_+ - \varphi^{\ominus}_- = 0.2221\ V$

又知 $a(Ag) = a(AgCl) = 1, p(H_2) = p^{\ominus} = 100\ kPa$，则

$$a(H^+) \cdot a(Cl^-) = a_{\pm}^2 = \gamma_{\pm}^2 (b/b^{\ominus})^2 = 6.34 \times 10^{-3}$$

所以根据能斯特方程有

$$E = E^{\ominus} - \frac{RT}{zF}\ln\prod a_B^{\nu_B} = E^{\ominus} - \frac{RT}{F}\ln\frac{a(Ag) \cdot a(H^+) \cdot a(Cl^-)}{\{p(H_2)/p^{\ominus}\}^{1/2} \cdot a(AgCl)}$$

$$= E^{\ominus} - \frac{RT}{F}\ln[\gamma_{\pm}^2 (b/b^{\ominus})^2] = 0.2221 - 0.02569 \times \ln(6.34 \times 10^{-3}) = 0.3521\ V$$

2. 浓差电池

由于浓差电池的阴、阳两电极相同，所以标准电极电势 $\varphi^{\ominus}_+ = \varphi^{\ominus}_-$，从而浓差电池标准电池电动势 $E^{\ominus} = 0$。则电池电动势计算公式变为

$$E = -\frac{RT}{zF}\ln\prod a_B^{\nu_B} \tag{6-34}$$

【例 6-14】 试计算在 298.15 K 时下列电池的电动势

$$Pt | H_2(g, 100\ kPa) | H^+(a = 0.500) | H_2(g, 80\ kPa) | Pt$$

解：该电池的电极反应和电池反应为

阳极反应　$\frac{1}{2}H_2(g, 100\ kPa) \longrightarrow H^+(a) + e^-$

阴极反应　$H^+(a) + e^- \longrightarrow \frac{1}{2}H_2(g, 80\ kPa)$

电池反应　$H_2(g, 100\ kPa) \longrightarrow H_2(g, 80\ kPa)$

则电池电动势为

$$E = -\frac{RT}{F}\ln\frac{p_2(H_2)/p^{\ominus}}{p_1(H_2)/p^{\ominus}} = -\frac{8.314 \times 298.15}{9.65 \times 10^4} \times \ln\frac{80/100}{100/100} = 0.00287\ V$$

由此可见，电极浓差电池的电动势仅取决于两电极的浓度（或压强），而与溶液的浓度无关。

6.7.5　液体接界电势及其消除

在两种不同电解质溶液或两种不同浓度的电解质溶液界面上存在的电势差称为液体接界电势或扩散电势。液体接界电势的产生是由溶液中离子扩散速率不同而引起的。液体接界电势较小，通常不超过 0.03 V，其大小及符号与电解质溶液的离子平均活度及电解质的本性有关。液体接界电势的存在使电池电动势的测定很难得到稳定值。因此在实际工作中必须设法消除。消除液体接界电势的最简便的方法就是用盐桥来连接两种电解质溶液。

盐桥是用正、负离子迁移速率非常接近的高浓度强电解质（如 KCl 或 NH_4NO_3 等）加热时溶入适量琼脂，置于 U 型管中冻结而成。使用时，将 U 型管倒置，两端插入两个不同的溶液中，即可消除接界电势。加入琼脂的目的是防止盐桥中液体流动。

6.7.6 参比电极

以氢电极为标准,测量其他电极的电极电势精确度可达 10^{-8},但氢电极的制备比较困难,使用条件也非常苛刻,因此在实际应用中往往采用易于制备、使用方便、电极电势稳定的电极作为二级标准,该电极称为参比电极。它们的电极电势可利用标准氢电极进行精确测定,使用时将参比电极与待测电极组成电池,测定其电动势,就能求得待测电极的电极电势。常用的参比电极有甘汞电极和银-氯化银电极等。

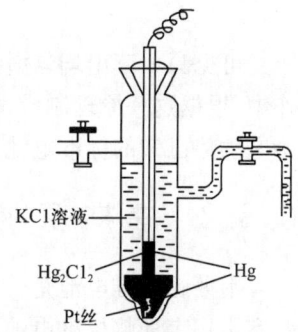

图 6-9 甘汞电极示意图

饱和的甘汞电极的构造如图 6-9 所示,在容器底部放少量汞,然后放入汞、甘汞(Hg_2Cl_2)和氯化钾溶液形成的糊状物,最上层放入氯化钾溶液,导线为铂丝,装入玻璃管中插至容器底部。甘汞电极可表示为 $Cl^-(a)|Hg_2Cl_2(s)|Hg(l)$,其电极反应为

$$Hg_2Cl_2(s) + 2e^- \longrightarrow 2Hg(l) + 2Cl^-(a)$$

电极电势 φ 可表示为

$$\varphi(Hg_2Cl_2/Hg) = \varphi^{\ominus}(Hg_2Cl_2/Hg) - \frac{RT}{2F}\ln\frac{a(Hg)^2 \cdot a(Cl^-)^2}{a[Hg_2Cl_2(s)]}$$

$$= \varphi^{\ominus}(Hg_2Cl_2/Hg) - \frac{RT}{F}\ln a(Cl^-)$$

可见,在一定温度下,甘汞电极的电极电势只与溶液中氯离子活度的大小有关。甘汞电极容易制备,电极电势稳定,是最常用的一种参比电极。

6.8 电池电动势的测定及其应用

6.8.1 电池电动势的测定

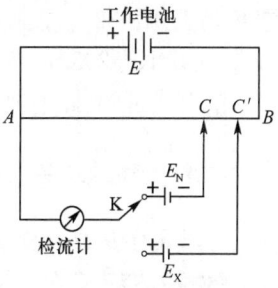

图 6-10 对消法测定原电池电动势原理图

可逆电池的电动势是指当电池中工作电流为零时两个电极之间的电势差,因此电动势的测定必须在电流接近于零的条件下进行。为此可在待测电池的外电路上加一个方向相反但数值相等的外加电动势,使电路中无电流通过,此时外电路的电压值即为待测电池的电动势,这种方法称为对消法。对消法测电池电动势的电路图如图 6-10 所示。工作电池经均匀的 AB 电阻构成通路,在 AB 电阻上产生均匀的电势降。先将电键 K 与已知电动势(E_N)的标准电池相连,移动滑动接触点 C,使检流计中无电流通过,此时 AC 间的电势降等于标准电池的电动势。再将电键 K 与待测电池相连,用同样的方

法找出检流计中无电流通过的另一点 C'，则待测电池的电动势（E_X）就等于 AC' 间的电势降。因电势差与电阻线的长度成正比，故待测电池的电动势为

$$E_X = E_N \frac{\overline{AC'}}{\overline{AC}}$$

可见只要读出均匀滑线长度 $\overline{AC}$ 及 $\overline{AC'}$，即可得到待测电池的电动势 E_X。在实际工作中，根据这一原理制成一种专门测电动势的仪器，叫作电位差计。工作时，只要利用一个电动势已知的标准电池先进行校正，再测未知电池，便可直接读出电池电动势的数值。

6.8.2 韦斯顿标准电池

韦斯顿标准电池是一个高度可逆、电动势已知且数值长期稳定不变的标准电池。实验室常用韦斯顿标准电池配合电位差计测定其他电池的电动势。

韦斯顿标准电池的表达式如下

12.5%Cd(汞齐)｜CdSO$_4$·$\frac{8}{3}$H$_2$O(s)｜CdSO$_4$ 饱和溶液｜Hg$_2$SO$_4$(s)｜Hg(l)

韦斯顿标准电池的构造如图 6-11 所示。电池的阳极是含质量分数为 12.5% 镉的镉汞齐，将其浸入硫酸镉溶液中。阴极为汞与硫酸亚汞的糊状体，将此糊状体也浸入硫酸镉的饱和溶液中。在糊状体的下面放置少量汞是为了使引出的导线与糊状体紧密接触。

韦斯顿标准电池的电极反应和电池反应为

阳极反应

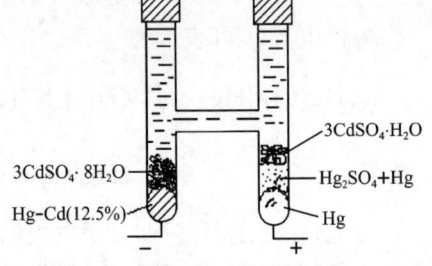

图 6-11 韦斯顿标准电池构造图

$$\text{Cd(汞齐)} + \text{SO}_4^{2-} + \frac{8}{3}\text{H}_2\text{O} \longrightarrow \text{CdSO}_4 \cdot \frac{8}{3}\text{H}_2\text{O(s)} + 2e^-$$

阴极反应　　$\text{Hg}_2\text{SO}_4(s) + 2e^- \longrightarrow 2\text{Hg(l)} + \text{SO}_4^{2-}$

电池反应　　$\text{Cd(汞齐)} + \text{Hg}_2\text{SO}_4(s) + \frac{8}{3}\text{H}_2\text{O} \longrightarrow \text{CdSO}_4 \cdot \frac{8}{3}\text{H}_2\text{O(s)} + 2\text{Hg(l)}$

在 293.15 K 时，韦斯顿标准电池的电动势 E 为 1.018 45 V，在 298.15 K 时，电池电动势 E 为 1.018 32 V，在其他温度时 $E = [1.018\ 45 - 4.05 \times 10^{-5} \times (T/\text{K} - 293.15) - 9.5 \times 10^{-7} \times (T/\text{K} - 293.15)^2 + 1 \times 10^{-8} \times (T/\text{K} - 293.15)^3]$V

由上式可知，此电池的电动势受温度的影响很小，电动势稳定且使用寿命长。

6.8.3 电动势测定的应用

1. 求化学反应的标准平衡常数

【例 6-15】 求在 298.15 K 时 AgCl 在水中的溶度积常数 K_{sp}。已知 $\varphi^{\ominus}(\text{Ag}^+|\text{Ag}) = 0.799\ 1$ V，$\varphi^{\ominus}(\text{Cl}^-|\text{AgCl}/\text{Ag}) = 0.222\ 4$ V。

解：AgCl 在水中的溶解平衡为 AgCl(s) ⟶ Ag$^+$[a(Ag$^+$)] + Cl$^-$[a(Cl$^-$)]

将该反应设计成原电池，电池可表示为

$$Ag(s)|Ag^+[a(Ag^+)] \| Cl^-[a(Cl^-)]|AgCl(s)|Ag(s)$$

阳极反应 $Ag(s) \longrightarrow Ag^+[a(Ag^+)] + e^-$

阴极反应 $AgCl(s) + e^- \longrightarrow Ag(s) + Cl^-[a(Cl^-)]$

电池反应 $AgCl(s) \longrightarrow Ag^+[a(Ag^+)] + Cl^-[a(Cl^-)]$

标准电池电动势 $E^\ominus = \varphi_+^\ominus - \varphi_-^\ominus = 0.2224 - 0.7991 = -0.5767$ V

所以
$$\ln K_{sp}(AgCl) = \frac{zE^\ominus F}{RT} = \frac{-0.5767 \times 96\,500}{8.314 \times 298.15} = -22.45$$

$$K_{sp}(AgCl) = 1.78 \times 10^{-10}$$

2. 测定电解质溶液离子的平均活度系数

因为电池的电动势与电池中各物质的活度有关,因此测定电池的电动势并利用能斯特方程就可以求得电解质溶液的 $a_\pm$ 和 $\gamma_\pm$。

【例 6-16】 在 298.15 K 时,测得原电池 $Pt|H_2(p^\ominus)|HCl(0.1\ mol \cdot kg^{-1})|AgCl(s)|Ag(s)$ 的电动势 $E = 0.35$ V,已知电极的标准电极电势 $\varphi^\ominus(Cl^-|AgCl|Ag) = 0.22$ V,写出电极反应和电池反应,并求浓度为 $0.1\ mol \cdot kg^{-1}$ 的盐酸溶液的离子平均活度系数 $\gamma_\pm$。

解:题给电池的电极反应和电池反应分别为

阳极反应 $\frac{1}{2}H_2(p^\ominus) \longrightarrow H^+[a(H^+)] + e^-$

阴极反应 $AgCl(s) + e^- \longrightarrow Ag(s) + Cl^-[a(Cl^-)]$

电池反应 $\frac{1}{2}H_2(p^\ominus) + AgCl(s) \longrightarrow H^+[a(H^+)] + Ag(s) + Cl^-[a(Cl^-)]$

该电池的标准电池电动势

$$E^\ominus = \varphi^\ominus(Cl^-|AgCl|Ag) - \varphi^\ominus(H^+|H_2) = 0.22 - 0 = 0.22 \text{ V}$$

$$E = E^\ominus - \frac{RT}{zF} \ln \frac{a(H^+)a(Cl^-)}{(p(H_2)/p^\ominus)^{1/2}} = E^\ominus - \frac{RT}{F} \ln a_\pm^2$$

则
$$0.35 = 0.22 - \frac{8.314 \times 298.15}{1 \times 9.65 \times 10^4} \ln a_\pm^2$$

解得 $a_\pm = 0.0796$

又有 $b_\pm = (b \cdot b)^{1/2} = b = 0.1$ mol/kg

$$a_\pm = \gamma_\pm \frac{b_\pm}{b^\ominus}$$

则 $0.0796 = \gamma_\pm \frac{0.1}{1}$

所以 $\gamma_\pm = 0.796$

3. 测定溶液 pH

测定溶液的 pH 实际上就是测定溶液中氢离子的活度或浓度,测定原理是把对氢离子可逆的电极插入待测溶液中,与一个参比电极相连组成电池,测出该电池的电池电动势,即可求出溶液的 pH。参比电极常用甘汞电极,常用的氢离子浓度指示电极为氢电极、醌氢醌电极和玻璃电极等。

(1)氢电极法

把氢电极插入待测液,和甘汞电极构成电池。电池表达式为

$$\text{Pt}|\text{H}_2(g,p^\ominus)|\text{待测液}[a(\text{H}^+)]\parallel \text{甘汞电极}$$

$$\varphi(\text{H}^+/\text{H}_2)=\varphi^\ominus(\text{H}^+/\text{H}_2)-\frac{2.303RT}{F}\lg\frac{1}{a(\text{H}^+)}=-\frac{2.303RT}{F}\text{pH}$$

此电池电动势 $E=\varphi(\text{甘汞})-\varphi(\text{H}^+|\text{H}_2)=\varphi(\text{甘汞})+\dfrac{2.303RT}{F}\text{pH}$

所以温度为 298.15 K 时,溶液 pH 的计算公式为

$$\text{pH}=\frac{E-\varphi(\text{甘汞})}{0.059\,16} \tag{6-35}$$

用氢电极法测定溶液的 pH 要求使用纯度较高的氢气,还要维持恒定的压强,实际操作比较困难,并且氢电极不易制备、不稳定,因此通常只是用来进行 pH 的标定和其他核对工作。

(2) 醌氢醌电极法

醌氢醌是醌(Q)和氢醌(QH_2,即对苯二酚)的等分子复合物,在水中的溶解度很小,将少量该化合物放入含有 H^+ 的待测溶液中,并插入一惰性金属(Pt 丝或 Au 丝)形成电极,此电极可表示为 $\text{Pt}|\text{Q-QH}_2$ 溶液,$\text{H}^+(a)$。电极反应为

$$\text{Q}[a(\text{Q})]+2\text{H}^+(a)+2e^-\longrightarrow \text{QH}_2[a(\text{QH}_2)]$$

因为醌氢醌是等分子复合物,在水中的溶解度又小,所以可认为醌和氢醌的活度系数都等于 1,因而 $a(\text{Q})=a(\text{H}_2\text{Q})$。又已知在 298.15 K 时 $\varphi^\ominus(\text{Q}|\text{H}_2\text{Q})=0.699\,5$ V,所以,当 $T=298.15$ K 时,有

$$\varphi(\text{Q}|\text{H}_2\text{Q})=0.699\,5-0.059\,16\,\text{pH}$$

若将醌氢醌电极和甘汞电极组成如下电池

饱和甘汞电极 $\parallel$ Q-H_2Q,待测液$[a(\text{H}^+)]|$Pt

就可以根据饱和甘汞电极的电极电势求溶液的 pH,如在 298.15 K 时饱和甘汞电极的电极电势为 0.280 1 V,则电池电动势为

$$E=\varphi(\text{Q}|\text{H}_2\text{Q})-\varphi(\text{甘汞})=0.699\,5-0.059\,16\,\text{pH}-0.280\,1$$

即

$$\text{pH}=\frac{0.419\,4-E}{0.059\,16} \tag{6-36}$$

醌氢醌电极制备简单,使用方便,但只适用于酸性和中性溶液中。

(3) 玻璃电极法

玻璃电极是测定溶液 pH 最常用的指示电极,其构造如图 6-12 所示。玻璃管下端是一个由特种玻璃(72% SiO_2,22% Na_2O,6% CaO)制成的玻璃膜球,球内装入 0.1 mol·kg^{-1} 的盐酸溶液或已知 pH 的其他缓冲溶液,溶液中插入一根 Ag-AgCl 电极作为参比电极,其电极可表示为

Ag(s)|AgCl(s)|HCl(0.1 mol·kg^{-1})|待测溶液

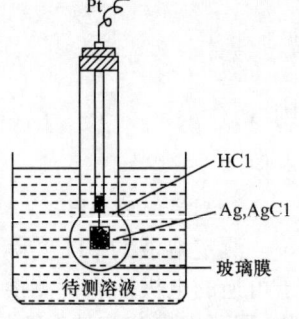

图 6-12 玻璃电极构造图

$$\varphi(玻璃) = \varphi^{\ominus}(玻璃) - \frac{RT}{F}\ln\frac{1}{a(\text{H}^+)}$$
$$= \varphi^{\ominus}(玻璃) - 0.059\ 16\ \text{pH}$$

若玻璃电极与甘汞电极组成如下电池

$$\text{Ag, AgCl(s)} | \text{HCl}(0.1\ \text{mol} \cdot \text{kg}^{-1}) | 待测溶液 \| 甘汞电极$$

在 298.15 K 时,电池电动势

$$E = \varphi(甘汞) - \varphi(玻璃) = \varphi(甘汞) - [\varphi^{\ominus}(玻璃) - 0.059\ 16\ \text{pH}]$$

$$\text{pH} = \frac{E - \varphi(甘汞) + \varphi^{\ominus}(玻璃)}{0.059\ 16} \tag{6-37}$$

式中 $\varphi^{\ominus}$(玻璃) 对于某给定玻璃电极是一个常数,对于不同的玻璃电极其电极电势有所不同。使用时,一般用已知 pH 的标准缓冲溶液进行标定,测出电池电动势 E,求出 $\varphi^{\ominus}$(玻璃),然后对未知溶液进行测定,计算出 pH。pH 计就是一种由玻璃电极和毫伏计组成的装置,是一种利用玻璃电极测定未知溶液 pH 的专用仪器,其刻度就是依据上述关系得到的。

【例 6-17】 在 298.15 K 时,用电池 $\text{Pt} | \text{H}_2(\text{g}, p^{\ominus}) | 待测液[a(\text{H}^+)] \| \text{KCl}(0.1\ \text{mol} \cdot \text{kg}^{-1}) | \text{Hg}_2\text{Cl}_2(\text{s}) | \text{Hg(l)}$ 测定溶液 pH,当用 pH 为 6.86 的磷酸缓冲液时,测得电动势 $E_1 = 0.740\ 9$ V,当换成某未知溶液时,测得 $E_2 = 0.609\ 7$ V,求未知溶液的 pH。[已知 φ(甘汞) = 0.280 1 V]

解:(1)根据已知条件求 $\varphi^{\ominus}$(玻璃)

根据式(6-37)有 $\text{pH} = [E_1 - \varphi(甘汞) + \varphi^{\ominus}(玻璃)]/0.059\ 16$

则 $\varphi^{\ominus}$(玻璃) $= 0.059\ 16\ \text{pH} + \varphi(甘汞) - E_1$
$= 0.059\ 16 \times 6.86 + 0.280\ 1 - 0.740\ 9 = -0.055\ 0$ V

(2)求未知溶液的 pH

$$\text{pH} = \frac{E_2 - \varphi(甘汞) + \varphi^{\ominus}(玻璃)}{0.059\ 16} = \frac{0.609\ 7 - 0.280\ 1 - 0.055\ 0}{0.059\ 16} = 4.64$$

4. 判断氧化还原反应的方向

根据式(6-25) $\Delta_r G_m = -zFE$ 可知:

$\Delta_r G_m < 0$ 时,$E > 0$,反应自发正向进行;

$\Delta_r G_m = 0$ 时,$E = 0$,反应处于平衡状态;

$\Delta_r G_m > 0$ 时,$E < 0$,反应自发逆向进行。

【例 6-18】 用电动势法判断在 298.15 K 时下述反应能否自发进行。

$$2\text{Fe}^{2+}(a_1=1.0) + \text{I}_2(\text{s}) \longrightarrow 2\text{I}^-(a_3=1.0) + 2\text{Fe}^{3+}(a_2=1.0)$$

已知 $\varphi^{\ominus}(\text{I}_2 | \text{I}^-) = 0.54$ V,$\varphi^{\ominus}(\text{Fe}^{3+} | \text{Fe}^{2+}) = 0.77$ V。

解:该反应可设计成如下电池

$$\text{Pt} | \text{Fe}^{3+}(a_2=1.0), \text{Fe}^{2+}(a_1=1.0) \| \text{I}^-(a_3=1.0) | \text{I}_2(\text{s}) | \text{Pt}$$

电极反应和电池反应分别为

阳极反应 $2\text{Fe}^{2+}(a_1=1.0) \longrightarrow 2\text{Fe}^{3+}(a_2=1.0) + 2e^-$

阴极反应　$I_2(s)+2e^- \longrightarrow 2I^-(a_3=1.0)$

电池反应　$2Fe^{2+}(a_1=1.0)+I_2(s) \longrightarrow 2I^-(a_3=1.0)+2Fe^{3+}(a_2=1.0)$

电池反应与所给化学反应完全相同。因为反应中各物质都处于标准状态,所以

$$E=E^{\ominus}=\varphi^{\ominus}(I_2|I^-)-\varphi^{\ominus}(Fe^{3+}|Fe^{2+})=0.54-0.77=-0.23 \text{ V}<0$$

$E<0$,说明所设计的原电池为非自发电池,所给反应不能自发进行。

判断某反应能否自发进行,也可由吉布斯函数变 $\Delta_r G_m$ 进行判断,如上述例题中

$$\Delta_r G_m = -zEF = -2 \times (-0.23) \times 96\,500 = 44.39 \text{ kJ} \cdot \text{mol}^{-1} > 0$$

反应不能自发进行,两种方法判断结果一致。

(三)不可逆电极过程

6.9　极化作用

前面研究的可逆电池在充、放电时通过的电流为无限小,这时的电极电势为平衡电极电势,实际的电极过程都有一定量的电流通过,是在不可逆的状态下进行的,这就导致电极电势偏离平衡电极电势。这种有电流通过电极时,电极电势偏离平衡值的现象称为电极极化。

6.9.1　分解电压

1. 分解电压

能够使某电解质溶液连续进行电解所需要的最小外加电压,称为该电解质的分解电压。如图 6-13 所示,将两个铂电极放入 1 mol·dm^{-3} 的盐酸溶液中,并分别将两电极与直流电源的正、负极相连形成电解池,图中 G 和 V 分别为电流表和电压表。将电压从零开始逐渐增大,记录不同电压下通过电解池的电流,绘制如图 6-14 所示的电压-电流关系图。当外加电压很小时,电路中几乎没有电流通过,随着电压的逐渐加大,电流略有增加,当电压增加到某一数值后,电流就随电压的增加直线上升。此时所对应的电压就是使电解质连续进行电解所需要的最小外加电压,即分解电压,用 $E_{分解}$ 表示。

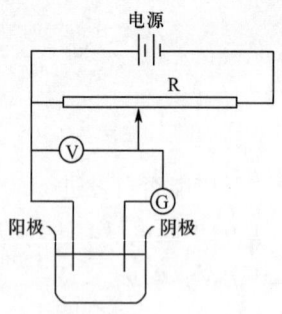

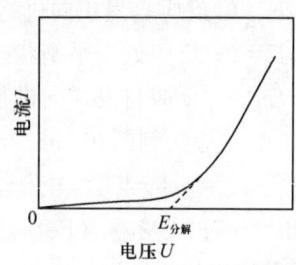

图 6-13　测定分解电压的装置　　图 6-14　测定分解电压的电压-电流曲线

2. 分解电压的计算

在外加电压的作用下,溶液中的正、负离子分别向电解池的阴极和阳极运动,发生如下电极反应和电池反应:

阳极反应　　$2Cl^-(a) \longrightarrow Cl_2(g) + 2e^-$
阴极反应　　$2H^+(a) + 2e^- \longrightarrow H_2(g)$
电池反应　　$2Cl^-(a) + 2H^+(a) \longrightarrow Cl_2(g) + H_2(g)$

HCl 电解产生的 H_2 和 Cl_2 吸附在两个铂电极上，与溶液中的正、负离子构成如下原电池：

$$Pt|H_2(g)|HCl(1\ mol \cdot dm^{-3})|Cl_2(g)|Pt$$

在电解池中，电解产物 H_2 和 Cl_2 与电解质溶液形成的原电池的电动势与外加电压方向相反，称为反电动势。当外加电压小于分解电压时，气体不能逸出液面，此时电路中仍有微小电流。当外加电压达到分解电压时，H_2 和 Cl_2 的压强达到大气压而从溶液逸出，此时电极电势称为产物的析出电势。

理论上分解电压在数值上应等于电解产物形成的原电池的反电动势。如 298.15 K、100 kPa 条件下，H_2 和 Cl_2 形成的原电池，其反电动势为

$$E_{分解} = E_{反} = E_{反}^{\ominus} - \frac{RT}{2F} \ln[a^2(H^+) \cdot a^2(Cl^-)]$$

$$= \varphi^{\ominus}(Cl_2|Cl^-) - \frac{RT}{2F} \ln(\gamma_\pm \cdot b_\pm)^2 = 1.369\ V$$

该值即为 HCl 的理论分解电压。

事实上，理论分解电压总小于实际分解电压，即分解电压总大于相应原电池的反电动势。表 6-5 列出了一些常见电解质溶液的分解电压，$E_{分解}$ 和 $E_{理论}$ 分别表示分解电压和相应的原电池电动势即理论分解电压。

表 6-5　　　　　　　　　　　常见电解质溶液的分解电压

电解质	浓度 c/(mol·dm^{-3})	电解产物	$E_{分解}$/V	$E_{理论}$/V
HNO_3	1	H_2 和 O_2	1.69	1.23
H_2SO_4	0.5	H_2 和 O_2	1.67	1.23
H_3PO_4	1	H_2 和 O_2	1.70	1.23
$NaNO_3$	1	H_2 和 O_2	1.69	1.23
KOH	1	H_2 和 O_2	1.67	1.23
$NaOH$	1	H_2 和 O_2	1.69	1.23
$CdSO_4$	0.5	Cd 和 O_2	2.03	1.26
$NiCl_2$	0.5	Ni 和 Cl_2	1.85	1.64

6.9.2　极化作用和超电势

从上面的分析可以看出，实际的电解过程中，随着电流密度的增大，电极电势偏离平衡电极电势的程度也增大。将在某一电流密度下电极电势与其平衡电极电势之差的绝对值称为该电极的超电势或过电势，用 η 表示，则

$$\eta = |\varphi - \varphi(平)|$$

所以 η 的大小可以表示电极极化的程度。

1905 年塔菲尔根据实验总结出氢气的超电势 η 与电流密度的关系式

$$\eta = a + b \lg(J/[J]) \tag{6-38}$$

式中，a、b 为塔菲尔经验常数；J 为电流密度，单位为 $A \cdot m^{-2}$。

造成极化的原因很多,主要有浓差极化和电化学极化。

(1)浓差极化

当电流通过电极时,电极上产生或消耗了某种离子,离子的扩散速率慢于离子产生或消耗的速率,导致电极附近离子的浓度与本体溶液中的浓度不同,从而使电极电势偏离电极的平衡电势,这种现象称为浓差极化。浓差极化的程度与温度、搅拌情况、电流密度等因素有关,但由于电极表面扩散层的存在,浓差极化不可能完全除去。

(2)电化学极化

电化学极化是指在电极反应过程中,如果电极反应的速率较小,外加电源供给的电子不能被及时消耗,结果使电极表面积累了多于平衡状态的电子,电极表面上自由电子数量的增多而使阴极电势低于平衡值,这种由于电化学反应本身的迟缓性而引起的极化称为电化学极化。

6.9.3 极化曲线

描述电极电势随电流密度变化的曲线称为极化曲线。极化曲线可由图 6-15 所示的仪器装置测定。如图所示电解池中装有电解质溶液、搅拌器和两个表面积确定的电极(阴极为待测电极)。将两个电极通过开关 K、电流计 G 和可变电阻 R 相连。调节可变电阻 R 可改变通过电极的电流,电流强度可由安培计读出,将得到的电流强度除以浸入电解质溶液中待测电极的表面积,就得到电流密度 $J(A \cdot m^{-2})$。为了测定待测电极在不同电流密度下的电极电势,常在电解池中加入一个甘汞电极作参比电极。将待测电极和甘汞电极连上电位计,由电位计测出不同电流密度下的电动势,由于参比电极的电极电势

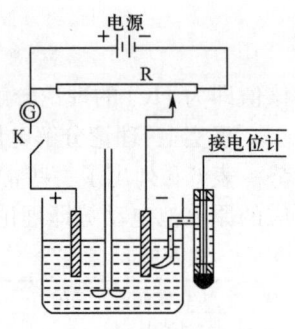

图 6-15 测定极化曲线的装置

是已知的,故可以得到不同电流密度时待测电极的电极电势。以电极电势 φ 为纵坐标,电流密度 J 为横坐标,用测定的数据作图,就可以得到电解池阳极、阴极的极化曲线。如图 6-16(a)所示,极化的结果使电解池阴极电势变得更负,以增加对正离子的吸引力,使还原反应的速率加快;同样极化也使电解池阳极电势变得更正,以增加对负离子的吸引力,使氧化反应的速率加快。

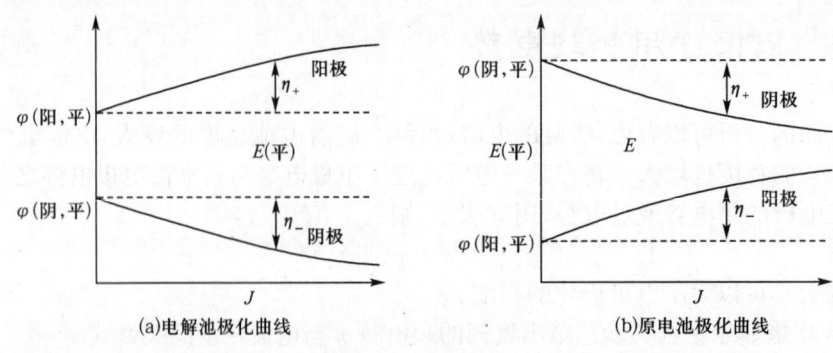

图 6-16 极化曲线

在一定电流密度下,有

$$\eta_+ = \varphi(阳) - \varphi(阳,平) \tag{6-39}$$

$$\eta_- = \varphi(阴,平) - \varphi(阴) \tag{6-40}$$

综上所述,无论是电解池还是原电池,阴极极化的结果使电极电势变得更负,阳极极化的结果使电极电势变得更正。当两个电极组成电解池时,由于电解池的阳极是正极,电势高,阴极是负极,电势低,阳极电极电势的数值大于阴极电极电势,所以在电极电势对电流密度的图中,阳极极化曲线位于阴极极化曲线的上方,如图 6-16(a)所示。随着电流密度的增加,超电势增加,所需外加电压也越大,消耗的电能也越多。在原电池中刚好相反,原电池的阳极是负极,电势低,阴极是正极,电势高,所以在电极电势对电流密度的图中,阳极极化曲线位于阴极极化曲线的下方,如图 6-16(b)所示。所以原电池端点的电势差随着电流密度的增大而减小,即随着电池放电电流密度的增加,原电池所做的功减小。

6.10 电解时的电极反应及其应用

6.10.1 电解时的电极反应

在电解含有多种电解质的溶液时,如果阳极和阴极上均有多种反应可能发生,则电极电势高的还原反应优先在阴极进行,电极电势低的氧化反应优先在阳极进行。因此,要判断哪种离子最先进行电极反应,首先要根据各电极反应物的活度或压强计算出各电极反应的极化电极电势。如果不考虑浓差极化,可根据下式进行计算

$$\varphi(阳) = \varphi(阳,平) + \eta(阳)$$

$$\varphi(阴) = \varphi(阴,平) - \eta(阴)$$

阳极上优先发生氧化反应的极化电极电势与阴极上优先发生还原反应的极化电极电势之差,即为分解电压。外加电压与电极电势的关系为

$$E(外) = \varphi(阳) - \varphi(阴) = E(平) + \eta(阳) + \eta(阴)$$

【例 6-19】 在 298.15 K 时,用镍电极进行镀镍。每千克镍溶液中含有 270 g $NiSO_4 \cdot 5H_2O$。已知氢气在 Ni 上的超电势为 0.42 V,氧气在 Ni 上的超电势为 0.10 V,问在阴极和阳极上首先析出或溶解的可能是哪些物质?(可认为该溶液为中性溶液)

解:(1) 溶液中可能在阴极上发生反应的离子有 Ni^{2+} 和 H^+,查表可知

$$\varphi^{\ominus}(Ni^{2+}|Ni) = -0.250 \text{ V}, \varphi^{\ominus}(H^+|H_2) = 0$$

若阴极反应为 $\qquad Ni^{2+}[a(Ni^{2+})] + 2e^- \longrightarrow Ni(s)$

由于金属析出的超电势很小,在电流密度不太大时可忽略不计,则

$$\varphi(Ni^{2+}|Ni) = \varphi^{\ominus}(Ni^{2+}|Ni) + \frac{RT}{2F}\ln a(Ni^{2+}) = -0.250 + \frac{RT}{2F}\ln\frac{270}{244.7} = -0.247 \text{ V}$$

若阴极反应为 $\qquad 2H^+[a(H^+)] + 2e^- \longrightarrow H_2(p^{\ominus})$

$$\varphi(H^+|H_2) = \varphi^{\ominus}(H^+|H_2) + \frac{RF}{2F}\ln a(H^+) - \eta_- = \frac{RT}{2F}\ln 10^{-7} - 0.42 = -0.625 \text{ V}$$

因为 $\varphi(Ni^{2+}|Ni) > \varphi(H^+|H_2)$，所以阴极上首先析出的是 Ni。

(2) 可能在阳极上发生反应的有 Ni 和 H_2O，查表可知 $\varphi^{\ominus}(O_2|H_2O|H^+) = 1.229$ V

若阳极反应为

$$H_2O \longrightarrow \frac{1}{2}O_2(p^{\ominus}) + 2H^+ + 2e^-$$

$$\varphi(O_2|H_2O|H^+) = \varphi^{\ominus}(O_2|H_2O|H^+) + \frac{RT}{2F}\ln a(H^+) + \eta_+$$

$$= 1.229 + \frac{RT}{2F}\ln 10^{-7} + 0.10 = 1.125 \text{ V}$$

若阳极反应为

$$Ni(s) \longrightarrow Ni^{2+}[a(Ni^{2+})] + 2e^-$$

$$\varphi(Ni^{2+}|Ni) = -0.247 \text{ V}$$

因为 $\varphi(Ni^{2+}|Ni) < \varphi(O_2|H_2O|H^+)$，所以阳极上首先发生的是 Ni 的溶解。

所以，根据极化电极电势的大小，可以确定电解过程中在电极上析出物质的先后顺序和难易程度，以控制实际生产中电解产物的析出次序，获得纯度较高的产品。

6.10.2 金属的腐蚀与防腐

金属腐蚀，是指金属和金属制品在使用或放置过程中，由于和环境中的水汽、氧气和酸性氧化物发生化学或电化学作用而遭到破坏的现象。

按腐蚀的机理划分，金属腐蚀可分为化学腐蚀和电化学腐蚀两大类。化学腐蚀是金属直接与干燥气体、有机物等接触而变质损坏的现象。电化学腐蚀是金属与环境中其他物质形成微电池，金属作为阳极发生电极反应而被破坏的现象。两种腐蚀的区别在于腐蚀过程中有无电流产生。金属的电化学腐蚀是最常见的、危害非常严重的腐蚀。

1. 金属的电化学腐蚀

电化学腐蚀的过程，实际上就是大量微小的原电池工作的过程。当两种不同的金属相连（或者是金属与其自身的杂质），并且同时与含电解质溶液的介质相接触时，就形成了一个原电池。

例如，空气中的酸性氧化物溶解在水中就形成了含有 H^+ 的电解质溶液，浸泡在水中的铁板作为电极就形成了原电池。Fe 作为阳极发生氧化反应，若铁板里含有比 Fe 不活泼的金属杂质如 Cu 等，则 Cu 作阴极，所以 H^+ 在 Cu 上放电发生还原反应生成 H_2，而铁作为阳极不断溶解而腐蚀，此情况下发生的腐蚀称为析氢腐蚀。

若将铁板放置在潮湿的空气中，空气中又有较多的酸性氧化物或盐雾，铁板也会很快生锈。在这种情况下仍然是 Fe 作阳极，被氧化成 Fe^{2+}，这种在有氧存在的条件下发生的腐蚀叫作耗氧腐蚀，铁锈就是 Fe^{2+}、Fe^{3+} 及其氧化物的混合物。

综上所述，金属与电解质溶液接触所发生的腐蚀，其机理与原电池的工作机理相同，这种电化学腐蚀过程中的原电池称为腐蚀电池。

2. 金属的防护

金属腐蚀的防护方法很多,主要有采用金属或非金属保护层、金属的钝化和电化学保护等。

(1) 保护层法防护

保护层有非金属保护层和金属保护层两类。

常用的非金属保护层有油漆、搪瓷、玻璃、沥青和多种类型的高分子材料,在金属设备上覆盖一层非金属材料,使之无法与介质接触。

金属保护层是在被保护的金属表面镀上一层其他的耐腐蚀金属或合金,可以防止或减缓金属被腐蚀,如在铁上镀 Ni、Cr、Zn、Sn 等。

(2) 金属的钝化

当金属外面包裹了一层致密的氧化物后,里面的金属将得到保护,不被腐蚀,这种现象叫作金属的钝化。

(3) 电化学防腐

① 牺牲阳极保护法

将被保护金属与电极电势比被保护金属更低的金属连接在一起,构成原电池。电极电势较低的金属作为阳极被氧化,而被保护金属作为阴极而避免了被腐蚀。如海上航行的轮船常镶嵌锌块以此保护船体,这种方法虽然被保护金属避免了被腐蚀,但要消耗大量的锌。

② 阴极电保护法

用外加直流电源将被保护金属与负极相接,使其作为阴极,将正极接到一些废金属上,使之成为牺牲阳极。一些运输酸性溶液的管道就是采用这种方法来保护管道不被酸液腐蚀。

③ 阳极电保护法

阳极电保护法即电化学钝化法,将直流电源的正极连接到被保护的金属上,使被保护的金属进行阳极极化,电极电势升高,金属钝化而避免了被腐蚀。如化肥厂的碳化塔就是采用这种方法进行防腐的。

(4) 加缓蚀剂保护

缓蚀剂的作用一般是降低阳极或阴极腐蚀的速度,或者是覆盖在电极表面从而达到防腐的目的。常见的无机缓蚀剂如硅酸盐、正磷酸盐、亚硝酸盐和铬酸盐等。由于该方法中缓蚀剂用量少,方便经济,所以是一种常用的防腐方法。

思 考 题

1. 阳极、阴极、正极、负极是怎样定义的?原电池与电解池的电极名称有什么不同,各电极的对应关系是怎样的?

2. 电导率与浓度的关系如何?摩尔电导率与浓度的关系如何?

3. 能否用同样的方法求强电解质溶液和弱电解质溶液的极限摩尔电导率?为什么?

4. 电导测定在实际生产中有何应用?

5. 形成可逆电池的条件是什么?电池图示的书写有何规定?电极主要有几种类型?举例说明。

6. 标准氢电极及其电极电势规定为零的条件是什么?为什么常用甘汞电极作参比电

极,而不用标准氢电极？

7.什么叫极化？产生极化的原因主要有哪些？原电池和电解池的极化曲线有什么异同？怎样根据极化电极电势判断阴、阳极上电解产物产生的次序？

8.金属电化学腐蚀机理是什么？金属防腐的主要方法有哪些？

本 章 小 结

一、重点内容

1.电解池是将电能转变为化学能的装置；原电池是将化学能转变为电能的装置。

2.在电化学中规定发生氧化反应的电极为阳极,发生还原反应的电极为阴极；电势高的电极为正极,电势低的电极为负极。所以电解池的阳极为正极,阴极为负极。原电池与此相反。

3.电导是电阻的倒数。电极间距为 1 m,截面积为 1 m^2 的导体的电导,称为电导率。在相距 1 m 的两个平行电极之间放置 1 mol 某电解质溶液的电导,称为摩尔电导率。

4.电池中进行的一切化学反应和过程在热力学上都是可逆过程的电池称为可逆电池。

5.标准氢电极:氢离子活度为 1,氢气的压强为 100 kPa,规定其电极电势为零。参加电极反应的物质都处于标准状态时的电极电势为标准电极电势。

6.当电流通过电池时,电极电势偏离平衡电极电势的现象叫作电极极化。在某一电流密度下电极电势与其平衡电极电势之差的绝对值称为超电势。

二、重要公式及其适用条件

1.法拉第定律: $Q = n_e F = z n_B F$ 适用于原电池和电解池的任一电极反应

2.电导: $\kappa = G \dfrac{l}{A}$ 对于第一类导体和第二类导体均适用

3.摩尔电导率: $\Lambda_m = \kappa / c$ 适用于电解质溶液

4.科尔劳施公式: $\Lambda_m = \Lambda_m^\infty - A\sqrt{c}$ 适用于强电解质的稀溶液

5.离子独立运动定律: $\Lambda_m^\infty = \nu_+ \Lambda_{m,+}^\infty + \nu_- \Lambda_{m,-}^\infty$ 适用于无限稀释的电解质溶液

6.离子平均活度: $a_\pm = (a_+^{\nu_+} \cdot a_-^{\nu_-})^{1/\nu}$

离子平均活度系数: $\gamma_\pm = (\gamma_+^{\nu_+} \cdot \gamma_-^{\nu_-})^{1/\nu}$

平均质量摩尔浓度: $b_\pm = (b_+^{\nu_+} \cdot b_-^{\nu_-})^{1/\nu}$

以上关系适用于强电解质溶液

7.可逆电池电动势的计算

电极反应能斯特方程 $\varphi = \varphi^\ominus - \dfrac{RT}{zF} \ln \dfrac{a(还原态)}{a(氧化态)}$

电池反应能斯特方程 $E = E^\ominus - \dfrac{RT}{zF} \ln \prod a_B^{\nu_B}$

电池电动势与电极电势的关系 $E = \varphi_正 - \varphi_负$

8.电池电动势与各热力学函数之间的关系

(1) $\Delta_r G_m$ 与 E 的关系 $\Delta_r G_m = -zFE$

(2) $\Delta_r G_m^{\ominus}$ 与 $E^{\ominus}$ 的关系　　$\Delta_r G_m^{\ominus} = -zFE^{\ominus}$

(3) $\Delta_r S_m$ 与 E 的关系　　$\Delta_r S_m = zF(\partial E/\partial T)_p$

(4) $\Delta_r H_m$ 与 E 的关系　　$\Delta_r H_m = -zF[E - T(\partial E/\partial T)_p]$

(5) $Q_{r,m}$ 与 E 的关系　　$Q_{r,m} = zFT(\partial E/\partial T)_p$

(6) $K^{\ominus}$ 与 $E^{\ominus}$ 的关系　　$E^{\ominus} = \dfrac{RT}{zF}\ln K^{\ominus}$

习　题

1. 写出下列电池的电极反应和电池反应。

(1) $Pt|H_2(g,p)|H^+(a_1)\|Ag^+(a_2)|Ag(s)$

(2) $Pt|H_2(g,p)|HI(a)|I_2(s)|Pt$

(3) $Zn|Zn^{2+}(a_1)\|Sn^{2+}(a_2),Sn^{4+}(a_3)|Pt$

(4) $Pt|H_2(g)|H_2SO_4(a)|Hg_2SO_4(s)|Hg(l)|Pt$

2. 将下列化学反应设计成电池。

(1) $AgCl(s) \longrightarrow Ag^+(a_1) + Cl^-(a_2)$

(2) $Fe^{2+}(C_1) + Ag^+(C_2) \longrightarrow Fe^{3+}(C_3) + Ag(s)$

(3) $H_2(p_1) + \dfrac{1}{2}O_2(p_2) \longrightarrow H_2O(l)$

(4) $Ag(s) + \dfrac{1}{2}(Cl_2)(p) \longrightarrow AgCl(s)$

(5) $H_2(p^{\ominus}) + I_2(s) \longrightarrow 2HI(a_{\pm}=1)$

3. 某电导池内装有两个直径为 4.0×10^{-2} m 并相互平行的圆形电极，电极之间的距离为 0.12 m。若在电导池内盛满浓度为 0.1 mol·dm^{-3} 硝酸银溶液，加以 20 V 电压，则所得电流强度为 0.197 6 A。试计算电导池常数 K_{cell}、$AgNO_3$ 溶液的电导、电导率和摩尔电导率。

4. 计算下列浓度均为 0.1 mol·kg^{-1} 的溶液的离子强度。

(1) NaCl　(2) $CuSO_4$　(3) $Na_2C_2O_4$

5. 计算 0.1 mol·kg^{-1} $CdCl_2$ ($\gamma_{\pm}=0.219$) 的平均质量摩尔浓度 $b_{\pm}$、平均活度 $a_{\pm}$ 及电解质的活度 a_B。

6. 试根据下列电极反应的 $\varphi^{\ominus}$ 值

$$Fe^{2+}(a_1) + 2e^- \longrightarrow Fe(s) \quad \varphi_1^{\ominus} = -0.44 \text{ V}$$

$$Fe^{3+}(a_2) + e^- \longrightarrow Fe^{2+}(a_1) \quad \varphi_2^{\ominus} = 0.771 \text{ V}$$

计算电极反应 $Fe^{3+}(a_2) + 3e^- \longrightarrow Fe(s)$ 的 $\varphi^{\ominus}$ 值。

7. 根据能斯特方程计算下列电极的电极电势，并计算两电极组成电池后的电动势，写出电池反应。

(1) $Pt|Fe^{2+}(a=1),Fe^{3+}(a=0.1)$；(2) $Ag(s)|AgCl(s)|Cl^-(a=0.001)$

8. 电池 $Pb(s)|PbCl_2(s)|KCl(aq)|AgCl(s)|Ag(s)$ 在 25 ℃ 时，$(\partial E/\partial T)_p = -1.86\times 10^{-4}$ V·K，$E=0.490\ 0$ V。写出电极反应和电池反应，并计算该电池在 25 ℃

时的 $\Delta_r G_m$、$\Delta_r H_m$ 和 $\Delta_r S_m$。

9. 某电池反应为 $H_2(g)+1/2O_2(g) \longrightarrow H_2O(g)$，在 400 K 时的 $\Delta_r H_m$ 和 $\Delta_r S_m$ 分别为 -251.6 kJ·mol^{-1} 和 -50 J·mol^{-1}，试计算该电池的电动势 E。

10. 试计算在 25 ℃ 时反应 $Cu^{2+}+Pb(s) \longrightarrow Cu(s)+Pb^{2+}$ 的标准平衡常数。

11. 使用氢电极与甘汞电极构成的电池，测定某一未知溶液的 pH，测得 25 ℃ 时该电池的电动势为 0.487 V，求此溶液的 pH。已知 25 ℃ 时甘汞电极的电极电势为 0.280 1 V。

12. 将两根银电极插入 $AgNO_3$ 溶液，通以 0.2 A 电流共 30 min，试求阴极上析出银的质量。

13. 在 25 ℃ 时，在一电导池中装入 0.01 mol·dm^{-3} KCl 溶液，测得电阻为 150 Ω。若用同一电导池装入 0.01 mol·dm^{-3} HCl 溶液，测得电阻为 51.4 Ω。试计算：(1)电导池常数；(2)0.01 mol·dm^{-3} HCl 溶液的电导率；(3)0.01 mol·dm^{-3} HCl 溶液的摩尔电导率。已知 0.01 mol·dm^{-3} KCl 溶液的电导率为 0.141 3 S·m^{-1}。

14. 电池 $Pt(s)|H_2(g,100\ kPa)|H_2SO_4(b=0.5\ mol\cdot kg^{-1})|Hg_2SO_4(s)|Hg(l)$ 在 25 ℃ 时电动势为 0.696 0 V，求该硫酸溶液的 $\gamma_\pm$。

15. 已知在 298 K 时，$Ag_2O(s)$ 和 $H_2O(l)$ 的 $\Delta_f G_m^\ominus$ 分别为 -11.2 kJ·mol^{-1} 和 -237.18 kJ·mol^{-1}，试将反应 $H_2(g,p^\ominus)+Ag_2O(s) \longrightarrow 2Ag(s)+H_2O(l)$ 设计成可逆电池，写出该电池的表达式及电极反应，求出在 298 K 时该电池的电动势 E。

16. 写出下列电池的电极反应、电池反应。

$Cd(s)|Cd^{2+}[a(Cd^{2+})=0.01]\ \|\ Cl^-[a(Cl^-)=0.5]|Cl_2(g,100\ kPa)|Pt$

计算在 25 ℃ 时此电池的标准电动势 $E^\ominus$、电动势 E、电池反应的标准平衡常数 $K^\ominus$。

17. 已知在 25 ℃ 时，$Ag_2O(s)$ 标准摩尔生成焓 $\Delta_f H_m^\ominus=-31.0$ kJ·mol^{-1}，标准电极电势 $E^\ominus[OH^-|Ag_2O(s)|Ag]=0.343$ V，$E^\ominus[OH^-,H_2O|O_2(g)|Pt]=0.401$ V。在空气中将 $Ag_2O(s)$ 加热至什么温度，才能发生下列分解反应？

$$Ag_2O(s) \Longleftrightarrow 2Ag(s)+\frac{1}{2}O_2(g)$$

假定此反应的 $\Delta_r C_{p,m}=0$，空气中氧气的分压为 $p(O_2)=21.278$ kPa。

18. 在 298.15 K 时，电池 $Zn(s)|Zn^{2+}(a=0.187\ 5)\ \|\ Cd^{2+}(a=0.013\ 7)|Cd(s)$ 的 $E^\ominus=0.36$ V。(1)写出电极反应和电池反应；(2)计算此电池的电动势。

19. 写出下列各电池的电池反应，应用标准电极电势值计算在 25 ℃ 时各电池的电动势及各电池反应的摩尔吉布斯函数变，并指明各电池反应能否自发进行。

(1) $Pt|H_2(g,100\ kPa)|HCl[a(HCl)=1.00]|Cl_2(g,100\ kPa)|Pt$

(2) $Zn(s)|ZnCl_2[a(ZnCl_2)=0.50]|AgCl(s)|Ag(s)$

20. 计算电池 $Sn(s)|Sn^{2+}(a=0.600)\ \|\ Pb^{2+}(a=0.300)|Pb(s)$ 在 298 K 时(1)E；(2)$\Delta_r G_m^\ominus$；(3)$\Delta_r G_m$；(4)$K^\ominus$；(5)判断反应是否能自发进行。

自 测 题

一、选择题

1. 在 25 ℃无限稀释的水溶液中,离子摩尔电导率最大的是( )。
   (A)La^{3+} (B)Mg^{2+} (C)NH_4^+ (D)H^+

2. 科尔劳施定律 $\Lambda_m = \Lambda_m^\infty - A\sqrt{c}$,这一规律只适用于( )。
   (A)弱电解质   (B)强电解质的稀溶液
   (C)无限稀溶液   (D)浓度为 1 $mol \cdot dm^{-3}$ 的溶液

3. 硫酸溶液的浓度从 0.01 $mol \cdot kg^{-1}$ 增加到 0.1 $mol \cdot kg^{-1}$ 时,其电导率 κ 和摩尔电导率 Λ_m 将( )。
   (A)κ 减小,Λ_m 增加   (B)κ 增加,Λ_m 增加
   (C)κ 减小,Λ_m 减小   (D)κ 增加,Λ_m 减小

4. 通电于含有相同浓度的 Fe^{2+}、Ca^{2+}、Zn^{2+}、Cu^{2+} 的电解质溶液,已知:
   $\varphi^\ominus(Zn^{2+}|Zn) = -0.762\ 8$ V,$\varphi^\ominus(Fe^{2+}|Fe) = -0.440$ V,
   $\varphi^\ominus(Ca^{2+}|Ca) = -2.866$ V,$\varphi^\ominus(Cu^{2+}|Cu) = -0.337$ V
   若不考虑超电势,在电极上金属析出的顺序是( )。
   (A)Cu-Fe-Zn-Ca (B)Ca-Zn-Fe-Cu (C)Ca-Fe-Zn-Cu (D)Cu-Ca-Zn-Fe

5. 当原电池放电,在外电路中有电流通过时,其电极的变化规律( )。
   (A)负极电势高于正极电势   (B)阳极电势高于阴极电势
   (C)正极不可逆电势比可逆电势更负 (D)阴极不可逆电势比可逆电势更正

二、填空题

1. 用同一电导池分别测定浓度为 0.01 $mol \cdot dm^{-3}$ 和 0.1 $mol \cdot dm^{-3}$ 的 1-1 型电解质溶液,其电阻分别为 1 000 Ω 和 600 Ω,则它们的摩尔电导率之比为_____。

2. 浓度为 b 的 AB 型电解质水溶液,其平均浓度 $b_\pm = $_____,若电解质为 A_2B 型,则平均浓度 $b_\pm = $_____,若电解质为 AB_3 型,则平均浓度 $b_\pm = $_____。

3. 当某电解质溶液通过 2 法拉第电量时,在阴、阳极上各发生_____摩尔的化学反应,若阴、阳离子运动速度相同,阴、阳离子分别向阳、阴极迁移_____法拉第电量。

4. 若用电动势法来测定难溶盐 AgCl 的溶度积 K_{sp},设计的可逆电池为_____。

5. 已知某电池反应的 $\Delta_r G_m^\ominus = a + bT + cT^2$,则该电池反应的电池电动势的温度系数 $(\partial E/\partial T)_p = $_____;反应焓变 $\Delta_r H_m^\ominus = $_____。

三、判断题(正确的在括号内打"√",错误的在括号内打"×")

1. $E^\ominus$ 是电池反应达平衡时的电动势。 ( )

2. 离子独立运动定律只适用于弱电解质,不适用于强电解质。 ( )

3. 原电池中电解质浓度的改变,肯定引起电极电势的改变,但不一定引起电动势的改变。
( )

4. 在 Λ_m-$\sqrt{c}$ 图中,用外推法求 Λ_m^∞ 时,对 CH_3COONa 来说可以,但对 CH_3COOH 则

不可以。( )

5. 电解时,在阳极上首先发生氧化反应而放电的是电极电势最大者。( )

四、计算题

1. 在 25 ℃ 时在一电导池中注入电导率 $\kappa_1 = 0.14106\ \text{S} \cdot \text{m}^{-1}$ 的 KCl 水溶液,测得其电阻为 525 Ω,若在该电导池中注入 $0.1\ \text{mol} \cdot \text{dm}^{-3}$ 的 $NH_3 \cdot H_2O$ 溶液,测得其电阻为 2030 Ω,求 $NH_3 \cdot H_2O$ 溶液的电离度及电离平衡常数。已知在 298 K 时,$(NH_4)_2SO_4$、NaOH、Na_2SO_4 的 Λ_∞ 分别为 $3.064 \times 10^{-2}\ \text{S} \cdot \text{m}^2 \cdot \text{mol}^{-1}$、$2.451 \times 10^{-2}\ \text{S} \cdot \text{m}^2 \cdot \text{mol}^{-1}$、$2.598 \times 10^{-2}\ \text{S} \cdot \text{m}^2 \cdot \text{mol}^{-1}$。

2. 在 298.15 K 时有如下两组溶液,(1)溶液中 Sn^{2+} 和 Pb^{2+} 的活度都等于 1.0;(2)溶液中 $a(Sn^{2+}) = 1.0, a(Pb^{2+}) = 0.1$。现将 Pb(s) 分别放入这两种溶液中,试判断能否置换出 Sn(s)。已知 $\varphi^\ominus(Sn^{2+}|Sn) = -0.14\ \text{V}, \varphi^\ominus(Pb^{2+}|Pb) = -0.13\ \text{V}$。

3. 在 298 K 和 313 K 分别测定丹尼尔电池的电动势,得到 $E_1(298\ \text{K}) = 1.1030\ \text{V}, E_2(313\ \text{K}) = 1.0961\ \text{V}$,设丹尼尔电池的反应为

$$Zn(s) + CuSO_4(a=1) \longrightarrow Cu(s) + ZnSO_4(a=1)$$

并设在上述温度范围内 E 随 T 的变化率保持不变,求丹尼尔电池在 298 K 时反应的 $\Delta_r G_m$、$\Delta_r H_m$、$\Delta_r S_m$ 和可逆热效应 Q_r。

模块三

化学动力学基础

第三篇

中毒学各论

第 7 章

化学动力学

基本要求

1. 掌握反应速率的定义及其表示方法,基元反应的质量作用定律及其应用;
2. 掌握一级、二级和零级反应的动力学方程、特征及其应用,以及反应级数的确定;
3. 掌握阿仑尼乌斯方程的各种形式及其应用;
4. 理解反应级数的概念、反应速率系数的物理意义及其单位;
5. 理解反应机理、基元反应、非基元反应、反应分子数、活化能和表观活化能等基本概念;
6. 理解典型的复合反应的特征及其应用、催化作用的共同特征;
7. 了解化学动力学研究的内容和方法、催化反应的活化能及其一般机理;
8. 了解复合反应速率方程的近似处理方法。

对于一个化学反应,主要需要考虑两个方面的问题:一是要了解化学反应进行的方向和限度以及外界条件对化学平衡的影响;二是要知道化学反应进行的速率和反应的历程(机理)。人们利用化学热力学解决了第一个问题,而第二个问题的解决则需要依靠化学动力学的研究。化学动力学是研究化学反应速率和化学反应机理的学科,它的最终目的是揭示化学反应的本质,使人们更好地控制化学反应进程,以满足科学研究和实际生产的需要。

7.1 化学反应速率

7.1.1 化学反应速率的定义及表示方法

任一化学反应可表示为

$$aA + bB \longrightarrow dD + eE$$

$$0 = \sum_B \nu_B B$$

反应速率规定为反应进度随时间的变化率，用符号 $\dot\xi$ 表示，即

$$\dot\xi = \frac{d\xi}{dt} \tag{7-1}$$

对于封闭系统，反应进度定义为 $d\xi = \dfrac{dn_B}{\nu_B}$，代入上式得

$$\dot\xi = \frac{1}{\nu_B} \cdot \frac{dn_B}{dt} \tag{7-2}$$

对于恒容系统中进行的反应，反应速率也可定义为

$$r = \frac{1}{V} \cdot \frac{d\xi}{dt}$$

将式 $d\xi = \dfrac{dn_B}{\nu_B}$ 代入上式，整理可得

$$r = \frac{1}{\nu_B} \cdot \frac{dc_B}{dt}$$

所以

$$r = -\frac{1}{a}\frac{dc_A}{dt} = -\frac{1}{b}\frac{dc_B}{dt} = \frac{1}{d}\frac{dc_D}{dt} = \frac{1}{e}\frac{dc_E}{dt}$$

因为在反应过程中，反应物不断被消耗，其浓度改变为负值，为使反应速率为正值，故在 dc_A 或 dc_B 前面加负号。反应速率的量纲为[浓度]·[时间]$^{-1}$。

为了研究问题方便，常采用反应物的消耗速率或产物的生成速率来表示反应速率。

对于反应 $\qquad aA + bB \longrightarrow dD + eE$

反应物的消耗速率为 $\qquad r_A = -\dfrac{dc_A}{dt}, r_B = -\dfrac{dc_B}{dt}$

产物的生成速率为 $\qquad r_D = \dfrac{dc_D}{dt}, r_E = \dfrac{dc_E}{dt}$

当用参与反应的各物质表示反应速率时，有

$$r_A : r_B : r_D : r_E = a : b : d : e \tag{7-3}$$

对于气相反应，恒容条件下，由于压强比浓度更容易测定，因此也可以用反应系统中各组分的分压随时间的变化率来表示反应速率

$$r' = \frac{dp_B}{\nu_B dt} \tag{7-4}$$

式中 p_B —— 反应物或产物的压强，Pa。

7.1.2 反应速率的实验测定

化学反应速率的实验测定，就是在不同时刻 t 测得某反应物 A 或某产物 B 的浓度，得到此反应物或此产物的浓度随时间的变化曲线（亦称动力学曲线或 c-t 曲线），如图 7-1 所示，由曲线上某时

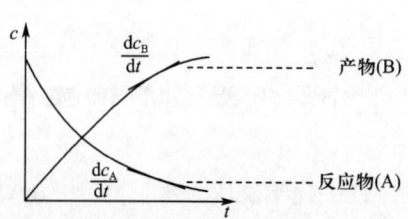

图 7-1 反应物和产物的浓度随时间的变化曲线

刻切线的斜率可确定此反应物或此产物的瞬时反应速率。

测定反应物(或产物)在不同反应时刻的浓度一般可用化学法和物理法。化学法是在某一时刻从反应系统中取出一部分物质,并采用骤冷、冲稀、加阻化剂或除去催化剂等方法迅速使反应停止,然后进行化学分析。该方法的设备简单,可以直接得到不同时刻某物质的浓度,但实验操作较为烦琐,若反应冻结的方法应用不当,将会产生较大的偏差。物理法是在反应过程中对某一种与物质浓度有关的物理量进行连续监测,然后根据事先理论导出或实验测出的这些物理量与浓度的关系(最好是呈线性关系)求出物质浓度的变化,从而绘制出 c-t 曲线。通常测定的物理量有压强、体积、旋光度、折射率、吸收光谱、电导、电动势、介电常数、黏度等。物理法的优点是可在反应进行过程中连续监测,不必取样终止反应,测量方法快速方便,但需要较昂贵的测试装置。

7.2 化学反应的速率方程

在一定温度下,表示化学反应速率与浓度之间的函数关系,或表示浓度等参数与时间关系的方程称为化学反应的速率方程,亦称为动力学方程,速率方程的具体形式随反应的不同而不同。

7.2.1 基元反应的速率方程和质量作用定律

1. 基元反应和非基元反应

通常我们见到的化学反应方程式仅表示反应的化学计量式,而不能表明反应经历的具体步骤。例如,HCl 气相合成反应,计量反应式是:

(1) $H_2 + Cl_2 \longrightarrow 2HCl$

事实上,该反应是通过如下一系列反应来完成的:

(2) $Cl_2 + M \longrightarrow 2Cl \cdot + M$

(3) $Cl \cdot + H_2 \longrightarrow HCl + H \cdot$

(4) $H \cdot + Cl_2 \longrightarrow HCl + Cl \cdot$

(5) $Cl \cdot + Cl \cdot + M \longrightarrow Cl_2 + M$

式中,M 指反应器壁或其他第三体的分子(惰性物质,只起传递能量作用)。方程式(1)只是表示系列反应(2)~(5)的总结果。人们将由反应物分子(或原子、离子以及自由基等)直接碰撞、一步完成的反应称为基元反应(或元反应),它代表了反应的真实步骤,像(2)~(5)这 4 个反应均属于基元反应。而表示一系列反应总结果的(1)是非基元反应,也称为总包反应或总反应。

基元反应为组成一切化学反应的基本单元,它们的集合构成反应机理。例如上述四个基元反应就构成了 $H_2 + Cl_2 \longrightarrow 2HCl$ 的反应机理。

化学反应方程式,除非特别说明,一般都属于化学计量方程,而不代表基元反应。例

如反应 $N_2 + 3H_2 \longrightarrow 2NH_3$，只说明参加反应的各个组分（$N_2$、$H_2$ 和 NH_3）在反应过程中的数量变化符合方程式系数间的比例关系，即 1∶3∶2，并不能说明一个 N_2 分子与三个 H_2 分子相碰撞直接就生成两个 NH_3 分子。

2. 反应分子数

在一个基元反应中反应物的粒子数目称为基元反应的分子数。在上述基元反应中，反应(2)~(4)均为双分子反应，反应(5)则为三分子反应。无论在气相或液相中，最常见的是双分子反应。因为多个分子同时在空间某处相碰撞的机会很少，所以在气相中三分子反应极为少见，分子数大于三的反应尚未发现。但在液相中，由于分子间距很小及溶剂分子的存在，三分子反应较为多见。需要强调的是，反应分子数是微观概念，只有基元反应才有反应分子数之说。反应分子数的数值只能是 1、2、3，不可能为零、分数或负数。

3. 质量作用定律

实验结果证明，基元反应的反应速率与基元反应中各反应物浓度的幂乘积成正比，其中各反应物的幂指数为基元反应中各反应物化学计量系数的绝对值。这一规律称为质量作用定律。

对于任一基元反应 $\qquad aA + bB \rightarrow eE + fF$

其速率方程可根据质量作用定律直接写出

$$r_A = k_A c_A^a c_B^b \tag{7-5}$$

式中，k_A 为速率系数。幂指数之和称为反应级数，用 n 表示。

$$n = a + b$$

基元反应的级数只能是 1、2、3 这样的正整数。

7.2.2 非基元反应的速率方程和经验速率方程

对于化学计量反应 $\quad aA + bB \longrightarrow yY + zZ$

由实验结果得出的经验速率方程，一般也可写成与式(7-5)相类似的幂乘积形式：

$$r_A = k_A c_A^\alpha c_B^\beta \cdots \tag{7-6}$$

式中，α 为反应对组分 A 的分级数，量纲为 1；β 为反应对组分 B 的分级数，量纲为 1。

反应的总级数（简称反应级数）为

$$n = \alpha + \beta + \cdots \tag{7-7}$$

反应级数的大小表示浓度对反应速率影响的程度，级数越大，则反应受浓度的影响越大。非基元反应的级数可以是整数、分数、正数、负数，还可以是零。

需要注意的是，在非基元反应速率方程式(7-6)中，反应速率与哪些物质的浓度有关以及浓度的幂指数都需要通过实验确定，这与基元反应速率方程式(7-5)有着本质的不同。对于非基元反应不存在反应分子数的问题。

在有些情况下，反应级数还可以因反应条件变化而改变。例如蔗糖水解反应

$$C_{12}H_{22}O_{11}(蔗糖) + H_2O \longrightarrow C_6H_{12}O_6(葡萄糖) + C_6H_{12}O_6(果糖)$$

按质量作用定律，其速率方程为 $-\dfrac{dc_{(蔗糖)}}{dt} = k_A c_{(H_2O)} c_{(蔗糖)}$，是二级反应，但实验测定该反

应具有一级反应的特征。原因是溶液中的水是大量的,在反应系统中水的浓度变化被认为微不足道。其速率方程可表示为 $-\dfrac{\mathrm{d}c_{蔗糖}}{\mathrm{d}t}=k'c_{蔗糖}$,这样的反应称为准一级反应。

7.2.3 反应速率系数

速率方程中的比例常数 k_A 为用 $-\mathrm{d}c_A/\mathrm{d}t$ 表示反应速率时的速率系数,其物理意义是在一定温度下,参加反应的各有关组分的浓度皆为单位浓度时的反应速率。k_A 值的大小与反应物浓度或压强的大小无关,当催化剂等其他条件确定时,k_A 只是温度的函数。k_A 值的大小可直接反映反应速率的快慢,体现反应的速率特征,是化学动力学中的一个重要的物理量。速率系数的量纲为 $[浓度]^{1-n} \cdot [时间]^{-1}$,所以从速率系数的单位可以推知化学反应的级数。

用不同反应组分表示的反应速率方程,反应速率系数的大小与相应的化学计量系数成正比。

例如,反应 $a\mathrm{A}+b\mathrm{B}\longrightarrow g\mathrm{G}+h\mathrm{h}$,有

$$r_A=k_A c_A^\alpha c_B^\beta \cdots \qquad r_B=k_B c_A^\alpha c_B^\beta \cdots$$
$$r_D=k_D c_A^\alpha c_B^\beta \cdots \qquad r_E=k_E c_A^\alpha c_B^\beta \cdots$$

则有
$$k_A:k_B:k_D:k_E=a:b:d:e$$

对于反应 $a\mathrm{A}+b\mathrm{B}\longrightarrow d\mathrm{D}+e\mathrm{E}$,实验测得反应的速率方程为

$$r_A=k_{A,c}c_A^n$$

若参与反应的物质均为气体,也可以用混合气体组分分压表示为

$$r'_A=-\dfrac{\mathrm{d}p_A}{\mathrm{d}t}=k_{A,p}p_A^n$$

若气体可视为理想混合气体,则可以推导出 $\quad k_{A,p}=k_{A,c}(RT)^{1-n}$

有时为了方便起见,$k_{A,p}$ 也用 k_A 表示,只是用 p_A 代替浓度,如 $r_A=k_A p_A^n$。

7.3 简单级数反应的速率方程

速率方程的微分式表明了反应速率与组分浓度的关系,为了求得浓度和时间的函数关系,必须对微分式进行积分。当反应级数为简单正整数时,人们称之为简单级数反应。以下介绍具有简单级数反应的速率方程及其特征。

7.3.1 一级反应

一级反应的速率与反应物 A 浓度的一次方成正比,其速率方程的微分式为

$$-\frac{dc_A}{dt} = k_A c_A \tag{7-8}$$

若开始 A 的浓度为 $c_{A,0}$,某一时刻 t 时 A 的浓度为 c_A,对式(7-8)积分得

$$\ln \frac{c_{A,0}}{c_A} = k_A t \tag{7-9}$$

某一时刻反应物 A 参加反应的分数称为该时刻 A 的转化率 x_A,即

$$x_A = \frac{c_{A,0} - c_A}{c_{A,0}} \tag{7-10}$$

将 $c_A = c_{A,0}(1-x_A)$ 代入式(7-9)得

$$\ln \frac{1}{1-x_A} = k_A t \tag{7-11}$$

这是一级反应速率方程积分式的另一形式。

由以上关系式,可总结出一级反应的特征如下:

(1) 以 $\ln\frac{c}{[c]}$ 对 t 作图可得到一条直线,直线的斜率为 $-k_A$,如图 7-2 所示。

(2) 反应物反应掉一半所需要的时间,称为反应的半衰期,用 $t_{1/2}$ 表示。将 $x_A = \frac{1}{2}$ 代入式(7-11),可以得到一级反应的半衰期

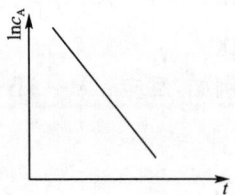

图 7-2 一级反应的 $\ln c_A$-t 图

$$t_{1/2} = \frac{\ln 2}{k_A} = \frac{0.693}{k_A} \tag{7-12}$$

由上式可以看出,在温度一定时,一级反应的半衰期与反应速率系数成反比,而与反应物的起始浓度无关。

由式(7-12)可知,反应物浓度由 C_0 降至 $\frac{1}{2}C_0$、由 $\frac{1}{2}C_0$ 降至 $\frac{1}{4}C_0$、由 $\frac{1}{4}C_0$ 降至 $\frac{1}{8}C_0$ 所需的时间是相同的,都等于 $t_{1/2}$。

(3) 一级反应速率系数的量纲为[时间]$^{-1}$。

气体物质的热分解、溶液中组分的分解以及放射性衰变等都属于一级反应。

【例 7-1】 放射性同位素 Po-210 经 α 蜕变生成稳定的 Pb-206,实验测得此放射性同位素经 14 天后放射性降低了 6.85%。试求此同位素蜕变的 k_A 和 $t_{1/2}$,并计算 Po-210 蜕变 90% 所需的时间。

解:已知 Po-210 的蜕变反应为一级反应:$_{84}Po^{210} \longrightarrow {_{82}Pb^{206}} + {_2He^4}$

假设 Po-210 原始放射性为 100%,14 天后降低了 6.85%,即剩余的放射性为 93.15%,将上述数据代入式(7-11),得蜕变速率系数

$$k_A = \frac{1}{14.0} \ln \frac{100.00}{93.15} = 0.005\ 07\ d^{-1}$$

由式(7-12)得半衰期

$$t_{1/2} = \frac{0.693}{k_A} = \frac{0.693}{0.005\ 07} = 137\ d$$

由式(7-11)还可算出 Po-210 蜕变 90% 所需的时间

$$t_{0.9}=\frac{1}{k_A}\ln\frac{1}{1-x_A}=\frac{1}{0.00507}\ln\frac{1}{1-0.9}=454 \text{ d}$$

7.3.2 二级反应

二级反应的速率与反应物 A 的浓度的平方成正比，或与两种反应物 A 和 B 的浓度的乘积成正比。例如乙烯、丙烯的二聚、乙酸乙酯的皂化、二氧化氮的分解等都是二级反应。

对于只有一种反应物的二级反应 $aA \rightarrow bB + dD$

其速率方程为
$$-\frac{dc_A}{dt}=k_A c_A^2 \tag{7-13}$$

将上式积分得
$$\frac{1}{c_A}-\frac{1}{c_{A,0}}=k_A t \tag{7-14}$$

若某一时刻反应物 A 的转化率为 x_A，则

$$\frac{1}{c_A}-\frac{1}{c_{A,0}}=\frac{1}{c_{A,0}(1-x_A)}-\frac{1}{c_{A,0}}=\frac{1}{c_{A,0}}\cdot\frac{x_A}{1-x_A}$$

$$\frac{1}{c_{A,0}}\cdot\frac{x_A}{1-x_A}=k_A t$$

此种类型的二级反应有如下特征：

(1) $\frac{1}{c_A}$ 与 t 呈线性关系，直线的斜率为 k_A，如图 7-3 所示。

(2) 反应的半衰期
$$t_{1/2}=\frac{1}{k_A}\left(\frac{1}{c_{A,0}/2}-\frac{1}{c_{A,0}}\right)=\frac{1}{k_A c_{A,0}} \tag{7-15}$$

可见二级反应的半衰期与反应物的初始浓度成反比。

(3) 速率系数的量纲是[浓度]$^{-1}$·[时间]$^{-1}$。

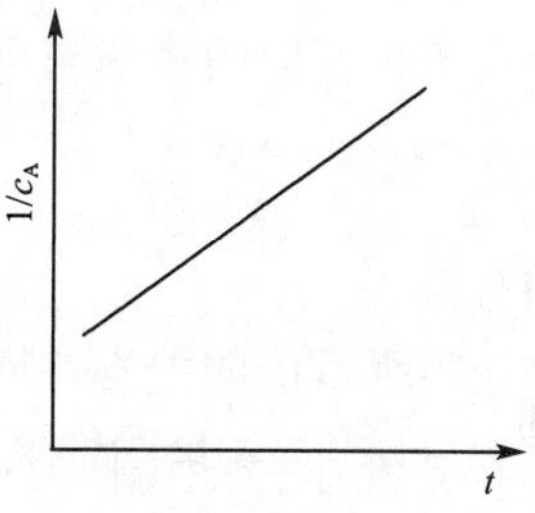

图 7-3 二级反应的 $\frac{1}{c_A}$-t 图

对于有两种反应物的二级反应 $aA + bB \longrightarrow eE + fF$

当 $a=b$ 且两种反应物初始浓度 $c_{B,0}=c_{A,0}$ 时，则任一时刻两反应物的浓度仍相等($c_B=c_A$)。于是有

$$-\frac{dc_A}{dt}=k_A c_A^2$$

该式积分结果同式(7-14)。

若 $a \neq b$ 且两种反应物初始浓度满足 $c_{B,0}/b=c_{A,0}/a$，则在任一时刻两反应物的浓度均满足 $c_B/b=c_A/a$。于是有

$$-\frac{dc_A}{dt}=k_A c_A c_B=\frac{b}{a}k_A c_A^2=k'_A c_A^2$$

该式积分结果也同式(7-14)，但式(7-14)中的 k_A 变为 k'_A。

【例 7-2】 在定温 300 K 的密闭容器中,发生如下气相反应 A(g)+B(g) ⟶ Y(g),测知其速率方程为 $-\dfrac{dp_A}{dt}=k_{A,p}p_A p_B$,假定反应开始只有 A(g) 和 B(g)(初始体积比为 1∶1),初始总压强为 200 kPa,设反应进行到 10 min 时,测得总压强为 150 kPa,则该反应在 300 K 时的速率系数为多少?再过 10 min 容器内总压强为多少?

解:根据题意设 A 和 B 的初始压强 $p_{A,0}=p_{B,0}$,任一时刻 A 和 B 的平衡压强 $p_A=p_B$,则经过时间 t 时的总压强为:$p_t=p_A+p_B+p_{A,0}-p_A=p_B+p_{A,0}=p_A+p_{A,0}$

故 $\qquad p_A=p_t-p_{A,0}$

代入速率方程得 $\qquad \dfrac{1}{p_t-p_{A,0}}-\dfrac{1}{p_{A,0}}=k_A t$

由已知得 $\qquad p_{A,0}=\dfrac{p_0}{2}=\dfrac{200}{2}=100 \text{ kPa}$

所以 $\qquad k_A=\dfrac{1}{10}\left(\dfrac{1}{150-100}-\dfrac{1}{100}\right)=0.001 \text{ kPa}^{-1}\cdot\text{min}^{-1}$

当 $t=20$ min 时 $\qquad \dfrac{1}{p_t-100}-\dfrac{1}{100}=0.001\times 20$

解得 $\qquad p_t=133 \text{ kPa}$

$\qquad p=100+133=233 \text{ kPa}$

7.3.3 零级反应

零级反应的速率与反应物的浓度无关,其速率方程的微分式为

$$-\dfrac{dc_A}{dt}=k_A c_A^0=k_A \qquad (7\text{-}16)$$

积分得 $\qquad c_{A,0}-c_A=k_A t \qquad (7\text{-}17)$

零级反应的主要特征有:

(1) c_A 与 t 呈线性关系,直线的斜率为 k_A,如图 7-4 所示。

(2) 将 $c_A=\dfrac{c_{A,0}}{2}$ 代入式(7-17),得反应的半衰期

$$t_{1/2}=\dfrac{c_{A,0}}{2k_A} \qquad (7\text{-}18)$$

即零级反应的半衰期正比于反应物的初始浓度。

(3) 速率系数的量纲是[浓度]·[时间]$^{-1}$。

零级反应也很常见,如纯液体或纯固体的分解,一些表面催化反应和光化学反应等。

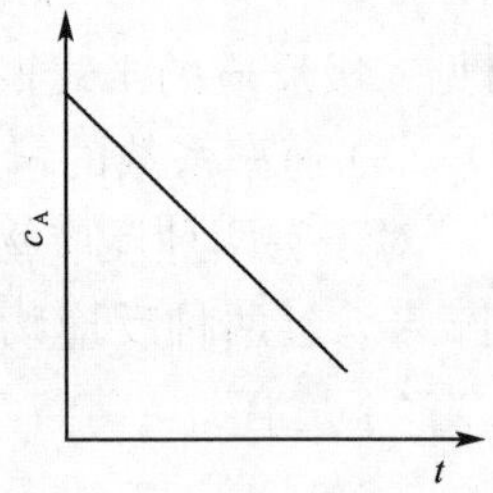

图 7-4 零级反应的 c_A-t 图

【例 7-3】 在某化学反应中随时检测物质 A 的含量,1 h 后发现 A 已反应了 45%,若该反应对 A 为零级反应,试问 2 h 后 A 还剩余多少没有反应?并求出反应完所需时间。

解:(1) 根据零级反应公式(7-17)得

$$k_A=\dfrac{1}{t}(c_{A,0}-c_A)=\dfrac{1}{t}c_{A,0}x_A=0.45 c_{A,0}$$

当 $t=2$ h 时
$$0.45c_{A,0}=\frac{1}{t}c_{A,0}x_A$$

则
$$x_A=0.9$$

故 2 h 后 A 还剩 10% 没有反应。

(2) 设 A 反应完所需的时间为 t,则
$$\frac{0.45}{1}=\frac{1.0}{t}$$

解得
$$t=2.22 \text{ h}$$

*7.3.4 n 级反应

一种反应物或反应物浓度符合化学计量比 $\frac{c_A}{a}=\frac{c_B}{b}=\cdots$ 的多种反应物的如下反应:
$$a\text{A}+b\text{B}+\cdots \longrightarrow 产物$$

若速率方程可表示为
$$-\frac{dc_A}{dt}=k_A c_A^n \tag{7-19}$$

即为 n 级反应。

当 $n \neq 1$ 时,将式(7-19) 积分得
$$\frac{1}{n-1}\left(\frac{1}{c_A^{n-1}}-\frac{1}{c_{A,0}^{n-1}}\right)=k_A t \tag{7-20}$$

n 级反应的主要特征:

(1) $\frac{1}{c_A^{n-1}}$ 对 t 作图得一条直线,直线的斜率等于 $(n-1)k_A$;

(2) 将 $c_A=\frac{c_{A,0}}{2}$ 代入式(7-20),整理可得半衰期
$$t_{1/2}=\frac{2^{n-1}-1}{(n-1)k_A c_{A,0}^{n-1}} \tag{7-21}$$

即反应的半衰期与 $c_{A,0}^{n-1}$ 成反比;

(3) k 的量纲为 $[浓度]^{1-n} \cdot [时间]^{-1}$。

表 7-1　　具有简单级数反应的速率公式及其特征

级数	速率公式 微分式	速率公式 积分式	特征 半衰期 $t_{1/2}$	特征 直线关系	特征 k 的量纲
0	$-\frac{dc_A}{dt}=k_A$	$c_{A,0}-c_A=k_A t$	$\frac{c_{A,0}}{2k_A}$	$c_A - t$	$[浓度] \cdot [时间]^{-1}$
1	$-\frac{dc_A}{dt}=k_A c_A$	$\ln\frac{c_{A,0}}{c_A}=k_A t$	$\frac{\ln 2}{k_A}$	$\ln c_A - t$	$[时间]^{-1}$
2	$-\frac{dc_A}{dt}=k_A c_A^2$	$\frac{1}{c_A}-\frac{1}{c_{A,0}}=k_A t$	$\frac{1}{k_A c_{A,0}}$	$\frac{1}{c_A} - t$	$[浓度]^{-1} \cdot [时间]^{-1}$
n	$-\frac{dc_A}{dt}=k_A c_A^n$ $n \neq 1$	$\frac{1}{n-1}(\frac{1}{c_A^{n-1}}-\frac{1}{c_{A,0}^{n-1}})=k_A t$	$\frac{2^{n-1}-1}{(n-1)k_A c_{A,0}^{n-1}}$	$\frac{1}{c_A^{n-1}} - t$	$[浓度]^{1-n} \cdot [时间]^{-1}$

7.4 反应级数的确定

动力学研究的基本任务之一就是确定反应的级数和速率系数,下面介绍几种常用的确定反应级数的方法。

7.4.1 积分法

1. 尝试法

尝试法是将实验获得的 c-t 数据代入表 7-1 中的速率方程积分式,逐个计算速率系数 k。若代入某式中,在各浓度下求得的 k 近似为一个常数,该公式的级数即为该反应的级数。例如,将各组 c-t 数据带入 $k = \dfrac{1}{t}\left(\dfrac{1}{c_A} - \dfrac{1}{c_{A,0}}\right)$,若计算得一系列 k 值近似相等,该反应即为二级反应。

2. 作图法

作图法是按表 7-1 中的直线关系,分别作出 $\ln\dfrac{c_A}{[c]}$-t 图和 n 为不同值时的 $\dfrac{1}{c_A^{n-1}}$-t 图,若成直线关系即表明该化学反应适用于这一动力学方程,于是可以确定反应级数。

【例 7-4】 丙酸乙酯在碱性溶液中进行皂化反应

$$C_2H_5COOC_2H_5 + NaOH \longrightarrow C_2H_5COONa + C_2H_5OH$$

已知酯和碱的初始浓度相等,$c_{A,0} = 0.025 \text{ mol} \cdot \text{dm}^{-3}$,在 298 K 时测得数据见表 7-2,其中 c_A 是 t 时刻酯的平衡浓度,试求该反应的级数 n。

表 7-2 t 时刻酯的平衡浓度数据

t/min	0	5	10	20	40	60	80	100	120	150	180
$c_A \times 10^{-3}$/mol·dm^{-3}	25.00	15.53	11.26	7.27	4.25	3.01	2.32	1.89	1.60	1.29	1.09

解:将 c_A 取对数,并且以 $\lg\dfrac{c_A}{[c]}$ 对 t 作图(如图 7-5 所示),得到一条曲线,可确定该反应不是一级反应。再将 c_A 按 $\dfrac{1}{c_A}$ 对 t 作图(如图 7-6 所示),得到一直线,故该反应是二级反应。

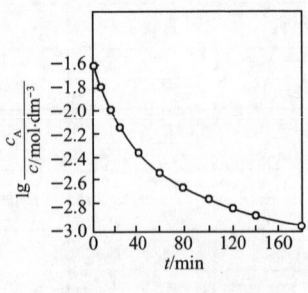

图 7-5 $\lg\dfrac{c_A}{[c]}$ 对 t 作图

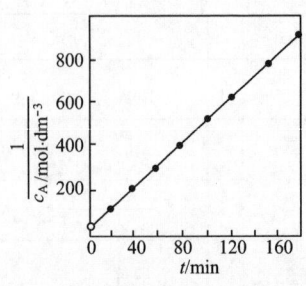

图 7-6 $\dfrac{1}{c_A}$ 对 t 作图

以上两种方法其优点是仅需一次实验数据就可进行尝试,缺点是若初试不准,则需要尝试多次,方法繁杂,而且数据范围不大时,不同级数往往难以区分,一般适用于整数级反应。

3. 半衰期法

半衰期法是利用化学反应的半衰期与反应物初始浓度之间的函数关系式求反应级数的方法。对于速率方程符合 $-\dfrac{dc_A}{dt}=k_A c_A^n$ 的化学反应,半衰期与初始浓度的关系可表示为

$$t_{1/2}=\frac{B}{c_{A,0}^{n-1}} \tag{7-22}$$

若两个初始浓度 $c_{A,0}$ 和 $c'_{A,0}$ 所对应的半衰期分别为 $t_{1/2}$ 和 $t'_{1/2}$,则根据式(7-22)可得

$$\frac{t'_{1/2}}{t_{1/2}}=\left(\frac{c_{A,0}}{c'_{A,0}}\right)^{n-1} \tag{7-23}$$

两边取对数并整理得

$$n=1+\frac{\ln(t'_{1/2}/t_{1/2})}{\ln(c_{A,0}/c'_{A,0})} \tag{7-24}$$

这样,用两组实验数据即可求得反应级数。

如果数据较多,可用作图法。将式(7-22)取对数得

$$\ln\frac{t_{1/2}}{[t]}=\ln B+(1-n)\ln\frac{c_{A,0}}{[c]} \tag{7-25}$$

可测定不同初始浓度对应的半衰期,以 $\ln\dfrac{t_{1/2}}{[t]}$ 对 $\ln\dfrac{c_{A,0}}{[c]}$ 作图应得一直线,直线的斜率为 $(1-n)$,从而可求得反应级数 n。

7.4.2 微分法

应用速率方程的微分式 $-\dfrac{dc_A}{dt}=k_A c_A^n$ 求反应级数的方法,即为微分法。

若某反应的速率方程为

$$r=k_A c_A^n$$

取对数后得

$$\ln\frac{r}{[r]}=\ln\frac{k_A}{[k]}+n\ln\frac{c_A}{[c]} \tag{7-26}$$

1. 根据实验数据求算法

根据实验数据,作 c_A-t 图,计算出不同浓度 $c_1,c_2,\cdots\cdots$ 对应的 c_A-t 曲线上切线的斜率,即为 $r_1,r_2,\cdots\cdots$。

(1) 作图

用 $\ln\dfrac{r}{[r]}$ 对 $\ln\dfrac{c_A}{[c]}$ 作图,则得到一条直线,直线的斜率 n 即为反应级数,如图7-7所示。

(2) 计算

将两对 c_A-r 实验数据,分别代入式(7-26),整理得

$$n=\frac{\ln(r_1/r_2)}{\ln(c_{A,1}/c_{A,2})} \tag{7-27}$$

2. 初始浓度法

有时反应产物对反应速率也有影响，为了排除产物的干扰，常取若干个不同的初始浓度 $c_{A,0}$，测出若干个 c_A-t 数据，绘出若干条 c_A-t 曲线，如图 7-8 所示。在每条曲线的初始浓度 $c_{A,0}$ 处作切线，求出其斜率 r_0。

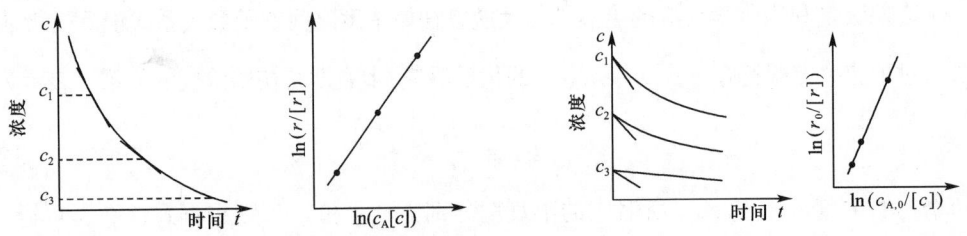

图 7-7　根据实验数据求算法（微分法）求级数的示意图　　图 7-8　初始浓度法（微分法）求级数的示意图

(1) 作图

根据式(7-26)，以 $\ln\dfrac{r_0}{[r]}$ 对 $\ln\dfrac{c_{A,0}}{[c]}$ 作图，得到一条直线，该直线的斜率即为反应级数 n。

(2) 计算

将两对 $c_{A,0}$-r 实验数据，分别代入式(7-27)，整理得

$$n=\frac{\ln(r_{0,1}/r_{0,2})}{\ln(c_{A0,1}/c_{A0,2})}$$

对于逆向也能明显进行的反应，用初始浓度法求级数更为可靠。

7.4.3　孤立法

若两种或两种以上物质参加化学反应，其速率方程为

$$-\frac{dc_A}{dt}=k_A c_A^\alpha c_B^\beta$$

1. 浓度过量法

实验时使 $c_{B,0} \gg c_{A,0}$，则反应过程中 c_B 可视为常数，速率方程变为

$$-\frac{dc_A}{dt}=k c_A^\alpha$$

式中，$k=k_A c_B^\beta$，于是采用前述方法可确定反应对 A 的分级数 α。

同理，再使 $c_{A,0} \gg c_{B,0}$，则反应过程中 c_A 可视为常数，速率方程变为

$$-\frac{dc_B}{dt}=k' c_B^\beta$$

式中，$k'=k_B c_A^\alpha$，采用前述方法可确定反应对 B 的分级数 β。

反应级数　　　　　　　　　　　　$n=\alpha+\beta$

2. 改变浓度比例法

若保持 A 的浓度不变，改变 B 的浓度，则可确定 β。同理，保持 B 的浓度不变，改变 A 的浓度，则可确定 α。

【例 7-5】 反应 $2NO + 2H_2 \longrightarrow N_2 + 2H_2O$ 在 700 ℃ 时测得动力学数据如下：

初始压强 p_0/kPa		初始速率
NO	H_2	$r_0/(kPa \cdot min^{-1})$
50	20	0.48
50	10	0.24
25	20	0.12

设反应速率方程为 $r_{NO} = k_{NO} p_{NO}^{\alpha} p_{H_2}^{\beta}$，求 α、β 和 n。

解：由 1，2 组数据可看出，当 p_{NO} 不变时

$$\frac{r_{NO,1}}{r_{NO,2}} = \frac{k_{NO} p_{NO}^{\alpha} p_{H_2,1}^{\beta}}{k_{NO} p_{NO}^{\alpha} p_{H_2,2}^{\beta}} = \left(\frac{p_{H_2,1}}{p_{H_2,2}}\right)^{\beta}$$

$$\beta = \frac{\ln(r_{NO,1}/r_{NO,2})}{\ln(p_{H_2,1}/p_{H_2,2})} = \frac{\ln(0.48/0.28)}{\ln(20/10)} = 1$$

即该反应对 H_2 的分级数为一级，$\beta = 1$。

同理，由 1，3 组数据可看出，当 p_{H_2} 不变时

$$\alpha = \frac{\ln(r_{NO,1}/r_{NO,3})}{\ln(p_{NO,1}/p_{NO,3})} = \frac{\ln(0.48/0.12)}{\ln(50/25)} = 2$$

即该反应对 NO 的分级数为二级，$\alpha = 2$，

总反应级数 $n = \alpha + \beta = 1 + 2 = 3$

7.5 温度对反应速率的影响

温度影响反应速率是早已被人们了解的事实。大多数情况下，温度升高，反应速率增大。但对于不同类型的反应，温度对反应速率的影响是不相同的。反应物浓度恒定时，温度与反应速率的关系大致如图 7-9 所示的五种类型：第 Ⅰ 种类型的反应速率随温度的升高而逐渐加快，它们之间呈指数关系，这类反应最常见；第 Ⅱ 种类型是有爆炸极限的化学反应；第 Ⅲ 种类型是在一些多相催化反应中发现的；第 Ⅳ 种类型是在碳的氧化反应中观察到的；第 Ⅴ 种类型温度升高反应速率反而下降，例如 $2NO + O_2 \longrightarrow 2NO_2$。本节仅讨论常见的第 Ⅰ 种类型的反应。

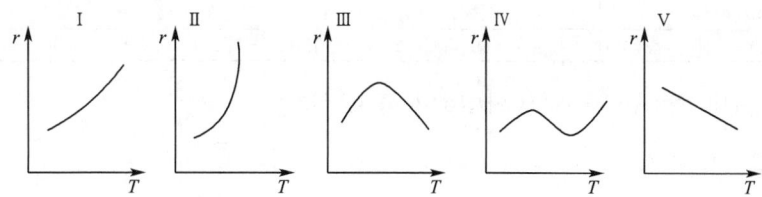

图 7-9 反应速率和温度关系的几种类型

7.5.1 范特霍夫规则

1884 年，范特霍夫根据大量实验数据归纳出一条温度对反应速率影响的近似规则：

反应温度每升高 10 K，反应速率系数 K 要增大 $2\sim 4$ 倍，即

$$\frac{k_{T+10K}}{k_T}\approx 2\sim 4 \tag{7-28}$$

范特霍夫规则最早指出了速率系数和温度的定量关系，但此经验规则很不精确，只有在数据缺乏或不要求精确结果时才加以采用。

7.5.2 阿仑尼乌斯方程

1889 年，阿仑尼乌斯（Arrhenius）通过大量实验与理论的论证揭示了温度对反应速率影响的实质，提出了表示 k-T 关系较为准确的经验方程，称为阿仑尼乌斯方程，即为

$$k = A\mathrm{e}^{-\frac{E_a}{RT}} \tag{7-29}$$

式中　E_a——阿仑尼乌斯活化能，简称活化能，$\mathrm{J\cdot mol^{-1}}$；
　　　A——指前因子或频率因子，其单位与 k 相同。

该式是阿仑尼乌斯方程的指数形式，A 和 E_a 称为反应的动力学参量。

将式(7-29)两边取对数，可写成下列形式

$$\ln\frac{k}{[k]} = -\frac{E_a}{RT} + \ln\frac{A}{[A]} \tag{7-30}$$

由式(7-30)可知，以 $\ln\dfrac{k}{[k]}$ 对 $\dfrac{1}{T}$ 作图可得一直线，直线的斜率为 $-\dfrac{E_a}{R}$；直线的截距为 $\ln\dfrac{A}{[A]}$，据此可以计算 E_a 和 A。

【例 7-6】　测得在 $700\sim 1\,000\ \mathrm{K}$ 温度区间，乙醛分解反应的速率系数与温度的关系如下：

T/K	700	730	760	790	810	840	910	1000
$k/(\mathrm{dm^3\cdot mol^{-1}\cdot s^{-1}})$	0.011	0.035	0.105	0.343	0.789	2.17	20.0	145

求反应的活化能 E_a 及指前因子 A。

解：由题给数据可得

$1/T(10^{-3}\mathrm{K}^{-1})$	1.43	1.37	1.32	1.27	1.23	1.19	1.10	1.00
$\ln[k(\mathrm{dm^3\cdot mol^{-1}\cdot s^{-1}})]$	-4.51	-3.35	-2.25	-1.07	-0.237	0.775	3.00	4.98

以 $\ln\dfrac{k}{[k]}$ 对 $\dfrac{1}{T}$ 作图得图 7-10。从图中数据可求得该直线的截距为 26.95，所以

$$\ln\frac{A}{[A]} = 26.95,\ A = 5.06\times 10^{11}\ \mathrm{dm^3\cdot mol^{-1}\cdot s^{-1}}$$

直线的斜率为 -2.207×10^4，所以

$$E_a = 2.207\times 10^4 \times 8.314 = 183\ \mathrm{kJ\cdot mol^{-1}}。$$

将式(7-30)对 T 微分可得

$$\frac{\mathrm{d}\ln\{k/[k]\}}{\mathrm{d}T} = \frac{E_a}{RT^2} \tag{7-31}$$

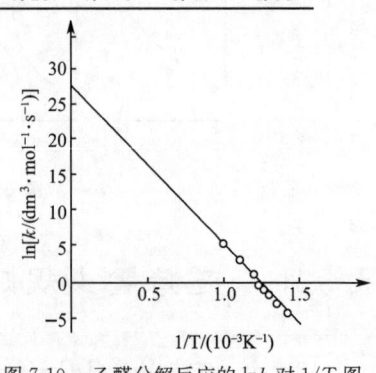

图 7-10　乙醛分解反应的 $\ln k$ 对 $1/T$ 图

此式是阿仑尼乌斯方程的微分式。由此可以看出，活化能越大的反应，其反应速率对温度越敏感。而对于同一反应，在低温区反应速率对温度更敏感。

若温度变化范围不大，E_a 可视为常数，将式(7-31)积分得

$$\ln\frac{k_2}{k_1} = -\frac{E_a}{R}\left(\frac{1}{T_2} - \frac{1}{T_1}\right) \tag{7-32}$$

此式称为阿仑尼乌斯方程的定积分式，可用于 E_a、T_1、T_2、k_1、k_2 的相互求算。

式(7-30)也称为阿仑尼乌斯方程不定积分式。阿仑尼乌斯方程适用于基元反应和非基元反应，甚至某些非均相反应。

【例 7-7】 丙酮二羧酸 $CO(CH_2COOH)_2$ 在水溶液中分解，已知在 283 K 时，$k_1 = 1.08 \times 10^{-4}\ s^{-1}$，在 333 K 时 $k_2 = 5.48 \times 10^{-2}\ s^{-1}$，试求：(1) 反应的活化能 E_a 和指前因子 A；(2) 反应在 303 K 时的速率系数、半衰期和丙酮二羧酸分解 65% 所需的时间。

解：(1) 由式(7-32)可得

$$E_a = -R\ln\frac{k_2}{k_1}\Big/\left(\frac{1}{T_2} - \frac{1}{T_1}\right) = -8.314 \times \ln\left(\frac{5.48 \times 10^{-2}}{1.08 \times 10^{-4}}\right)\Big/\left(\frac{1}{333} - \frac{1}{283}\right)$$

$$= 97.6\ kJ \cdot mol^{-1}$$

由式(7-29)可得 $A = k_1 e^{\frac{E_a}{RT_1}} = 1.08 \times 10^{-4} \times e^{\frac{97.6 \times 10^3}{8.314 \times 283}} = 1.12 \times 10^{14}\ s^{-1}$

(2) 在 303 K 时，由式(7-32)可得

$$\ln\frac{k(303\ K)}{1.08 \times 10^{-4}} = \frac{97.6 \times 10^3}{8.314}\left(\frac{1}{283} - \frac{1}{303}\right)$$

所以

$$k(303\ K) = 1.67 \times 10^{-3}\ s^{-1}$$

$$t_{1/2} = \frac{\ln 2}{k} = \frac{\ln 2}{1.67 \times 10^{-3}} = 415.06\ s$$

丙酮二羧酸分解 65% 所需时间：

$$t = \frac{1}{k}\ln\frac{1}{1-x_A} = \frac{1}{1.67 \times 10^{-3}}\ln\frac{1}{1-0.65} = 628.64\ s$$

【例 7-8】 在 400～500 ℃ 范围内，氯乙烷发生如下分解反应：

$$C_2H_5Cl(g) \longrightarrow C_2H_4(g) + HCl(g)$$

该反应的速率系数与温度的关系为：$\ln k/s = -\dfrac{30\ 607\ K}{T} + 33.62$。计算：

(1) 此反应的活化能 E_a 和指前因子 A；

(2) 在 426.85 ℃ 时，将压力为 40.0 kPa 的氯乙烷通入一抽空的反应器中，使之发生上述反应，需经多长时间，反应器中的压力可变为 53.5 kPa；

(3) 欲使氯乙烷在 2 小时分解 60%，反应温度应控制在多少度？

解：(1) ∵ 直线斜率 $= -\dfrac{E_a}{R} = -30\ 607$

∴ $E_a = 30\ 607 \times 8.314 = 254.5\ kJ \cdot mol^{-1}$

∵ 直线截距 $= \ln\dfrac{A}{[A]} = 33.62$

∴ $A = 3.99 \times 10^{14}\ s^{-1}$

(2) $T = 700$ K 时 $\ln \dfrac{k(700\ \text{K})}{\text{s}^{-1}} = -\dfrac{30\,607\ \text{K}}{700\ \text{K}} + 33.62$

解得 $k(700\ \text{K}) = 4.09 \times 10^{-5}\ \text{s}^{-1}$

$$C_2H_5Cl(g) \rightarrow C_2H_4(g) + HCl(g)$$

起始压力 $p_{B,0}/\text{kPa}$	40.0	0	0
t 时刻压力 $p_{B,t}/\text{kPa}$	$40.0 - p_x$	p_x	p_x
t 时刻系统的压力	$40.0 - p_x + p_x + p_x = 53.5$		

解得 $p_x = 53.5 - 40.0 = 13.5\ \text{kPa}$

则 $p_A = 40.0 - 13.5 = 26.5\ \text{kPa}$

由速率方程 $\ln \dfrac{p_{A,0}}{p_A} = k_A t$ 得

$$t = \dfrac{1}{k_A} \ln \dfrac{p_{A,0}}{p_A} = \dfrac{1}{4.09 \times 10^{-5}} \ln \dfrac{40.0}{26.5} = 1.01 \times 10^4\ \text{s}$$

(3) 当 $X_A = 60\%$ 时

$$k(T) = \dfrac{1}{t} \ln \dfrac{1}{1 - x_A} = \dfrac{1}{7\,200} \ln \dfrac{1}{1 - 0.60} = 1.273 \times 10^{-4}\ \text{s}^{-1}$$

代入阿仑尼乌斯公式,得

$$\ln \dfrac{1.273 \times 10^{-4}\ \text{s}^{-1}}{\text{s}^{-1}} = \dfrac{-30\,607\ \text{K}}{T} + 33.2$$

解得 $T = 725.8\ \text{K}$

7.5.3 活化能

1. 活化能的概念

阿仑尼乌斯对其经验式进行解释,提出了活化分子和活化能的概念,他认为分子之间反应的首要条件是它们必须相互碰撞,但并不是所有的碰撞都能发生反应,只有活化分子碰撞才能引起化学反应。活化分子,是指那些比一般分子高出一定能量,一次碰撞就可以引起化学反应的分子。活化分子的平均能量比反应物分子的平均能量的超出值称为反应的活化能。

设某化学反应为 $A \longrightarrow P$

反应物 A 必须获得能量 E_a 变成活化状态 A^* 才能越过能峰变成产物 P。同理对于逆反应,P 必须获得 E_a' 的能量才能越过能峰变成 A,如图 7-11 所示。

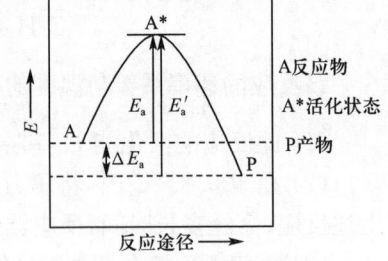

图 7-11 活化能与活化状态

基元反应的活化能可看作是分子进行反应时所需克服的能峰,活化能越大,反应的阻力越大,反应速率就越慢。对于指定反应,其活化能为定值,当温度升高时,活化分子的数目及其碰撞次数增多,因而反应速率加快。可以证明,恒容反应热等于正、逆反应活化能之差,即

$$Q_V = \Delta_r U_m = E_a - E_a'$$

若 $E_a > E_a'$，则反应物的平均能量低于产物的平均能量，所以正反应要吸热，若 $E_a < E_a'$，则正反应是放热的。

上述活化能与活化状态的概念和图示，对反应速率理论的发展起了很大的作用。

2. 表观活化能

对于非基元反应，E_a 实际上是组成该总包反应的各基元反应活化能的特定组合，称为表观活化能。

例如反应 $\qquad H_2 + I_2 \longrightarrow 2HI \qquad k = A e^{\frac{-E_a}{RT}}$

反应机理为 $\qquad (1) I_2 \underset{k_{-1}}{\overset{k_1}{\rightleftharpoons}} 2I$

$\qquad\qquad\qquad (2) 2I + H_2 \xrightarrow{k_2} 2HI$

上面三个基元反应的活化能依次为 E_{a_1}、$E_{a_{-1}}$、E_{a_2}，根据阿仑尼乌斯方程可推得反应的表观活化能 E_a 和各基元反应活化能之间的关系为

$$E_a = E_{a_2} + E_{a_1} - E_{a_{-1}} \tag{7-33}$$

即表观活化能 E_a 等于各基元反应活化能的代数和。

7.6 典型的复合反应

现实中遇到的反应是很复杂的，它们往往是一些基元反应的组合，这种由两个或两个以上基元反应组成的反应称为复合反应。典型的复合反应有对峙反应、平行反应、连串反应和链反应等，下面分别进行讨论。

7.6.1 对峙反应

正向和逆向能同时进行的反应叫作对峙反应（也称可逆反应或对行反应）。现以最简单的 1-1 级对峙反应为例，导出其速率方程。

$$A \underset{k_{-1}}{\overset{k_1}{\rightleftharpoons}} B$$

$t = 0 \qquad\qquad c_{A,0} \qquad\qquad 0$

$t = t \qquad\qquad c_A \qquad\qquad c_B = c_{A,0} - c_A$

$t = \infty \qquad\qquad c_{A,e} \qquad\qquad c_{B,e} = c_{A,0} - c_{A,e}$

A 的净消耗速率取决于正向及逆向反应速率的总结果，即

$$-\frac{dc_A}{dt} = k_1 c_A - k_{-1} c_B \tag{7-34}$$

当 $t = \infty$，反应达到平衡时

$$-\frac{dc_{A,e}}{dt} = k_1 c_{A,e} - k_{-1} c_{B,e} = 0 \tag{7-35}$$

所以

$$\frac{c_{B,e}}{c_{A,e}} = \frac{k_1}{k_{-1}} = K_C \tag{7-36}$$

式中 K_C 为对峙反应的平衡常数,它等于正、逆反应速率系数之比。

式(7-34)减去式(7-35),因平衡时净速率为零,故得

$$-\frac{dc_A}{dt} = k_1(c_A - c_{A,e}) - k_{-1}(c_B - c_{B,e})$$

将 $c_B = c_{A,0} - c_A$,$c_{B,e} = c_{A,0} - c_{A,e}$ 代入上式得

$$-\frac{dc_A}{dt} = k_1(c_A - c_{A,e}) + k_{-1}(c_A - c_{A,e}) = (k_1 + k_{-1})(c_A - c_{A,e}) \tag{7-37}$$

当 $c_{A,0}$ 一定时,$c_{A,e}$ 为常量,故

$$\frac{dc_A}{dt} = \frac{d(c_A - c_{A,e})}{dt}$$

$$-\frac{d(c_A - c_{A,e})}{dt} = (k_1 + k_{-1})(c_A - c_{A,e}) \tag{7-38}$$

将式(7-38)积分得

$$\ln\frac{c_{A,0} - c_{A,e}}{c_A - c_{A,e}} = (k_1 + k_{-1})t \tag{7-39}$$

此式在形式上与一级反应速率方程的积分式很类似。

根据式(7-39),以 $\ln\dfrac{c_{A,0} - c_{A,e}}{c_A - c_{A,e}}$ 对 t 作图,应得一条直线,其斜率为 $(k_1 + k_{-1})$,再由实验测得 K_C,可求出 k_1/k_{-1},二者联立即得出 k_1 和 k_{-1}。

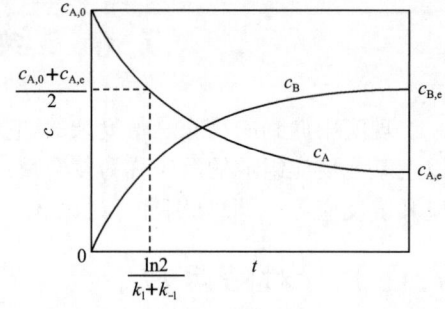

图 7-12　一级对峙反应 c-t 图

综上所述,对峙反应有如下主要特点:

(1)正、逆反应速率系数之比等于平衡常数,即 $K_C = k_1/k_{-1}$。

(2)1-1级对峙反应的 c-t 关系如图 7-12 所示,达到平衡后,反应物和产物的浓度不再随时间的改变而改变。

(3)总反应速率与 k_1 和 K_C 有关。对于正向反应是吸热的对峙反应,升高温度将使平衡常数增大,同时也将使反应速率加快,即升温总是有利于正向反应。当然,温度也不是越高越好,还要考虑到能量消耗、副反应及催化剂的活性温度等其他因素。对于正向反应是放热的对峙反应,温度升高将使平衡常数降低,但反应速率会加快,可缩短到达平衡的时间,两者是矛盾的。当温度较低时,$1/K_C$ 较小,k_1 是影响反应速率的主要因素,因此升高温度,则速率增大;但当温度升高到一定程度时,$1/K_C$ 则成为影响反应速率的主要因素,再升温反应速率反而降低。升温过程中反应速率出现极大值,这时的温度称为最佳反应温度 T_m,如图 7-13 所示。在化工生产中,要尽量创造条件使反应在最佳反应温度下进行。

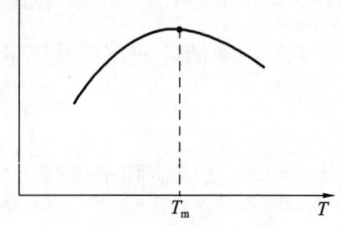

图 7-13　最佳反应温度图

一些分子内重排或异构化反应,符合一级对峙反应规律。为了克服对峙反应中逆向反应的存在对产率及反应速率的不利影响,生产上常常采取种种措施,如增加反应物的浓度、降低产物的浓度、分段设计反应器等。

7.6.2 平行反应

当反应物同时进行两个或两个以上不同的且相互独立的反应时,称为平行反应。平行反应中,生成主要产物的反应称为主反应,其余的反应称为副反应。这类反应在化工生产中很常见,例如氯苯的再氯化,可得对位和邻位二氯苯两种产物。

最简单的平行反应是反应物 A 能同时发生两个一级反应,分别生成产物 B 和 C,如

$$A \begin{array}{c} \xrightarrow{k_1} B \\ \xrightarrow{k_2} C \end{array}$$

则 B 和 C 的生成速率分别为

$$\frac{dc_B}{dt} = k_1 c_A \tag{7-40}$$

$$\frac{dc_C}{dt} = k_2 c_A \tag{7-41}$$

若反应开始时,$c_{B,0} = c_{C,0} = 0$,则按计量关系必然有

$$c_A + c_B + c_C = c_{A,0}$$

$$\frac{dc_A}{dt} + \frac{dc_B}{dt} + \frac{dc_C}{dt} = 0$$

$$-\frac{dc_A}{dt} = \frac{dc_B}{dt} + \frac{dc_C}{dt}$$

$$-\frac{dc_A}{dt} = (k_1 + k_2) c_A \tag{7-42}$$

所以,反应物 A 的消耗速率为一级反应。积分上式得

$$\ln \frac{c_{A,0}}{c_A} = (k_1 + k_2) t \tag{7-43}$$

将式(7-40)与(7-41)相除,得

$$\frac{dc_B}{dc_C} = \frac{k_1}{k_2} \tag{7-44}$$

由于 $c_{B,0} = 0, c_{C,0} = 0$,积分后得

$$\frac{c_B}{c_C} = \frac{k_1}{k_2} \tag{7-45}$$

可见,在反应的任一瞬间,两产物浓度之比等于两反应速率系数之比。

式中 k_1/k_2 代表了反应的选择性,比值越大,表示反应的选择性越好。通过设法改变 k_1/k_2 的比值,可以达到改变主、副产物浓度之比的目的。通常采用的方法有:

(1) 选择适当的催化剂。例如甲苯的氯化,既可直接在苯环上取代,也可在侧链甲基上取代,实验表明,低温(30~50 ℃)下,使用 $FeCl_3$ 为催化剂,主要发生苯环上取代;高温(120~130 ℃)下,用光激发,则主要发生侧链取代。

(2) 改变反应温度。如果 B 为产物,C 为副产物,则所选温度要使 k_1/k_2 比值尽可能大。如果活化能 $E_{a1} > E_{a2}$,则提高温度有利于 k_1/k_2 值增大,即有利于产物 B 的生成;如果 $E_{a1} < E_{a2}$,

则提高温度将有利于副产物 C 的生成而不利于产物 B 的生成，此时反应宜在低温下进行。

7.6.3 连串反应

若某一化学反应要经过连续几步反应才能得到最终产物，并且前一步的生成物恰是下一步的反应物，如此连续进行，称为连串反应，或称为连续反应。如乙烷热裂解反应

$$C_2H_6 \longrightarrow CH_2=CH_2 + H_2$$
$$CH_2=CH_2 \longrightarrow 2C + 2H_2。$$

最简单的连串反应是两个单向连续的一级反应。如

$$A \xrightarrow{k_1} B \xrightarrow{k_2} C$$

设 A 的起始浓度为 $c_{A,0}$，在 t 时刻 A、B、C 的平衡浓度分别为 c_A、c_B、c_C。其反应速率的微分方程为

$$-\frac{dc_A}{dt} = k_1 c_A \tag{7-46}$$

$$\frac{dc_B}{dt} = k_1 c_A - k_2 c_B \tag{7-47}$$

$$\frac{dc_C}{dt} = k_2 c_B \tag{7-48}$$

当 $t=0$ 时，A 的浓度为 $c_{A,0}$，B 和 C 的起始浓度为零，对式(7-46) 积分后得

$$c_A = c_{A,0} e^{-k_1 t} \tag{7-49}$$

代入式(7-47) 和式(7-48)，逐次求解得

$$c_B = \frac{k_1 c_{A,0}}{k_2 - k_1}(e^{-k_1 t} - e^{-k_2 t}) \tag{7-50}$$

$$c_C = c_{A,0}\left[1 - \frac{1}{k_2 - k_1}(k_2 e^{-k_1 t} - k_1 e^{-k_2 t})\right] \tag{7-51}$$

一级连串反应的 c-t 关系如图 7-14 所示。由图可以看出，随着反应的进行，反应物 A 的浓度不断降低，产物 C 的浓度不断增加。而中间产物 B 的浓度先增加后降低，在某一时刻可达到极大值。这一时刻可通过式(7-50) 中的 c_B 对 t 求导，并使其导数为零，即可求得中间产物 B 的最佳时间 t_{max} 和 B 的最大浓度 $c_{B,max}$。

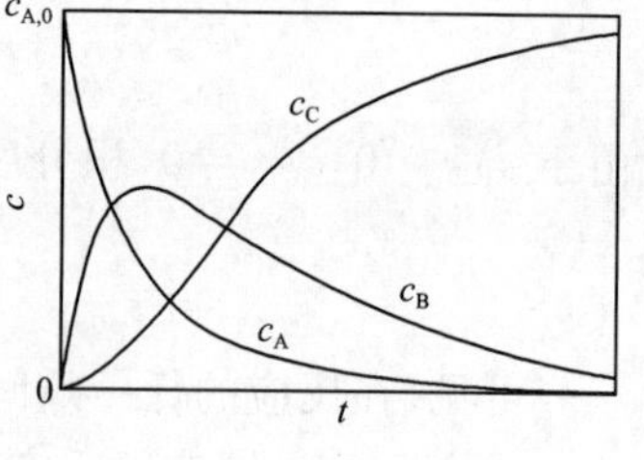

$$t_{max} = \frac{\ln k_2 - \ln k_1}{k_2 - k_1} \tag{7-52}$$

图 7-14 一级连串反应的 c-t 图

$$c_{B,max} = c_{A,0}\left(\frac{k_1}{k_2}\right)^{\frac{k_2}{k_2 - k_1}} \tag{7-53}$$

连续反应的这个特点很重要，因为在工业生产中，中间产物往往是所需的产品，因此对于这类反应，如何控制反应时间使所需产物的量增大是关键问题。上面提到的乙烷热

裂解反应,希望原料气在管式反应器中的停留时间要短,这样可减少产物乙烯进一步分解为碳,这个副反应的发生不但降低了乙烯的产率,而且造成积炭使管式炉管易被烧坏。

7.6.4 链反应

在化学动力学中有一类特殊的反应,只要用光、热、辐射或其他方法使反应引发,它们便能通过活性组分(自由基或自由原子)相继发生一系列的连续反应,像链条一样使反应自动发展下去,这类反应称为链反应。例如石油的裂解、有机物的热分解以至燃烧、爆炸反应等都与链反应有关。所有链反应都是由链的引发、链的传递和链的终止三个基本步骤构成。根据链传递的方式不同,可将链反应分为直链反应和支链反应两种。

下面以反应 $H_2(g)+Cl_2(g) \longrightarrow 2HCl(g)$ 为例,说明直链反应的机理和特点。反应历程为

链的引发   (1) $Cl_2 + M \xrightarrow{k_1} Cl \cdot + Cl \cdot + M$

链的传递   (2) $Cl \cdot + H_2 \xrightarrow{k_2} HCl + H \cdot$

         (3) $H \cdot + Cl_2 \xrightarrow{k_3} HCl + Cl \cdot$

         …… …… ……

链的终止   (4) $2Cl \cdot + M \xrightarrow{k_4} Cl_2 + M$

式中,M 是能量的授受体,它本身不参加反应,称为第三体。M 可以是引发剂、光子、高能量分子,作为能量的授予体;也可以是容器壁或反应系统中的稳定分子,作为能量的接受体。

基元反应(1)是反应物 Cl_2 分子借助光照、加热、加入引发剂或通过与高能量的分子 M 相碰撞而解离成活泼的自由基 $Cl \cdot$(以下以"·"表示自由基),是反应活性组分的最初来源,是链反应的开始步骤,称为链的引发。链引发的方法通常有热引发、引发剂引发和辐射引发。

基元反应(2)和(3)是由自由基 $Cl \cdot$ 及 $H \cdot$ 与反应物分子 H_2 与 Cl_2 交互作用,产生新的分子和新的自由基的过程。这个过程中,旧的自由基不断消失,新的自由基又不断产生,使反应能连续不断地、自动地进行下去,这一过程称为链传递(或增长)。这是链反应的主体部分,这一过程比较容易进行,当条件适宜时可形成很长的反应链。

在基元反应(4)中,两个自由基 $Cl \cdot$ 相遇而结合成稳定分子。由于这一步反应中没有新的自由基产生,因而这一条链就被中断了,称为链终止。实验表明,一般情况下一个 $Cl \cdot$ 在终止前能循环生成 $10^4 \sim 10^6$ 个 HCl 分子。

在上述反应历程(2)和(3)两步链传递的过程中,每反应掉一个自由原子或自由基,只产生一个自由原子或自由基,这样的链反应称为直链反应或单链反应。

还有一类链反应,在链传递过程中,每消耗一个自由原子或自由基,同时产生两个或两个以上新的自由原子或自由基,这样的链反应称为支链反应。一些物质的燃烧反应、石油裂解、核反应等皆属支链反应。

下面以反应 $2H_2(g)+O_2(g) \longrightarrow 2H_2O(g)$ 为例来说明支链反应。迄今为止,对 H_2

和 O_2 合成水的反应机理尚无统一的结论,但一般认为其可能的某些反应步骤如下:

(1) 链引发:$H_2 + O_2 \longrightarrow HO_2 \cdot + H \cdot$

(2) 链传递:$H_2 + HO_2 \cdot \longrightarrow H_2O + HO \cdot$ （直链）

$HO \cdot + H_2 \longrightarrow H_2O + H \cdot$ （直链）

$H \cdot + O_2 \longrightarrow HO \cdot + O \cdot$ （支链）

$O \cdot + H_2 \longrightarrow HO \cdot + H \cdot$ （支链）

(3) 链终止:$H \cdot + H \cdot + M \longrightarrow H_2 + M$ （气相中销毁）

$H \cdot + OH \cdot + M \longrightarrow H_2O + M$ （气相中销毁）

$H \cdot + HO \cdot +$ 器壁 $\longrightarrow$ 稳定分子 （器壁上销毁）

在链支化过程中,每消耗一个自由基($H \cdot$ 或 $O \cdot$),则生成两个自由基($HO \cdot$ 和 $O \cdot$ 或 $HO \cdot$ 和 $H \cdot$),其结果是使反应系统中的自由基越来越多,反应速率越来越快,以致最终引起爆炸,这种爆炸称为支链爆炸。支链爆炸反应并不是在任何条件下都能发生的,通常有一定的爆炸范围。图 7-15 是化学计量的氢、氧混合物的爆炸范围与温度、压强的关系图,此图被形象地称为"爆炸半岛"图。

如图 7-15 所示,在上述确定的配比下,当温度低于 400 ℃ 时,在任何压强下都不会引起爆炸;当温度高于 580 ℃ 后,则在任何压强下反应都将发生爆炸;而在 400～580 ℃,爆炸与否则随压强的变化而定。例如,约 500 ℃ 时,当总压强低于 200 Pa 时,由于微粒之间碰撞概率小,反应容器中的自由基很容易扩散到器壁而销毁,因而反应速率很小,产生的自由基的数目不超过其销毁数目,不会发生爆炸;

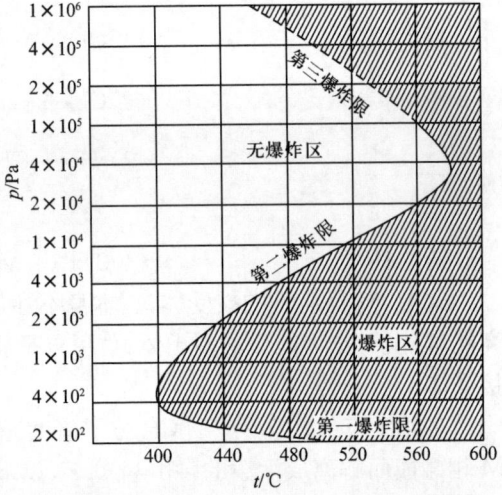

图 7-15　H_2 和 O_2 混合物的爆炸极限图

当压强约为 200 Pa 时,反应物分子与自由基之间的碰撞次数增多,反应速率增加,使自由基产生的速率占据了主导地位,导致爆炸发生。200 Pa 这一压强称为 500 ℃ 时的爆炸下限或第一爆炸限。在该温度下,这一爆炸压强可维持到 7 000 Pa 左右。当压强超过 7 000 Pa 后,反应微粒的浓度继续增大,由于气相销毁反应而导致自由基消失的因素又成为主导因素,因而反应速率减慢而不会引起爆炸。7 000 Pa 称为 500 ℃ 的爆炸上限或第二爆炸限。当反应在爆炸的上、下限之间进行时,就会发生支链爆炸。爆炸的上、下限压强是随温度变化的。温度越高,爆炸的压强范围越宽,且上限对温度更敏感。由图 7-15 还可看到,当压强继续升高到一定程度(如虚线所示),还会发生爆炸,称为第三爆炸限。这是由于自由基大量销毁过程中释放出的能量来不及散出,而使反应系统的温度急剧升高,继而又促使反应速率迅速增加,引起爆炸,故一般认为第三限以上的爆炸属于热爆炸。对于 H_2 和 O_2 的反应,存在第三爆炸限,但是否其他爆炸反应也有第三限,尚不能肯定。

因爆炸下限主要是由自由基在器壁上的销毁速率决定的,所以与容器的大小、形状以及器壁的性质有关。容器越大,下限值越低。此外,若改变原料配比,爆炸限亦会改变。

例如，H_2 和 O_2 的混合气中，当 H_2 的体积分数低于 4% 或高于 94%，则不发生爆炸；而当 H_2 的体积分数在 4%～94% 这一范围内时，若遇到火种，均有可能发生爆炸。

表 7-3 中列举了部分可燃气体在空气中的爆炸限数据。这些数据对于化工生产及实验室的安全操作很有参考价值。值得说明的是，有的资料记载的爆炸极限比表中的数值更宽，因此实际工作中应尽可能在远离爆炸极限的条件下进行相关的操作，以确保安全。

表 7-3　一些可燃气体在空气中的爆炸极限（体积分数）

气体	爆炸下限/%	爆炸上限/%	气体	爆炸下限/%	爆炸上限/%
氢气	4.1	74	戊烷	1.6	7.8
氨	16	27	乙烯	3.0	29
二硫化碳	1.24	44	丙烯	2	11
一氧化碳	12.5	74	乙炔	2.5	8.0
甲烷	5.3	14	苯	1.4	6.7
乙烷	3.2	12.5	甲醇	7.3	36
丙烷	2.4	9.5	乙醇	4.3	19
丁烷	1.9	8.4	乙醚	1.9	48

若有第三组分存在时，则爆炸下限和上限值都会发生变化，这时必须另行测定，而不能以表 7-3 为依据。

有时在一个有限空间内发生了强烈的放热反应，反应热一时无法散发，使系统温度骤升，而温度的升高又使反应速率加快，同时又放出更多的热量，如此循环，反应速率不断地增加，最后导致爆炸，这样的爆炸称为热爆炸。例如炸药在炸弹内爆炸、黑火药在爆竹内的爆炸等都是热爆炸。

7.7　复合反应速率方程的近似处理方法

大量实践证明，大多数化学反应是由多个基元反应组合而成的复合反应，随着反应步骤和反应组分的增加，求解速率方程的难度急剧增大，甚至无法求解。为了使复杂问题简单化，提出了复合反应速率方程的近似处理问题，常用的近似处理方法有以下几种。

7.7.1　速控步法

在一个连串反应中，如果有一步反应速率比其他步反应慢得多，则总反应的速率就等于这最慢一步的速率。我们称这最慢的一步为速率控制步骤，简称速控步。速控步的速率与其他各个串联步骤的速率相差的倍数越大，所得结果就越正确。

例如连串反应　　　　　　　$A \xrightarrow{k_1} B \xrightarrow{k_2} C$

若 $k_1 \ll k_2$，即第一步反应为速控步，则总反应的速率就等于这一步的速率，即

$$\frac{dc_C}{dt} = -\frac{dc_A}{dt} = k_1 c_A$$

由上式积分可得　　　　　　　$k_1 t = \ln \dfrac{c_{A,0}}{c_A}$

再将此式改写成　　　　　　　$c_A = c_{A,0} e^{-k_1 t}$

因
$$c_{A,0} = c_A + c_B + c_C \approx c_A + c_C$$
故
$$c_C \approx c_{A,0} - c_A = c_{A,0}(1 - e^{-k_1 t})$$

式(7-51)是按照连串反应严格推导得出的,根据 $k_2 \gg k_1$ 也可将式(7-51)化简成上式。由此可见,选取速控步法可大大简化连串反应动力学方程的求解过程。

7.7.2 平衡假设法

在连串反应中,若速控步前面有对峙反应,因为与速控步相比,对峙反应的速率快得多,所以,可以假设它们在反应过程中始终维持平衡状态。

例如反应 $A+B \longrightarrow D$ 反应机理为

(1) $A + B \underset{k_{-1}}{\overset{k_1}{\rightleftharpoons}} C$ （快速平衡）

(2) $C \overset{k_2}{\longrightarrow} D$ （慢）

第二步为速控步,第一步反应的平衡虽有第二步反应的干扰,但仍能近似达到平衡,即 $k_{-1} \gg k_2$。从化学动力学角度考虑,反应(1)快速平衡,正向、逆向反应速率应近似视为相等,则有

$$k_1 c_A c_B = k_{-1} c_C$$

即
$$\frac{c_C}{c_A c_B} = \frac{k_1}{k_{-1}} = K_c \tag{7-54}$$

因为慢步骤为控速步骤,故反应的总速率为

$$\frac{dc_D}{dt} = k_2 c_C \tag{7-55}$$

将 $c_C = K_c c_A c_B$ 代入式(7-55)得

$$\frac{dc_D}{dt} = K_c k_2 c_A c_B = \frac{k_1 k_2}{k_{-1}} c_A c_B$$

令 $k = \dfrac{k_1 k_2}{k_{-1}}$,得速率方程

$$\frac{dc_D}{dt} = k c_A c_B \tag{7-56}$$

7.7.3 稳态近似法

连串反应中,若中间物 B 很活泼,极易继续反应,则反应系统中 B 基本上没什么积累,c_B-t 曲线为一条紧靠横坐标的扁平曲线,因而在较长的反应阶段内,均可近似认为

$$\frac{dc_B}{dt} = 0 \tag{7-57}$$

这时称 B 的浓度处于稳态或定态。利用以上原理处理问题的方法叫作稳态近似法。一般

说来活泼的中间物,例如自由基或自由原子等,它们的反应能力强、浓度低、寿命短,在一定的反应阶段内,可近似地认为它们的浓度基本上不随时间而变化。

对于反应 $H_2(g) + Cl_2(g) \longrightarrow 2HCl(g)$,反应速率可以用 HCl 的生成速率来表示。从前面介绍的反应机理看,在(2)、(3) 步都有 HCl 分子生成,所以

$$\frac{dc(HCl)}{dt} = k_2 c(Cl\cdot) c(H_2) + k_3 c(H\cdot) c(Cl_2) \tag{7-58}$$

由于自由基 H· 与 Cl· 十分活泼,它们参与反应的反应速率很快,即 H· 与 Cl· 的寿命很短,可以近似地认为当反应达稳定状态后 H· 与 Cl· 的浓度不随时间而改变,对 H· 与 Cl· 可采用稳态近似法,则有

$$\frac{dc(Cl\cdot)}{dt} = 0, \quad \frac{dc(H\cdot)}{dt} = 0$$

根据反应机理,H· 与 Cl· 的生成速率为

$$\frac{dc(Cl\cdot)}{dt} = k_1 c(Cl_2) c(M) - k_2 c(Cl\cdot) c(H_2) + k_3 c(H\cdot) c(Cl_2) - k_4 c^2(Cl\cdot) c(M) = 0 \tag{7-59}$$

$$\frac{dc(H\cdot)}{dt} = k_2 c(Cl\cdot) c(H_2) - k_3 c(H\cdot) c(Cl_2) = 0 \tag{7-60}$$

由式(7-59) 和式(7-60) 得 $\quad k_1 c(Cl_2) c(M) - k_4 c^2(Cl\cdot) c(M) = 0$

移项得

$$c(Cl\cdot) = \left[\frac{k_1}{k_4} c(Cl_2)\right]^{1/2} \tag{7-61}$$

将式(7-60) 及式(7-61) 代入式(7-58),整理得 HCl 生成速率为

$$\frac{dc(HCl)}{dt} = 2k_2 \left[\frac{k_1}{k_4} c(Cl_2)\right]^{1/2} c(H_2) = k[c(Cl_2)]^{1/2} c(H_2) \tag{7-62}$$

其中,k 为表观速率常数,$k = k_2 \left(\frac{k_1}{k_4}\right)^{\frac{1}{2}}$。反应对氢为 1 级,对氯为 0.5 级,总级数为 1.5 级。导出的速率方程(7-62) 与实验事实相一致。

7.8 催化作用

7.8.1 催化作用及其特性

能改变化学反应速率,而本身的数量和化学性质在反应前后并不改变的物质称为催化剂。催化剂改变反应速率的作用称为催化作用。有催化剂参加的反应叫作催化反应。现代化学工业产品 80% 是由催化反应生产的,生物体内的各种生化反应也是靠酶催化来进行的。

催化剂具有以下特征:

(1) 在催化反应过程中催化剂参与了反应,改变了反应历程和反应活化能。物理性质可能发生变化,如 MnO_2 催化 $KClO_3$ 分解时由粒状变为粉状,Pt 催化氨氧化时,其表面

变得粗糙等。但反应终了时,催化剂的化学性质和数量都不变;

(2) 催化剂只能缩短达到平衡的时间,而不能改变平衡状态。催化剂对正向反应和逆向反应的速率都按相同的比例加速,即不能改变平衡常数。由此可得出以下结论:在一定反应条件下,对正反应是优良的催化剂必然也是逆向反应的优良催化剂。这一规律在选择催化剂中得到应用,例如,合成氨反应需要高压,因此,我们可在常压下用氨的分解实验来寻找合成氨的催化剂;

(3) 催化剂不改变反应热。这一特点可以方便地用来在较低温度下测定反应热。许多非催化反应常需在高温下进行反应热测定,在有适当催化剂时,则可在接近常温下进行测定,这显然比高温下测定要容易得多;

(4) 催化剂具有选择性。选择性是指当一个反应系统中同时可能存在几种反应时,催化剂的存在可以使其中某反应的速率显著改变,而使另外一些反应的速率改变很小,甚至不改变,从而使反应朝着需要的方向进行。工业上常用下式来定义催化剂的选择性:

$$选择性 = \frac{转化为目标产品的原料量}{原料总的转化量} \times 100\%$$

7.8.2 催化剂的活性及其影响因素

催化剂的活性是指催化剂的催化能力,即在指定条件下,单位时间内单位质量(或单位体积)的催化剂能生成的产物量。许多催化剂在开始使用时,活性从小到大,逐渐达到正常水平,活性稳定一段时间后又下降,直至"衰老"而不能使用。催化剂的活性稳定期称为催化剂的寿命,其长短因催化剂的种类和使用条件而异。"衰老"的催化剂有时可以用再生的办法(如灼烧或化学处理)使之重新活化。催化剂在活性稳定期可能因接触少量杂质而使其活性立刻下降,这种现象称为催化剂中毒,这些少量杂质叫作催化剂的毒物。如氨在铂网上被空气氧化时,在混合气体中只要有一亿分之一的 PH_3 就能显著地影响铂的催化活性,只要有一亿分之二十二的 PH_3,就能使铂完全失去活性。如果催化剂消除中毒因素后活性仍能恢复,称为暂时性中毒,否则称为永久性中毒。

在实际应用中,催化剂通常不是单一的物质,而是由多种物质组成,分为催化剂的主体部分与载体部分。主体部分由主催化剂与助催化剂构成,其中能使所研究的反应速率得到显著改善的主要活性组分,称为主催化剂;而助催化剂是指本身没有催化活性或催化活性很小,但是能提高催化活性物质的活性、选择性或稳定性的组分。在催化剂的制备中,为了充分发挥催化剂的效率,常常将催化剂分散在表面积很大的多孔性惰性物质上,这种物质称为载体。常用的载体有硅胶、氧化铝、浮石、石棉、活性炭、硅藻土等。

7.8.3 催化反应的机理及速率系数

催化剂之所以能改变反应速率,是由于催化剂与反应物生成了不稳定的中间化合物,改变了反应途径,改变了表观活化能,或改变了表观指前因子。因为活化能在阿仑尼乌斯方程的指数项上,所以活化能的降低对反应的加速尤为显著。

假设催化剂 K 能加速反应 A + B ⟶ AB,该反应机理为

$$A + K \underset{k_{-1}}{\overset{k_1}{\rightleftharpoons}} AK$$

$$AK + B \overset{k_2}{\longrightarrow} AB + K$$

若这里的对峙反应能很快达到平衡,则

$$\frac{k_1}{k_{-1}} = K_c = \frac{c_{AK}}{c_A c_K}$$

故

$$c_{AK} = \frac{k_1}{k_{-1}} c_K c_A$$

总反应速率为

$$\frac{dc_{AB}}{dt} = k_2 c_{AK} c_B = k_2 \frac{k_1}{k_{-1}} c_K c_A c_B = k c_A c_B$$

其中

$$k = k_2 \frac{k_1}{k_{-1}} c_K$$

k 称为催化反应的表观速率系数,其值不仅与温度及催化剂性质有关,而且与催化剂浓度有关。

7.8.4 催化反应的活化能

将上式中各基元反应的速率系数用阿仑尼乌斯方程 $k_i = A_i e^{-E_a/RT}$ 表示,可得

$$k = A_2 \frac{A_1}{A_{-1}} c_K e^{-(E_1 - E_{-1} + E_2)/RT} = A c_K e^{-E/RT}$$

式中,$A = A_1 A_2 / A_{-1}$ 为表观指前因子。由上式可以看出总反应的表观活化能 E 与各基元反应活化能的关系为

$$E = E_1 - E_{-1} + E_2$$

上述机理可用能峰示意图表示,如图 7-16 所示。图中,非催化反应要克服一个高的能峰,活化能为 $E_{非催化}$。在催化剂 K 参与下,反应途径改变,只需翻越两个小的能峰,这两个小能峰总的表观活化能 $E_{催化}$ 为 E_1、E_{-1} 与 E_2 的代数和。因此,只要催化反应的表观活化能 $E_{催化}$ 小于非催化反应的活化能 $E_{非催化}$,则在指前因子变化不大的情况下,反应速率显然是要增加的。

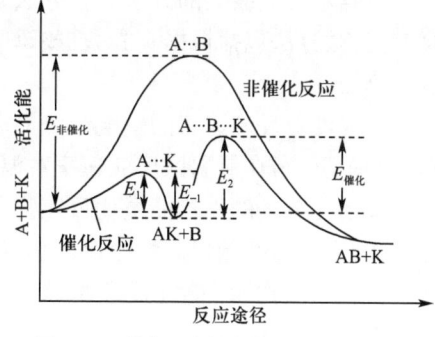

图 7-16 催化反应与非催化反应活化能

由这个机理并结合图 7-16 可以推想,催化剂应易于与反应物作用,即 E_1 要小;但二者的中间化合物 AK 不应太稳定,即 AK 的能量不应太低,否则下一步反应的活化能 E_2 就要增大,不利于反应进行到底。因此,那些不易与反应物作用,或虽能作用但生成稳定中间化合物的物质不能成为催化剂。

思 考 题

1. 什么是基元反应和非基元反应？反应的机理（或反应的历程）是什么？
2. 零级、一级和二级反应有哪些特征？
3. 反应分子数与反应级数的区别和联系是什么？
4. 在 350 K 时，实验测出下列两反应的速率常数：(1) $2A \rightarrow B, k_A = 0.25\ \text{mol} \cdot \text{dm}^{-3} \cdot \text{s}^{-1}$；(2) $2D \rightarrow P, k_D = 0.25\ \text{s}^{-1}$。则这两个反应各为几级反应？
5. 有平行反应如下：

$$A(g) \begin{array}{c} \xrightarrow{(1)} B(g) \\ \xrightarrow{(2)} D(g) \end{array}$$

已知反应(1)的活化能 $E_{a,1} = 80\ \text{kJ} \cdot \text{mol}^{-1}$，反应(2)的活化能 $E_{a,2} = 40\ \text{kJ} \cdot \text{mol}^{-1}$，为有利于产物 B 的生成，应当采取什么方法？

6. 对于复杂反应，任一中间产物 B 在何种条件下才能对其运用稳态近似法处理？
7. 催化剂能够加快反应速率的主要原因是什么？

本 章 小 结

一、重点内容

1. 由反应物分子（或原子、离子以及自由基等）直接碰撞、一步完成的反应称为基元反应。基元反应的速率方程可根据质量作用定律直接写出。基元反应中反应物的粒子数目称为基元反应的分子数，基元反应速率方程的幂指数之和称为反应级数，基元反应的级数只能是 1、2、3 这样的正整数。

非基元反应的速率方程可以用经验速率方程表示，其幂指数之和称为反应级数。非基元反应的级数可以是整数、分数、正数、负数，还可以是零。

2. 确定反应级数的方法有积分法、微分法和孤立法。积分法包括尝试法、作图法和半衰期法；微分法包括根据实验数据求算法和初始浓度法；孤立法包括浓度过量法和改变浓度比例法。

3. 温度对反应速率的影响十分显著，活化能越大的反应，其反应速率对温度越敏感；对于同一反应，在低温区反应速率对温度更敏感。

4. 活化分子的平均能量比反应物分子的平均能量的超出值称为反应的活化能。活化能越大，反应速率越慢。恒容反应热等于正、逆反应活化能的差值。对于非基元反应（或复杂反应），活化能实际上是组成该总包反应的各基元反应活化能的特定组合，称为表观活化能。

5. 由两个或两个以上的基元反应组成的反应称为复合反应。最典型的复合反应为对峙反应、平行反应、连续反应和链反应。对峙反应正、逆速率系数之比等于平衡常数，即 $K_c = k_1/k_{-1}$；级数相同的平行反应，在反应的任一瞬间，两产物浓度之比等于两反应速率系数之比，即 $\dfrac{c_B}{c_C} = \dfrac{k_1}{k_2}$；在连串反应的最佳反应时间中间产物 B 的浓度最大；链反应一般都是由链的引发、链的传递和链的终止三个基本步骤构成。

6. 复合反应速率方程的近似处理方法包括速控步法、平衡假设法和稳态近似法。合理应用这些方法可以大大简化复杂反应动力学方程的求解过程。

7. 催化剂能缩短达到平衡的时间，但不能改变平衡状态；催化剂具有选择性。

二、重要公式及其适用条件

1. 化学反应速率的定义

$$r = \frac{1}{v_B} \cdot \frac{dc_B}{dt}$$

2. 化学反应的速率方程

基元反应　　$aA + bB + \cdots \longrightarrow$ 产物

其速率方程为　$r_A = k_A c_A^a c_B^b \cdots$

非基元反应　$aA + bB + \cdots \longrightarrow yY + zZ + \cdots$

其速率方程为　$r_A = k_A c_A^\alpha c_B^\beta \cdots$

式中，α 和 β 分别称为反应对 A 和 B 的分级数。$n = \alpha + \beta + \cdots$ 称为反应的总级数。

3. 简单级数反应的速率方程及特征见表 7-4。

表 7-4　　具有简单级数反应的速率方程及特征

级数	速率方程 微分式	速率方程 积分式	特征 $t_{1/2}$	特征 直线关系	特征 k 的量纲
0	$-\dfrac{dc_A}{dt} = k_A$	$c_{A,0} - c_A = k_A t$	$\dfrac{c_{A,0}}{2k_A}$	c_A-t	[浓度]·[时间]$^{-1}$
1	$-\dfrac{dc_A}{dt} = k_A c_A$	$\ln\dfrac{c_{A,0}}{c_A} = k_A t$	$\dfrac{\ln 2}{k_A}$	$\ln c_A$-t	[时间]$^{-1}$
2	$-\dfrac{dc_A}{dt} = k_A c_A^2$	$\dfrac{1}{c_A} - \dfrac{1}{c_{A,0}} = k_A t$	$\dfrac{1}{k_A c_{A,0}}$	$\dfrac{1}{c_A}$-t	[浓度]$^{-1}$·[时间]$^{-1}$
n	$-\dfrac{dc_A}{dt} = k_A c_A^n$　$n \neq 1$	$\dfrac{1}{n-1}\left(\dfrac{1}{c_A^{n-1}} - \dfrac{1}{c_{A,0}^{n-1}}\right) = k_A t$	$\dfrac{2^{n-1}-1}{(n-1)k_A c_{A,0}^{n-1}}$	$\dfrac{1}{c_A^{n-1}}$-t	[浓度]$^{1-n}$·[时间]$^{-1}$

4. 半衰期法确定反应级数　　$n = 1 + \dfrac{\ln\left(\dfrac{t'_{1/2}}{t_{1/2}}\right)}{\ln\left(\dfrac{c_{A,0}}{c'_{A,0}}\right)}$

适用于速率方程为 $-\dfrac{dc_A}{dt} = k_A c_A^n$ 的化学反应。

5. 阿仑尼乌斯方程

指数形式：$k = A e^{-E_a/RT}$

微分式：$\dfrac{d\ln\dfrac{k}{[k]}}{dT} = \dfrac{E_a}{RT^2}$

不定积分式：$\ln\dfrac{k}{[k]} = -\dfrac{E_a}{RT} + \ln\dfrac{A}{[A]}$

定积分式：$\ln\dfrac{k_1}{k_2} = -\dfrac{E_a}{R}\left(\dfrac{1}{T_2} - \dfrac{1}{T_1}\right)$

习 题

1. 已知反应 $NO+NO_3 \longrightarrow 2NO_2$ 是基元反应,若用反应物和产物的浓度随时间的变化率来表示反应速率,试写出速率方程和速率系数之间的关系。

2. 已测得某一气体反应 $A \longrightarrow$ 产物,在 400 K 时的速率方程为 $-\dfrac{\mathrm{d}p_A}{\mathrm{d}t}=0.0361 p_A^2$。试问:(1) 速率系数的单位是什么?(2) 若反应速率方程表示为 $-\dfrac{\mathrm{d}c_A}{\mathrm{d}t}=k_A c_A^2$,问 k_A 的数值为多少?已知压强 p 单位为 kPa,时间单位为 h,物质 A 的浓度单位为 $\mathrm{mol \cdot dm^{-3}}$。

3. N_2O_5 在 298 K 时分解反应的半衰期为 5.70 h,且与 N_2O_5 的初始压强无关。试求此反应的速率系数和反应完成 90% 所需的时间。

4. 已知镭蜕变为氡是一级反应,半衰期为 1690 年,试求其蜕变的速率系数。若某棵古树中镭的含量为原来的 70%,求该树的寿龄。

5. 现在的天然铀矿中 $^{238}U : ^{235}U = 139.0 : 1$。已知 ^{238}U 的蜕变反应的速率系数为 $1.520 \times 10^{-10} \mathrm{a}^{-1}$,$^{235}U$ 的蜕变反应的速率系数为 $9.72 \times 10^{-10} \mathrm{a}^{-1}$。问在 20 亿年 $(2 \times 10^9 \mathrm{a})$ 前,$^{238}U : ^{235}U$ 等于多少?

6. 在 450 K 的真空容器中,放入初始压强为 213 kPa 的 A 进行下列一级热分解反应
$$A(g) \longrightarrow B(g)+D(g)$$
反应进行 100 s 时,实验测得系统的总压强为 233 kPa,试求此反应的 k_A 及 $t_{1/2}$。

7. 乙醛的气相分解反应为二级反应 $CH_3CHO \longrightarrow CH_4+CO$,恒容反应时,系统压强增加,测得在 518 ℃下,不同时刻容器内总压强 p 的数据如下:

t/s	0	73	242	480	840	1 440
p/kPa	48.4	55.6	66.25	74.25	80.9	86.25

试求此反应的速率系数。

8. 在 25 ℃时,酸催化蔗糖转化反应 $C_{12}H_{22}O_{11}$(蔗糖)$+H_2O \longrightarrow C_6H_{12}O_6$(葡萄糖)$+C_6H_{12}O_6$(果糖)的动力学数据如下(蔗糖初始浓度 $c_{A,0}$ 为 $1.0023 \mathrm{\ mol \cdot dm^{-3}}$,$t$ 时刻的浓度为 $c_{A,0}-c_A$):

t/min	0	30	60	90	130	180
$c_{A,0}-c_A/\mathrm{mol \cdot dm^{-3}}$	0	0.1001	0.1964	0.2770	0.3726	0.4676

试用作图法确定该反应的级数 n,并计算出 k_A 及 $t_{1/2}$。

9. 在某反应 $A \longrightarrow B+D$ 中,反应物 A 的起始浓度 $c_{A,0}=1.0 \mathrm{\ mol \cdot dm^{-3}}$,起始反应速率 $r_0=0.01 \mathrm{\ mol \cdot dm^{-3} \cdot s^{-1}}$。分别假定该反应为(1)零级;(2)一级;(3)二级,且不考虑逆反应。试分别求算各级反应的 k 值和 $t_{1/2}$ 值以及 A 被消耗 90% 所需的时间 t。

10. 某化合物在溶液中分解,在 57.4 ℃ 时测得半衰期 $t_{1/2}$ 随初始浓度 $c_{A,0}$ 的变化如下:

$c_{A,0}/(mol \cdot dm^{-3})$	0.50	1.10	2.48
$t_{1/2}/s$	4 280	885	174

试求反应级数及反应速率系数 k_A。

11. 有两个反应,其活化能相差 $4.184\ kJ \cdot mol^{-1}$,若忽略这两个反应指前因子的差异,试计算在下列温度下两个反应速率系数之比值:(1) $T = 300\ K$;(2) $T = 600\ K$。

12. 某反应 $B \longrightarrow Y$,在 40 ℃ 时,完成 20% 需时 15 min,在 60 ℃ 同样完成 20% 需时 3 min,计算反应的活化能 E_a。(设初始浓度相同)

13. $N_2O(g)$ 的热分解反应 $2N_2O(g) \longrightarrow 2N_2(g) + O_2(g)$,在一定温度下,反应的半衰期与初始压强成反比。在 694 ℃,$N_2O(g)$ 的初始压强为 $3.92 \times 10^4\ Pa$ 时,半衰期为 1 520 s;在 757 ℃,初始压强为 $4.8 \times 10^4\ Pa$ 时,半衰期为 212 s。试计算:(1) 在 694 ℃ 和 757 ℃ 时反应的速率系数;(2) 反应的活化能和指前因子;(3) 757 ℃,初始压强为 $5.33 \times 10^4\ Pa$(假定开始只有 N_2O 存在),总压达 $6.4 \times 10^4\ Pa$ 所需的时间。

14. 硝基异丙烷在水溶液中与碱的中和反应是二级反应,其速率常数可用下式表示:

$$\ln[k/(dm^3 \cdot mol^{-1} \cdot min^{-1})] = -\frac{7\ 284.4}{T/K} + 27.383$$

(1) 计算反应的活化能;

(2) 在 283 K 时,若硝基异丙烷与碱的初始浓度均为 $0.008\ mol \cdot dm^{-3}$,求反应的半衰期。

15. 某 1-1 级对峙反应 $A \underset{k_2}{\overset{k_1}{\rightleftharpoons}} B$,在某温度下测得如下数据:

t/s	0	45	90	225	360	585	∞
$c_A/(mol \cdot L^{-1})$	1.00	0.892	0.811	0.623	0.507	0.399	0.300

若反应开始时 B 的浓度为零,求:(1) 反应的平衡常数;(2) 正、逆反应的速率系数。

16. 在一体积为 $20\ dm^3$,温度为 400 K 的反应器中有 10 mol A(g) 进行下列由两个一级反应组成的平行反应:$A(g) \xrightarrow{k_1} Y(g)$ 和 $A(g) \xrightarrow{k_2} Z(g)$,在反应进行 120 s 时,测得有 4 mol Y 和 2 mol Z 生成。试求:(1) k_1 及 k_2;(2) 欲得到 5 mol Y(g),反应需进行多长时间。

17. 某连串反应 $A \xrightarrow{k_1} B \xrightarrow{k_2} C$,其中 $k_1 = 0.1\ min^{-1}$,$k_2 = 0.2\ min^{-1}$,在 $t = 0$ 时,$c_{B,0} = 0, c_{C,0} = 0, c_{A,0} = 1\ mol \cdot dm^{-3}$。试求 B 的浓度达到最大的时间 $t_{B,max}$ 及该时刻 A、B、C 的浓度 c_A、c_B、c_C。

18. 对亚硝酸根和氧的反应,有人提出反应机理为:

$$(1)\ NO_2^- + O_2 \xrightarrow{k_1} NO_3^- + O$$

$$(2)\ O + NO_2^- \xrightarrow{k_2} NO_3^-$$

$$(3)\ O + O \xrightarrow{k_3} O_2$$

当 $k_2 \gg k_3$ 时,试证明稳态近似法推导出的反应的速率方程为 $\dfrac{dc_{NO_3^-}}{dt} = 2k_1 c_{NO_2^-} c_{O_2}$。

19. 在含有 I^- 的酸性溶液中,过氧化氢的分解反应式为:
$$H_2O_2 + 2I^- + 2H^+ \longrightarrow 2H_2O + I_2$$

其反应机理为:(1) $H_2O_2 + I^- \xrightarrow{k_1} H_2O + IO^-$;

(2) $IO^- + I^- + 2H^+ \xrightarrow{k_2} H_2O + I_2$

设达稳态时 $\dfrac{dc_{IO^-}}{dt} = 0$,试推证反应速率方程式为 $\dfrac{dc_{I_2}}{dt} = k_1 c_{H_2O_2} c_{I^-}$。

20. 气相反应 $A(g) \longrightarrow B(g) + C(g)$ 的半衰期与 A 的起始压强无关。在 500 K 时,将气体 A 通入一抽空的容器中至压强为 5×10^5 Pa,经反应 1 000 s 后测得容器内压强为 9×10^5 Pa。在 1 000 K 时,该反应的半衰期为 0.43 s。试求反应的活化能 E_a。

21. 某抗菌素 A 注入人体后,在血液中呈现简单的级数反应。若在人体中注射 0.5 g 该抗菌素,在不同时刻 t 测定它在血液中的浓度 c_A(以 g·dm^{-3} 表示),然后以 $\ln \dfrac{c_A}{[c]}$ 对 t 作图,可得一直线。现在 $t = 4$ h 和 12 h 时,分别测得 c_A 为 4.80×10^{-3} g·dm^{-3} 和 2.22×10^{-3} g·dm^{-3},试根据上述实验结果,

(1) 确定此反应级数;
(2) 计算反应速率系数;
(3) 求此反应的半衰期。

22. 一般药物的有效期可以通过升温时测定一定时间内的分解率来确定。例如某药物分解 30% 即无效,今在 50 ℃、60 ℃、70 ℃ 测得它每小时分解 0.07%、0.16%、0.35%。若浓度改变不影响每小时分解的百分数,

(1) 求此药物分解反应的速率常数与温度的关系;
(2) 求此药物反应的活化能 E_a 和指前因子 A;
(3) 此药在 25 ℃ 保存,有效期是多少;在 0 ℃ 保存,有效期可延长多少?
(4) 某人购回此新药,不慎把此药放在炉旁(温度为 52 ℃)三周,问此药是否会失效?

自 测 题

一、选择题

1. 对有两种或两种以上的物质参加的化学反应,各物质的起始浓度又不相同,可采用下面(　　)方法确定反应级数。
   A. 微分法　　　　　B. 半衰期法　　　　　C. 孤立法　　　　　D. 尝试法

2. 反应 $A + 2B \longrightarrow Y$,若其速率方程为 $-\dfrac{dc_A}{dt} = k_A c_A c_B$ 或 $-\dfrac{dc_B}{dt} = k_B c_A c_B$,则 k_A、k_B 的关系是(　　)。
   A. $k_A = k_B$　　　　B. $k_A = 2k_B$　　　　C. $2k_A = k_B$　　　　D. $k_A = 3k_B$

3. 某反应的反应物反应掉7/8所需时间恰是它反应掉3/4所需时间的1.5倍,则该反应的级数是(　　)。

　　A. 零级反应　　　　B. 一级反应　　　　C. 二级反应　　　　D. 无法确定

4. 某反应 A⟶Y,其速率常数 $k_A = 6.93\ min^{-1}$,则该反应物 A 的浓度从 $0.5\ mol \cdot dm^{-3}$ 变到 $0.1\ mol \cdot dm^{-3}$ 所需时间是(　　)。

　　A. 0.2 min　　　　B. 0.1 min　　　　C. 1 min　　　　D. 0.5 min

5. 对于反应 A⟶Y,若反应物 A 的浓度减少一半,其半衰期也缩短一半,则该反应的级数为(　　)。

　　A. 零级反应　　　　B. 一级反应　　　　C. 二级反应　　　　D. 无法确定

6. 基元反应 $H + Cl_2 \longrightarrow HCl + Cl$ 的反应分子数是(　　)。

　　A. 单分子反应　　B. 双分子反应　　C. 三分子反应　　D. 四分子反应

7. 物质 A 发生两个平行的一级反应,若 $E_{a_1} > E_{a_2}$,两反应的指前因子相近且与温度无关,则升温时,下列叙述中正确的是(　　)。

　　A. 对反应 1 有利　　　　　　　　　B. 对反应 2 有利
　　C. 对反应 1 和 2 影响程度等同　　　D. 无影响

8. 对于连续反应 $A \xrightarrow{k_1} B \xrightarrow{k_2} C$,若 B 是产品,则所选反应温度要能使 k_1/k_2 比值(　　)。

　　A. 增大　　　　B. 减少　　　　C. 不变　　　　D. 无法确定

9. 某反应速率系数与各基元反应速率系数的关系为 $k = k_2(k_1/2k_4)^{1/2}$,则该反应的表观活化能 E 与各基元反应活化能的关系是(　　)。

　　A. $E = E_2 + 1/2 E_1 - E_4$　　　　　B. $E = E_2 + 1/2(E_1 - E_4)$
　　C. $E = E_2 + (E_1 - 2E_4)^{1/2}$　　　D. $E = E_2 + (2E_1 - E_4)^{1/2}$

10. 二级反应的半衰期(　　)。

　　A. 与反应物起始浓度无关　　　　B. 与反应物起始浓度成反比
　　C. 与反应物起始浓度成正比　　　D. 无法知道

二、填空题

1. 测定反应物(或产物)在不同反应时刻的浓度一般可用_____方法和_____方法。

2. 一级反应的特征_____;_____;_____。

3. 若反应 A⟶Y,对 A 为零级,则 A 的半衰期_____。

4. 二级反应的半衰期与反应物的初始浓度的关系为_____。

5. 若反应 $A + 2B \longrightarrow Y$ 是基元反应,则其反应的速率方程可以写成 $-\dfrac{dc_A}{dt} = $ _____。

6. 基元反应的分子数是个微观的概念,其值_____。

7. 反应 $A + B \longrightarrow C$ 的动力学方程为 $-\dfrac{dc_A}{dt} = k_A \dfrac{c_A c_B}{c_C}$,则该反应的总级数是_____级,若浓度以 $mol \cdot dm^{-3}$ 为单位,时间以 s 为单位,则速率 k_A 的单位是_____。

8. 催化剂的共同特征是_____；_____；_____；_____。
9. 链反应的一般步骤是_____；_____；_____。
10. 链反应可分为_____反应和_____反应。

三、判断题（正确的在括号内打"√"，错误的在括号内打"×"）

1. 反应速率系数与反应物的浓度有关。（　）
2. 反应级数不可能为负值。（　）
3. 一级反应肯定是单分子反应。（　）
4. 质量作用定律仅适用于基元反应。（　）
5. 催化剂只能加快反应速率，而不能改变化学反应的标准平衡常数。（　）
6. 对于同一反应，若反应的起始温度越低，其速率系数对温度的变化越敏感。（　）
7. 能使化学反应大大加速的物质就是催化剂。（　）
8. 设对行反应正方向是放热的，并假定正、逆反应都是基元反应，则升高温度更有利于增大正反应的速率系数。（　）
9. 复杂反应的速率取决于其中最慢的一步。（　）
10. 阿仑尼乌斯方程适用于一切化学反应。（　）

四、计算题

1. 在 300 K 时若某物质 A 的分解反应为一级反应，初速率 $v_0 = 1.00 \times 10^{-5}$ mol·dm^{-3}·s^{-1}，1 h 后的速率 $v_1 = 3.26 \times 10^{-6}$ mol·dm^{-3}·s^{-1}，求 300 K 时，

（1）反应速率常数 k_A 和半衰期 $t_{1/2}$；

（2）初始浓度 $c_{A,0}$ 和 2h 后的 A 的浓度 c_A。

2. 恒容气相反应：A + 2B ⟶ Y，已知反应速率系数 k_B 与温度关系为

$$\ln[k_B/(\text{dm}^3 \cdot \text{mol}^{-1} \cdot \text{s}^{-1})] = -\frac{9\,622}{T/K} + 24.00$$

问：（1）该反应的活化能 E_a；（2）若反应开始时，$c_{A,0} = 0.1$ mol·dm^{-3}，$c_{B,0} = 0.2$ mol·dm^{-3}，欲使 A 在 10 min 内转化率达 90%，则反应温度 T 应控制在多少 K？

3. 已知反应 A(g) ⟶ B(g) + D(g) 的活化能 $E = 60.55$ kJ·mol^{-1}，指前因子 $A = 7.943 \times 10^{11}$ min^{-1}。试求：

（1）该反应的速率系数随温度的变化关系式 $\ln k = f(T)$；

（2）若 A 的初始浓度为 8.0×10^{-3} mol·dm^{-3}，则在 283 K 时，经 2 min 后，A 的浓度为多少？

模块四

界面现象与分散系统

第 8 章

界面现象与胶体化学

基本要求

1. 理解比表面吉布斯函数、表面张力的定义、物理意义,表面张力方向的判断;
2. 理解弯曲液面附加压力产生的原因及其与曲率半径的关系,能熟练利用拉普拉斯公式计算和判断弯曲液面附加压力的大小和方向;
3. 了解弯曲液面的饱和蒸气压与曲率半径的关系,掌握开尔文公式有关计算;
4. 理解朗缪尔吸附等温式的基本假设条件,掌握公式的应用;
5. 理解杨氏方程的意义,能够据此分析液体对固体表面的润湿、铺展与接触角的关系;
6. 了解液-液界面上的吸附现象,掌握吉布斯吸附等温式的应用;
7. 理解毛细现象产生的原因,能定性分析和定量计算毛细管内液体上升或下降的高度;
8. 理解溶胶的特征及通性,溶胶的稳定性原因和溶胶聚沉;
9. 理解溶胶的动力学性质、光学性质、电学性质的本质及其应用;
10. 掌握溶胶的双电层结构及胶团结构式;
11. 了解分散系统的定义及分类,溶胶的制备与净化方法;
12. 了解表面活性剂的概念及主要应用;
13. 了解乳状液类型的鉴别、乳化及稳定性、乳状液的转型与破坏。

    多相系统的重要特征是相与相之间存在界面,如气-液、气-固、液-液、液-固、固-固界面等。习惯上把气-液、气-固相界面称为表面。界面是约几个分子厚度的薄层,这样的薄层又称为界面层。由于界面层分子与体相内分子所处环境不同,导致界面层具有某些特殊的性质,表现为一些特殊的现象,这一点已被许多研究者证实。我们把发生在界面处的物理化学现象称为界面现象。界面现象在自然界中普遍存在,例如,小液珠呈球形,活性炭能脱色,硅胶能吸水,雨具能防水,洗涤剂能起泡去污,肥皂泡用力吹才能变大,溶液过饱和而不结晶,液体过热而不沸腾等。本章主要讨论发生在气-液和气-固两种界面处的现象,习惯上称为表面现象。

    胶体化学是一门古老而又年轻的科学。有史以来,我们的祖先就会制造陶器,汉朝时期,已能利用纤维造纸并发明了墨,其他像油品回收、污水处理、药物制剂以及卤水点豆腐、面食加工等,都与胶体化学密切相关。自然界中,大到宇宙,小至细胞,均是胶体化学研究的范畴。目前,胶体化学已成为一门独立的学科,其研究领域涉及化学、物理学、材料科学、生物化学等诸学科的交叉与重叠。总之,无论在工农业生产还是衣、食、住、行等各个方面,都会遇到与界面现象和胶体化学有关的问题。

对一定量物质而言,分散程度越高,其表面积就越大,界面现象也就越显著。通常用被分散物质单位体积或单位质量所具有的表面积,即比表面积(体积比表面积 A_V 或质量比表面积 A_m)来表示物质的分散程度,简称分散度。

$$A_V = \frac{A}{V} \text{ 或 } A_m = \frac{A}{m} \tag{8-1}$$

8.1 比表面吉布斯函数和表面张力

8.1.1 比表面吉布斯函数

物质表面层分子与体相中分子所处的力场不同。以气-液表面为例,如图 8-1 所示。在液体内部,任一分子皆处于同类分子的包围之中,各个方向上的作用力是对称的,彼此相互抵消,其合力为零,故液体内部的分子可以无规则地运动而不消耗功。然而表面层中的分子则处于力场不对称的环境中。液体内部分子对表面层中分子的吸引力,远远大于液面上蒸气分子对它的吸引力,使表面层中的分子恒受到指向液体内部的拉力,因而液体表面的分子总是趋于向液体内部移动,力图缩小表面积,液体表面就如同一层绷紧了的富于弹性的橡皮膜。如果要扩大液体表面积,即把一些分子从液体内部移到表面上,就必须克服液体内部分子之间的吸引力而对系统做功,此功称为表面功。

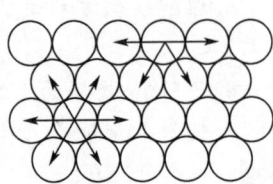

图 8-1 液体表面分子与内部分子受力情况差别示意图

如果系统的组成不变,则在恒温、恒压条件下,可逆地使系统表面积增加 dA 所需的功为

$$\delta W' = \gamma dA \tag{8-2}$$

根据热力学原理,在恒温、恒压可逆条件下,有

$$\delta W' = dG \tag{8-3}$$

由式(8-2)和式(8-3)得

$$\gamma = \left(\frac{\partial G}{\partial A}\right)_{T,p,n_B} \tag{8-4}$$

由此可见,γ 是在恒温、恒压及组成一定的条件下,增加单位表面积,系统吉布斯函数的增量。因此,γ 被称为比表面吉布斯函数,单位为 $J \cdot m^{-2}$。

【例 8-1】 将一滴体积 $V=1\times 10^{-6}$ m^3 的水滴,分散成半径为 1×10^{-9} m 的小液滴。

已知水的 $\gamma=72.75\times10^{-3}$ J·m^{-2}，试计算：(1)分散成的水滴总数；(2)分散前后水滴的表面积和比表面积，并进行比较；(3)系统吉布斯函数增大多少？

解：(1)球体体积
$$V=\frac{4}{3}\pi r^3$$

体积 $V=1\times10^{-6}$ m^3 的水滴，其半径 $r=\sqrt[3]{\dfrac{3V}{4\pi}}=6.2\times10^{-3}$ m

分散成半径为 $r_1=1\times10^{-9}$ m 的水滴时，分散后的液滴总数为

$$n=\frac{\frac{4}{3}\pi r^3}{\frac{4}{3}\pi r_1^3}=\left(\frac{r}{r_1}\right)^3=\left(\frac{6.2\times10^{-3}}{10^{-9}}\right)^3=2.4\times10^{20}$$

(2)球体的表面积 $A=4\pi r^2$，比表面积 $A_V=\dfrac{A}{V}=\dfrac{4\pi r^2}{\frac{4}{3}\pi r^3}=\dfrac{3}{r}$

半径为 r 的球形液滴：

总表面积　　　$A=4\pi r^2=4\pi\times(6.2\times10^{-3})^2=4.8\times10^{-4}$ m^2

比表面积　　　$A_V=\dfrac{3}{6.2\times10^{-3}}=4.8\times10^2$ m^{-1}

分散后半径为 r_1 的小液滴：

每个小液滴的面积为　$4\pi r_1^2=4\pi\times(1\times10^{-9})^2=1.3\times10^{-17}$ m^2

总表面积　　　$n4\pi r_1^2=2.4\times10^{20}\times1.3\times10^{-17}=3.1\times10^3$ m^2

比表面积　　　$A'_V=\dfrac{3.1\times10^3}{1\times10^{-6}}=3.1\times10^9$ m^{-1}

分散后与分散前总表面积之比为 $\dfrac{3.1\times10^3}{4.8\times10^{-4}}=6.5\times10^6$

分散后与分散前比表面积之比为 $\dfrac{3.1\times10^9}{4.8\times10^2}=6.5\times10^6$

由计算结果可见，当体积 $V=1\times10^{-6}$ m^3 的水滴分散成半径为 1×10^{-9} m 的小液滴时，其总表面积和比表面积均是原来的 6.5×10^6 倍。因此，当系统的分散程度很高时，其总表面积是很大的，此时表面现象不能忽略。

(3)系统吉布斯函数增大为
$$\Delta G=\gamma\Delta A=72.75\times10^{-3}\times(3.1\times10^3-4.8\times10^{-4})=225.5\text{ J}$$

8.1.2　表面张力

如图 8-2 所示，在一金属框架上装有可自由移动的金属丝，将金属丝固定后使框架蘸上一层肥皂膜。此时，若放松金属丝，肥皂膜会自动收缩以减小表面积。欲使膜表面积维持不变，需

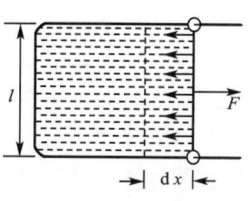

图 8-2　表面功示意图

要在金属丝上施加一相反的力 F，其方向与金属丝垂直，大小与金属丝的长度成正比。若在恒温、恒压下，抵抗力 F 使金属丝向右移动 dx 距离，使液膜的面积增大 dA。忽略摩擦力时，可逆表面功为

$$\delta W' = F dx \tag{8-5}$$

由于膜有两个表面，故增加的表面积 $dA = 2l dx$，代入式(8-2)，整理得

$$\gamma = \delta W'/dA = \frac{F dx}{2l dx} = \frac{F}{2l} \tag{8-6}$$

由此可知，比表面吉布斯函数 γ 在数值上等于液体表面上垂直作用于单位长度线段的表面紧缩张力，这个力称为表面张力，其单位为 $N \cdot m^{-1}$ 或 $mN \cdot m^{-1}$。平液面的表面张力与液面平行，而弯曲液面的表面张力与液面相切。

同一种液体的表面张力和比表面吉布斯函数具有相同的数值和量纲，并且均用符号 "γ" 表示，但它们的物理意义不同，二者是从不同角度来描述系统的同一性质的。因为许多固体是各向异性的，所以固体的表面张力和比表面吉布斯函数有所不同，式(8-6)只适用于液体。

与之类似，其他界面，如固体表面、液-液界面、液-固界面等由于界面层分子受力不对称，也同样存在着表面张力。

8.1.3 影响表面张力的因素

表面张力是物质的一种强度性质，其大小与物质的本性、所接触相的性质、温度及压强均有关系。

1. 物质的本性

表面张力是分子间相互作用的结果，不同的物质，分子间的作用力不同，对界面上的分子影响不同。一般来讲，物质分子间相互作用力愈大，表面张力也愈大。高温下熔融态金属往往具有很大的表面张力，例如银、铜等表面张力最大，其次为氧化物熔融体和熔融盐，再次为极性分子的物质，表面张力最小的是非极性分子的物质（如氯、乙醚等）。表 8-1 为 20 ℃时一些液体的表面张力。

表 8-1　　　　　　20 ℃时一些液体的表面张力

物质	$\gamma(N \cdot m^{-1})$	物质	$\gamma(N \cdot m^{-1})$	物质	$\gamma(N \cdot m^{-1})$
水	0.072 8	丙酮	0.023 7	正己烷	0.018 4
甲醇	0.022 6	四氯化碳	0.026 8	正辛烷	0.021 8
乙醇	0.022 3	苯	0.028 9	正辛酮	0.027 5
醋酸	0.027 6	甲苯	0.028 4	汞	0.047 0

2. 所接触相的性质

同一种物质与不同性质的其他物质接触时，表面层中分子所处力场不同，导致表面张力出现明显差异。表 8-2 为 20 ℃时水与不同液体接触时的表面张力。

表 8-2　　　　　　　　20 ℃时水与不同液体接触时的表面张力

界面	γ(N·m⁻¹)	界面	γ(N·m⁻¹)	界面	γ(N·m⁻¹)
水-正己烷	0.051 1	水-乙醚	0.010 7	水-苯	0.035 0
水-正辛醇	0.050 8	水-四氯化碳	0.045 0	水-硝基苯	0.025 7
水-氯仿	0.032 8	水-正辛烷	0.008 5	水-汞	0.375 3

3. 温度

同一种物质的表面张力因温度不同而异。这是因为随着温度升高,物质的体积膨胀,分子间的距离加大,使分子间的相互作用力减弱,因此表面张力通常随温度升高而减小。液体表面张力受温度影响较大,当温度升至临界温度时,由于液态分子间作用力与气态分子间作用力的差别消失,表面张力将降至零。表 8-3 给出了一些液体在不同温度下的表面张力。

表 8-3　　　　　不同温度下液体的表面张力　　　　　（单位:mN·m⁻¹）

液体	表面张力					
	0 ℃	20 ℃	40 ℃	60 ℃	80 ℃	100 ℃
水	75.64	72.75	69.58	66.18	62.61	58.85
乙醇	24.05	22.27	20.60	19.01	—	—
四氯化碳	—	26.8	24.3	21.9	—	—
丙酮	26.2	23.7	21.2	18.6	16.2	—
甲苯	30.74	28.43	26.13	23.81	21.53	19.36

4. 压强

一方面,压强增大,可使气相的密度增大,减小液体表面层分子受力的不对称程度;另一方面,压强增大可使气体在液体中溶解度增大,使液相组成发生改变。这些因素的综合效应,一般表现为增大压强使液体的表面张力降低。通常每增加 1 MPa 的压强,表面张力约降低 1 mN·m⁻¹,可见压强对表面张力的影响程度较小,一般情况下可忽略不计。

8.2　液体的界面现象

8.2.1　弯曲液面的附加压力

弯曲液面的附加压力

弯曲液面有凸液面和凹液面,前者如空气中的液滴,后者如液体中的气泡。我们将任意弯曲液面凹面一侧的压力以 $p_内$ 表示,凸面一侧的压力以 $p_外$ 表示。外压为 p_0 时,平液面、凸液面和凹液面的受力情况如图 8-3 所示。

把由于表面张力的作用,在弯曲液面两侧产生的压力差称为弯曲液面的附加压力,以 Δp 表示,即

$$\Delta p = p_内 - p_外 \tag{8-7}$$

在平液面上观察一小块面积 AB,AB 以外的液体的表面张力对 AB 面周边起作用,

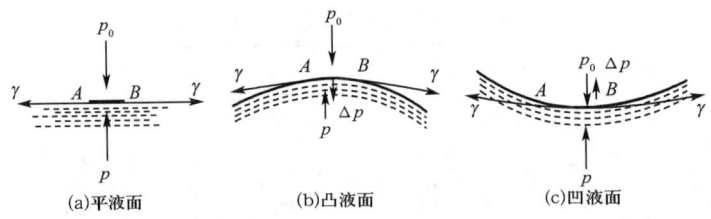

图 8-3 弯曲液面的附加压力

作用力的方向与 AB 面平行且四周的作用力相互抵消,合力为零。如果 AB 为凸液面,则周围液体的表面张力方向与 AB 面相切,合力向下,表现为指向液体内部的附加压力;如果 AB 为凹液面,则周围液体的表面张力方向仍与 AB 面相切,但合力向上,表现为指向液体外部的附加压力。Δp 的方向是指向凹液面曲率半径中心的。

附加压力的大小与液体表面的曲率半径及液体的表面张力有关。若液面为球面,可以推出其关系式为

$$\Delta p = \frac{2\gamma}{r} \tag{8-8}$$

式中　Δp ——弯曲液面的附加压力,Pa;
　　　γ ——表面张力,N·m^{-1};
　　　r ——液面的曲率半径,m。

式(8-8)称为杨-拉普拉斯方程,该式表明:

(1)对于凸液面,习惯上取 $r>0$,则 $\Delta p>0$,即凸液面下液体所受的压强较平液面的大;对于凹液面,$r<0$,$\Delta p<0$,即凹液面下液体所受的压强较平液面的小;对于平液面,$r=\infty$,$\Delta p=0$,即平液面下不存在附加压力。

(2)对于指定液体,表面张力 γ 为定值,附加压力与液面曲率半径成反比,即液滴或液体内气泡越小,附加压力的绝对值越大。

(3)对于不同液体,在液面曲率半径相等的情况下,附加压力与液体的表面张力成正比,即表面张力越大,附加压力的绝对值越大。

(4)对于空气中的气泡(如肥皂泡),因其有内外两个气-液界面,故附加压力 $\Delta p = 4\gamma/r$。

(5)当液面为任意曲面时 $\Delta p = \gamma\left(\dfrac{1}{r_1} + \dfrac{1}{r_2}\right)$,式中 r_1 和 r_2 为任意曲面的主要曲率半径。当 $r_1 = r_2$ 时,即为式(8-8)。

8.2.2　弯曲液面的饱和蒸气压

平液面的饱和蒸气压只与物质的本性和温度有关,而弯曲液面的饱和蒸气压不仅与物质的本性和温度有关,而且还与液面弯曲程度有关。由热力学推导,可以得出液面的曲率半径 r 对蒸气压影响的关系如下:

$$\ln\frac{p_r}{p_0}=\frac{2\gamma M}{r\rho RT} \tag{8-9}$$

式中 p_r——曲面液体的蒸气压,Pa;

p_0——平面液体的蒸气压,Pa;

γ——液体的表面张力,N·m^{-1};

M——液体的摩尔质量,kg·mol^{-1};

ρ——液体的密度,kg·m^{-3};

r——弯曲液面的曲率半径,m;

T——热力学温度,K。

式(8-9)称为开尔文方程。由该式可知:

(1)当 $r>0$ 时,$p_r>p_0$,即凸液面的饱和蒸气压大于平液面的饱和蒸气压,而且液滴半径越小,其饱和蒸气压越大;

(2)当 $r<0$ 时,$p_r<p_0$,即凹液面的饱和蒸气压小于平液面的饱和蒸气压,而且液体的曲率半径越小,其饱和蒸气压越小;

(3)当 $r=\infty$ 时(平液面),$p_r=p_0$,p_0 即从手册中查到的液体的饱和蒸气压。

【例 8-2】 293.2 K 时水的体积质量为 998.2 kg·m^{-3},表面张力为 72.75×10^{-3} N·m^{-1}。分别计算半径在 $10^{-5}\sim10^{-9}$ m 范围内,不同半径的球形水滴及水中气泡的相对蒸气压 p_r/p_0,并说明在什么情况下可以忽略分散度对蒸气压的影响。

解:对于小水滴,当水滴半径 $r=1\times10^{-5}$ m 时,按式(8-9)相对蒸气压为

$$\ln\frac{p_r}{p_0}=\frac{2\gamma M}{r\rho RT}=\frac{2\times72.75\times10^{-3}\times18.01\times10^{-3}}{1\times10^{-5}\times998.2\times8.314\times293.2}=1.077\times10^{-4}$$

$$p_r/p_0=1.000$$

对于水中的小气泡,液面的曲率半径为负值,例如,半径为 1×10^{-5} m 的气泡,其曲率半径 $r=-1\times10^{-5}$ m,按式(8-9)相对蒸气压为

$$\ln\frac{p_r}{p_0}=\frac{2\gamma M}{r\rho RT}=\frac{2\times72.75\times10^{-3}\times18.01\times10^{-3}}{-1\times10^{-5}\times998.2\times8.314\times293.2}=-1.077\times10^{-4}$$

$$p_r/p_0=0.9999$$

同理可得半径在 $10^{-6}\sim10^{-9}$ m 时小水滴和小气泡的 p_r/p_0 值,数据如下:

r/m	10^{-5}	10^{-6}	10^{-7}	10^{-8}	10^{-9}
p_r/p_0(小水滴)	1.000	1.001	1.011	1.114	2.937
p_r/p_0(小气泡)	0.9999	0.9989	0.9893	0.8979	0.3405

由以上数据可以看出,当水滴或气泡的半径大于 10^{-6} m 时,分散度对蒸气压的影响可以忽略。

微小液滴的饱和蒸气压大于平液面的饱和蒸气压是造成过饱和蒸气的主要原因,而小气泡内液体的饱和蒸气压小于平液面的饱和蒸气压是造成过热液体的原因之一。

8.2.3 润湿和铺展

1. 润湿

在日常生活中我们都知道,毛巾易被水浸湿,雨衣却遇水不湿。将洁净玻璃上的水倒掉后,玻璃是湿的,而将玻璃上的汞倒掉,玻璃表面上并无汞残留,这些现象都与润湿有关。

润湿是固体或液体表面上的气体被液体取代的过程。以下主要讨论液体对固体表面的润湿情况。将一小滴液体滴在一固体水平面上,通常形成一定的形状,如图 8-4 所示。

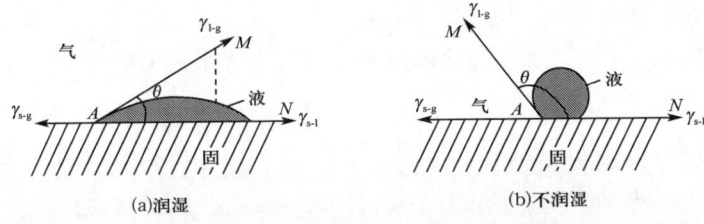

图 8-4 润湿角与各界面张力的关系

将固、液、气三相交界处,液-气界面和固-液界面包含液体的夹角称作液体对固体的接触角(或润湿角)。对一定的液体和固体来说,两者相互接触达到平衡时,润湿角具有确定值。因此,常以润湿角 θ 的大小来衡量液体对固体的润湿程度。

从力平衡角度可得三个表面张力与润湿角 θ 的关系为

$$\gamma_{s\text{-}g} = \gamma_{s\text{-}l} + \gamma_{l\text{-}g} \cos\theta$$

或
$$\cos\theta = \frac{\gamma_{s\text{-}g} - \gamma_{s\text{-}l}}{\gamma_{l\text{-}g}} \tag{8-10}$$

式中,$\gamma_{s\text{-}g}$、$\gamma_{s\text{-}l}$、$\gamma_{l\text{-}g}$ 分别为固-气、固-液、液-气的表面张力。

式(8-10)称为杨氏方程。由此式可知:

(1) 当 $\gamma_{s\text{-}l} > \gamma_{s\text{-}g}$ 时,$\cos\theta < 0$,$\theta > 90°$,液体对固体表面不润湿,θ 越大,就越不能润湿。当 $\theta = 180°$ 时,称为完全不润湿,如汞在洁净的玻璃上;

(2) 当 $\gamma_{s\text{-}l} < \gamma_{s\text{-}g}$ 时,$\cos\theta > 0$,$\theta < 90°$,液体对固体表面润湿,θ 越小,润湿程度就越高。当 $\theta = 0°$ 时,称为完全润湿,如水在洁净的玻璃上。

2. 铺展

由式(8-10)可知,当 $\theta = 0°$ 时,达到了平衡的极限,这时 $\cos\theta = 1$,式(8-10)变为

$$\gamma_{s\text{-}g} = \gamma_{s\text{-}l} + \gamma_{l\text{-}g} \tag{8-11}$$

与 $\gamma_{s\text{-}g}$ 相比,若 $\gamma_{l\text{-}g}$ 相对较小,以至 $\gamma_{s\text{-}g} - \gamma_{s\text{-}l} > \gamma_{l\text{-}g}$ 时,则三种力失去平衡,这时液体将完全平铺在固体表面上,此称为铺展。即铺展是少量液体在固体表面上自动展开,形成一层薄膜的过程。

令
$$\varphi \stackrel{\text{def}}{=\!=} \gamma_{s\text{-}g} - \gamma_{s\text{-}l} - \gamma_{l\text{-}g} \tag{8-12}$$

上式中 φ 称为铺展系数。可见液体在固体表面上铺展的必要条件为 $\varphi = \gamma_{s\text{-}g} - \gamma_{s\text{-}l} - \gamma_{l\text{-}g} > 0$,

φ 越大,铺展性能越好。由此得出,在杨氏方程的适用范围内,$\varphi \leqslant 0$。

3. 润湿的作用及应用

润湿在人类生活、生产中起着十分重要的作用。如果水不能润湿土壤及动、植物体,动、植物便无法存活,人类也将难以生存。医药方面,内服药要考虑其对胃液、肠液的润湿性,外用药则必须对皮肤有良好的润湿才能更好地发挥药效。在生活、生产中,人们常常根据需要来改变液体和固体之间的润湿程度。例如,脱脂棉易被水润湿,但经憎水剂处理后,水滴在布上呈球状,不易进入布的毛细孔中,经振动很容易脱落,利用该原理可制成雨衣和防雨设备。农药喷洒在植物上,若能在叶片及虫体上铺展,将会明显地提高杀虫效果,为此常在农药喷射液中加入少量润湿剂改进润湿情况。

润湿作用还是许多生产过程如机械设备的润滑、矿物的浮选、注水采油、金属焊接、印染等的基础。例如,原油贮于地下砂岩的毛细孔中,油与砂岩的润湿角一般大于水与砂岩的润湿角。在油井附近钻一些注水井,向其中注入含有润湿剂的"活性水",可以显著增加水对砂岩的润湿性,从而提高注水的驱油效率,增加原油产量。

8.2.4 毛细管现象

将毛细管插入液体中时,若液体能润湿毛细管,则管中液体表面呈凹面。由于管内凹液面下液体所受的压强比管外平液面的压强小,因此管外的液体将自动地流入管内,导致管内液柱上升。管内液柱升至一定高度后,管内比管外高出的一段液柱的静压力与管内凹液面的附加压力相等,则系统达到平衡。如图 8-5 所示,若管内液柱上升的高度为 h,则有

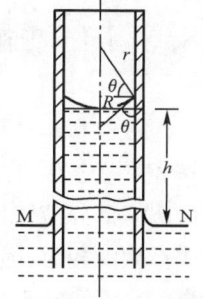

图 8-5 毛细管现象

$$\Delta p = \frac{2\gamma}{r} = \rho g h \qquad (8\text{-}13)$$

若毛细管半径为 R,管内凹液面为球面的一部分,液面的曲率半径为 r,则 $R/r = \cos\theta$。代入式(8-13)则得

$$\frac{2\gamma}{r} = \frac{2\gamma\cos\theta}{R} = \rho g h$$

因此液柱上升的高度为

$$h = \frac{2\gamma\cos\theta}{R\rho g} \qquad (8\text{-}14)$$

式中　ρ——液体的密度,kg·m^{-3};
　　　g——重力加速度,9.80 N·kg^{-1};
　　　h——液柱上升的高度,m;
　　　R——毛细管半径,m。

式(8-14)表明:毛细管中液柱上升的高度与液体的表面张力成正比,与毛细管半径及液体的密度成反比。此外,也与接触角 θ 有关,即与液体对固体的润湿程度有关。当液体不能润湿管壁时,管内液面呈凸液面,h 为负值,表示管内凸液面下降的深度。

将毛细管插入液体后，液面沿毛细管上升或下降的现象称为毛细管现象。毛细管现象是弯曲液面具有附加压力的必然结果。例如，农民锄地，不但可以铲除杂草，同时也破坏了土壤所构成的毛细管，防止土壤中水分沿着毛细管上升到地表面而被蒸发掉，起到锄地保墒的作用。

8.3 亚稳定状态和新相生成

因系统分散度增加、粒径减小而引起的液体或固体饱和蒸气压升高的现象，只有在颗粒的粒径很小时，才会达到可以觉察的程度。在通常情况下，这些表面效应是可以忽略不计的。但在蒸气冷凝、液体凝固和沸腾以及溶液结晶等过程中，由于要从无到有生成新相，故而最初生成的新相的颗粒是极其微小的，其比表面积和比表面吉布斯函数都很大，因此在系统中要产生新相极为困难。由于新相难以生成，进而会产生过饱和蒸气、过冷或过热液体以及过饱和溶液等。这些状态均是亚稳定状态，是热力学不稳定的状态。一旦新相生成，亚稳定状态则失去稳定性，而最终达到稳定的相态。下面将以过饱和蒸气和过热液体为例来说明亚稳定状态和新相生成。

8.3.1 过饱和蒸气

过饱和蒸气是指压强大于同温度下液体的饱和蒸气压时，应当凝结而未凝结的蒸气。按相平衡条件，在一定温度下，当蒸气压强大于液体的饱和蒸气压时，饱和蒸气要自动凝结出一部分液体，直至蒸气的压强降到液体在该温度下的饱和蒸气压为止。然而，从气相中产生液相时，因为最初产生的液滴是极微小的，尽管蒸气的压强对平液面已达到饱和，但对小液滴并未达到饱和，所以极微小的液滴又挥发了，最终难以形成较大的液滴，从而产生过饱和蒸气。若在过饱和蒸气中加些粉尘等作为较大的凝结中心，使凝聚在其上的小液滴的初始曲率半径加大，其相应的饱和蒸气压大大减小到低于过饱和蒸气的压强，从而饱和蒸气迅速凝聚成较大的液滴。例如，人工降雨就是在云层中水蒸气达到饱和或过饱和时，在云层中用飞机喷洒微小的 AgI 颗粒，此时 AgI 颗粒成为水的凝结中心，云层中的水蒸气就容易凝结成水滴而落向大地。

8.3.2 过热液体

过热液体是指加热到沸点以上也不沸腾的液体。如果在液体中没有可提供新相种子(气泡)的物质存在，液体在其沸点将难以沸腾。这主要是因为在沸点时平液面的饱和蒸气压与外压相等，但在液体内部，新生成的微小气泡(新相)的饱和蒸气压较平液面小，因此细小的气泡难以形成。若要使小气泡存在，必须继续加热，使小气泡内蒸气的压强达到气泡存在所需的压强时，小气泡才可能产生，并不断长大，液体才开始沸腾。此时液体的温度必然高于液体的正常沸点,则形成过热液体,过热程度较大时还容易发生暴沸现象。在科学实验中,为了防止液体的过热现象,常在液体中加入一些碎烧瓷片等多孔性物质。因为在这些多孔物质的孔隙中储存有气体,加热时这些气体成为新相种子,因而绕过了产生极微小气泡的困难阶段,使液体的过热程度大大降低,达到沸点时液体易于沸腾。

许多过程,如照相底片的显影、水泥的硬化、多相催化等都与新相的生成密切相关。

8.4 溶液表面上的吸附

8.4.1 溶液表面的吸附作用

在恒温、恒压下,纯液体的表面张力是一定值,但在液体中加入溶质后,表面张力会发生变化。大量实验表明,在一定温度的纯水中,分别加入不同种类的溶质时,溶质的浓度对溶液表面张力的影响大致分为三种类型,如图 8-6 所示。曲线Ⅰ表明,随着浓度增大,溶液表面张力上升,无机盐类、不挥发的无机酸、碱及含有多个羟基的有机化合物(如蔗糖、甘油等)均属这类溶质。曲线Ⅱ表明,随着浓度增大,溶液表面张力下降,产生这种现象的溶质有有机酸、醇、醛、醚、酮等。曲线Ⅲ表明,水中加入少量溶质,溶液的表面张力急剧下降至某一浓度后,溶液的表面张力几乎不再随溶液浓度增加而变化。肥皂、合成洗涤剂等就是这类溶质,这类曲线有时出现如图 8-6 所示的虚线部分,通常这是由于杂质所引起的。

当溶剂中加入能形成图 8-6 中Ⅱ、Ⅲ类曲线的物质后,由于它们都是有机类化合物,分子之间的相互作用较弱,当它们富集于表面时,会使表面层分子间的相互作用减弱,使溶液的表面张力降低,进而降低比表面吉布斯函数。所以这类物质会自动地富集到表面层,使得它在表面层的浓度高于本体浓度,

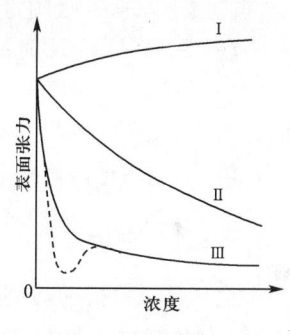

图 8-6 表面张力与浓度关系示意图

这种现象称为正吸附。与此相反,当溶剂中加入上述能形成Ⅰ类曲线的物质后,溶液的表面张力升高,进而使比表面吉布斯函数升高,为减低影响,这类物质会自动地向溶液本体迁移,使得它在表面层的浓度低于本体浓度,这种现象称为负吸附。我们把溶质在溶液表面层中的浓度与在溶液本体中浓度不同的现象,称为溶液表面的吸附。

8.4.2 吉布斯吸附等温式

在单位面积的表面层中所含溶质的物质的量与同量溶剂在溶液本体中所含溶质物质的量的差值,称为表面吸附量或表面过剩量,以符号 Γ 表示,其单位为 $mol \cdot m^{-2}$。

1876 年,吉布斯用热力学方法推导出在一定温度 T 下,溶质表面的吸附量 Γ 与溶质

浓度 c、溶液的表面张力 γ 之间的关系式，称为吉布斯吸附等温式：

$$\Gamma = -\frac{c}{RT}\left(\frac{\partial \gamma}{\partial c}\right)_T \tag{8-15}$$

式中　　Γ——表面吸附量，$mol \cdot m^{-2}$；

　　　　c——溶质的浓度，$mol \cdot dm^{-3}$；

　　　　$\left(\dfrac{\partial \gamma}{\partial c}\right)_T$——表面张力随浓度的变化率，$N \cdot m^2 \cdot mol^{-1}$。

由该式可以看出：当 $\left(\dfrac{\partial \gamma}{\partial c}\right)_T < 0$ 时，$\Gamma > 0$，表明凡是增加浓度能使溶液表面张力降低的溶质，在溶液的表面层必然发生正吸附；当 $\left(\dfrac{\partial \gamma}{\partial c}\right)_T > 0$ 时，$\Gamma < 0$，表明凡是增加浓度能使溶液表面张力上升的溶质，在溶液的表面层必然发生负吸附；当 $\left(\dfrac{\partial \gamma}{\partial c}\right)_T = 0$ 时，$\Gamma = 0$，说明溶液表面无吸附作用。

用吉布斯吸附等温式计算某溶质的吸附量（表面过剩量）时，在恒温下，可由实验测定一组不同浓度 c 对应的表面张力 γ，以 γ 对 c 作图，得到 γ-c 曲线。将曲线上某指定浓度 c 下的斜率 $\dfrac{d\gamma}{dc}$，即 $\left(\dfrac{\partial \gamma}{\partial c}\right)_T$ 代入式(8-15)，则可求得该浓度下溶质在溶液表面的吸附量。将不同浓度下求得的吸附量对溶液浓度作图，可得到 Γ-c 曲线，即溶液表面的吸附等温线。

【例 8-3】 293 K 时油酸钠溶液的表面张力随浓度升高而线性下降。已知此温度下水的表面张力为 72.75×10^{-3} $N \cdot m^{-1}$，浓度为 1×10^{-4} $mol \cdot dm^{-3}$ 的油酸钠溶液的表面张力为 62.23×10^{-3} $N \cdot m^{-1}$。计算此溶液中油酸钠的表面过剩量。

解：因油酸钠溶液的表面张力与浓度有线性关系，故

$$\left(\frac{\partial \gamma}{\partial c}\right)_T = \frac{\gamma - \gamma_0}{c} = \frac{(62.23 - 72.75) \times 10^{-3}}{1 \times 10^{-4} \times 10^3} = -0.1052 \; N \cdot m^2 \cdot mol^{-1}$$

由式(8-15)得油酸钠的表面过剩量为

$$\Gamma = -\frac{c}{RT}\left(\frac{\partial \gamma}{\partial c}\right)_T = -\frac{1 \times 10^{-4} \times 10^3}{8.314 \times 293} \times (-0.1052) = 4.32 \times 10^{-6} \; mol \cdot m^{-2}$$

8.4.3　表面活性剂

1. 表面活性剂的定义及其特征

通常我们将能使溶液表面张力增加的物质称为表面惰性物质，而把能使溶液表面张力减小的物质称为表面活性物质。但习惯上，表面活性物质是指那些溶入少量就能显著降低液体表面张力的物质。

表面活性剂可以从用途、物理性质或化学结构等方面进行分类，最常用的是按化学结构分类，大体上可以分为离子型和非离子型两大类。当表面活性剂溶于水时，凡能电离生成离子的称为离子型表面活性剂，凡在水中不电离的称为非离子型表面活性剂。离子型表面活性剂又分为阴离子、阳离子和两性表面活性剂三种。

2. 表面活性剂在吸附层中的定向排列

表面活性剂的分子是由具有亲水性的极性基团和具有憎水性的非极性基团所组成的有机化合物,因而表面活性剂都是两亲分子。表面活性剂的浓度变化时其分子在溶液表面上和溶液内部的排列情况如图8-7所示。

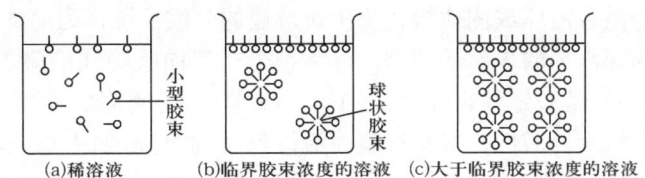

图 8-7　表面活性剂的浓度变化时其分子在溶液表面上和溶液内部的排列情况图

(1)表示在表面活性剂浓度很低时,一部分表面活性剂聚集在水面,其分子的憎水基有逃逸出水面的倾向,而分散在水中的表面活性剂分子,倾向于三三两两地相互接触,有把憎水基靠在一起的趋势。

(2)表示在表面活性剂的浓度高到一定程度,溶液表面吸附达到饱和状态,液面上排满一层定向排列的表面活性剂分子,分子的亲水基插入水中,憎水基翘出水面。在溶液内部,几十个或几百个表面活性剂的分子聚集成憎水基团向里、亲水基团向外的多分子聚集体,称之为胶束。胶束中表面活性剂分子的亲水性基团与水分子相接触,而憎水性基团则被包在胶束中,几乎完全脱离了与水分子的接触。因此,胶束在水溶液中可以比较稳定地存在。通常把溶液中胶束数量开始显著增加的浓度称为临界胶束浓度。

(3)是溶液浓度超过临界胶束浓度的情况。这时液面上早已形成紧密、定向排列的单分子膜,达到饱和吸附。再增加表面活性剂的浓度,只能增加液体内部胶束的个数。

表面活性剂分子在溶液表面层的定向排列和在溶液本体中形成胶束,是表面活性剂分子的两个重要的特性。

3. 表面活性剂的应用

表面活性剂的种类甚多,不同的表面活性剂具有不同的作用。概括地说,表面活性剂具有润湿、助磨、乳化、去乳、分散、增溶、发泡和消泡以及匀染、防锈、杀菌、消除静电等作用。因此,在生产、科研和日常生活中被广泛地使用。

(1)去污作用

污垢一般是由油脂和灰尘等物质组成的。许多油类对衣物、餐具等润湿良好,在其上能自动铺展开,但却很难溶于水。在洗涤时,我们用肥皂、洗涤剂等表面活性剂,是因为在它们的作用下,污垢与衣物表面的黏附力降低,借助于机械摩擦和水流的带动使污垢从衣物上脱落。此外,表面活性剂还有乳化作用,使脱落的油污分散在水中,最终达到洗涤的目的。

(2)助磨作用

我国古代劳动人民很早就有水磨比干磨效率高的经验。如米粉、豆粉之类,水磨的要比干磨的细得多。在固体物料的粉碎过程中,若加入表面活性物质(助磨剂),可增加粉碎程度,提高粉碎的效率。如果不加任何助磨剂,当磨细到颗粒度达几十微米以下时,颗粒度很微小,比表面很大,使系统具有很大的比表面吉布斯函数,系统处在热力学的高度不稳定状态,此时,只能靠表面积自动地变大,即颗粒度变大,以降低系统的比表面吉布斯函数。因此,若想提高粉碎效率,得到更细的颗粒,必须加入适量的助磨剂,如水、油酸、亚硫酸纸浆废液等。

(3)发泡和消泡作用

不溶性气体分散在液体或固体熔化物中所形成的分散系统称为泡沫。要产生稳定的泡沫需要加入作为起泡剂的表面活性剂。起泡剂分子定向吸附在液膜表面,形成具有一定机械强度的弹性膜,其稳定性很强,常态下不易破裂,可显著降低溶液的界面张力,而使泡沫稳定。一些含有表面活性剂或具有表面活性物质的溶液,如中草药的乙醇或水浸出液,含有皂甙、蛋白质、树胶及其他高分子化合物的溶液,当剧烈搅拌或蒸发浓缩时,可产生稳定的泡沫。啤酒、糖果、矿物浮选、泡沫塑料等工艺都需要用起泡剂来保证生产的顺利进行。在医学上用发泡剂使胃充气扩张便于使用 X 射线透视检查。

在生活和生产中,有时泡沫的出现,给人们带来诸多不便,故必须消泡。例如,锅炉用水、污水处理、蒸馏、抗菌素的发酵、中药提取、染料生产等如有泡沫存在,会严重影响生产过程及操作,甚至无法生产。常采用的化学消泡剂是表面活性很大且碳链较短($C_5 \sim C_8$)的表面活性物质,它们可与泡沫液层争夺液膜表面而吸附在泡沫表面上,代替原来的起泡剂,而其本身并不能形成稳定的液膜,故使泡沫破坏。

8.5 固体表面对气体的吸附

向一个充满红棕色溴蒸气的玻璃瓶中加入一些活性炭,片刻后,我们观察到气体的红棕色逐渐消失了,表明溴分子富集在活性炭上了。这种在一定条件下,物质的分子、原子或离子自动地富集在某种固体表面的现象,称为固体表面的吸附。硅胶吸水、活性炭脱色、吸附树脂脱酚等都是常见的吸附作用。把具有吸附能力的物质(如活性炭)称为吸附剂,被吸附的物质(如溴蒸气)称为吸附质。

8.5.1 固体表面特征

固体表面与液体表面共同之处是表面层分子受力不对称,因此固体表面也有表面张力。但固体表面上的分子几乎是不可移动的,这使得固体不能像液体那样靠收缩表面以降低比表面吉布斯函数。但是固体颗粒可以利用表面质点的剩余力场吸引接触到它们的气体或液体分子,以减小表面分子受力不对称的程度,降低表面张力及系统的吉布斯函数。这种在一定条件下,物质的分子、原子或离子自动地富集在某种固体表面的现象,称为固体表面的吸附。具有吸附能力的物质称为吸附剂,被吸附的物质称为吸附质。例如用活性炭吸附甲烷气体,活性炭是吸附剂,甲烷是吸附质。

固体表面的吸附在生产和科学实验中有着广泛的应用。具有高比表面积的多孔固体如活性炭、硅胶、氧化铝、分子筛等常被人们作为吸附剂、催化剂载体等,用于化学工业中的气体纯化、催化反应、有机溶剂回收等许多过程,以及城市的环境保护、现代高层建筑和潜水艇的空气净化调节、民用和军用的防毒面具等许多方面。近年来,人们又在研究将高比表面积的吸附剂用于洁净能源甲烷、氢气等的吸附存储,以及空气、石油气的变压吸附分离等重要领域,从而不断将气—固界面吸附的应用扩展到更广阔的范围。以下仅讨论固体表面对气体的吸附作用。

8.5.2 吸附的类型

按吸附剂与吸附质作用力性质的不同,吸附可分为物理吸附与化学吸附。物理吸附时,吸附剂与吸附质分子间以范德华引力相互作用,类似于气体在固体表面上发生凝聚;而化学吸附时,吸附剂与吸附质分子间发生化学反应,以化学键相结合,类似于气体分子与固体表面质点发生化学反应。这两类吸附的性质和规律各不相同,见表8-4。

表 8-4　　　　　　　物理吸附与化学吸附的区别

性质	物理吸附	化学吸附
吸附力	范德华引力	化学键力
吸附层数	单层或多层	单层
吸附热	小(近于液化热)	大(近于反应热)
选择性	无或很差	较强
可逆性	可逆	不可逆
吸附平衡	易达到	不易达到

物理吸附与化学吸附不是截然分开的,两者有时可同时发生,并且在不同的情况下,吸附性质也可以发生变化。例如,$CO(g)$ 在 Pd 上的吸附,低温下是物理吸附,高温时则表现为化学吸附;而氢气在许多金属上的化学吸附则是以物理吸附为前奏的,故吸附活化能接近于零。

8.5.3 吸附平衡与吸附量

气相中的分子可以被吸附到固体表面上来,已被吸附的分子也可以脱附(或称解吸)而逸回气相。在温度、压强、吸附质及吸附剂一定的情况下,当吸附速率与脱附速率相等时,即达到了吸附平衡状态。此时,吸附在固体表面上的气体的量不再随时间而变化。

在一定温度、压强下气体在固体表面达到吸附平衡时,单位质量的固体所吸附的气体的物质的量或其在标准状态下所占的体积,称为该气体在该固体表面上的吸附量,以 Γ 表示。

$$\Gamma = \frac{V}{m} \tag{8-16}$$

或

$$\Gamma = \frac{n}{m} \tag{8-17}$$

式中　n——吸附达平衡时被吸附气体的物质的量,mol;

　　　m——吸附达平衡时吸附剂的质量,kg;

　　　V——吸附达平衡时被吸附气体在标准状态下的体积,dm^3;

　　　Γ——平衡吸附量,$mol \cdot kg^{-1}$ 或 $dm^3 \cdot kg^{-1}$。

固体对气体的吸附量是温度和气体压强的函数,可表示为
$$\Gamma = f(T, p)$$

为了便于找出规律,在吸附量、温度、压强这三个变量中,常常固定一个变量,测定其他两个变量之间的关系。在恒压下,反映吸附量与温度之间关系的曲线称为吸附等压线;吸附量恒定时,反映吸附的平衡压强与温度之间关系的曲线称为吸附等量线;在恒温下,反映吸附量与平衡压强之间关系的曲线称为吸附等温线。三种曲线中最重要、最常用的是吸附等温线。

8.5.4 等温吸附

吸附等温线大致可归纳为五种类型,如图 8-8 所示。

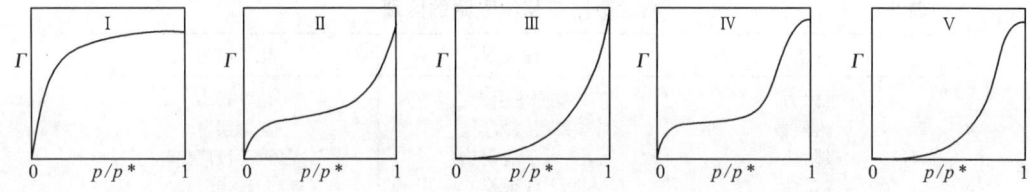

图 8-8　五种类型的吸附等温线

图中纵坐标代表吸附量,横坐标为比压 p/p^*。p^* 代表在该温度下被吸附物质的饱和蒸气压,p 是吸附平衡时的压强。例如,在 78 K 时 N_2 在活性炭上的吸附属于类型(Ⅰ),在 78 K 时 N_2 在硅胶上或铁催化剂上的吸附属于类型(Ⅱ),在 352 K 时 Br_2 在硅胶上的吸附属于类型(Ⅲ),在 323 K 时 C_6H_6 在氧化铁凝胶上的吸附属于类型(Ⅳ),在 373 K 时水蒸气在活性炭上的吸附属于类型(Ⅴ)。

1916 年朗缪尔(I. Langmuir)根据大量实验事实,提出了气-固吸附的单分子层吸附理论,也称朗缪尔吸附理论,比较满意地解释了图中第一种类型的吸附等温线。该理论的基本假设如下:

(1)气体在固体表面的吸附是单分子层的。固体表面上每个吸附位只能吸附一个分子,气体分子只有碰撞到固体的空白表面上才能被吸附;

(2)固体表面是均匀的。固体表面上所有部位的吸附能力相同,吸附热为常数,不随覆盖程度改变而改变;

(3)被吸附的气体间无相互作用力。吸附或脱附的难易与邻近有无吸附态分子无关;

(4)吸附平衡是动态平衡。达到吸附平衡时,吸附与脱附过程同时进行,且速率相等。

以 θ 代表任一瞬间固体表面被气体分子覆盖的分数,称为覆盖率。根据以上基本假设可推得覆盖率与气体压强的关系为

$$\theta = \frac{bp}{1+bp} \tag{8-18}$$

式(8-18)称为朗缪尔吸附等温式。式中 b 为吸附平衡常数,表示吸附剂对吸附质的吸附能力的强弱。其大小与吸附剂、吸附质的本性及温度有关。b 越大,固体表面对气体的吸附力越强。

若以 Γ 代表覆盖率为 θ 时的平衡吸附量，在较低的压强下，θ 应随平衡压强的上升而增加，在压强足够高的情况下，气体分子在固体表面挤满整整一层时，θ 应趋于1，这时吸附量不再随气体压强的上升而增加，达到吸附饱和的状态，对应的吸附量称为饱和吸附量，以 Γ_∞ 表示。由于每个具有吸附能力的位置上只能吸附一个气体分子，故

$$\theta = \frac{\Gamma}{\Gamma_\infty} \tag{8-19}$$

因此朗缪尔吸附等温式还可以写成如下形式

$$\Gamma = \Gamma_\infty \frac{bp}{1+bp} \tag{8-20}$$

朗缪尔等温式适用于单分子层吸附，能较好地描述（Ⅰ）型吸附等温线在不同压强范围内的吸附特征。当压强很低或吸附较弱时，$1+bp \approx 1$，则式(8-20)简化为 $\Gamma = \Gamma_\infty bp$，即吸附量和气体的平衡压强成正比，这与吸附等温线在低压时几乎是一直线的事实符合。当压强足够高或吸附较强时，$1+bp \approx bp$，则 $\Gamma = \Gamma_\infty$，这表示固体表面吸附达到饱和状态，吸附量达到最大值，（Ⅰ）型吸附等温线上水平线段就反映了这种情况。当压强大小适中时，吸附量 Γ 与平衡压强 p 呈曲线关系。

朗缪尔吸附等温式是界面现象中最重要的公式之一。应用朗缪尔吸附等温式，由多组数据，采用作图法可以计算 Γ_∞ 和 b，为此可将式(8-20)改写成

$$\frac{1}{\Gamma} = \frac{1}{\Gamma_\infty bp} + \frac{1}{\Gamma_\infty} \tag{8-21}$$

式中　Γ——平衡吸附量，$dm^3 \cdot kg^{-1}$；

　　　Γ_∞——饱和吸附量，$dm^3 \cdot kg^{-1}$；

　　　b——吸附平衡常数，Pa^{-1}；

　　　p——气体的压强，Pa。

由式(8-21)可知，若以 $1/\Gamma$ 对 $1/p$ 作图，应得一直线，由直线的斜率和截距可求出 Γ_∞ 和 b。

【例8-4】用活性炭吸附 $CHCl_3$，在273.15 K时最大吸附量（盖满一层）为 93.8 $dm^3 \cdot kg^{-1}$。已知该温度下 $CHCl_3$ 的分压为 1.34×10^4 Pa 时的平衡吸附量为 82.5 $dm^3 \cdot kg^{-1}$，试计算：(1)朗缪尔吸附等温式中的吸附平衡常数 b；(2)在273.15 K，$CHCl_3$ 分压为 6.67×10^3 Pa 时，吸附平衡时的吸附量。

解：(1)由朗缪尔吸附等温式 $\Gamma = \Gamma_\infty \dfrac{bp}{1+bp}$，则

吸附平衡常数 $b = \dfrac{\Gamma}{(\Gamma_\infty - \Gamma)p} = \dfrac{82.5}{(93.8 - 82.5) \times 1.34 \times 10^4} = 5.45 \times 10^{-4}$ Pa^{-1}

(2)平衡吸附量 $\Gamma = \Gamma_\infty \dfrac{bp}{1+bp} = \dfrac{93.8 \times 5.45 \times 10^{-4} \times 6.67 \times 10^3}{1 + 5.45 \times 10^{-4} \times 6.67 \times 10^3} = 73.6$ $dm^3 \cdot kg^{-1}$

8.6　分散系统的分类及其主要特征

分散系统是指一种或几种物质分散在另一种物质中所构成的系统。在分散系统中被

分散的物质称为分散质(或分散相),起分散作用的物质称为分散介质。按被分散物质颗粒的大小,分散系统分为分子分散系统、胶体分散系统和粗分散系统三类。

分子分散系统中被分散的物质是以分子、原子、离子大小均匀地分散在介质中,粒子直径在 10^{-9} m 以下,可称为溶液。溶液透明、均一、稳定,粒子扩散速度快,溶质和溶剂均可透过半透膜,是热力学稳定系统。

胶体分散系统分散相的粒子直径在 $10^{-9}\sim 10^{-7}$ m 范围内,分散相的粒子是由许多分子、原子或离子组成的集合体,分散相与分散介质之间有界面存在。胶体粒子不能透过半透膜,粒子扩散速度慢。胶体分散系统是高度分散的多相系统,也是热力学的不稳定系统。

粗分散系统,分散相粒子直径大于 10^{-7} m,如油漆、牛奶、烟、雾、悬浮液、乳状液、泡沫和粉尘等。粗分散系统表现为多相、浑浊、不透明,分散相不能透过半透膜及滤纸,在放置过程中分散相与介质很容易自动分开。

固体分散在液体中的胶体分散系统称为溶液胶,简称溶胶。按分散相和分散介质的聚集状态不同,分散系统还可以把多相分散系统分成八大类,见表 8-5。

表 8-5　胶体分散系统和粗分散系统的分类

分散介质	分散相	名　称	实　例
气	液	气溶胶	云,雾,喷雾
	固		粉尘,烟
液	气	泡沫	肥皂泡沫
	液	乳状液	牛奶,含水原油
	固	液溶胶或悬浮液	泥浆,油漆
固	气		泡沫塑料
	液	固溶胶	珍珠
	固		有色玻璃,非均匀态合金

8.7　溶胶的制备与净化

8.7.1　溶胶的制备

从分散度的大小来看,胶体系统的分散度大于粗分散系统,而小于一般的真溶液。因此,溶胶的制备,或者是将粗分散系统进一步分散;或者是使小分子或离子聚集。制备过程可简单表示为

粗分散系统 —分散法(大变小)→ 胶体系统 ←凝聚法(小变大)— 分子分散系统

1. 分散法

分散法是用适当方法使大块物质在有稳定剂存在时分散成胶体粒子的大小,常用的

方法有以下几种：

(1)研磨法

即机械粉碎法,采用由坚硬耐磨的钨钢制成的高速转动(5 000~10 000 r/min)的胶体磨,把粗颗粒的固体磨细,并在研磨同时加入稳定剂。通常适用于分散脆而易碎的物质。

(2)超声波分散法

采用超声波发生器,把 $1.6×10^4$ Hz 高频电流通过两个电极,由石英片发生相同频率的机械振荡,产生的高频机械波传递给被分散系统,使分散相均匀分散而形成溶胶或乳状液。此法多用于制备乳状液。

(3)胶溶法

将新生成的固体沉淀物在适当条件下重新分散而达到胶体分散程度的现象,称为胶溶作用。若在新生成的某种沉淀(如 $Fe(OH)_3$)中加入与沉淀具有相同离子的电解质(如 $FeCl_3$)溶液进行搅拌,借助胶溶作用则可制成较稳定的溶胶。

(4)电弧法

该法是将欲分散的金属作为电极,浸入水中,通入直流电,调节两电极间的距离,使其产生电弧。电弧的温度很高,使电极表面的金属汽化,金属蒸气遇冷却水而冷凝成胶体系统。在制备时,若先加入少量的碱作为稳定剂,可得到较为稳定的水溶胶。

2. 凝聚法

将分子分散系统凝聚成溶体系统的方法称为凝聚法。此法又分为下面几种方法：

(1)物理凝聚法

利用适当的物理过程(如蒸气骤冷、改换溶剂等)可以使某些物质凝聚成胶体粒子的大小。

①蒸气凝聚法:例如,在真空条件下,将固态钠和苯分别加热成气态,二者的混合气体经液态空气冷凝器骤然降温,凝固成微小的固态粒子。由于钠和苯在固态完全不互溶,再经过加热使苯粒子熔化,即制得钠的苯溶胶。用此法也可以制得其他碱金属的有机溶胶。

②过饱和法:改变溶剂或用冷却的方法使溶质的溶解度降低,由于过饱和,溶质从溶剂中分离出来凝聚成溶胶。用此法可制得难溶于水的树脂、脂肪等的水溶胶,也可制备难溶于有机溶剂的有机溶胶。

(2)化学凝聚法

通过化学反应(如复分解反应、氧化或还原反应等),使生成物呈过饱和状态,然后粒子再结合成溶胶。例如,在不断搅拌的条件下,将 $FeCl_3$ 稀溶液滴入沸腾的水中水解成棕红色、透明的 $Fe(OH)_3$ 溶胶：

$$FeCl_3 + 3H_2O \longrightarrow Fe(OH)_3(胶体) + 3HCl$$

过量的 $FeCl_3$ 同时又起到稳定剂的作用,$Fe(OH)_3$ 的微小晶体选择性地吸附 Fe^{3+},可形成带正电荷的胶体粒子。

8.7.2 溶胶的净化

在溶胶制备过程中,常加入某些电解质以增加溶胶的稳定性,而过量的电解质或其他杂质对溶胶的稳定性不利,因此需将其除去,即溶胶的净化。最常用的方法是渗析法。

渗析法是利用胶体粒子不能透过半透膜的特点,分离出溶胶中多余的电解质或其他杂质的方法。一般可用羊皮纸、动物的膀胱膜、火棉胶、硝酸纤维素或醋酸纤维素等作为半透膜,将溶胶装于膜内,再放入流动的水中,经一定时间的渗透作用,即可达到净化的目的。为了提高渗透速度,可在半透膜两侧加一电场,在电场作用下,溶胶中的电解质离子分别向带异种电荷的电极移动,因此能加速离子或溶剂化分子的迁移,这种方法称为电渗析法。

应当指出,适当数量的电解质对溶胶是起稳定作用的,因此,渗析法净化溶胶要注意控制时间,以保持稳定溶胶所需的电解质。提高温度可以加快扩散速度,固然对渗析有利,然而温度过高,由于布朗运动加剧反而破坏溶胶的稳定性,因此,要根据具体系统和要求控制条件。

另一种净化溶胶的方法是超滤。它是将孔径为 $10^{-7} \sim 10^{-6}$ m 的半透膜贴于布氏漏斗底部,将胶体溶液置于漏斗内,通过减压抽滤,将胶粒与小分子杂质分开。将抽滤得到的胶粒重新分散到合适的介质中,即可得到纯净的溶胶。

8.8 溶胶的性质

8.8.1 溶胶的光学性质

1. 丁达尔(Tyndall)效应

胶体分散系统的光学性质,是其高度的分散性和多相不均匀性特点的反映。

在暗室中,当一束聚集的光线通过溶胶时,在入射光的垂直方向可以看到一个发光的圆锥体,如图 8-9 所示。此现象是英国物理学家丁达尔于 1869 年发现的,故称为丁达尔效应。

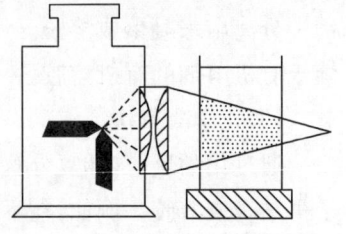

图 8-9 丁达尔效应

可见光的波长在 400~760 nm 的范围内,其射入分散系统的作用与分散相粒子的大小有关。当分散相粒子的直径大于入射光的波长时,光投射在粒子上起反射作用,例如悬浮液和乳状液,只能看到反射光。若粒子的直径小于入射光的波长,光波可以绕过粒子而向各个方向传播,这就是光的散射作用。溶胶粒子的直径为 $10^{-9} \sim 10^{-7}$ m,比可见光的波长小,因此,对于溶胶来说,光散射作用最明显。散射出来的光称为乳光,故丁达尔效应也称为乳光效应。丁达尔效应是溶胶所具备的特征,已成为判别溶胶与溶液的最简便的方法。

丁达尔效应在日常生活中能经常见到,夜晚的探照灯或由放映机所射出的光线在通过空气中的灰尘微粒时,就会产生丁达尔效应。

2. 瑞利公式

1871年瑞利研究光的散射作用,得出如下关系式

$$I = \frac{9\pi^2 V^2 C}{2\lambda^4 l^2} \left(\frac{n^2 - n_0^2}{n^2 + 2n_0^2}\right)^2 (1 + \cos^2\alpha) I_0 \tag{8-22}$$

式中 I——散射光的强度;

I_0——入射光的强度;

λ——入射光的波长;

V——每个分散相粒子的体积;

C——单位体积中的粒子数;

n——分散相的折射率;

n_0——分散介质的折射率;

α——散射角,即观察的方向与入射光方向间的夹角;

l——观察者与散射中心的距离。

由瑞利公式可以得出:

(1) 单位体积的散射光强度与每个分散相粒子体积平方成正比,即与分散程度有关。真溶液的分子体积很小,虽有散射光,但很微弱。悬浮体的粒径大于可见光波长,无光散射只有反射光;

(2) 散射光强度与入射光波长的四次方成反比,故入射光的波长越短,散射光越强。例如白光中蓝光与紫光波长最短,故白光照射溶胶时,侧面的散射光呈现淡蓝色,而透过光呈现橙红色;

(3) 分散相与分散介质的折射率相差越大,粒子的散射光越强。憎液溶胶的分散相和分散介质之间有明显界限,两者折射率相差很大,散射光很强;

(4) 散射光强度与粒子浓度成正比。胶体溶液的散射光强度又称浊度,利用这个性质制成一种测定胶体溶液浓度的仪器,称为浊度计。

瑞利公式适用于非金属溶胶,对于金属溶胶,由于其不仅有散射作用,而且同时存在光被吸收的现象,所以关系要复杂得多。

8.8.2 溶胶的动力性质

1. 布朗(Brown)运动

1827年植物学家布朗(Brown)用显微镜观察到悬浮在液面上的花粉粒子不断地做不规则的运动,后来人们称这种运动为布朗运动。进一步研究发现,凡是线度小于 4×10^{-6} m 的粒子在分散介质中皆呈现这种运动。用超显微镜观察到胶体粒子不断地做不规则"之"字

形运动,此即布朗运动,如图 8-10 所示。它是由于分散介质的分子热运动碰撞,胶体粒子的合力不为零而引起的。

布朗运动是分子热运动的必然结果,其实质上是胶体粒子的热运动。胶体粒子越小、温度越高、介质的黏度越小,布朗运动越强烈。

2. 扩散

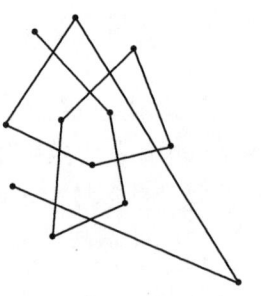

图 8-10　布朗运动

在有浓度梯度存在时,物质粒子因热运动而发生宏观上定向迁移的现象称为扩散。由于溶胶存在布朗运动,因此与真溶液一样,在有浓度梯度存在的情况下,会发生由高浓度处向低浓度处的扩散。但因溶胶粒子比普通分子大得多,热运动弱得多,因此扩散也慢得多。

爱因斯坦(Einstein)假定粒子为球形,推导出了粒子在时间 t 的平均位移(X)和扩散系数(D)之间的关系式

$$X^2 = 2Dt \tag{8-23}$$

扩散系数 D 的物理意义是在单位浓度梯度下,单位时间内,通过单位面积的物质的量,其值与粒子的半径、介质黏度及温度有关

$$D = \frac{RT}{6L\pi r\eta} \tag{8-24}$$

式中　　D——扩散系数,$m^2 \cdot s^{-1}$；

　　　　R——摩尔气体常数,$J \cdot K^{-1} \cdot mol^{-1}$；

　　　　L——阿伏伽德罗常数,mol^{-1}；

　　　　T——热力学温度,K；

　　　　r——粒子的半径,m；

　　　　η——介质的黏度,$Pa \cdot s$。

由(8-24)式可知,粒子半径越小、介质的黏度越小、温度越高,则扩散系数越大,粒子的扩散能力也越强。

3. 沉降与沉降平衡

多相分散系统中的粒子,因受重力作用而下沉的过程,称为沉降。多相分散系统中,分散相粒子一方面受到重力场作用而下降,另一方面由于布朗运动引起的扩散作用使粒子趋于均匀分布。沉降与扩散是两种效应相反的作用,沉降速率和扩散速率在数值上相等时,粒子的分布达到平衡,形成了一定的浓度梯度,这种状态称为沉降平衡。

通常把系统中粒子保持分散状态而不沉降的性质,称为分散系统的动力稳定性,即具有动力稳定性的系统处于沉降平衡状态。根据浓度随高度的分布情况可以鉴别分散系统的动力稳定性。粒子的体积越大、分散相与分散介质的密度差越大,达到沉降平衡时粒子的浓度梯度也越大,系统越不稳定。

动力稳定性是溶胶区别于粗分散系统的一个重要特征。

8.8.3 溶胶的电学性质

1. 电动现象

溶胶是一个高度分散的多相系统,分散相的粒子与分散介质之间存在着明显的相界面。实验发现,在外电场的作用下,固、液两相可发生相对运动;反过来,在外力作用下,迫使固、液两相发生相对运动时,又可产生电势差。溶胶的这种与电势差有关的相对运动称为电动现象,主要包括电泳、电渗、流动电势和沉降电势。

(1) 电泳

图 8-11 是电泳实验装置示意图。以 $Fe(OH)_3$ 溶胶为例,实验时先在 U 型管内装入 NaCl 溶液,再通过支管从 NaCl 溶液的下面缓慢地压入棕红色的 $Fe(OH)_3$ 溶胶,使其与 NaCl 溶液之间有清楚的界面存在,通直流电后可以观察到电泳管中阳极一端界面下降,阴极一端界面上升,$Fe(OH)_3$ 溶胶向阴极方向移动,因而 $Fe(OH)_3$ 胶粒是带正电的,称为正溶胶。这种在外加电场作用下,胶体粒子在分散介质中定向移动的现象称为电泳。实验证明:若在溶胶中加入电解质,会对电泳产生显著影响,随着外加电解质的增加,电泳速率通常会降低甚至为零,甚至电泳方向会发生改变,表明外加电解质还可以改变胶粒带电的符号。

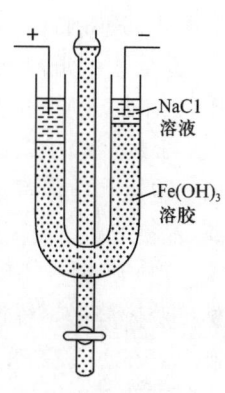

图 8-11 电泳实验装置示意图

电泳的应用非常广泛,生物化学中常用电泳来分离各种氨基酸和蛋白质等,医学中利用血清的"纸上电泳"可以协助诊断患者是否有肝病变。

(2) 电渗

如图 8-12 所示,管 T 内装满水(或溶液),当电极 E_1、E_2 间加一定电压时,液体便会透过多孔性物质 M(如玻璃纤维、碎瓷片、黏土颗粒,甚至棉花等)而朝某一方向移动(通过毛细管 C 内气泡的移动即可看到),移动的方向与多孔性物质的材料和管内液体的性质有关。这种在外加电

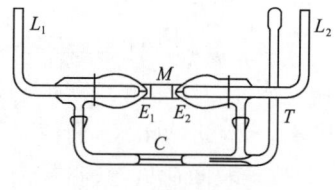

图 8-12 电渗测定装置

场作用下,分散介质通过多孔性物质而定向流动的现象称为电渗。和电泳一样,溶胶中外加电解质对电渗速率的影响也很显著,随着电解质的增加,电渗速率降低,而且还会改变液体流动的方向。

电渗现象有许多实际应用,例如,拦水坝、泥炭及木材的去水及一些难于过滤的浆液(如黏土浆、纸浆等)的脱水都可采用电渗法。

(3) 流动电势

在外加电场作用下,迫使液体通过多孔隔膜(或毛细管)定向流动,多孔隔膜两端所产生的电势差,称为流动电势。其测量装置如图 8-13 所示。图中 V_1 及 V_2 为液槽;N_2 为加压气

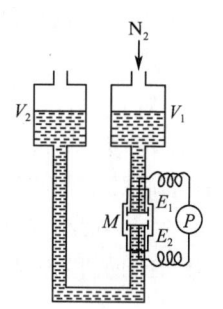

图 8-13 流动电势测量装置

体；E_1 及 E_2 为紧靠多孔塞 M 上、下两端的电极；P 为电势差计。

生产及科研中，通过硅藻土、黏土等滤床过滤时，流动电势可沿管线造成危险的高电势，所以这种管线需要接地。用泵输送碳氢化合物，在流动过程中产生流动电势，高压下易产生火花。由于此类液体易燃，故应采取相应的防护措施，如油管接地或加入油溶性电解质，增加介质的电导，减小流动电势。

（4）沉降电势

在重力场或离心力场作用下，胶体粒子迅速运动时，在移动方的两端产生的电势差，称为沉降电势，如图 8-14 所示。贮油罐中的油内常含有水滴，水滴的沉降常形成很高的沉降电势，甚至达到危险的程度，通常解决的办法是加入有机电解质，以增加介质的电导，降低沉降电势。

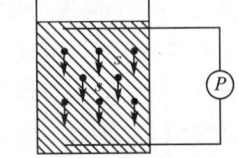

图 8-14 沉降电势测量装置

2. 胶体粒子表面带电的原因

电泳和电渗都说明分散相粒子表面是带电的，胶体粒子表面带电的原因有吸附、电离、晶格取代、摩擦生电等，其中以吸附和电离最为重要。

（1）吸附

胶体分散系统比表面积大、表面能高，所以很容易发生吸附作用。若溶液中有电解质，溶胶粒子就会吸附离子。当吸附了正离子时，胶体粒子荷正电；而吸附了负离子，则胶体粒子荷负电。不同情况下胶体粒子容易吸附何种离子与被吸附离子的本性及胶体粒子的表面结构有关。法扬斯(Fajans)规则表明：与胶体粒子具有相同化学元素的离子优先被吸附。例如，当用 $AgNO_3$ 溶液和 KI 溶液制备 AgI 溶胶时，若 KI 过量，则 AgI 粒子就会优先吸附 I^- 而荷负电；若 $AgNO_3$ 过量，AgI 粒子就会优先吸附 Ag^+ 而荷正电。

（2）电离

当分散相固体与液体介质接触时，固体表面分子发生电离，有一种离子溶于液相，因而使固体粒子带电。例如硅酸胶粒带电，不是由于它的表面吸附了离子，而是由于发生了电离，H^+ 进入溶液，而使硅酸胶粒带负电。例如黏土颗粒、玻璃等硅酸盐，在水中能电离，故其表面荷负电；硅溶胶荷负电，也是质点表面上硅酸电离的结果。

3. 扩散双电层理论和电动电势

由于分散相固体表面产生吸附或电离，胶体粒子带有电荷，而整个溶胶保持电中性，因此分散介质必然带有电性相反的电荷。由于静电吸引和热运动两种作用的结果，会形成双电层。在溶液中，与固相粒子表面所带电荷相反的离子(反离子)受到两方面的作用：一方面是胶粒表面离子的吸引力，力图把它们拉向胶粒；另一方面是离子的热运动，使它们离开胶体表面扩散到溶液中呈均匀分布。这两种作用的结果，只有一部分反离子与胶粒表面吸附的离子紧密地束缚在一起构成紧密层，厚度 δ 约为一般分子直径的大小；另一部分反离子则松散地分布在粒子的周围，随着与胶核距离的增加，反离子浓度逐渐减小，形成扩散层。此双电层是由紧密层和扩散层所构成，如图 8-15 所示。

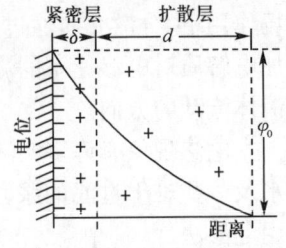

图 8-15 双电层示意图

分散相固体表面与溶液本体之间的电势差称为热力学电势 φ_0。热力学电势只与被吸附或电离的离子在溶液中的活度有关系,而与其他离子的存在与否及浓度大小无关。当胶粒在介质中运动时,由于离子的溶剂化作用,吸附层始终有一薄层溶剂随着移动,与溶液之间形成一滑动层,该滑动层与溶液本体之间的电势差称为电动电势,用 ζ 表示,所以又称 ζ 电势。分散相表面电荷为正,则 ζ 电势为正,反之 ζ 电势为负。

由于在吸附层中有部分异号离子抵消固体表面所带电荷,故 ζ 电势的绝对值小于 φ_0 的绝对值。ζ 电势对其他离子十分敏感,外加电解质浓度的变化会引起 ζ 电势的显著变化。因为外加电解质浓度增大时会使进入紧密层的反离子增加,从而使扩散层变薄,ζ 电势下降。随着电解质浓度增加,扩散层厚度趋于零,这就是溶胶电泳速度随电解质浓度增大而变小,甚至变为零的原因。在某些情况下,外加电解质的反离子被胶粒表面强烈地吸附,紧密层内因吸附了过量反离子,而使 ζ 电势符号改变,如图 8-16 所示。例如,用 $FeCl_3$ 水解法制得的 $Fe(OH)_3$ 溶胶中,$Fe(OH)_3$ 粒子表面吸附了 Fe^{3+},在扩散层中的反离子主要是 Cl^-,ζ 电势为正值。若在溶液中加入一定量的高价反离子,如 SO_4^{2-} 等,由于高价反离子被胶粒表面吸附进入紧密层内,使 ζ 电势由正变负。

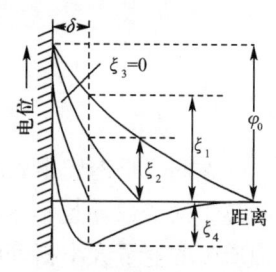

图 8-16　电势随电解质浓度变化示意图

8.9　溶胶的胶团结构

根据扩散双电层理论,可以写出溶胶的胶团结构。由分子、原子或离子形成的固态微粒,称为胶核。胶核常具有晶体结构,它从分散介质中选择性地吸附某种离子,或由于离子晶体表面电离等原因,成为带电体。胶体粒子带电的正、负号,取决于胶核上粒子的正、负号。带电的胶核与分散介质中的反离子存在着吸引力,使反离子一部分分布在滑动面以内,另一部分呈扩散状态分布于分散介质之中。滑动面以内的带电体,称为胶体粒子,简称胶粒,通常所说胶体带正电或带负电就是指胶粒。整个扩散层及其所包围的胶体粒子,则构成胶团,胶团是电中性的。

我们以 $AgNO_3$ 溶液与过量的 KI 溶液反应制备 AgI 溶胶为例说明胶团结构。此溶胶因 AgI 吸附过量的 I^- 而带负电,故为负溶胶。该溶胶分散相为 AgI 颗粒,它是由很多个 AgI 微粒聚集而成的,视分散相半径的大小不同,AgI 的数目不同,以 m 表示其个数,m 个 AgI 吸附了 n 个 I^- 构成带负电荷的 AgI 胶体粒子。同时,有 n 个 Ag^+ 分布在紧密层和扩散层中,若在扩散层中有 x 个 Ag^+,则在紧密层中有 $(n-x)$ 个 Ag^+。以 KI 为稳定剂的 AgI 溶胶的胶团剖面图如图 8-17 所示,图中的小圆圈表示 AgI 微粒,AgI 微粒连同其表面上的 I^- 则为胶核;第二个圆圈表示滑动面;最外边的圆圈则表示扩散层的范围即整个胶团的大小。此溶胶的胶团结构可以表示为

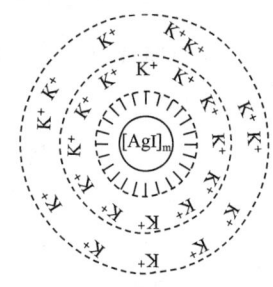

图 8-17　AgI 胶团剖面图

$$\underbrace{\underbrace{\{[AgI]_m n I^- }_{\text{胶核}} \cdot (n-x)Ag^+\}^{x-} \cdot x\,Ag^+}_{\text{胶团}}$$
$$\overbrace{\phantom{\{[AgI]_m n I^- \cdot (n-x)Ag^+\}^{x-}}}^{\text{胶体粒子}}$$

若 KI 溶液与过量 AgNO$_3$ 溶液反应，可制得 AgI 正溶胶。其胶团结构表示为

$$\underbrace{\underbrace{\{[AgI]_m n Ag^+}_{\text{胶核}} \cdot (n-x)NO_3^-\}^{x+} \cdot x\,NO_3^-}_{\text{胶团}}$$

（胶体粒子）

在同一个溶胶中，每个固体微粒所含的粒子个数 m 可以多少不等，其表面上所吸附的离子的个数 n 也不尽相等。在滑动面两侧，过剩的反离子所带的电量应与固体微粒表面所带的电量大小相等而符号相反。

【例 8-5】 试写出溶胶 Al(OH)$_3$：(1) 在酸性介质中的胶团结构；(2) 在碱性介质中的胶团结构。

解：(1) 在酸性介质中

$$Al(OH)_3 + HCl \longrightarrow Al(OH)_2Cl + H_2O$$
$$Al(OH)_2Cl \longrightarrow Al(OH)_2^+ + Cl^-$$

胶团结构为

$$\{[Al(OH)_3]_m \cdot nAl(OH)_2^+ \cdot (n-x)Cl^-\}^{x+} \cdot x\,Cl^-$$

(2) 在碱性介质中

$$Al(OH)_3 + KOH \longrightarrow KAlO_2 + 2H_2O$$
$$KAlO_2 \longrightarrow K^+ + AlO_2^-$$

胶团结构为

$$\{[Al(OH)_3]_m \cdot nAlO_2^- \cdot (n-x)K^+\}^{x-} \cdot x\,K^+$$

【例 8-6】 当 SiO$_2$ 与水接触时，可生成弱酸 H$_2$SiO$_3$，其电离产物为 SiO$_3^{2-}$，试写出 SiO$_2$ 溶胶的胶团结构。

解：当 SiO$_2$ 与水接触时，反应过程可表示为

$$SiO_2 + H_2O \longrightarrow H_2SiO_3$$
$$H_2SiO_3 \longrightarrow 2H^+ + SiO_3^{2-}$$

胶团结构为 $\{[SiO_2]_m \cdot nSiO_3^{2-} \cdot 2(n-x)H^+\}^{2x-} \cdot 2x\,H^+$

8.10 溶胶的稳定性和聚沉

8.10.1 溶胶的稳定性

溶胶拥有巨大的比表面积，是热力学不稳定系统，具有聚结不稳定性，但有些溶胶在

相当长的时间内能相对稳定地存在。例如,法拉第配制的红色金溶胶,静置数十年后才聚沉。溶胶稳定的原因可归纳为:

1. 溶胶的动力稳定性

溶胶的粒子小,布朗运动激烈,因此在重力场中不易沉降,这种性质称为溶胶的动力稳定性。影响溶胶的动力稳定性的主要因素是分散度。分散度越大,胶粒越小,布朗运动越剧烈,扩散能力越强,动力稳定性就越大,胶粒越不易下沉。此外分散介质黏度越大,胶粒与分散介质的密度差越小,胶粒越难下沉,溶胶的动力稳定性也越大。

2. 胶粒带电的稳定作用

胶团由表面带电的胶核及环绕其周围带有相反电荷的离子组成。如图 8-18(a) 所示,胶核带有正电荷,四周被负离子所包围,虚线表示正电荷作用的范围,即胶团的大小。在胶团之外任一点 A 处,则不受正电荷的影响;在扩散层内任一点 B 处,因正电荷的作用未被完全抵消,仍表现出一定的正电性。因此,当两个胶团的扩散层未重叠时,二者之间不产生任何斥力;当两个胶团的扩散层发生重叠时,如图 8-18(b) 所示,将发生静电斥力。随着重叠区域增大,斥力也相应增加。若胶粒间静电斥力大于两胶粒间的吸引力,则两个胶粒相撞后又将分开,保持了溶胶的稳定性。

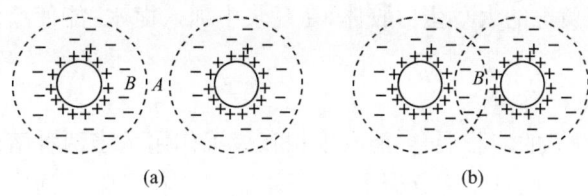

图 8-18 胶团相互作用示意图

3. 溶剂化的稳定作用

溶胶的胶核是憎水的,但紧密层和扩散层中的离子都是溶剂化的,这样在胶粒周围形成了溶剂化层。溶剂化层具有定向排列结构,当胶粒接近时,溶剂化层被挤压变形,因有力图恢复原定向排列结构的能力,使溶剂化层具有弹性,造成胶粒接近时的机械阻力,防止了溶胶的聚沉,从而使溶胶稳定存在。

8.10.2 溶胶的聚沉

溶胶的聚沉

溶胶中的分散相微粒互相聚结,颗粒变大,进而发生沉淀的现象,称为溶胶的聚沉。引起溶胶聚沉的原因是多方面的,以下我们主要从三个方面进行讨论。

1. 电解质的聚沉作用

电解质对溶胶稳定性的影响具有两重性。当电解质浓度较低时,作为溶胶的稳定剂,有助于胶粒形成双电层,使胶粒因带同种电荷而不易聚结。但当电解质浓度高到一定程度时,则使双电层的扩散层被压缩,溶胶粒子所带电量减小,ζ 电势降低,胶粒间斥力减小,从而引起溶胶聚沉。电解质的聚沉能力用聚沉值表示。聚沉值是在一定条件下,使溶胶明显聚沉所需电解质的最小浓度。聚沉值越大,电解质的聚沉能力越弱。比较各种电解质的聚沉值得出如下规律:

(1) 电解质中能使溶胶发生聚沉的离子,是与胶粒带电性相反的离子,即反离子。反离子的价数越高,其聚沉能力越强。对于给定的溶胶,不同氧化值(1、2、3 价)的反离子,其聚沉值的比例大约为 $100:1.6:0.14$,约为 $\left(\frac{1}{1}\right)^6:\left(\frac{1}{2}\right)^6:\left(\frac{1}{3}\right)^6$。这表示聚沉值与反离子价数的六次方成反比,称为舒尔策 - 哈迪(Schulze—Hardy)价数规则。

(2) 价数相同的离子聚沉能力也有所不同。例如,同价正离子,离子半径越小,水化能力越强,水化层越厚,被吸附能力越小,聚沉能力越弱;同价负离子,离子半径越小,被吸附能力越强,聚沉能力越强。某些一价正、负离子,对带相反电荷胶体粒子的聚沉能力大小的顺序,可排列为

$$H^+ > Cs^+ > Rb^+ > NH_4^+ > K^+ > Na^+ > Li^+$$
$$Cl^- > Br^- > NO_3^- > I^- > SCN^- > OH^-$$

这种将价数相同的阳离子或阴离子按聚沉能力大小排列的顺序称为感胶离子序。

利用电解质使溶胶聚沉的实例很多。例如,在江海接界处,常有清水和浑水的分界面,这是海水中的盐类对江海中荷负电的土壤胶体聚沉的结果,而小岛和沙洲的形成正是土壤胶体聚沉后的产物。又如,做豆腐时要"点浆",是因为卤水中含有 Na^+、Ca^{2+}、Mg^{2+} 等离子,而豆浆是荷负电的大豆蛋白胶体,在豆浆中加入卤水,能使荷负电的胶体聚沉而得到豆腐。

2. 溶胶的相互聚沉作用

把两种带相反电荷的溶胶混合,能发生相互聚沉作用。当两种溶胶的电荷量恰好相等时,发生完全聚沉,否则发生部分聚沉,甚至不聚沉。在日常生活中用明矾净化水就是溶胶相互聚沉的实际应用。天然水中的悬浮物主要是泥沙等硅酸盐,为负溶胶,而明矾 $KAl(SO_4)_2 \cdot 12H_2O$ 在水中水解后生成 $Al(OH)_3$,为正溶胶,二者相互聚沉使饮用水达到净化的目的。医院里利用血液能否相互凝结来判明血型,也与胶体的相互聚沉有关。

3. 大分子化合物对溶胶的敏化作用和保护作用

在溶胶中加入少量大分子化合物,有时会降低溶胶的稳定性,这种现象称为大分子化合物对溶胶的敏化作用。产生这种现象的原因可能是大分子化合物数量少时,无法将胶体颗粒表面完全覆盖,胶粒附着在大分子化合物上,附着得多了,质量变大而引起聚沉,如图 8-19(a) 所示。

若在溶胶中加入较多量的大分子化合物,则大分子化合物被吸附在胶粒表面,包围住胶粒,如图 8-19(b) 所示,使胶粒对分散介质的亲和力增加,从而增加了溶胶的稳定性,这种现象称为大分子化合物对溶胶的保护作用。

在人体的生理过程中,大分子化合物对溶胶的保护作用尤为重要。健康人血液中含有的溶胶状难溶物质如 $MgCO_3$、$Ca_3(PO_4)_2$ 等,被血清蛋白等大分子化合物保护着;当发生某些疾病,导致血液中的大分子化合物减少时,就会出现溶胶的聚沉,即在体内的某些器官内形成结石,如常见的肾结石、胆结石等。

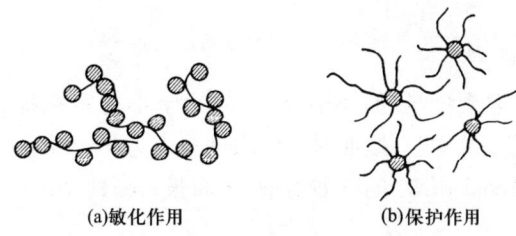

(a)敏化作用　　　　　(b)保护作用

图 8-19　大分子化合物对溶胶的敏化作用和保护作用

8.11　乳状液

8.11.1　乳状液的概念

由两种不互溶或部分互溶的液体所形成的粗分散系统,称为乳状液。在自然界、生产以及日常生活中都经常接触到乳状液,例如牛奶、含水原油、炼油厂的废水、合成洗发露、洗面奶、乳化农药等都是乳状液。在乳状液中,一相为水,用"W"表示;另一相为有机物质,如苯、苯胺、煤油等,习惯上把它们称为"油",并且用"O"表示。

8.11.2　乳状液的分类

乳状液一般可分为两大类:一类为油分散在水中,称为"水包油"型,用符号"O/W"表示,乳化农药、石油开采后期水中的原油即为这种类型;另一类为水分散在油中,称为"油包水"型,用符号"W/O"表示。石油中含有水即为这种类型。

通常把乳状液中被分散的一相称为分散相或内相,另一相称为分散介质或外相。内相为不连续相,外相是连续相。如水分散在油中形成的油包水型乳状液,水是内相,油为外相;而油分散在水中的乳状液,油是内相,而水为外相。确定一种乳状液属于何种类型可用稀释、染色、电导测定等方法。乳状液可被与其外相相同的液体所稀释,例如牛奶可被水所稀释,所以其外相为水,故牛奶为水包油型。又如,水包油型的乳状液较油包水型的乳状液的电导高,因此测定其电导可鉴别其类型。

8.11.3　乳状液的稳定因素

乳状液必须有乳化剂才能稳定存在。常用作乳化剂的是:表面活性剂、一些天然物质、粉末状固体等。乳化剂之所以能使乳状液稳定,其主要原因如下:

1.在分散相周围形成坚固的保护膜

表面活性物质如蛋白质和各种肥皂等在液珠与液相介质的界面上做定向的排列,分子的极性部分指向水,非极性部分指向油,这样不仅降低了表面张力,而且也由于表面活性物质的非极性部分在液珠表面构成比较牢固的薄膜而具有一定的机械强度,因此保护了乳状液。

2. 降低表面张力

乳状液是多相粗分散系统,界面能很高,是热力学不稳定系统。加入乳化剂,能降低表面张力,促使乳状液稳定。如石蜡油对水的表面张力为 $40.6\times10^{-3}\mathrm{N\cdot m^{-1}}$,加入乳化剂油酸将水相变成 $0.001\ \mathrm{mol\cdot dm^{-3}}$ 的油酸溶液,表面张力降到 $31.05\times10^{-3}\ \mathrm{N\cdot m^{-1}}$,此时可形成相当稳定的乳状液。

3. 形成扩散双电层

离子型表面活性剂在水中电离,一般说来正离子在水中的溶解度大于负离子在水中的溶解度,因此水带正电荷,油带负电荷。在 W/O 型乳状液中,分散相水滴带正电荷,分散介质油则带负电荷;而在 O/W 型乳状液中,分散相油滴带负电荷,分散介质中水则带正电荷。乳化剂负离子,定向地吸附在油 - 水界面层中,带电的一端皆指向水,正离子则呈扩散状分布,即形成扩散双电层,它一般都具有较大的热力学电势及较厚的双电层,使乳状液处于较为稳定的状态。

此外,乳状液的黏度、分散相与分散介质密度差的大小皆能影响乳状液的稳定性。

8.11.4 乳状液的破坏

在生产中有时需把形成的乳状液破坏,使其内外相分离(分层),称为破乳或去乳化作用。例如,由牛奶提取油脂、原油脱水等就是破乳过程。此外,乳状液的絮凝作用、聚结作用都可使乳状液破坏。破乳的方法有两种:一为物理法,如离心分离、电泳破乳等;二为化学法,即加入另外的化学物质破坏或去除起稳定作用的乳化剂。

乳状液在工农业生产、日常生活以及生理现象中都有广泛的应用。例如,日常生活中人们经常食用的牛奶和豆浆是脂肪以细滴分散在水中的天然乳状液,其中的乳化剂是蛋白质,故它们容易被人体消化吸收。冰淇淋、人造奶油等大多是水包油型乳剂。医学上用作搽剂的外用药膏,实为浓的水包油型乳状液。在工业生产中,乳状液常用于皮革鞣制、鞣后处理的上油、填充和修饰工序。高分子化学中,常使用乳液聚合反应(如合成橡乳)以制得较高质量的产品。农药生产中,常将杀虫药、灭菌药制成水包油型乳剂,使用时,不但药物用量少,而且能均匀地在植物叶上铺展,可大大提高杀虫、灭菌效率。

思 考 题

1. 纯液体、溶液和固体各采用什么方法来降低表面能以达到稳定状态?

2. 在两支水平放置的毛细管中间皆放有一段液体,如图 8-20 所示,(a) 管内的液体对管内壁完全不润湿,(b) 管中的液体对管内壁完全润湿。若在两管之右端分别加热,管内液体会向哪一端流动?

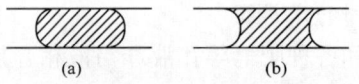

图 8-20 水平放置的毛细管

3. 已知水在两块玻璃间形成凹液面,而在两块石蜡板间形成凸液面。试解释为什么两块玻璃间放一点水后很难拉开,而两块石蜡板间放一点水后很容易拉开。

4. 在一个底部为光滑平面、抽成真空的玻璃容器中,放有大小不等的圆球形小汞滴,如图 8-21 所示。试问经长时间的恒温放置之后,将会出现什么现象?

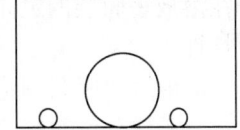

图 8-21　容器中放置小汞滴

5. 将水滴在洁净的玻璃上,水会自动铺开,此时水的表面积不是变小而是变大,这与液体有自动缩小其表面积的趋势是否矛盾?请说明理由。

6. 在进行蒸馏实验时要在蒸馏瓶中加些碎瓷片或沸石以防止暴沸,说明其道理。

7. 水在玻璃管中呈凹形液面,但水银则呈凸形液面,为什么?

8. 亲水性固体表面,经过表面活性剂(如防水剂)处理后,为什么可以改变其表面性质,使其具有憎水性?

9. 胶体分散系统的主要特征是什么?

10. 丁达尔效应是光的什么作用引起的?其强度与入射光有什么关系?粒子大小范围在什么区间内可观察到丁达尔效应?

11. 溶胶的电动现象说明了什么问题?

12. 试举例说明使溶胶发生聚沉有哪些方法并说明原因。

13. 在两个充有 $0.004\ mol\cdot dm^{-3}\ AgNO_3$ 溶液的容器之间,用 $AgCl(s)$ 制成的多孔塞将二者连通,在多孔塞两端装有电极并通以直流电,容器中的 $AgNO_3$ 溶液将如何流动?请说明原因。

14. 溶胶是热力学上的不稳定系统,为什么它能在相当长的时间内稳定存在?

15. 为什么在新生成的 $Fe(OH)_3$ 沉淀中加入少量的稀 $FeCl_3$ 溶液,沉淀会溶解?若再加入一定量的硫酸盐溶液,为什么又会析出沉淀?

16. K、Na 等碱金属的皂类作为乳化剂时,易形成 O/W 型的乳状液;Zn、Mg 等高价金属的皂类作为乳化剂时,则有利于形成 W/O 型乳状液,试说明原因。

本 章 小 结

一、基本概念

1. 表面张力:液体表面上垂直作用于单位长度线段上的表面紧缩力称为表面张力。平液面的表面张力与液面平行,弯曲液面的表面张力与液面相切。表面张力通常随温度升高而减小,当温度升至临界温度时,表面张力将降为零。

2. 附加压力:由于表面张力的作用,在弯曲液面两侧产生的压力差称为弯曲液面的附加压力。凸液面的附加压力 $\Delta p > 0$,凹液面的附加压力 $\Delta p < 0$,平液面的附加压力 $\Delta p = 0$。

3. 弯曲液面的饱和蒸气压:凸液面的饱和蒸气压大于平液面的饱和蒸气压,而且液滴半径越小,其饱和蒸气压越大。凹液面的饱和蒸气压小于平液面的饱和蒸气压,而且液体的曲率半径越小,其饱和蒸气压越小。

4. 凡是增加浓度,能使溶液表面张力降低的溶质,在表面层必然发生正吸附;增加浓度,使溶液表面张力增大的溶质,在溶液的表面层必然发生负吸附。

5. 表面活性剂是指那些溶入少量就能显著降低液体表面张力的物质。表面活性剂分子在溶液表面层的定向排列和在溶液本体中形成胶束,这是表面活性剂分子的两个重要的特性。

6. 朗缪尔吸附理论的最基本假设是气体在固体表面的吸附是单分子层的。
7. 胶体分散系统:分散相质点的粒子直径为 $10^{-9} \sim 10^{-7}$ m 的分散系统。
8. 溶胶的基本特征:高度分散性、多相性和热力学不稳定性。
9. 聚沉:溶胶中的分散相微粒互相聚结,颗粒变大,进而发生沉淀的现象。
10. 溶胶的性质

(1) 光学性质

丁达尔效应:由于溶胶的光学不均匀性,当将一束波长大于溶胶分散相粒子尺寸的入射光照射到溶胶系统,所发生的散射现象。丁达尔效应的实质是溶胶对光的散射作用,它是溶胶的重要性质之一。利用这一特性可以鉴别溶胶与粗分散系统或真溶液。

(2) 动力性质

布朗运动:溶胶中胶粒在分散介质中不断地做不规则运动的现象。产生布朗运动的原因是分散介质分子对胶粒不断撞击造成的。

(3) 电学性质

在外加电场作用下,胶体粒子在分散介质中定向移动的现象称为电泳。

在外加电场作用下,分散介质通过多孔性物质而定向流动的现象称为电渗。

11. 溶胶的稳定性和聚沉

(1) 溶胶稳定的原因:布朗运动、分散相粒子带电及溶剂化作用。

(2) 溶胶的聚沉:电解质的聚沉作用、相反电荷溶胶的相互聚沉作用、大分子化合物的敏化作用。

二、重要公式及其适用条件

1. 杨-拉普拉斯方程

$$\Delta p = \frac{2\gamma}{r}$$

此公式适用于液面为球面的液体。

2. 开尔文方程

$$\ln \frac{p_r}{p_0} = \frac{2\gamma M}{r\rho RT}$$

3. 朗缪尔吸附等温式

$$\theta = \frac{bp}{1+bp} \text{ 或 } \Gamma = \Gamma_\infty \frac{bp}{1+bp}$$

此公式适用于气体在固体表面上的单分子层吸附。

4. 杨氏方程

$$\cos\theta = \frac{\gamma_{s-g} - \gamma_{s-l}}{\gamma_{l-g}}$$

此公式的适用范围是铺展系数 $\varphi \leqslant 0$。

5. 吉布斯吸附等温式

$$\Gamma = -\frac{c}{RT}\left(\frac{\partial \gamma}{\partial c}\right)_T$$

习 题

1. 若一球形液膜的直径为 2×10^{-3} m，比表面自由能为 0.7 J·m^{-2}，则其所受的附加压力是多少？

2. 若水在 293 K 时的表面张力为 72.75×10^{-3} N·m^{-1}，则当把水分散成半径为 1×10^{-5} cm 的小液滴时，曲面下的附加压力为多少？

3. 已知水的表面张力 $\gamma = 0.1139 - 1.4\times 10^{-4}T$ (N·m^{-1})，式中 T 为绝对温度。试求在恒温 283 K 及恒压 p^0 下，可逆地使水的表面积增加 1×10^{-4} m^2 时所必须做的功为多少？

4. 在 303 K 时，乙醇的密度为 780 kg·m^{-3}，乙醇与其蒸气平衡的表面张力为 2.189×10^{-2} N·m^{-1}，试计算在内径为 0.2 mm 的毛细管中它能上升的高度？

5. 某表面活性剂的稀溶液，表面张力随物质的量浓度的增加而线性下降，当表面活性剂的物质的量浓度为 0.1 mol·m^{-3} 时，表面张力下降了 3×10^{-3} N·m^{-1}，计算表面过剩量。(设温度为 298.15 K)

6. 在 293.15 K 时，水的饱和蒸气压为 2.337×10^3 Pa，密度为 998.3 kg·m^{-3}，表面张力为 72.75×10^{-3} N·m^{-1}。试求半径为 1×10^{-9} m 的水滴在 293.15 K 时的饱和蒸气压为多少？

7. 在盛有汞的容器中插入半径为 4.0×10^{-4} m 的毛细管，若毛细管内汞面下降 $h = 0.0136$ m，汞与毛细管的接触角 $\theta = 140°$，$\rho = 13.550\times 10^3$ kg·m^{-3}。求汞在实验温度下的表面张力。

8. 用毛细管上升法测定某液体的表面张力。此液体的密度为 0.790 g·cm^{-3}，在半径为 0.235 mm 的玻璃毛细管中上升高度为 2.56×10^{-2} m，设此液体能很好地润湿玻璃，试求此液体的表面张力。

9. 在 291.15 K 恒温条件下，用骨炭从醋酸的水溶液中吸附醋酸，在不同的平衡浓度下，每千克骨炭吸附醋酸的物质的量如下：

$10^3 c/$mol·dm^{-3}	2.02	2.46	3.05	4.10	5.81	12.8	100	200	500
$\Gamma/$mol·kg^{-1}	0.202	2.244	0.299	0.394	0.541	1.05	3.38	4.03	4.57

根据朗缪尔吸附等温式，用作图法求醋酸的饱和吸附量及吸附常数 b。

10. 将正丁醇 ($M=74$) 蒸气骤冷至 273 K，发现其过饱和度 (p/p^*) 约达到 4，方能自行凝结为液滴。若在 273 K 时，正丁醇的表面张力 $\gamma = 0.026$ N·m^{-1}，密度 $\rho = 1000$ kg·m^{-3}，试计算：

(1) 在此过饱和度下开始凝结的液滴的半径；

(2) 每一液滴中所含正丁醇的分子数。

11. 将 0.010 dm^3 浓度为 0.02 mol·dm^{-3} 的 AgNO$_3$ 溶液，缓慢地滴加在 0.100 dm^3、0.005 mol·dm^{-3} 的 KCl 溶液中，可制得 AgCl 溶胶。试写出其胶团结构，并指出胶体粒子电泳的方向。

12. 在 Na_2SO_4 的稀溶液中滴入少量的 $Ba(NO_3)_2$ 稀溶液,可以制备 $BaSO_4$ 溶胶,过剩的 Na_2SO_4 作为稳定剂。试写出此溶胶的胶团结构。

13. 以 KI 和 $AgNO_3$ 为原料制备 AgI 溶胶时,当稳定剂是 KI 或 $AgNO_3$ 时,胶核所吸附的离子有何不同?胶核吸附稳定离子有何规律?

14. 等体积的 $0.08\ mol \cdot dm^{-3}$ NaBr 溶液和 $0.1\ mol \cdot dm^{-3}$ $AgNO_3$ 溶液混合制 AgBr 溶胶,分别加入相同浓度的下述电解质溶液,其聚沉能力的大小次序如何?

(1)NaCl　(2)Na_2SO_4　(3)NaOH　(4)Na_3PO_4

15. 将浓度为 $0.20\ mol \cdot dm^{-3}$ KI 溶液与 $0.10\ mol \cdot dm^{-3}$ 的 $AgNO_3$ 溶液等体积混合后制得 AgI 溶胶,试分析相同浓度的下述电解质对所得 AgI 溶胶的聚沉能力的强弱顺序如何?为什么?

(1)$Ca(NO_3)_2$　(2)K_2SO_4　(3)$Al_2(SO_4)_3$

16. 将 $FeCl_3$ 水溶液加热水解得到 $Fe(OH)_3$ 溶胶,试写出其胶团结构。若将此溶液注入电泳仪的池中,通电后将会观察到什么现象?物质的量浓度相同的 K_3PO_4、$MgCl_2$、$MgSO_4$、Na_2SO_4 溶液对上述 $Fe(OH)_3$ 溶胶聚沉能力强弱的次序如何?

17. 欲制备胶体粒子带正电的 AgI 溶胶,在 $0.025\ dm^3$ 浓度为 $0.016\ mol \cdot dm^{-3}$ 的 $AgNO_3$ 溶液中,应加入 $0.005\ mol \cdot dm^{-3}$ 的 KI 溶液多少 dm^3?试写出该溶胶的胶团结构。若用相同物质的量浓度的 $MgSO_4$ 及 $K_3Fe(CN)_6$ 两种溶液,哪一种溶液更容易使上述溶胶发生聚沉?

18. 在三个盛有 $0.02\ dm^3$ 毫升 $Fe(OH)_3$ 溶胶的烧杯中,分别加入 NaCl、Na_2SO_4、Na_3PO_4 溶液使其发生明显聚沉,最少需加入电解质的数量为:(1)1 mol NaCl 溶液 $0.021\ dm^3$;(2)0.005 mol Na_2SO_4 溶液 $0.125\ dm^3$;(3) 0.003 3 mol Na_3PO_4 溶液 $0.007\ 4\ dm^3$。试计算上述电解质的聚沉值、聚沉能力之比,并指出溶胶带电的符号。

自 测 题

一、选择题

1. 液体表面张力的方向是(　　)。

A. 与液面垂直指向液体的内部　B. 指向液面的边界
C. 在与液面相切的方向上　D. 指向四面八方

2. 对于化学吸附,下面说法中不正确的是(　　)。

A. 吸附是单分子层　B. 吸附力来源于化学键力
C. 吸附热接近反应热　D. 吸附速度较快,升高温度则降低反应速度

3. 绝大多数液态物质的表面张力都是随着温度的升高而逐渐地(　　)。

A. 变大　　　B. 变小　　　C. 趋于极大值　　　D. 变化无常

4. 对于弯曲液面所产生的附加压力 Δp 一定是(　　)。

A. 大于零　　　B. 等于零　　　C. 小于零　　　D. 不等于零

5. 在相同的温度及压强下,把一定体积的水分散成许多小水滴,经这一变化过程以下

性质保持不变的是(　　)。
　　A. 总表面能　　B. 比表面积　　C. 液面下的附加压力　　D. 表面张力
6. 化学吸附的吸附力是(　　)。
　　A. 化学键力　　B. 范德华力　　C. 库仑力　　　　　　D. 不能确定
7. 固体表面吸附气体后,可使固体表面的吉布斯函数(　　)。
　　A. 不变　　　　B. 增加　　　　C. 降低　　　　　　　D. 不能确定
8. 在液体表面发生吸附作用,若 $C(表面) < C(内部)$,则为(　　)。
　　A. 正吸附　　　B. 负吸附　　　C. 无吸附　　　　　　D. 化学吸附
9. 若某液体能在某固体表面铺展,则铺展系数 φ 一定(　　)。
　　A. 大于零　　　B. 等于零　　　C. 小于零　　　　　　D. 不能确定
10. 在等温下,同组成的两个大小不同的球形液滴的饱和蒸气压 p_1(大球)和 p_2(小球)存在(　　)。
　　A. $p_1 > p_2$　　B. $p_1 = p_2$　　C. $p_1 < p_2$　　D. 难以确定
11. 当入射光的波长(　　)胶体粒子的直径时,则出现丁达尔效应。
　　A. 大于　　　　B. 等于　　　　C. 小于　　　　　　　D. 远小于
12. 胶体系统的电泳现象表明(　　)。
　　A. 分散介质带电　　　　　　　B. 胶体粒子带有大量的电荷
　　C. 胶体粒子带正电荷　　　　　D. 胶体粒子处于等电态
13. 下列各性质中不属于溶胶动力性质的是(　　)。
　　A. 布朗运动　　B. 扩散　　　　C. 电泳　　　　　　　D. 沉降平衡
14. 根据舒尔策-哈迪规则,对溶胶起聚沉作用的电解质,反离子的价数与聚沉值或聚沉能力之间的关系为(　　)。
　　A. 聚沉能力与价数的六次方成反比
　　B. 聚沉值与价数的六次方成正比
　　C. 聚沉值与价数的六次方成反比
　　D. 聚沉值和聚沉能力都与价数的六次方成正比
15. 在丁达尔效应中,关于散射光强度的描述,下列说法正确的是(　　)。
　　A. 随入射光波长的增大而增大　　B. 随入射光波长的减小而增大
　　C. 随入射光强度的增大而增大　　D. 随入射光强度的减小而减小
16. 胶体溶液中,决定溶胶电性的物质是(　　)。
　　A. 胶团　　　　B. 胶核　　　　C. 胶粒　　　　　　　D. 反离子
17. 电泳的逆过程是(　　)。
　　A. 电动现象　　B. 电渗　　　　C. 流动电势　　　　　D. 沉降电势
18. 向 AgI 正溶胶中滴加过量的 KI 溶液,则所生成的新溶胶在外加直流电场中的移动方向为(　　)。
　　A. 向正极移动　B. 向负极移动　C. 不移动　　　　　　D. 难以确定
19. 电泳实验中观察到胶粒向阳极移动,此现象表明(　　)。
　　A. 胶粒带正电　　　　　　　　B. 胶团扩散层带正的净电荷

C. 电势相对于溶液本体为正值　　　D. 胶团扩散层带负的净电荷
20. 下列系统中哪一种为非胶体(　　)。
A. 牛奶　　　　B. 烟雾　　　　C. 人造红宝石　　　　D. 空气

二、填空题

1. 在一定温度下,液体分子间的作用力越大,其表面张力_____。
2. 不论是分散在大气中的小液滴和小气泡,或者是分散在液体中的小气泡,在毛细管中的凹液面和凸液面,它们所承受附加压力 Δp 的方向,皆是指向_____。
3. 液体在毛细管中上升的高度与毛细管内径成_____关系,与液体的表面张力成_____关系。
4. 液滴的半径越小,饱和蒸气压越_____。
5. 表面活性剂使液体的表面张力_____,表面活性剂在溶液表面的浓度一定_____它在体相的浓度。
6. 写出两种亚稳定状态_____,_____。
7. 朗缪尔吸附等温式仅适用于_____吸附。
8. 吸附可分为_____吸附和_____吸附。
9. 高度的分散性、多相性和_____是溶胶的主要特征。
10. 溶胶产生丁达尔现象的实质是_____。
11. 布朗运动实质上是_____。
12. 溶胶的动力性质表现为如下三种运动:_____、_____、_____。
13. 溶胶的电动现象为_____、_____、_____。
14. 溶胶在热力学上是不稳定的,它能够相对稳定存在的三个重要原因是_____、_____、_____。
15. 在一定温度下,破坏溶胶最有效的方法是_____。
16. 在一定条件下,使溶胶明显聚沉所需电解质的最小浓度,称为电解质对溶胶的_____。
17. $AgNO_3$ 溶液与过量的 KBr 溶液制备的 AgBr 溶胶,其胶团结构式为_____。此 AgBr 溶胶的胶体粒子在外加电场的作用下,向_____极移动。上述溶胶在 KCl、$MgCl_2$、$AlCl_3$ 中,聚沉值最大的是_____。
18. 当 $AgNO_3$ 过量时,胶团结构式为_____,在电泳实验中该溶胶的胶团向_____极移动。
19. 在 $AlCl_3$ 溶胶中,加入适量的氨水溶液时,可形成 $Al(OH)_3$ 溶胶。如果 $AlCl_3$ 是适当过量(用作稳定剂),则 $Al(OH)_3$ 溶胶的胶团结构式为_____,对此溶胶 $CaCl_2$、Na_2SO_4 和 $MgSO_4$ 三种电解质中聚沉能力最强的是_____。
20. 肥皂溶液的表面张力为 0.006 N·m^{-1},用此溶液吹一个半径为 0.02 m 的肥皂泡,则泡内的附加压力 Δp 为_____。

三、判断题(正确的在括号内打"√",错误的在括号内打"×")

1. 吸附等温线表示了一定温度下平衡吸附量随平衡压强的变化关系。　　　(　　)

2. 液体分子间相互作用力越大,其表面张力越大。( )
3. 固体表面产生吸附的根本原因是固体依靠收缩表面来降低系统的比表面吉布斯函数。( )
4. 根据朗缪尔气-固吸附理论可知,吸附一定是物理吸附。( )
5. 液体在毛细管中上升的高度与温度、液体密度、毛细管内径有关,与压强无关。( )
6. 液体表面张力的方向总是与液面垂直。( )
7. 弯曲液面产生的附加压力与表面张力成反比。( )
8. 弯曲液面的饱和蒸气压总大于同温下平液面的蒸气压。( )
9. 通常称为表面活性剂的物质,是指当加入少量后就能显著降低溶液表面张力的物质。( )
10. 在一定 T、p 下,当润湿角 $\theta < 90°$ 时,液体对固体表面不能润湿。( )
11. 溶胶是均相系统,在热力学上是稳定的。( )
12. 过量电解质的存在对溶胶起稳定作用,少量电解质的存在对溶胶起破坏作用。( )
13. 有无丁达尔效应是溶胶和小分子分散系统的主要区别之一。( )
14. 乳状液必须有乳化剂存在才能稳定。( )
15. 溶液中胶粒的布朗运动就是本身热运动的反映。( )
16. 在外加电解质作用下,溶胶胶团的双电层压缩到紧密层时,ζ 电势为零。( )
17. 动力稳定性是溶胶所具有的三个基本特性之一。( )
18. 乳状液、悬浮液和憎液溶胶均属多相的热力学不稳定体系。( )
19. 同号离子对溶胶的聚沉起主要作用。( )
20. 电解质对溶胶的聚沉值的定义与聚沉能力的定义属于同一定义。( )

四、计算题

1. 已知在 298 K 时,油酸钠水溶液的表面张力与其浓度呈线性关系:$\gamma = \gamma_0 - bc$,其中 γ_0 是纯水的表面张力,c 油酸钠浓度,b 为常数。

试求当 $\gamma_0 = 0.072$ N·m^{-1},$\Gamma = 4.33 \times 10^{-6}$ mol·m^{-2} 时,此溶液的表面张力。

2. 用活性炭吸附 $CHCl_3$,在 273.15 K 时最大吸附量为 93.8 dm^3·kg^{-1}。已知该温度下 $CHCl_3$ 的分压为 1.34×10^4 Pa 时,平衡吸附量为 82.5 dm^3·kg^{-1},试计算:

(1) 朗缪尔吸附等温式中的常数 b;
(2) $CHCl_3$ 分压为 1.34×10^3 Pa 时的平衡吸附量。

参考文献

[1] 天津大学物理化学教研室[M]. 物理化学. 6版. 北京:高等教育出版社,2017.
[2] 杨一平,王振琪,吴晓明. 物理化学[M]. 2版. 北京:化学工业出版社,2014.
[3] 沈文霞. 物理化学核心教程[M]. 北京:科学出版社,2016.
[4] 高职高专化学教材编写组. 物理化学[M]. 5版. 北京:化学工业出版社,2020.
[5] 关荐伊,崔一强. 物理化学[M]. 3版. 北京:化学工业出版社,2018.
[6] 肖衍繁,李文斌. 物理化学[M]. 2版. 天津:天津大学出版社,2004.
[7] 朱传征,褚莹,许海涵. 物理化学[M]. 2版. 北京:科学出版社,2018.
[8] 王正列. 物理化学[M]. 北京:化学工业出版社,2001.
[9] 胡英. 物理化学[M]. 6版. 北京:高等教育出版社,2014.
[10] 周鲁. 物理化学教程[M]. 4版. 北京:科学出版社,2017.
[11] 万洪文,詹正坤,原弘,等. 物理化学[M]. 3版. 北京:高等教育出版社,2022.
[12] 梁玉华,白守礼. 物理化学[M]. 北京:化学工业出版社,1996.
[13] 徐彬,邬宪伟. 物理化学[M]. 北京:化学工业出版社,1991.
[14] 杜凤沛,高丕英,沈明. 简明物理化学[M]. 2版. 北京:高等教育出版社,2009.
[15] 苏克和,胡小玲. 物理化学[M]. 西安:西北工业大学出版社,2004.
[16] 颜肖慈,罗明道,周晓海. 物理化学[M]. 武汉:武汉大学出版社,2004.
[17] 王光信,刘澄凡,张积树. 物理化学[M]. 2版. 北京:化学工业出版社,2001.
[18] 范康年,周鸣飞. 物理化学[M]. 3版. 北京:高等教育出版社,2021.
[19] 李文斌. 物理化学例题和习题[M]. 天津:天津大学出版社,1998.
[20] 傅玉普,林青松,曹殿学,等. 物理化学解题指导[M]. 大连:大连理工大学出版社,1995.
[21] 王文清,沈兴海. 物理化学习题精解[M]. 2版. 北京:科学出版社,2017.
[22] 北京化工大学. 物理化学例题与习题[M]. 2版. 北京:化学工业出版社,2018.
[23] 褚莹,朱传征. 物理化学习题精解. 2版. [M] 北京:科学出版社,2016.
[24] 薛方渝. 物理化学[M]. 北京:中央广播电视大学出版社,1997.
[25] 赵里莉,薛方渝. 物理化学学习指导[M]. 北京:中央广播电视大学出版社,1997.
[26] 吴英绵. 物理化学学习指导[M]. 北京:化学工业出版社,2004.
[27] 沈钟,赵振国,康万利. 胶体与表面化学[M]. 4版. 北京:化学工业出版社,2012.
[28] 戴静波. 药用基础化学[M]. 2版. 北京:化学工业出版社,2012.

附　录

附录1　物质的标准摩尔生成焓、标准摩尔生成吉布斯函数、标准摩尔熵和标准摩尔热容(100 kPa, 298 K)

1. 单质和无机化合物

物质	$\Delta_f H_m^\ominus/(kJ \cdot mol^{-1})$	$\Delta_f G_m^\ominus/(kJ \cdot mol^{-1})$	$S_m^\ominus/(J \cdot K^{-1} \cdot mol^{-1})$	$C_{p,m}^\ominus/(J \cdot K^{-1} \cdot mol^{-1})$
Ag(s)	0.0	0.0	42.61	25.48
Ag(g)	284.9	246.0	173.0	20.8
AgBr(s)	−100.4	−96.9	107.1	52.4
AgCl(s)	−127.0	−109.8	96.3	50.8
AgF(s)	−204.6			
AgI(s)	−61.8	−66.2	115.5	56.8
Ag$_2$O(s)	−31.1	−11.2	121.3	65.9
Ag$_2$CO$_3$(s)	−506.14	−437.09	167.36	
Al(s)	0.0	0.0	28.31	24.4
AlCl$_3$(s)	−704.2	−628.8	109.3	91.1
Al$_2$O$_3$	−1 675.7	−1 582.3	50.9	79.0
Au	0.0	0.0	47.4	25.4
B	0.0	0.0	5.9	11.1
Br(g)	111.9	82.4	175.0	20.8
Br$_2$(l)	0.0	0.0	152.2	75.7
Br$_2$(g)	30.9	3.1	245.5	36.0
C(s)(石墨)	0.0	0.0	5.7	8.5
C(g)(石墨)	716.7	671.3	158.1	20.8
C(s)(金刚石)	1.9	2.9	2.4	6.1
CO(g)	−110.5	−137.2	197.7	29.1
CO$_2$(g)	−393.5	−394.4	213.8	37.1
Ca(s)	0.0	0.0	41.6	25.9
Ca(g)	177.8	144.0	154.9	20.8
CaCl$_2$	−795.4	−748.8	108.4	72.9
CaO(s)	−634.9	−603.3	38.1	42.0
CaS(s)	−482.4	−477.4	56.5	47.4
Ca(OH)$_2$(s)	−986.5	−896.89	76.1	84.5
CaSO$_4$(硬石膏)	−1 432.68	−1 320.24	106.7	97.65
Cd(s)	0.0	0.0	51.8	26.0
Cd(g)	111.8		167.7	20.8
CdCl$_2$(s)	−391.5	−343.9	115.3	74.7
CdO(s)	−258.4	−228.7	54.8	43.4
Cl(atomic)	121.3	105.3	165.2	21.8
Cl$_2$(g)	0.0	0.0	223.1	33.9

续表

物质	$\Delta_f H_m^\ominus/(kJ \cdot mol^{-1})$	$\Delta_f G_m^\ominus/(kJ \cdot mol^{-1})$	$S_m^\ominus/(J \cdot K^{-1} \cdot mol^{-1})$	$C_{p,m}^\ominus/(J \cdot K^{-1} \cdot mol^{-1})$
Cr (s)	0.0	0.0	23.8	23.4
Cr (g)	396.6	351.8	174.5	20.8
Cr_3O_4 (s)	−1 531.0			
Cu (s)	0.0	0.0	33.2	24.4
Cu (g)	337.4	297.7	166.4	20.8
CuO (s)	−157.3	−129.7	42.6	42.3
$CuSO_4$ (s)	−771.4	−662.2	109.2	
Cu_2O (s)	−168.6	−146.0	93.1	63.6
F (atomic)	79.4	62.3	158.8	22.7
F_2 (g)	0.0	0.0	202.8	31.3
Fe (s)	0.0	0.0	27.3	25.1
Fe (g)	416.3	370.7	180.5	25.7
FeO (s)	−272.0			
$FeSO_4$ (s)	−928.4	−820.8	107.5	100.6
FeS (s)	−100.0	−100.4	60.3	50.5
Fe_2O_3 (s)	−824.2	−742.2	87.4	103.9
Fe_3O_4 (s)	−1 118.4	−1 015.4	146.4	143.4
$FeCO_3$ (s)	−747.68	−673.84	92.8	82.13
H (atomic)	218.0	203.3	114.7	20.8
H_2 (g)	0.0	0.0	130.7	28.8
HI (g)	26.5	1.7	206.6	29.2
HCl (g)	−92.311	−95.265	186.786	29.12
HBr (g)	−36.24	−53.22	198.60	29.12
HNO_3 (l)	−174.1	−80.7	155.6	109.9
H_2O (l)	−285.8	−237.1	70.0	75.3
H_2O (g)	−241.8	−228.6	188.8	33.6
H_2O_2 (l)	−187.8	−120.4	109.6	89.1
H_2O_2 (g)	−136.3	−105.6	232.7	43.1
H_2SO_4 (l)	−814.0	−690.0	156.9	138.9
H_2S (g)	−20.6	−33.4	205.8	34.2
Hg (l)	0.0	0.0	75.9	28.0
Hg (g)	61.4	31.8	175.0	20.8
HgO (s)	−90.8	−58.5	70.3	44.1
$HgSO_4$ (s)	−707.5			
HgS (s)	−58.2	−50.6	82.4	48.4
I (atomic)	106.8	70.2	180.8	20.8
I_2 (s)	0.0	0.0	116.1	54.4
I_2 (g)	62.4	19.3	260.7	36.9
KI (s)	−327.9	−324.9	106.3	52.9
KIO_3 (s)	−501.4	−418.4	151.5	106.5
K (s)	0.0	0.0	64.7	29.6
K (g)	89.0	60.5	160.3	20.8
$KMnO_4$ (s)	−837.2	−737.6	171.7	117.6
KNO_3 (s)	−494.6	−394.9	133.1	96.4
K_2SO_4 (s)	−1 437.8	−1 321.4	175.6	131.5
Mg (s)	0.0	0.0	32.7	24.9
Mg (g)	147.1	112.5	148.6	20.8
MgO (s)	−601.6	−569.3	27.0	37.2

续表

物质	$\Delta_f H_m^\ominus$/(kJ·mol^{-1})	$\Delta_f G_m^\ominus$/(kJ·mol^{-1})	$S_m^\ominus$/(J·K^{-1}·mol^{-1})	$C_{p,m}^\ominus$/(J·K^{-1}·mol^{-1})
MgSO$_4$(s)	−1 284.9	−1 170.6	91.6	96.5
Mn(s)	0.0	0.0	32.0	26.3
Mn(g)	280.7	238.5	173.7	20.8
MnO$_2$(s)	−520.0	−465.1	53.1	54.1
N(atomic)	472.7	455.5	153.3	20.8
N$_2$(g)	0.0		191.6	29.1
NO(g)	89.860	90.37	210.309	29.861
NO$_2$(g)	33.85	51.86	240.57	37.90
N$_2$O$_3$(g)	86.6	142.4	314.7	72.7
NH$_3$(g)	−46.19	−16.603	192.61	35.65
Na(s)	0.0	0.0	51.3	28.2
Na(g)	107.5	77.0	153.7	20.8
Na$_2$SO$_4$(s)	−1387.1	−1 270.2	149.6	128.2
NaCl(s)	−411.0	−384.0	72.38	
NaHCO$_3$(s)	−947.7	−851.8	102	
Na$_2$CO$_3$(s)	−1 131	−1048	136	
Na$_2$O(s)	−416	−377	72.8	
NaOH(s)	−426.73	−379.1		
Na$_2$S(s)	−364.8	−349.8	83.7	
O(atomic)	249.2	231.7	161.1	21.9
O$_2$(g)	0.0	0.0	205.2	29.4
SO$_2$(g)	−296.8	−300.1	248.2	39.9
O$_3$(g)	142.7	163.2	238.9	39.2
P(s)(白磷)	0.0	0.0	41.1	23.8
P(g)(白磷)	316.5	280.1	163.2	20.8
P(s)(红磷)	−17.6		22.8	21.2
S(s)(斜方)	0.0	0.0	32.1	22.6
S(s)(单斜)	0.3	0.096	32.55	23.64
S(g)	222.80	182.27	167.825	23.7
SO$_3$(g)	−395.18	−370.4	256.34	50.70
SO$_4^{2-}$(aq)	−907.51	−741.90	17.2	
Zn(s)	0.0	0.0	41.6	25.4

2. 有机化合物

物质	$\Delta_f H_m^\ominus$(kJ·mol^{-1})	$\Delta_f G_m^\ominus$(kJ·mol^{-1})	$S_m^\ominus$(J·K^{-1}·mol^{-1})	$C_{p,m}^\ominus$(J·K^{-1}·mol^{-1})
CH$_4$(g)甲烷	−74.6	−50.5	186.3	35.7
C$_2$H$_2$(g)乙炔	227.4	209.9	200.9	44.0
C$_2$H$_4$(g)乙烯	52.4	68.4	219.3	42.9
C$_2$H$_6$(g)乙烷	−84.0	−32.0	229.2	52.5
C$_3$H$_6$(g)丙烯	20.0			
C$_3$H$_6$(g)环丙烷	53.3	104.5	237.5	55.6
C$_3$H$_8$(g)丙烷	−103.8	−23.4	270.3	73.6
C$_4$H$_6$(g)1,2-丁二烯	162.3			
C$_4$H$_6$(l)1,3-丁二烯	88.5		199.0	123.6
C$_4$H$_6$(l)1-丁炔	141.4			
C$_4$H$_6$(l)2-丁炔	119.1			
C$_4$H$_6$(g)环丁烯	156.7			
C$_4$H$_8$(l)1-丁烯	−20.8		227.0	118.0
C$_4$H$_8$(l)异丁烯	−37.5			

续表

物质	$\Delta_f H_m^\ominus$(kJ·mol^{-1})	$\Delta_f G_m^\ominus$(kJ·mol^{-1})	$S_m^\ominus$(J·K^{-1}·mol^{-1})	$C_{p,m}^\ominus$(J·K^{-1}·mol^{-1})
C$_4$H$_8$(l)环丁烷	3.7			
C$_4$H$_8$(l)甲基环丙烷	1.7			
C$_4$H$_{10}$(g)丁烷	−125.7	−17.02	310.23	97.45
C$_4$H$_{10}$(g)异丁烷	−134.2	−20.79	294.75	96.82
C$_5$H$_{10}$(l)戊烯	−46.9		262.6	154.0
C$_5$H$_{10}$(l)顺-2-戊烯	−53.7		258.6	151.7
C$_5$H$_{10}$(l)反-2-戊烯	−58.2		256.5	157.0
C$_5$H$_{10}$(l)环戊烷	−105.1		204.5	128.8
C$_5$H$_{12}$(l)戊烷	−173.5			167.2
C$_5$H$_{12}$(l)异戊烷	−178.4		260.4	164.8
C$_5$H$_{12}$(l)新戊烷	−190.2			
C$_6$H$_6$(l)苯	49.1	124.5	173.4	136.0
C$_6$H$_6$(g)苯	82.9	129.7	269.2	82.4
CH$_4$O(l)甲醇	−239.2	−166.6	126.8	81.1
CH$_4$O(g)甲醇	−201.0	−162.3	239.9	44.1
C$_2$H$_6$O(l)乙醇	−277.6	−174.8	160.7	112.3
C$_2$H$_6$O(g)乙醇	−234.8	−167.9	281.6	65.6
C$_3$H$_8$O(l)1-丙醇	−302.6		193.6	143.9
C$_3$H$_8$O(g)1-丙醇	−255.1		322.6	85.6
C$_3$H$_8$O(l)2-丙醇	−318.1		181.1	156.5
C$_3$H$_8$O(g)2-丙醇	−272.6		309.2	89.3
C$_4$H$_{10}$O(l)1-丁醇	−327.3	−163.0	225.8	177.2
C$_4$H$_{10}$O(g)1-丁醇	−274.7	−151.0	363.7	110.0
C$_4$H$_{10}$O(l)2-丁醇	−342.6		214.9	196.9
C$_4$H$_{10}$O(g)2-丁醇	−292.8		359.5	112.7
CH$_2$O(g)甲醛	−108.6	−102.5	218.8	35.4
C$_2$H$_4$O(l)乙醛	−192.2	−127.6	160.2	89.0
C$_2$H$_4$O(g)乙醛	−166.2	−133.0	263.8	55.3
C$_3$H$_6$O(l)丙醛	−248.4	−155.6	199.8	126.3
C$_3$H$_6$O(g)丙醛	−217.1	−152.7	295.3	74.5
C$_2$H$_2$O(l)乙烯酮	−425.0	−361.4	129.0	99.0
C$_2$H$_4$O$_2$(l)乙酸	−484.3	−389.9	159.8	123.3
C$_2$H$_4$O$_2$(g)乙酸	−432.2	−374.2	283.5	63.4
C$_3$H$_6$O$_2$(l)丙酸	−510.7		191.0	152.8
C$_2$H$_4$O(l)乙撑氧	−78.0	−11.8	153.9	88.0
C$_2$H$_4$O(g)乙撑氧	−52.6	−13.0	242.5	47.9
C$_2$H$_6$O(g)二甲醚	−184.1	−112.6	266.4	64.4
CH$_3$Cl(g)氯甲烷	−81.9		234.6	40.8
CH$_2$Cl$_2$(l)二氯甲烷	−124.2		177.8	101.2
CH$_2$Cl$_2$(g)二氯甲烷	−95.4		270.2	51.0
CHCl$_3$(l)氯仿	−134.1	−73.7	201.7	114.2
CHCl$_3$(g)氯仿	−102.7	6.0	295.7	65.7
CCl$_4$(l)四氯化碳	−128.2	−68.5	214.43	130.7
CH$_3$Br(g)溴甲烷	−35.4	−26.3	246.4	42.4
CH$_3$I(g)碘甲烷	14.4		254.1	44.1
C$_6$H$_5$Cl(l)氯苯	11.1			150.1
C$_6$H$_6$O(s)苯酚	−165.1		144.0	127.4
C$_6$H$_7$N(g)苯胺	87.5	−7.0	317.9	107.9

附录 2 某些有机化合物的标准摩尔燃烧焓（298 K）

分子式	$\Delta_c H_m^\ominus/(kJ \cdot mol^{-1})$	分子式	$\Delta_c H_m^\ominus/(kJ \cdot mol^{-1})$	分子式	$\Delta_c H_m^\ominus/(kJ \cdot mol^{-1})$
CH_4 甲烷	-890.8	C_6H_{12} 己烷	-3919.6	CH_2O_2 甲酸	-254.6
C_2H_2 乙炔	-1301.1	CH_4O 甲醇	-726.1	$C_2H_4O_2$ 乙酸	-874.2
C_2H_4 乙烯	-1411.2	C_2H_6O 乙醇	-1366.8	$C_2H_4O_2$ 甲酸甲酯	-972.6
C_2H_6 乙烷	-1560.7	C_2H_6O 二甲醚	-1460.4	$C_3H_6O_2$ 乙酸甲酯	-1592.2
C_3H_6 丙烯	-2058.0	$C_3H_8O_3$ 丙三醇	-1655.4	$C_4H_8O_2$ 乙酸乙酯	-2238.1
C_3H_6 环丙烷	-2091.3	C_6H_6O 苯酚	-3053.5	CHN 氰化氢	-671.5
C_3H_8 丙烷	-2219.2	CH_2O 甲醛	-570.7	CH_3NO_2 硝基甲烷	-709.2
C_4H_{10} 丁烷	-2877.6	C_2H_2O 乙烯酮	-1025.4	CH_5N 甲胺	-1085.6
C_5H_{12} 戊烷	-3509.0	C_2H_4O 乙醛	-1166.9	C_2H_3N 乙腈	-1247.2
C_6H_6 苯	-3267.6	C_3H_6O 丙酮	-1789.9	C_3H_9N 三甲胺	-2443.1

参考文献：

The Handbook of Chemistry and Physics section 05: Thermochemistry, Electrochemistry, and Kinetics

附录 3 各种气体自 298.15 K 至某温度的平均摩尔定压热容 $\overline{C}_{p,m}[J \cdot K^{-1} \cdot mol^{-1}]$

气体温度/℃	气体								
	O_2	N_2	CO	CO_2	H_2O	SO_2	H_2	CH_4	空气
0	29.27	29.12	29.12	35.86	33.50	33.85	28.73	34.65	29.07
25	29.36	29.12	29.14	37.17	33.57	39.92	28.84	35.77	29.17
100	29.54	29.14	29.18	38.11	33.74	40.65	28.97	37.57	29.15
200	29.93	29.23	29.30	40.06	34.12	42.33	29.11	40.25	29.30
300	30.40	29.38	29.52	41.76	34.58	43.88	29.16	43.05	29.52
400	30.88	29.60	29.79	43.25	35.09	45.22	29.21	45.90	29.79
500	31.33	29.86	30.10	44.57	35.63	46.39	29.27	48.74	30.10
600	31.76	30.15	30.43	45.75	36.20	47.35	29.33	51.34	30.41
700	32.15	30.45	30.75	46.81	36.79	48.23	29.42	53.97	30.72
800	32.50	30.75	31.07	47.76	37.39	48.94	29.54	56.40	31.03
900	32.83	31.04	31.38	48.62	38.01	49.61	29.61	59.58	31.32
1000	33.12	31.31	31.67	49.39	38.62	50.15	29.82	60.92	31.51
1100	33.39	31.58	31.94	50.10	39.23	50.66	30.11	62.93	31.86
1200	33.63	31.83	32.19	50.74	39.29	51.08	30.16	64.81	32.11
1300	33.86	32.07	32.43	51.32	40.41	51.62			32.34
1400	34.08	32.29	32.65	51.86	40.98	51.96			32.57
1500	34.28	32.50	32.86	52.35	41.53	52.25			32.77

附录4 某些气体物质的摩尔定压热容与温度的关系

$$C_{p,\mathrm{m}}/[\mathrm{J \cdot K^{-1} \cdot mol^{-1}}] = a + bT + cT^2 + dT^3$$

分子式	a /J·K^{-1}·mol^{-1}	$b \times 10^3$ /J·K^{-2}·mol^{-1}	$c \times 10^6$ /J·K^{-3}·mol^{-1}	$d \times 10^9$ /J·K^{-4}·mol^{-1}	温度范围/K
H_2	26.88	4.347	−0.326 5		273~3 800
F_2	24.433	29.071	−23.759	6.655 9	273~1 500
Cl_2	31.696	10.144	−4.038		300~1 500
Br_2	35.241	4.075	−1.487		300~1 500
O_2	28.17	6.297	−0.749 4		273~3 800
N_2	27.32	6.226	−0.950 2		273~3 800
HCl	28.17	1.810	1.547		300~1 500
H_2O	29.16	14.49	−2.022		273~3 800
H_2S	26.71	23.87	−5.063		298~1 500
NH_3	27.550	25.627	9.900 6	−6.686 5	273~1 500
SO_2	25.76	57.91	−38.09	8.606	273~1 800
CO	26.537	7.683 1	−1.172		300~1 500
CO_2	26.75	42.258	−14.25		300~1 500
CS_2	30.92	62.30	−45.86	11.55	273~1 800
CCl_4	38.86	213.3	−239.7	94.43	273~1 100
CH_4	14.15	75.496	−17.99		298~1 500
C_2H_6	9.401	159.83	−46.229		298~1 500
C_3H_8	10.08	239.30	−73.358		298~1 500
C_4H_{10}	18.63	302.38	−92.943		298~1 500
C_5H_{12}	24.72	370.07	−114.59		298~1 500
C_2H_4	11.84	119.67	−36.51		298~1 500
C_3H_6	9.427	188.7	−57.488		298~1 500
C_4H_8(1-丁烯)	21.47	258.40	−80.843		298~1 500
C_4H_8(2-丁烯)	6.799	271.27	−83.877		298~1 500
C_2H_2	30.67	52.810	−16.27		298~1 500
C_3H_4	26.50	120.66	−39.57		298~1 500
C_4H_6(1-丁炔)	12.541	274.170	−154.394		298~1 500
C_4H_6(2-丁炔)	23.85	201.70	−60.580		298~1 500
C_6H_6	−1.71	324.77	−110.58		298~1 500
$C_6H_5CH_3$	2.41	391.17	−130.65		298~1 500
CH_3OH	18.40	101.56	−28.68		273~1 000
C_2H_5OH	29.25	166.28	−48.898		298~1 500
C_3H_7OH	16.714	270.52	−87.384 1	−5.932 32	273~1 000
C_4H_9OH	14.673 9	360.174	−132.970	1.476 81	273~1 000
$(C_2H_5)_2O$	−103.9	1417	−248		300~400
HCHO	18.82	58.379	−15.61		291~1 500
CH_3CHO	31.05	121.46	−36.58		298~1 500
$(CH_3)_2CO$	22.47	205.97	−63.521		298~1 500
HCOOH	30.7	89.20	−34.54		300~700
CH_3COOH	8.540 4	234.573	−142.624	33.557	300~1 500
$CHCl_3$	29.51	148.94	−90.734		273~773

习题参考答案

第1章 热力学第一定律

习题

1. $m(O_2) = 656.5$ g
2. $T = 731$ K
3. 1.01×10^5 m^3
4. $p_{(氯乙烯)} = 97.78$ kPa
5. (1) $n(O_2) = 0.12$ mol、$n(N_2) = 0.048$ mol；
   (2) $p(O_2) = 0.1$ MPa、$p(N_2) = 0.04$ MPa；
   (3) $p = 0.14$ MPa；
   (4) $V(O_2) = 2.14$ dm^3、$V(N_2) = 0.86$ dm^3
6. $W_1 = -1\,239.4$ J，$W_2 = 0$
7. $W = -8.314$ J
8. $V_1 = 0.091$ m^3，$T = 1\,093$ K
9. $W_b = -10$ kJ
10. $W = -2.42$ kJ，$\Delta U = -154.4$ kJ
11. $Q = 26.15$ kJ，$W = -4.96$ kJ，$\Delta U = 21.19$ kJ，$\Delta H = 26.15$ kJ
12. $Q = -2\,909.9$ J，$W = 831.4$ J，$\Delta U = -2\,078.5$ J，$\Delta H = -2\,909.9$ J
13. $Q = 810.6$ J，$W = -810.6$ J，$\Delta U = 0$，$\Delta H = 0$
14. (1) $Q_1 = 5\,873.3$ J，$W_1 = 0$，$\Delta U_1 = 5\,873.3$ J，$\Delta H_1 = 8\,201.2$ J；
    (2) $Q_2 = 8\,201.2$ J，$W_2 = -2\,327.9$ J，$\Delta U_2 = 5\,873.3$ J，$\Delta H_2 = 8.20$ kJ
15. (1) $Q_1 = 3\,325.6$ J，$W_1 = -3\,325.6$ J，$\Delta U_1 = 0$，$\Delta H_1 = 0$；
    (2) $Q_2 = 0$，$W_2 = 0$，$\Delta U_2 = 0$，$\Delta H_2 = 0$；
    (3) $Q_3 = 0$，$W_3 = -1\,995.4$ J，$\Delta U_3 = -1\,995.4$ J，$\Delta H_3 = -3\,325.6$ J
    (4) $Q_4 = 0$，$W_4 = -2\,419.4$ J，$\Delta U_4 = -2\,419.4$ J，$\Delta H_4 = -4\,032.3$ J
16. $Q = 623.6$ J，$W = -623.6$ J，$\Delta U = 0$，$\Delta H = 0$
17. $Q = 3\,326.6$ J，$W = -535.4$ J，$\Delta U = -622.1$ J，$\Delta H = -1\,036.8$ J
18. $Q = 3\,326.6$ J，$W = -1247.6$ J，$\Delta U = 2\,079$ J，$\Delta H = 2\,910$ J
19. $Q = 0$，$W = \Delta U = 9\,103.8$ J，$\Delta H = 12\,745.4$ J
20. $T = 290.65$ K，$Q = 0$，$W = 0$，$\Delta U = 0$，$\Delta H = 0$
21. (1) $V_2 = 6.81$ dm^3，$T_2 = 83.0$ K，$Q = 0$，$W = -2\,725.2$ J，$\Delta U = -2\,725.2$ J，$\Delta H = -4\,542.8$ J；
    (2) $V_2 = 15.21$ dm^3，$T_2 = 185.4$ K，$Q = 0$，$W = -1\,440.1$ J，$\Delta U = -1\,440.1$ J，$\Delta H = -2\,400.6$ J
22. $T = 562.8$ K，$p = 935.8$ kPa，$W = 5\,499.7$ J

23. $\Delta H = Q = 6\,008$ J, $\Delta U = 6\,008.2$ J, $W = 0.2$ J

24. $\Delta U = 75.08$ kJ, $\Delta H = 81.28$ kJ

25. (1) $\Delta_r H_m^{\ominus}(298\text{ K}) = -906.6$ kJ·mol^{-1}, $\Delta_r U_m^{\ominus}(298\text{ K}) = -909.3$ kJ·mol^{-1}

(2) $\Delta_r H_m^{\ominus}(298\text{ K}) = -45.4$ kJ·mol^{-1}, $\Delta_r U_m^{\ominus}(298\text{ K}) = -42.9$ kJ·mol^{-1}

(3) $\Delta_r H_m^{\ominus}(298\text{ K}) = -74.1$ kJ·mol^{-1}, $\Delta_r U_m^{\ominus}(298\text{ K}) = -69.1$ kJ·mol^{-1}

(4) $\Delta_r H_m^{\ominus}(298\text{ K}) = 492.7$ kJ·mol^{-1}, $\Delta_r U_m^{\ominus}(298\text{ K}) = 485.3$ kJ·mol^{-1}

(5) $\Delta_r H_m^{\ominus}(298\text{ K}) = -24.8$ kJ·mol^{-1}, $\Delta_r U_m^{\ominus}(298\text{ K}) = -24.8$ kJ·mol^{-1}

26. $\Delta_f H_m^{\ominus}(\text{AgCl, s}) = -127.03$ kJ·mol^{-1}

27. $\Delta_r H_m^{\ominus}(298.15\text{ K}) = 60.2$ kJ·mol^{-1}

28. $\Delta_r H_m^{\ominus} = -2\,058.2$ kJ·mol^{-1}

29. $\Delta_r H_m^{\ominus}(298.1\text{ K}) = 93.6$ kJ·mol^{-1}

30. $\Delta_r H_m^{\ominus}(298\text{ K}) = -1\,166.4$ kJ·mol^{-1}

31. $\Delta_{vap} H_m^{\ominus}(298\text{ K}) = 33.9$ kJ·mol^{-1}

32. $\Delta_f H_m^{\ominus}(\text{B}_2\text{H}_6, \text{g}, 298\text{ K}) = 20.63$ kJ·mol^{-1}

33. $\Delta_r H_m^{\ominus}(1\,000\text{ K}) = -31.96$ kJ·mol^{-1}

34. (1) $Q = -67.39$ kJ, $W = 0.80$ kJ, $\Delta H = -66.59$ kJ, $\Delta H = -67.39$ kJ

(2) $Q = 0$, $W = -14.89$ kJ, $\Delta U = -14.89$ kJ, $\Delta H = 0$

35. $T = 876.1$ K, $\Delta H = 21.5$ kJ·mol^{-1}

自测题

一、填空题

1. R

2. 1.67

3. 系统和环境之间只有能量交换而没有物质交换

4. 封闭系统、非体积功为零、绝热、恒外压过程

5.

过程	Q	W	ΔU	ΔH
理想气体恒温可逆压缩	−	+	0	0
理想气体向真空膨胀	0	0	0	0
理想气体绝热可逆压缩	0	+	+	+
理想气体节流膨胀过程	0	0	0	0
$H_2O(l, p^{\ominus}, 373.15\text{ K}) \rightarrow H_2O(g, p^{\ominus}, 373.15\text{ K})$	+	−	+	+

6. 180   7. 28.96 g·mol^{-1} 8. 56.01   9. 93.3   10. 92.3

二、选择题

1. D   2. B   3. C   4. B   5. A   6. B   7. C   8. B   9. B   10. B

三、判断题

1. ×   2. √   3. ×   4. ×   5. √   6. √   7. ×   8. ×   9. ×   10. √

四、计算题

1. $Q=36$ kJ, $W=-10$ kJ, $\Delta U=26$ kJ, $\Delta H=36$ kJ

2. $Q=-18.2$ kJ, $W=18.2$ kJ, $\Delta U=0$, $\Delta H=0$

3. $Q=39.80$ kJ, $W=-3.10$ kJ, $\Delta U=123.9$ kJ, $\Delta H=131.3$ kJ

4. (1) $Q=-281.8$ kJ·mol^{-1}, $W=0$, $\Delta U=36.78$ kJ·mol^{-1}, $\Delta H=39.80$ kJ·mol^{-1}

    (2) $Q=0$, $W=0$, $\Delta U=0$, $\Delta H=49.19$ kJ·mol^{-1}

第 2 章 热力学第二定律

习题

1. (1) $\eta=0.5$, (2) $Q_1=-100$ kJ, $Q_2=200$ kJ

2. $T_1=300$ K

3. $\Delta S=2.59$ J·K^{-1}

4. $\Delta S=40.90$ J·K^{-1}

5. (1) $Q=1.729$ kJ, $\Delta S=5.763$ J·K^{-1}, $\Delta S_{隔离}=0$

    (2) $Q=1.247$ kJ, $\Delta S=5.763$ J·K^{-1}, $\Delta S_{隔离}=1.606$ J·K^{-1}

    (3) $Q=0$, $\Delta S=5.763$ J·K^{-1}, $\Delta S_{隔离}=5.763$ J·K^{-1}

6. $T=565.3$ K, $p=940$ kPa, $\Delta U=5.56$ kJ, $\Delta H=7.78$ kJ, $\Delta S=0$, $Q=0$, $W=5.56$ kJ

7. (1) $Q=\Delta H=5.67$ kJ, $W=-2.27$ kJ, $\Delta U=3.40$ kJ, $\Delta S=14.41$ J·K^{-1}

    (2) $Q=1.70$ kJ, $\Delta H=0.56$ kJ, $W=-1.36$ kJ, $\Delta U=0.34$ kJ, $\Delta S=7.72$ J·K^{-1}

    (3) $Q=0$, $\Delta U=W=-0.68$ kJ, $\Delta H=-1.13$ kJ, $\Delta S=1.13$ J·K^{-1}

8. $Q=-30.7$ kJ, $W=5.763$ kJ, $\Delta U=-24.94$ kJ, $\Delta H=-41.57$ kJ, $\Delta S=-77.86$ J·K^{-1}

9. $Q=23.21$ kJ, $W=-4.46$ kJ, $\Delta U=18.75$ kJ, $\Delta H=-26.25$ kJ, $\Delta S=50.40$ J·K^{-1}

10. $Q=14.72$ kJ, $W=-13.10$ kJ, $\Delta U=1.62$ kJ, $\Delta H=2.27$ kJ, $\Delta S=26.77$ J·K^{-1}

11. (1) $Q=1.73$ kJ, $\Delta S=5.76$ J·K^{-1}

    (2) $Q=1.25$ kJ, $\Delta S=5.76$ J·K^{-1}

    (3) $Q=1.57$ kJ, $\Delta S=5.76$ J·K^{-1}

12. $T=330.15$ K, $\Delta S=2.67$ J·K^{-1}

13. $\Delta S=31.82$ J·K^{-1}

14. $\Delta S=32.22$ J·K^{-1}

15. $Q=0$, $W=0$, $\Delta U=0$, $\Delta H=254$ J, $\Delta S=10.22$ J·K^{-1}

16. $\Delta S=-20.62$ J·K^{-1}; $\Delta S_{隔离}=0.81$ J·K^{-1}; $\Delta S_{隔离}>0$,过冷水结冰是自发过程

17. $\Delta S=0.33$ J·K^{-1}

18. $\Delta U=39.54$ kJ, $\Delta H=42.31$ kJ, $\Delta S=106.65$ J·K^{-1}

19. $\Delta_r S_m^{\ominus}(298.15 \text{ K})=-232.5$ J·K^{-1}·mol^{-1}, $\Delta_r S_m(500.15 \text{ K})=-252.5$ J·K^{-1}·mol^{-1}

20. $Q=4.09$ kJ, $W=-4.09$ kJ, $\Delta U=0$, $\Delta H=0$, $\Delta S=38.29$ J·K^{-1}, $\Delta A=\Delta G=-10.46$ kJ

21. (1) $\Delta U=0$, $\Delta H=0$, $\Delta A=\Delta G=4.44$ kJ, $\Delta S=-14.90$ J·K^{-1}, $\Delta S_{隔离}=0$, $Q=-W=-4.44$ J

(2) $\Delta U=0$, $\Delta H=0$, $\Delta A=\Delta G=4.44$ kJ, $\Delta S=-14.90$ J·K^{-1}, $\Delta S_{隔离}=26.67$ J·K^{-1}, $Q=-W=-12.39$ kJ

22. $\Delta G=-8.59$ kJ

23. $\Delta G=-108.2$ J；此过程是自发过程

24. $Q=27.84$ kJ, $W=0$, $\Delta S=87.17$ J·K^{-1}·mol^{-1}, $\Delta G=0$, $\Delta S_{隔离}=8.30$ J·K^{-1}，该过程不可逆

25. $p=2\ 626.7$ Pa

26. (1) $\Delta_r H_m=52.28$ kJ·mol^{-1}, $\Delta_r S_m=-53.28$ J·K^{-1}, $\Delta_r G_m=68.17$ kJ·mol^{-1}，反应不能自发正向进行

(2) $\Delta_r H_m=-84.67$ kJ·mol^{-1}, $\Delta_r S_m=-173.78$ J·K^{-1}, $\Delta_r G_m=-32.86$ kJ·mol^{-1}，反应能自发正向进行

(3) $\Delta_r H_m=5.86$ kJ·mol^{-1}, $\Delta_r S_m=-128.66$ J·K^{-1}, $\Delta_r G_m=44.22$ kJ·mol^{-1}，反应不能自发正向进行

27. $\Delta_r G_m^{\ominus}=131.11$ kJ·mol^{-1}，在 298.15 K 及标准压强下，反应不能自发进行，$T=1\ 122.8$ K

28. $\Delta_r G_m^{\ominus}=7.09$ kJ·mol^{-1}，温度升高对此反应不利

自测题

一、填空题

1. 封闭系统、恒温、恒压、非体积功为零

2. $=$, $=$

3. (1) ΔU, ΔH (2) ΔU (3) ΔG

4. 不可逆

5. 大于零，等于零

二、选择题

1. B 2. D 3. D 4. C 5. D

三、判断题

1. × 2. × 3. × 4. √ 5. ×

四、计算题

1. $Q=-4.44$ kJ, $W=4.44$ kJ, $\Delta U=0$, $\Delta H=0$, $\Delta S=-14.90$ J·K^{-1}, $\Delta A=\Delta G=4.44$ kJ

2. $Q=39.80$ kJ, $W=-3.27$ kJ, $\Delta U=36.53$ kJ, $\Delta H=0$, $\Delta S=106.73$ J·K^{-1}, $\Delta G=-2\ 156.5$ J

3. $\Delta_r G_m^{\ominus}(500\ \text{K})=-11.42$ kJ·mol^{-1}

4. $Q=0$, $W=0$, $\Delta U=0$, $\Delta H=0$, $\Delta S=0.32$ J·K^{-1}, $\Delta G=-96.76$ J，此过程能自发进行

第 3 章　液态混合物和溶液

习题

1. $w_B=0.375$, $x_B=0.668$, $c_B=1.044×10^4$ mol·m^{-3}, $b_B=13.04$ mol·kg^{-1}

2. $x_B=0.010\ 4$, $c_B=0.547$ mol·dm^{-3}, $b_B=0.583$ mol·kg^{-1}

3. $x_B = \dfrac{c_B}{(\rho - M_B c_B)/M_A + c_B}$, $x_B = \dfrac{b_B}{1/M_A + b_B}$

4. $p = 3\,092$ Pa

5. $M = 0.126$ kg·mol^{-1}

6. 相对分子量为 164.51

7. $K_b = 2.58$ K·kg·mol^{-1}

8. 6.20×10^4

9. $\Pi = 7.66$ kPa, $m = 103$ g

10. 1.23×10^5 Pa

11. 0.139 g

12. $p_A^* = 37.45$ kPa, $p_B^* = 85.01$ kPa

13. $y(CH_3OH) = 0.718$, $y(C_2H_5OH) = 0.282$

14. $x(苯) = 0.142$, $x(甲苯) = 0.858$

15. (1) $x(C_6H_5Br) = 0.25$, $x(C_6H_5Cl) = 0.75$
    (2) $x(C_6H_5Br) = 0.656$, $x(C_6H_5Cl) = 0.344$

16. 12.69 kPa

17. 0.195 kg·mol^{-1}

自测题

一、填空题

1. 任一组分在全部组成范围内都符合拉乌尔定律的液态混合物

2. 溶剂服从拉乌尔定律,溶质服从亨利定律的无限稀溶液

3. 稀溶液中的溶剂,稀溶液中的溶质

4. ①各组分的分子结构非常近似,分子体积相等。②各组分的分子间作用力与各组分混合前纯组分的分子间作用力相等。

5. $y_B = \dfrac{p_B^* \cdot x_B}{p_A^* + (p_B^* - p_A^*)x_B}$

6. 理想稀溶液的蒸气压下降值、凝固点降低值、沸点升高值和渗透压值,只与溶液中溶质的质点数成正比,与溶质的种类无关。

二、选择题

1. C 2. C 3. A 4. B 5. A 6. C 7. A 8. C 9. A 10. B

三、判断题

1. √ 2. × 3. × 4. √ 5. ×

四、计算

1. $p = 2.33$ kPa; $\Pi = 467$ kPa

2. (1) $p(苯) = 5.36$ kPa, $p(甲苯) = 1.35$ kPa, $p = 6.71$ kPa
   (2) $y(苯) = 0.80$, $y(甲苯) = 0.20$

3. $p = 3.161$ kPa

第4章 相平衡

习题

1. (1)$C=1,P=2,f=1$；(2)$C=2,P=3,f=1$；(3)$C=1,P=2,f=1$；(4)$C=2,P=2,f=2$；(5)$C=3,P=3,f=2$

2. (1)$f=0$；(2)$f=0$；(3)$f=1$，温度或压强；(4)$f=3$，温度、压强和组成；(5)$f=3$，温度、压强和HCl的含量

3. $C=2,P=3,f=1,f=1$时，$P_{max}=4$

4. $\Delta_{vap}H_m=43.37 \text{ kJ} \cdot \text{mol}^{-1}$ $t=84 \text{ ℃}$

5. $p=6.84\times10^6 \text{ Pa}$

6. (1)$\Delta_{sub}H_m^*=25\,767 \text{ J} \cdot \text{mol}^{-1}$；(2)$p=37.28 \text{ kPa}$

7. (1)$2.95 \text{ kPa} \cdot \text{K}^{-1}$；(2)$T=329.5 \text{ K}$；(3)$p=1.50\times10^4 \text{ Pa}$

8. (1)$T=337 \text{ K},p=153 \text{ kPa}$；(2)$T=329.5 \text{ K}$；(3)$p(l)=119.8 \text{ kPa}$，不能

9. 略

10. 略

11. (1)$m(L_1)=179.6 \text{ g},m(L_2)=120.4 \text{ g}$；(2)$m(L_1)=130.2 \text{ g},m(L_2)=269.8 \text{ g}$

12. $m(\text{N})=15.7 \text{ kg},m(\text{M})=84.3 \text{ kg}$

13. 略

自测题

一、选择题

1. B 2. B 3. A 4. D 5. C 6. A 7. C 8. B 9. C 10. C

二、填空题

1. 1,3,0

2. 85.07 ℃

3. 51,259

4. 泡点线,露点线,气相区,液相区,气-液平衡区

5. 125.1 ℃

三、判断题

1. × 2. √ 3. √ 4. √ 5. ×

四、计算

1. (1)$A=2\,156.913 \text{ K},B=10.449$；(2)$\Delta_{vap}H_m^*=41.298 \text{ kJ} \cdot \text{mol}^{-1}$；(3)$p=120.406 \text{ kPa}$

2. (1)$x_B=0.5,y_B=0.75$；(2)$n_g=4 \text{ mol},n_l=6 \text{ mol}$，气相中A的物质的量为1 mol，液相中A的物质的量为3 mol。

第5章 化学平衡

习题

1. (1)反应逆向进行；(2)反应正向进行；(3)反应逆向进行

2. $K^\ominus=2.8\times10^{-8}$

3. (1)$p_\text{总}=77.71 \text{ kPa}$；(2)$p_{\text{H}_2\text{O}}\geqslant166.5 \text{ kPa}$

4. $K^{\ominus}=1.65\times10^{-4}$; $p=1\,328$ kPa
5. $K^{\ominus}=1.354\times10^{-56}$
6. (1) $\alpha=0.367$; (2) $\alpha=0.271$
7. $K^{\ominus}=1.9\times10^{12}$, $Q_p=2.246\times10^{-3}$, $Q_p<K^{\ominus}$ 故上述反应能够发生。
8. $\Delta_rG_m^{\ominus}=110.31$ kJ·mol^{-1}
9. (1) $K^{\ominus}=0.097$, $Q_p=0.154\,2$, $Q_p>K^{\ominus}$ 故上述反应不能发生;(2) $p\geqslant161.1$ kPa
10. (1)反应向右自发进行,银能够受到腐蚀;(2) $x<5.9\%$
11. (1) $K_y=K^{\ominus}=0.294$;(2) $K_{c(2)}^{\ominus}=0.542$, $K_{c(2)}^{\ominus}=0.059\,5$
12. (1) $K^{\ominus}=4$;(2) $n=0.845\,3$ mol
13. $K^{\ominus}=2.41$
14. $\Delta_fG_{m,C_2H_6}^{\ominus}=39.36$ kJ·mol^{-1}
15. (1) $\Delta_rH_m^{\ominus}=-125.4$ kJ·mol^{-1};(2) $T=648.5$ K
16. $K_{500\,K}^{\ominus}=168$; $\Delta_rG_m^{\ominus}=21.3$ kJ·mol^{-1}
17. $\Delta_rH_m^{\ominus}=1.47\times10^5$ J·mol^{-1}; $K_{313}^{\ominus}=1.73\times10^{-5}$
18. $\Delta_rG_m^{\ominus}(573K)=9\,897.8$ J·mol^{-1}; $\Delta_rH_m^{\ominus}(573K)=92\,742.4$ J·mol^{-1}; $\Delta_rS_m^{\ominus}(573K)=144.58$ J·mol^{-1}·K^{-1}
19. 72.8%;38.9%
20. (1) $y_{CO_2}=0.125$;(2) $p=14\,884$ kPa;(3)平衡向右移动
21. (1) $K^{\ominus}=2.509$;(2) $\alpha=83.4\%$;(3) $K_{1200}^{\ominus}=35.23$
22. $K_{800}^{\ominus}=0.016$, $Q_p=0.04$, $Q_p>K^{\ominus}$ 反应逆向进行
23. (1) 9.33×10^{-22};(2) 1.5;(3)反应正向自发进行

自测题
一、选择题
1. C 2. D 3. A 4. C 5. B 6. C 7. A;A 8. D

二、填空题
1. K_y,K_n
2. 1.39,1.39
3. 左
4. $\dfrac{1}{4}\left(\dfrac{P}{P^{\ominus}}\right)^2$
5. $\dfrac{P^{\ominus}}{P}$

三、判断题
1. √   2. ×   3. ×   4. ×   5. ×

四、计算题
1. (1) $(77.5\times10^3-167T)$ J·mol^{-1};(2) $\Delta_rG_m<0$,MCO$_3$(s)能分解。
(3) $T<373$ K
2. $K^{\ominus}=269.4$

3. $\Delta_r S_m^\ominus = -232$ J·mol^{-1}·K^{-1}

4. (1) $K^\ominus = 80.2$；(2) $K_{298}^\ominus = 66.86$

第6章　电化学

习题

1. 略

2. 略

3. $K_{cell} = 95.54$ m^{-1}, $G = 9.88 \times 10^{-3}$ s, $\kappa = 0.944$ s·m^{-1}, $\Lambda_m = 9.44 \times 10^{-3}$ s·m^2·mol^{-1}；

4. (1) $I(\text{NaCl}) = 0.1$ mol·kg^{-1}；(2) $I(\text{CuSO}_4) = 0.4$ mol·kg^{-1}, $I(\text{NaC}_2\text{O}_4) = 0.3$ mol·kg^{-1}

5. $b_\pm = 0.159$ mol·kg^{-1}, $a_\pm = 0.034\,8$, $a_B = 4.21 \times 10^{-5}$

6. $\varphi^\ominus = -0.036$ V

7. $\varphi_{\text{Fe}^{3+}/\text{Fe}^{2+}} = 0.712$ V, $\varphi_{\text{AgCl}/\text{Ag}} = 0.400$ V, $E = 0.312$ V

8. $\Delta_r G_m = -94.57$ kJ·mol^{-1}, $\Delta_r H_m = -105.26$ kJ·mol^{-1}, $\Delta_r S_m = -35.90$ J·K^{-1}·mol^{-1}

9. $E = 1.2$ V

10. $K^\ominus = 5.96 \times 10^{15}$

11. pH $= 3.497$

12. $m = 0.402\,4$ g

13. (1) $K_{cell} = 21.2$ m^{-1}，(2) $\kappa(\text{HCl}) = 0.412\,4$ s·m^{-1},
　　 (3) $\Lambda_m = 0.041\,24$ s·m^2·mol^{-1}

14. $r_\pm = 0.203\,7$

15. $E = 1.171$ V

16. $E^\ominus = 1.760\,8$ V, $E = 1.837\,8$ V, $K^\ominus = 3.392 \times 10^{-59}$

17. $T > 425.40$ K

18. $E = 0.326$ V

19. (1) $E = 1.359\,5$ V, $\Delta_r G_m = 2.624 \times 10^5$ J·mol^{-1}

    (2) $E = 0.985\,1$ V, $\Delta_r G_m = -1.92 \times 10^5$ J·mol^{-1}

20. (1) $E = 0.005\,1$ V，(2) $\Delta_r G_m^\ominus = -2\,702$ J·mol^{-1}

    (3) $\Delta_r G_m = -984.3$ J·mol^{-1}；(4) $K^\ominus = 2.97$

自测题

一、选择题

1. D　2. B　3. D　4. D　5. C

二、填空题

1. 6∶1

2. $b, \sqrt[3]{4}b, \sqrt[4]{27}b$

3. 2，1

4. Ag(s)|Ag$^+$(aq) ‖ Cl$^-$(aq)|AgCl(s)| Ag(s)

5. $-\dfrac{1}{zF}(b + 2cT), a + 2bT + 3cT^2$

三、判断题

1. × 2. × 3. √ 4. √ 5. ×

四、计算题

1. $\alpha = 0.01344$, $K^{\ominus} = 1.83 \times 10^{-5}$

2. (1) $\varphi^{\ominus}_{Sn^{2+}/Sn} < \varphi^{\ominus}_{Pb^{2+}/Pb}$, $E < 0$, 不能置换

   (2) $E = \varphi_{Sn^{2+}/Sn} - \varphi_{Pb^{2+}/Pb} > 0$, 可以置换

3. $\Delta G_m = -212.88 \text{ kJ} \cdot \text{mol}^{-1}$, $\Delta_r H_m = -239.34 \text{ kJ} \cdot \text{mol}^{-1}$; $\Delta_r S_m = -88.78 \text{ kJ} \cdot \text{mol}^{-1}$,
   $Q_r = -26.46 \text{ kJ}$

第7章　化学动力学

习题

1. $r = \dfrac{-dc(NO)}{dt} = \dfrac{-dc(NO_3)}{dt} = \dfrac{dc(NO_2)}{2dt}$, $k(NO) : k(NO_3) : k(NO_2) = 1 : 1 : 2$

2. (1) $\text{kPa}^{-1} \cdot \text{h}^{-1}$, (2) $119.721 \text{ dm}^3 \cdot \text{mol}^{-1} \cdot \text{h}^{-1}$

3. $k = 0.122 \text{ h}^{-1}$, $t_{0.9} = 18.9 \text{ h}$

4. $k = 4.1 \times 10^{-4} \text{ y}^{-1}$, $t = 870 \text{ y}$

5. $27 : 1$

6. $k_A = 9.860 \times 10^{-4} \text{ s}^{-1}$, $t_{1/2} = 703 \text{ s}$

7. $k = 5.0 \times 10^{-5} \text{ kPa}^{-1} \cdot \text{s}^{-1}$

8. $n = 1$, $k_A = 3.49 \times 10^{-3} \text{ min}^{-1}$, $t_{1/2} = 199 \text{ min}$

9. (1) $k = 0.01 \text{ mol} \cdot \text{dm}^{-3} \cdot \text{s}^{-1}$, $t_{1/2} = 50 \text{ s}$, $t_{0.9} = 90 \text{ s}$

   (2) $k = 0.01 \text{ s}^{-1}$, $t_{1/2} = 69.32 \text{ s}$, $t_{0.9} = 230.3 \text{ s}$

   (3) $k = 0.01 \text{ dm}^3 \cdot \text{mol}^{-1} \cdot \text{s}^{-1}$, $t_{1/2} = 100 \text{ s}$, $t_{0.9} = 900 \text{ s}$

10. $n = 3$, $k_A = 0.001\,40 \text{ dm}^6 \cdot \text{mol}^{-2} \cdot \text{s}^{-1}$

11. (1) $k_1 : k_2 = 5.29$; (2) $k_1 : k_2 = 2.30$

12. $E_a = 69.73 \text{ kJ} \cdot \text{mol}^{-1}$

13. (1) $k_{694} = 1.678 \times 10^{-3} \text{ Pa} \cdot \text{s}^{-1}$, $k_{757} = 9.83 \times 10^{-8} \text{ Pa} \cdot \text{s}^{-1}$

    (2) $E_a = 240.7 \text{ kJ} \cdot \text{mol}^{-1}$, $A = 1.687 \times 10^5 \text{ Pa} \cdot \text{s}^{-1}$

    (3) $t = 128 \text{ s}$

14. (1) $E_a = 60.56 \text{ kJ} \cdot \text{mol}^{-1}$; (2) $t_{1/2} = 24.18 \text{ min}$

15. (1) $K_c = 2.33$; (2) $k_1 = 0.002\,33 \text{ s}^{-1}$, $k_2 = 0.001\,00 \text{ s}^{-1}$

16. (1) $k_1 = 5.09 \times 10^{-3} \text{ s}^{-1}$, $k_2 = 2.545 \times 10^{-3} \text{ s}^{-1}$; (2) $t = 182 \text{ s}$

17. $t_{B,max} = 6.93 \text{ min}$; $c_A = 0.5 \text{ mol} \cdot \text{dm}^{-3}$, $c_B = 0.25 \text{ mol} \cdot \text{dm}^{-3}$,
    $c_C = 0.25 \text{ mol} \cdot \text{dm}^{-3}$

18. $\dfrac{dc_O}{dt} = k_1 c_{NO_2^-} c_{O_2} - k_2 c_{NO_2^-} c_O - k_3 c_O^2 \approx k_1 c_{NO_2^-} c_{O_2} - k_2 c_{NO_2^-} c_O = 0$

    $k_1 c_{NO_2^-} c_{O_2} = k_2 c_{NO_2^-} c_O$

    $\dfrac{dc_{NO_3^-}}{dt} = k_1 c_{NO_2^-} c_{O_2} + k_2 c_{NO_2^-} c_O = 2k_1 c_{NO_2^-} c_{O_2}$

19. $\dfrac{dc_{IO^-}}{dt} = k_1 c_{H_2O_2} c_{I^-} - k_2 c_{IO^-} c_{I^-} c_{H^+}^2 = 0$

$k_1 c_{H_2O_2} c_{I^-} = k_2 c_{IO^-} c_{I^-} c_{H^+}^2$

$\dfrac{dc_{I_2}}{dt} = k_2 c_{IO^-} c_{I^-} c_{H^+}^2 = k_1 c_{H_2O_2} c_{I^-}$

20. $E_a = 57.44 \text{ kJ} \cdot \text{mol}^{-1}$

21. (1)一级反应;(2)$k = 0.0964 \text{ h}^{-1}$;(3)$t_{1/2} = 7.19$ h

22. (1)$k/\text{h}^{-1} = 6.967 \times 10^8 \text{e}^{\frac{74187}{T/K}}$;(2)$A = 6.967 \times 10^8 \text{ h}^{-1}$, $E_a = 74.187 \text{ kJ} \cdot \text{mol}^{-1}$

(3)5 171 h,75 074 h (4)失效

自测题

一、选择题

1. C 2. C 3. B 4. A 5. A 6. B 7. A 8. A 9. C 10. B

二、填空题

1. 化学,物理

2. 以 $\ln \dfrac{c_A}{[c]}$ 对 t 作图可得到一条斜率为 $-k_A$ 的直线;$t_{1/2} = \dfrac{\ln 2}{k_A} = \dfrac{0.693}{k_A}$;量纲为 [时间]$^{-1}$

3. $t_{1/2} = \dfrac{c_{A,0}}{2k_A}$

4. 反比

5. $k_A c_A c_B^2$

6. 是反应物粒子的数目

7. 1,s^{-1}

8. 在催化反应过程中催化剂参与反应,改变了反应历程,改变了反应活化能;

催化剂只能缩短达到平衡的时间,而不能改变平衡状态;

催化剂不改变反应热;

催化剂具有选择性

9. 链引发;链传递;链终止

10. 直链,支链

三、判断题

1. × 2. × 3. × 4. √ 5. √ 6. × 7. × 8. × 9. √ 10. ×

四、计算题

1. (1)$k_A = 3.11 \times 10^{-4} \text{ s}^{-1}$,$t_{1/2}\ 2.23 \times 10^3$ s;

(2)$c_{A,0} = 3.22 \times 10^{-2} \text{ mol} \cdot \text{L}^{-1}$,$c_A = 3.43 \times 10^{-3} \text{ mol} \cdot \text{L}^{-1}$

2. (1)$E_a = 80.0 \text{ kJ} \cdot \text{mol}^{-1}$;(2)$T = 371.5$ K

3. (1)$\ln k/\text{min}^{-1} = \dfrac{7282.9}{T/K} + 27.4$;

(2)$c_A = 2.86 \times 10^{-4} \text{ mol} \cdot \text{dm}^{-3}$

第8章 界面现象和胶体化学

习题

1. $\Delta p = 2.8$ kPa

2. $\Delta p = 1.45 \times 10^6$ Pa

3. $W = \Delta G = 7.428 \times 10^{-6}$ J

4. $h = 0.124$ m

5. 表面过剩量为 1.21×10^{-6} mol·m^{-3}

6. $P = 6.868$ kPa

7. $\gamma = 0.471$ N·m^{-1}

8. $\gamma = 2.33 \times 10^{-2}$ N·m^{-1}

9. $\Gamma_\infty^a = 5.03$ mol·kg^{-1}, $b = 20.7$ dm^3·mol^{-1}

10. (1) 1.22×10^{-3} m；(2) 6.1×10^{19} 个

11. $\{[AgCl]_m nCl^- \cdot (n-x)K^+\}^{x-} \cdot xK^+$；胶体粒子向正极移动

12. $\{[BaSO_4]_m n\ SO_4^{2-} \cdot 2(n-x)Na^+\}^{2x-} \cdot 2xNa^+$

13. 当 AgI 溶胶的稳定剂是 KI 时，胶核所吸附的离子为 I^- 离子；当 AgI 溶胶的稳定剂是 $AgNO_3$ 时，胶核所吸附的离子则为 Ag^+ 离子。

    胶核吸附稳定离子的规律：胶核所吸引的离子一定是胶核所含有的离子，且哪个过量哪个作稳定剂。

14. 聚沉能力由大到小的次序为：$Na_3PO_4 > Na_2SO_4 > NaCl > NaOH$。

15. 聚沉能力由大到小的次序为：$Al_2(SO_4)_3 > Ca(NO_3)_2 > K_2SO_4$

    因为电解质中能使溶胶发生聚沉的离子，是与胶粒带电符号相反的离子，即反离子。反离子的价数愈高、浓度愈大，其聚沉能力越强。

16. $FeCl_3$ 水溶液加热水解得到 $Fe(OH)_3$ 溶胶的胶团的结构 为：$\{[Fe(OH)_3]_m nFe^{3+} \cdot (n-x)Cl^-\}^{x+} \cdot xCl^-$

    溶胶聚沉能力由强到弱的次序为：$K_3PO_4 > Na_2SO_4 > MgSO_4 > MgCl_2$。

17. < 0.08 dm^3

18. 聚沉值之比：$c[NaCl] : c[Na_2SO_4] : c(Na_3PO_4) = 596 : 4.8 : 1$

    聚沉能力之比为：$NaCl : Na_2SO_4 : Na_3PO_4 = 1 : 119 : 569$

    聚沉能力顺序为：$Na_3PO_4 > Na_2SO_4 > NaCl$。因三者具有相同的正离子，所以对溶胶聚沉起主要作用的是负离子，胶粒带有正电荷，为正溶胶。

自测题

一、选择题

1. C 2. D 3. B 4. D 5. D 6. A 7. C 8. B 9. A 10. C 11. A 12. B 13. C 14. C 15. B 16. C 17. D 18. A 19. B 20. D

二、填空题

1. 越大

2. 凹液面曲率半径中心

3. 反比，正比

4. 大

5. 减小,大于

6. 过饱和蒸气,过热液体

7. 单分子层

8. 物理吸附,化学吸附

9. 热力学不稳定性

10. 溶胶对光的散射作用

11. 胶体粒子的热运动

12. 布朗运动,扩散,沉降与沉降平衡

13. 电泳,电渗,流动电势,沉降电势

14. 溶胶的动力稳定性,胶粒带电的稳定作用,溶剂化的稳定作用

15. 加入电解质

16. 聚沉值

17. $\{[AgBr]_m nBr^- \cdot (n-x)K^+\}^{x-} \cdot xK^+$,正极,KCl

18. $\{[Al(OH)_3]_m nAl^{3+} \cdot 3(n-x)Cl^-\}^{x+} \cdot 3xCl^-$

19. K_3PO_4

20. 0.6 Pa

三、判断题

1. √   2. √   3. ×   4. ×   5. √   6. ×   7. ×   8. ×   9. √   10. ×   11. √
12. ×   13. √   14. √   15. √   16. √   17. ×   18. √   19. ×   20. ×

四、计算题

1. $\gamma = 0.061 \text{ N} \cdot \text{m}^{-1}$

2. (1) $b = 5.45 \times 10^{-4} \text{ Pa}^{-1}$;(2) 平衡吸附量 73.5 $\text{dm}^3 \cdot \text{kg}^{-1}$